"十二五"职业教育国家规划教材
住房城乡建设部土建类学科专业"十三五"规划教材
高职高专建筑工程技术专业系列教材

建筑施工技术

（第三版）

主　编　危道军
副主编　王爱勋　程红艳　刘红霞
主　审　胡兴福

科学出版社

北京

内 容 简 介

本书根据高职高专土建类专业教学指导委员会颁布的《建筑施工技术教学大纲》和国家相关施工技术规范编写，以常见分部分项工程为主线，按项目施工工艺流程组织编写。重点内容包括土方工程施工、地基与基础工程施工、砌筑工程施工、混凝土结构工程施工、预应力混凝土工程施工、结构安装工程施工、装配式混凝土结构施工、钢结构工程施工、防水工程施工、装饰工程施工。通过本书的学习，学生应能够掌握主要施工技术的施工方法和施工工艺知识，具备编制施工方案并实施技术交底、指导现场施工、进行质量控制等能力。

本书可作为土建类高职高专建筑工程技术、工程监理、工程造价等专业的教材，也可作为建筑工程管理、基础工程技术、建筑经济管理等相关专业的教材，还可作为有关培训教材和工程技术人员的参考资料。

图书在版编目(CIP)数据

建筑施工技术/危道军主编．—3 版．—北京：科学出版社，2021.11
（"十二五"职业教育国家规划教材·住房城乡建设部土建类学科专业"十三五"规划教材·高职高专建筑工程技术专业系列教材）
ISBN 978-7-03-067622-1

Ⅰ.①建… Ⅱ.①危… Ⅲ.①建筑施工-高等职业教育-教材 Ⅳ.①TU74

中国版本图书馆 CIP 数据核字(2020)第 270311 号

责任编辑：李 雪 万瑞达 / 责任校对：马英菊
责任印制：吕春珉 / 封面设计：曹 来

科学出版社 出版
北京东黄城根北街 16 号
邮政编码：100717
http://www.sciencep.com

天津翔远印刷有限公司 印刷
科学出版社发行 各地新华书店经销

*

2011 年 5 月第 一 版　 2022 年 12 月第十四次印刷
2015 年 3 月第 二 版　 开本：787×1092 1/16
2021 年 11 月第三版　 印张：29 1/4
　　　　　　　　　　 字数：693 000

定价：69.00 元

(如有印装质量问题，我社负责调换〈翔远〉)
销售部电话 010-62136230　 编辑部电话 010-62130874

版权所有，侵权必究

高职高专建筑工程技术专业系列教材
编写指导委员会

顾 问：杜国城

主 任：胡兴福

副主任：赵 研　　危道军　　范柳先　　郝 俊

委 员：（以姓名笔画为序）

　　　　王洪健　　王陵茜　　叶 琳　　刘晓敏

　　　　孙晓霞　　何舒民　　张小平　　张敏黎

　　　　张瑞生　　周建郑　　周道君　　赵朝前

　　　　郭宏伟　　陶红林

序

就业需求是职业教育的出发点。职业教育必须以就业需求为重要依据来确定培养目标，以适应社会需求与社会发展。职业教育坚持"以就业为导向"，加速了高等职业教育领域方方面面的改革，改变高等职业教育由"学科本位"向"能力本位"过渡的步伐，使"能力本位"教学思想和理论在我国高等职业教育迅速发展的同时逐步确立起来，并由此促使我国的高等职业教育事业快速走上健康发展的良性轨道。

知识结构是形成能力的基础，也是终身学习的必备条件；而能力是高等职业教育培养目标的核心。如何构建相互联系、相互交叉、彼此渗透、高度融合、"双轨共进"的理论课程体系和实践课程体系，以及与之相配套的师资队伍、教学组织方式、教学资源和教材建设，是高等职业教育在目前和今后一段时期内面临的重要任务。

遵循教材建设要以教改为先的编辑出版理念，科学出版社以国家级课题"高职高专教育土建类专业教学内容和实践教学体系研究"成果为依据，组织全国土建教育领域资深的专家和一线教育工作者，开发了这套"高职高专建筑工程技术专业系列教材"。在编写过程中，编写指导委员会和编写老师多次召开研讨会，就如何推动建筑工程技术专业教学改革和促进教学质量提高，对该专业人才培养目标及培养方案、课程体系进行了研讨，最终确定了本套教材对应的课程名称、定位，并针对各门课程的性质、任务和类型确定了编写思路和编写体例。

本套教材主要有以下特点：

1) 在课程体系上，既充分考虑建筑工程技术专业核心能力课程的共性，又兼顾全国各高职院校对该专业办学的特色，既能顾及我国高等职业教育的实际情况，又能符合高等职业教育的改革趋势，充分体现先进性与实用性。

2) 在内容选取上，依据建筑行业的实际和发展需要，将新的规范、标准和技术作为编写创新的第一着眼点，同时把职业标准、岗位证书要求融合贯穿于教材的内容之中，从多方面体现内容创新性。

3) 在教材表现形式上，充分考虑教学对象的身心特点，除采用双色印刷外，还增加实物照片的使用量，并用图、表形象地表达工艺或操作流程，真正做到图文并茂。本套教材体系完整，内容表述形象直观，可增加学生的阅读兴趣，以提高教学效果。

4）在相关配套资源上，本套教材配备教学课件、习题答案、教学视频，以及其他助教、助学资源。将教材建设与精品课程建设结合起来，努力实现集成创新，真正做到方便教学、便于推广，为提高专业教学质量提供高水平的服务。

当然，我们也应该看到，高等职业教育的改革有一个不断发展和完善的过程。今天科学出版社组织出版的这套教材，仅仅是这个过程中阶段性成果的总结和推广。我们也坚信，随着课程改革的不断深入，本套教材也将不断提升和改进。

愿本套教材的出版能够为充满生机的高等职业教育土建类相关专业的建设与改革贡献一份力量。

高职高专土建类专业教学指导委员会

第三版前言

建筑施工技术是建筑工程技术专业和土建类其他相关专业的一门主干专业课程。本书是依据教育部颁布的高等职业教育专科《建筑工程技术专业教学标准》，并结合《建筑与市政工程施工现场专业人员职业标准》和相关技术规范编写的。其主要内容包括建筑工程各分部分项工程的施工工艺流程、施工方法、技术措施和要求以及质量验收标准、方法等，在培养学生独立分析和解决建筑工程施工中有关施工技术问题的职业能力方面起着重要的作用。本书注重落实立德树人根本任务，促进学生成为德智体美劳全面发展的社会主义建设者和接班人。内容中体现了推进新型工业化，加快建设制造强国、质量强国，同时融入了思想政治教育相关知识。

本书第二版为"十二五"职业教育国家规划教材、高职高专建筑工程技术专业系列教材，从教材定位、内容选取、结构体系、难易程度、适应性、应用性等方面都能很好地反映出高职土建施工课程教材的鲜明特征。本书自2015年修订再版以来，受到了广大读者的一致好评。但随着信息技术的发展、建筑业转型升级的加快，建筑产品的生产方式和施工管理方式发生了革命性的变革，建筑施工新技术、新工艺、新方法、新材料不断涌现，施工管理理论与实践不断创新；同时，高等职业教育教学改革不断深入，教育教学资源建设水平不断提升，因此必须对本书进行修订，以满足行业发展和教学需求。本次修订编者对第二版的结构体系做了较大调整，引入了新规范、新技术、新方法以及教学实践成果，增加了思政案例教学和信息化教学资源，删减了过时和限制使用的工艺和规范内容，使之更加贴近工程实际与教学需要。

本次修订工作的重点如下：

1) 紧跟建筑施工技术转型升级。删除了外墙保温工程施工、高层建筑施工概述内容，将高层建筑施工部分内容并入其他项目；增加了项目7装配式混凝土结构施工，项目4、项目7中铝模板工程施工等内容；调整更新项目2地基与基础工程施工、项目3砌筑工程施工内容。内容增加与调整后更加适应行业发展要求。

2）更新知识。更新了国家规范、行业标准，并且将施工技术未来的发展趋势以及前沿知识融入书中。

3）强化思政元素，加强数字教学资源融入及案例教学。明确学习项目知识、能力和思政目标，将理论讲解进一步简化，有机融入建筑施工中蕴含的工匠精神等思政要素，通过精选最新的工程实例以及操作性较强的案例，从而提高本书的可读性和实用性。在教学资源方面，为适应互联网技术等现代化教育信息技术教学手段，相关科技公司给予一定的技术支持，为改进书中内容的呈现形式，配套开发并有机融入信息化资源，形成"互联网＋"新形态教材。

4）"1＋X"证书内容合理融入教材。积极适应"1＋X"等级证书制度试点工作的需要，跟随行业需求，将装配式建筑施工技术的内容有机融入书中。

本书修订由湖北城市建设职业技术学院危道军教授牵头，联合中建三局、武汉建工集团、广东天衡公司等多家企业和学校共同完成。本书由危道军担任主编并修订全书；武汉建工集团王爱勋，湖北城市建设职业技术学院程红艳、刘红霞担任副主编。四川建筑职业技术学院胡兴福担任主审。参加本书部分修订工作和资料搜集工作的还有李娟、刘卓珺、赵阳、岳晓瑞、程彩霞、白祖国、袁明等。全书由危道军教授统稿定稿。本书在修订过程中，得到了湖北建设职业教育集团、中建三局、武汉建工集团、广东天衡公司、四川建筑职业技术学院、山西工程科技职业大学等的大力支持，在此表示衷心的感谢。

由于编写水平有限，书中难免有不足之处，恳切希望读者批评指正。

编　者
2022 年 11 月

第一版前言

建筑施工技术是建筑工程技术专业和土木建筑类其他相关专业的一门主干专业课程。其主要内容是建筑工程各分部分项工程的施工工艺流程、施工方法、技术措施和要求，以及质量验收标准、方法等，在培养学生独立分析和解决建筑工程施工中有关施工技术问题的职业能力方面起着重要的作用。

建筑施工技术涉及面广、实践性强、综合性强、发展日新月异。随着高等教育改革的深入，如何培养适应建筑市场需求的、具备工程素质和岗位技能的应用型人才是土木工程教育面临的首要问题。建筑施工技术课程在教学内容、教学手段、教学方法和教材建设等各方面都面临更新；为适应培养应用型高级技术人才的需要，本书编者着眼于编写一本具有实用性、创新性、先进性的立体化教材，特别注重理论联系实际。本书编写以新颁布的施工规范的分部分项工程划分为主线，重点突出主要分部分项工程的施工工艺流程和施工验收标准两大内容，其中施工工艺流程包括施工准备、工序流程及操作要点、常见质量通病预防等内容，施工验收标准包括材料取样方法和施工验收规范的相关内容。一些主要项目还引入了工程案例，着重培养学生综合运用建筑施工技术理论知识分析、解决工程实际问题的能力。

本书是根据教育部颁布的"建筑施工技术"课程的教学大纲编写的，既保证全书的系统性和完整性，又体现内容的先进性、实用性、可操作性，便于案例教学、实践教学。

本书由危道军担任主编，程红艳担任副主编。项目1、项目2、项目4由湖北城市建设职业技术学院危道军老师编写；项目3、项目10由湖北城市建设职业技术学院程红艳老师编写；项目5、项目6由四川建筑职业技术学院赵玉红老师编写；项目7、项目11由广西建设职业技术学院苏开迎老师和危道军老师、程红艳老师共同编写；项目8、项目9由山西建筑职业技术学院贾云老师编写。危道军教授统稿并定稿全书。

本书在编写过程中，参考和引用了大量的文献资料，在此，特对相关作者表示衷心的感谢！并对为本书付出辛勤劳动的编辑同志表示衷心的感谢！

由于作者的水平有限，加之时间仓促，疏漏之处在所难免，恳切希望广大读者批评指正。

目 录

项目1 土方工程施工 ... 1
1.1 概述 ... 2
1.2 土方工程量的计算与调配 ... 6
1.3 土方边坡与土壁支撑 ... 17
1.4 施工排水与土方开挖 ... 22
1.5 土方机械化施工 ... 30
1.6 土方填筑与压实 ... 36
1.7 土方工程的质量要求及安全施工 ... 40
1.8 土方工程施工方案实例 ... 44
小结 ... 45
思考与训练 ... 45

项目2 地基与基础工程施工 ... 47
2.1 地基处理 ... 47
2.2 浅埋式钢筋混凝土基础 ... 58
2.3 深基坑支护技术 ... 63
2.4 桩基础施工 ... 74
2.5 桩基工程施工方案实例 ... 87
小结 ... 89
思考与训练 ... 89

项目3 砌筑工程施工 ... 91
3.1 脚手架及垂直运输设施 ... 92

　3.2　砌筑材料 ·· 109
　3.3　砌筑施工 ·· 117
　3.4　砌筑工程常见的质量事故与安全施工 ································· 132
　3.5　砌筑工程施工方案实例 ··· 134
　小结 ·· 136
　思考与训练 ·· 136

项目 4　混凝土结构工程施工 ·· 138
　4.1　模板工程 ·· 139
　4.2　钢筋工程 ·· 174
　4.3　混凝土工程 ·· 193
　4.4　混凝土结构工程施工安全技术 ··· 215
　4.5　混凝土工程施工实例 ·· 218
　小结 ·· 219
　思考与训练 ·· 220

项目 5　预应力混凝土工程施工 ·· 223
　5.1　先张法 ·· 224
　5.2　后张法 ·· 234
　5.3　无黏结预应力混凝土施工 ·· 251
　5.4　电热张拉法 ·· 254
　5.5　预应力混凝土工程施工实例 ·· 256
　小结 ·· 258
　思考与训练 ·· 259

项目 6　结构安装工程施工 ·· 261
　6.1　起重机具 ·· 261
　6.2　单层工业厂房结构安装 ··· 267
　6.3　多层房屋结构安装 ·· 292
　6.4　结构安装的质量要求及安全措施 ······································ 300
　6.5　结构安装工程施工实例 ··· 301
　小结 ·· 306
　思考与训练 ·· 306

项目 7　装配式混凝土结构施工 ·· 308
　7.1　构件制作与运输 ·· 309

7.2 装配式混凝土结构工程构件安装 ················ 314
7.3 连接部位施工 ················ 331
7.4 施工成品保护 ················ 338
小结 ················ 339
思考与训练 ················ 340

项目 8 钢结构工程施工 ················ 341

8.1 概述 ················ 341
8.2 钢结构的制作与安装 ················ 349
8.3 钢结构的质量检验与施工安全 ················ 362
8.4 钢结构安装工程施工实例 ················ 366
小结 ················ 370
思考与训练 ················ 370

项目 9 防水工程施工 ················ 372

9.1 屋面防水工程施工 ················ 372
9.2 地下防水工程施工 ················ 384
9.3 卫生间防水施工 ················ 393
9.4 防水工程施工实例 ················ 397
小结 ················ 400
思考与训练 ················ 401

项目 10 装饰工程施工 ················ 402

10.1 抹灰工程 ················ 402
10.2 门窗工程 ················ 411
10.3 吊顶与隔墙工程 ················ 416
10.4 饰面工程 ················ 427
10.5 地面工程 ················ 434
10.6 幕墙工程 ················ 441
10.7 涂饰工程 ················ 444
10.8 裱糊工程 ················ 447
10.9 装饰工程施工实例 ················ 449
小结 ················ 451
思考与训练 ················ 452

主要参考文献 ················ 453

项目 1 土方工程施工

知识目标：

1. 了解土方的种类和鉴别方法，熟悉常用施工机械的性能和选用方法。
2. 熟悉边坡失稳的原因和流沙防治措施。
3. 掌握土方的调配和土方量的计算方法。
4. 了解深基坑支护类型，掌握常用深基坑支护的施工工艺。
5. 掌握土方工程常见质量事故的预防措施和根治方法。
6. 掌握土方开挖和回填的方法。

能力目标：

1. 能根据现场情况鉴别土的类别。
2. 能进行边坡的稳定分析，能拟定土方工程质量事故预防方法。
3. 能根据项目具体情况，设计土方工程施工方案。

思政目标：

做到脚踏实地，活学活用地解决工程实践问题。

绝壁上的两河口水电站

世界第三的高土石坝——两河口水电站大坝为砾石土心墙堆石坝，坝高295m，为世界第三高土石坝。大坝总填筑方量约4233万 m^3，相当于6个"鸟巢"的体积；如果做成 $1m^3$ 的墙体铺展开，可绕地球一圈多。要精心筛选如此大体量的土石料，并将其碾压得牢不可破，难度可想而知。同时，项目所在地海拔平均3000m，含氧量约为北京的69%，"睡不着""干不动""心脏负荷大"等，成为工程建设者们面临的首要困难。

绝壁上的两河口水电站

千里之堤，溃于蚁穴。要让土石坝成为铜墙铁壁，需要破解诸多世界级难题。为此，两河口的建设者们在土石方施工方面创造了多项世界第一。

电站建成后，计入下游补偿效益增加的年发电量，每年能减少标煤消耗1330万t，减少 CO_2 排放2130万t，相当于少建4座年产400万t的大型煤矿；更带动了当地百姓就业，也成为当地产业发展、生活水平提升的"发动机"。

该项目的建设，为减少碳排放，实现双碳目标战略意义重大。

1.1 概　　述

土方工程是建筑工程施工中主要分部工程之一。土方工程包括土(或石)的开挖、运输、填筑、平整和压实等,以及排水、降水和土壁支撑等准备工作和辅助工作。

1.1.1 土方工程的种类与施工特点

1. 土方工程的种类

常见土方工程有平整场地、挖基槽、挖基坑、挖土方、回填土等。

平整场地　是指工程破土开工前对施工现场厚度 300mm 以内的挖填和找平。

挖基槽　是指挖土宽度在 7m 以内且长度大于宽度 3 倍时设计室外地坪以下的挖土。

挖基坑　是指挖土底面积在 150m² 以内且长度小于或等于宽度 3 倍时设计室外地坪以下的挖土。

挖土方　凡不满足上述平整场地、基槽、基坑条件的土方开挖,均为挖土方。

回填土　分为夯填和松填。基础回填土和室内回填土通常都采用夯填。

2. 土方工程的施工特点

1)土方工程的工程量大,施工工期长,劳动强度大。建筑工地的场地平整的土方工程量可达数百立方米以上,施工面积达数平方千米;高层建筑大型基坑的开挖,有的深达几十米。

2)土方工程施工条件复杂,多为露天作业,受地区气候条件、地质和水文条件的影响很大,不确定的因素较多,因此在组织土方工程施工前必须做好施工组织设计,合理地选择施工方法和机械设备,实行科学管理,这对缩短工期、降低工程成本、保证工程质量有很重要的意义。

1.1.2 土的工程分类与开挖方法

在土方工程施工中,根据土开挖的难易程度(坚硬程度)将土分为松软土、普通土、坚土、砂砾坚土、软石、次坚石、坚石、特坚石共八类土。前四类属一般土,后四类属岩石,其分类与开挖方法见表 1.1 所示。

表 1.1　土的工程分类与开挖方法

土的分类	土的名称	坚实系数 f	密度/(t/m³)	开挖方法及工具
一类土 (松软土)	砂土、粉土、冲积砂土层、疏松的种植土、淤泥(泥炭)	0.5~0.6	0.6~1.5	用锹、锄头挖掘,少许用脚蹬
二类土 (普通土)	粉质黏土,潮湿的黄土,夹有碎石、卵石的砂,粉土混卵(碎)石,种植土,填土	0.6~0.8	1.1~1.6	用锹、锄头挖掘,少许用镐翻松

续表

土的分类	土的名称	坚实系数 f	密度/ (t/m^3)	开挖方法及工具
三类土（坚土）	软及中等密实黏土，重粉质黏土、砾石土，干黄土，含有碎石卵石的黄土、粉质黏土，压实的填土	0.8～1.0	1.75～1.9	主要用镐，少许用锹、锄头挖掘，部分用撬棍
四类土（砂砾坚土）	坚硬密实的黏性土或黄土，含碎石卵石的中等密实的黏性土或黄土，粗卵石，天然级配砂石，软泥灰岩	1.0～1.5	1.9	先用镐、撬棍挖掘，后用锹挖掘，部分配备楔子及大锤挖掘
五类土（软石）	硬质黏土，中密的页岩、泥灰岩，胶结不紧的砾岩，软石灰及贝壳石灰石	1.5～4.0	1.1～2.7	用镐或撬棍、大锤挖掘，部分使用爆破方法
六类土（次坚石）	泥岩，砂岩，砾岩，坚实的页岩、泥灰岩，密实的石灰岩，风化花岗岩、片麻岩及正长岩	4.0～10.0	2.2～2.9	用爆破方法开挖，部分用风镐
七类土（坚石）	大理石，辉绿岩，玢岩，粗、中粒花岗岩，坚实的白云岩、砂岩、砾岩、片麻岩、石灰岩，微风化安山岩、玄武岩	10.0～18.0	2.5～3.1	用爆破方法开挖
八类土（特坚石）	安山岩，玄武岩，花岗片麻岩，坚实的细粒花岗岩、闪长岩、石英岩、辉长岩、辉绿岩、玢岩、角闪岩	18.0～25.0 以上	2.7～3.3	用爆破方法开挖

注：坚实系数 f 相当于普氏岩石强度系数。

1.1.3 土的工程性质

土一般由土颗粒（固相）、水（液相）和空气（气相）三个部分组成，这三个部分之间的比例关系随着周围条件的变化而变化，三者相互间比例不同，反映出土的物理状态不同，如干燥、稍湿或很湿，密实、稍密或松散。这些指标是最基本的物理性质指标，对评价土的工程性质，进行土的工程分类具有重要意义。

土的三相物质是混合分布的，为阐述方便，一般用三相图表示（图1.1），三相图中把土的固体颗粒、水、空气各自划分开来。

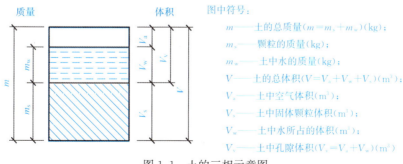

图中符号：
m——土的总质量($m=m_s+m_w$)(kg)；
m_s——颗粒的质量(kg)；
m_w——土中水的质量(kg)；
V——土的总体积($V=V_a+V_w+V_s$)(m^3)；
V_a——土中空气体积(m^3)；
V_s——土中固体颗粒体积(m^3)；
V_w——土中水所占的体积(m^3)；
V_v——土中孔隙体积($V_v=V_a+V_w$)(m^3)

图1.1 土的三相示意图

1. 土的天然密度和干密度

土在天然状态下单位体积的质量称为土的天然密度（简称密度），通常用环刀法测定。一般黏土的密度为1800～2000kg/m³，砂土为1600～2000kg/m³。土的密度按下式计算，即

$$\rho = \frac{m}{V} \tag{1.1}$$

式中：m——土的总质量(kg)；

　　　V——土的体积(m³)。

干密度是土的颗粒质量与总体积的比值，即

$$\rho_d = \frac{m_s}{V} \tag{1.2}$$

式中：m_s——颗粒的质量(kg)。

干密度的大小反映了土颗粒排列的紧密程度。干密度越大，土体就越密实。填土施工中的质量控制通常以干密度作为指标。干密度常用环刀法和烘干法测定。

2. 土的天然含水量

在天然状态下，土中水的质量与固体颗粒质量之比（百分率）称为土的天然含水量，反映了土的干湿程度，用 w 表示，即

$$w = \frac{m_w}{m_s} \times 100\% \tag{1.3}$$

式中：m_w——土中水的质量(kg)；

　　　m_s——颗粒的质量(kg)。

通常情况下，$w \leq 5\%$ 的为干土，$5\% < w \leq 30\%$ 的为潮湿土，$w > 30\%$ 的为湿土。

3. 土的可松性与可松性系数

天然土经开挖后，其体积因松散而增加，虽经振动夯实，仍然不能完全复原，这种现象称为土的可松性。土的可松性用可松性系数表示。

最初可松性系数为

$$K_s = \frac{V_2}{V_1} \tag{1.4}$$

式中：K_s——土的最初可松性系数；

　　　V_1——土在天然状态下的体积(m³)；

　　　V_2——土开挖后的松散状态下的体积(m³)。

最终可松性系数为

$$K'_s = \frac{V_3}{V_1} \tag{1.5}$$

式中：K'_s——土的最终可松性系数；

　　　V_3——土经压（夯）实后的体积(m³)。

可松性系数对土方的调配、计算土方运输量都有影响。各类土的可松性系数见表1.2。

表1.2 各类土的可松性系数参考值

土的类别	体积增加百分率/%		可松性系数	
	最初	最终	K_s	K_s'
一类土(种植土除外)	8~17	1~2.5	1.08~1.17	1.01~1.03
一类土(植物性土、泥炭)	20~30	3~4	1.20~1.30	1.03~1.04
二类土	14~28	1.5~5	1.14~1.28	1.02~1.05
三类土	24~30	4~7	1.24~1.30	1.04~1.07
四类土(泥灰岩、蛋白石除外)	26~32	6~9	1.26~1.32	1.06~1.09
四类土(泥灰岩、蛋白石)	33~37	11~15	1.33~1.37	1.11~1.15
五~七类土	30~45	10~20	1.30~1.45	1.10~1.20
八类土	45~50	20~30	1.45~1.50	1.20~1.30

注:最初体积增加百分率=$[(V_2-V_1)/V_1]\times 100\%$;最终体积增加百分率=$[(V_3-V_1)/V_1]\times 100\%$。

4. 土的压缩性

土的压缩性是指土在压力作用下体积变小的性质。取土回填或移挖作填,松土经运输、填压以后,均会压缩,一般土的压缩率见表1.3。

表1.3 土的压缩率的参考值

土的类别	土的名称	土的压缩率/%	每 m³ 松散土压实后的体积/m³	土的类别	土的名称	土的压缩率/%	每 m³ 松散土压实后的体积/m³
一、二类土	种植土	20	0.80	三类土	天然湿度黄土	12~17	0.85
	一般土	10	0.90		一般土	5	0.95
	砂土	5	0.95		干燥坚实黄土	5~7	0.94

5. 土的孔隙比和孔隙率

孔隙比和孔隙率反映了土的密实程度,孔隙比和孔隙率越小土越密实。

孔隙比 e 是土的孔隙体积 V_v 与固体体积 V_s 的比值,即

$$e=\frac{V_v}{V_s} \tag{1.6}$$

孔隙率 n 是土的孔隙体积 V_v 与总体积 V 的比值,用百分率表示,即

$$n=\frac{V_v}{V}\times 100\% \tag{1.7}$$

对于同一类土,孔隙比 e 越大,孔隙体积 V_v 就越大,从而使土的压缩性和透水性都增大,土的强度降低。故工程上也常用孔隙比来判断土的密实程度和工程性质。

6. 土的渗透系数

土的渗透性是指土体被水透过的性质,通常用渗透性系数 K 表示。渗透性系数 K 表示单位时间内水穿透土层的能力,以 m/d 表示。根据土的渗透系数不同,可分为透水性土(如砂土)和不透水性土(如黏土)。土的渗透性影响施工降水与排水的速度,一般土的渗透系数见表1.4。

表 1.4 土的渗透系数参考汇总

土的名称	渗透系数 $K/(m/d)$	土的名称	渗透系数 $K/(m/d)$
黏土	<0.005	含黏土的中砂	3～15
粉质黏土	0.005～0.1	粗砂	20～50
粉土	0.1～0.5	均质粗砂	60～75
黄土	0.25～0.5	圆砾石	50～100
粉砂	0.5～1	卵石	100～500
细砂	1～5	漂石(无砂质充填)	500～1000
中砂	5～20	稍有裂缝的岩石	20～60
均质中砂	35～50	裂缝多的岩石	>60

1.2 土方工程量的计算与调配

在土方工程施工之前，必须计算土方的工程量。但各种土方工程的外形有时很复杂，而且不规则。一般情况下，将其划分成为一定的几何形状，采用具有一定精度而又和实际情况近似的方法进行计算。

1.2.1 基坑、基槽土方工程量计算

1. 边坡坡度

土方边坡用边坡坡度和边坡系数表示。

边坡坡度是以土方挖土深度 h 与边坡底宽 b 之比表示(图 1.2)，即

$$土方边坡坡度 = \frac{h}{b} = 1 : m \tag{1.8}$$

边坡系数是以土方边坡底宽 b 与挖土深度 h 之比表示，用 m 表示，即

$$m = \frac{b}{h} \tag{1.9}$$

土方边坡坡度与土方边坡系数互为倒数，工程中常以 $1:m$ 表示边坡坡度。

2. 基槽土方量计算

基槽开挖时，两边留有一定的工作面，分放坡开挖和不放坡开挖两种情形。基槽土方量计算如图 1.3 所示。

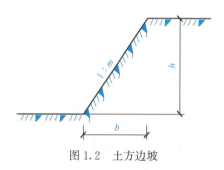

图 1.2 土方边坡

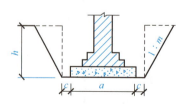

图 1.3 基槽土方量计算

当基槽不放坡时：
$$V = h \cdot (a + 2c) \cdot L \tag{1.10}$$

当基槽放坡时：
$$V = h \cdot (a + 2c + mh) \cdot L \tag{1.11}$$

式中：V——基槽土方量(m^3)；

h——基槽开挖深度(m)；

a——基础底宽(m)；

c——工作面宽(m)；

m——边坡系数；

L——基槽长度(外墙按中心线，内墙按净长线)(m)。

如果基槽沿长度方向断面变化较大，应分段计算，然后将各段土方量汇总即得总土方量，即
$$V = V_1 + V_2 + V_3 + \cdots + V_n \tag{1.12}$$

式中：V_1、V_2、V_3、$\cdots$、V_n——基槽各段土方量(m^3)。

3. 基坑土方量计算

基坑开挖时，四边留有一定的工作面，分放坡开挖和不放坡开挖两种情形，如图1.4所示。

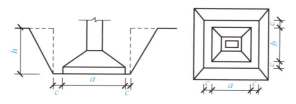

图1.4 基坑土方量计算

当基坑不放坡时：
$$V = h \cdot (a + 2c) \cdot (b + 2c) \tag{1.13}$$

当基坑放坡时：
$$V = h \cdot (a + 2c + mh) \cdot (b + 2c + mh) + \frac{1}{3}m^2 h^3 \tag{1.14}$$

式中：V——基坑土方量(m^3)；

h——基坑开挖深度(m)；

a——基础底长度(m)；

b——基础底宽度(m)；

c——工作面宽度(m)；

m——边坡系数。

1.2.2 场地平整土方工程量计算

场地平整是将现场平整成施工所要求的设计平面。场地平整前，首先要确定场地设

计高程，计算挖、填土方工程量，确定土方平衡调配方案；根据工程规模、施工期限、土的性质及现有机械设备条件，选择土方机械，拟定施工方案。

1. 场地设计高程的确定

场地设计高程是进行场地平整和土方量计算的依据，合理地确定场地的设计高程，对于减少挖填方数量、节约土方运输费用、加快施工进度等都具有重要的经济意义。确定场地设计高程时应考虑以下因素：

1) 满足建筑规划和生产工艺及运输的要求。
2) 尽量利用地形，减少挖填方数量。
3) 场地内的挖、填土方量力求平衡，使土方运输费用最少。
4) 有一定的排水坡度，满足排水要求。
5) 考虑最高洪水位的影响。

在工程实践中，特别是大型建设项目，设计高程由总图设计规定，在设计图样上规定出建设项目各单体建筑、道路、广场等设计高程，施工单位按图施工。若设计文件没有规定时，或设计单位要求建设单位先提供场区平整的高程时，施工单位可根据挖填土方量平衡的原则自行设计。

若设计文件对场地设计高程无明确规定和特殊要求，可参照下述步骤和方法确定。

1) 划分方格网。根据已有地形图（一般用 1/500 的地形图）划分成若干个方格网，尽量使方格网与测量的纵横坐标网相对应，方格的边长一般采用 10～40m。
2) 计算或测量各方格角点的自然高程。
3) 初步计算场地设计高程。初步计算场地设计高程是按照挖填平衡的原则，即场地内挖方总量等于填方总量。

如图 1.5 所示，将场地地形图划分为边长 $a=10\sim40\text{m}$ 的若干个方格。每个方格的角点高程：当地形平坦时，可根据地形图上相邻两条等高线的高程，用插入法求得；当地形起伏大（用插入法有较大误差）或无地形图时，则可在现场用木桩打好方格网，然后用测量的方法求得。

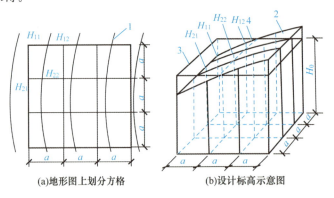

(a) 地形图上划分方格　　(b) 设计标高示意图

1——等高线；2——自然地面；3——设计高程平面；4——自然地面与设计高程平面的交线（零线）。

图 1.5　场地设计高程计算简图

按照挖填平衡原则，场地设计高程可按下式计算，即

$$H_0 Na^2 = \sum\left(a^2 \frac{H_{11}+H_{12}+H_{21}+H_{22}}{4}\right) \quad (1.15)$$

$$H_0 = \frac{\sum(H_{11}+H_{12}+H_{21}+H_{22})}{4N} \quad (1.16a)$$

式中：N——方格数。

由图 1.5 可知，H_{11} 是一个方格的角点高程；H_{12}、H_{21} 是相邻两个方格的公共角点高程；H_{22} 则是相邻四个方格的公共角点高程。如果将所有方格的四个角点高程相加，则类似 H_{11} 的角点高程加一次，类似 H_{12}、H_{21} 的角点高程加两次，类似 H_{22} 的角点高程要加四次。因此，式(1.16a)可改写为

$$H_0 = \frac{\sum H_1 + 2\sum H_2 + 3\sum H_3 + 4\sum H_4}{4N} \quad (1.16b)$$

式中：H_1——一个方格独有的角点高程；

H_2——两个方格共有的角点高程；

H_3——三个方格共有的角点高程；

H_4——四个方格共有的角点高程。

4)场地设计高程的调整。按式(1.16a)或式(1.16b)计算的设计高程 H_0 是理论值，实际上还需考虑以下因素进行调整。

① 由于土具有可松性，按 H_0 进行施工，填土将有剩余，必要时可相应地提高设计高程。

② 由于设计高程以上的填方工程用土量，或设计高程以下的挖方工程挖土量的影响，设计高程降低或提高。

③ 由于边坡挖填方量不等，或经过经济比较后将部分挖方就近弃于场外、部分填方就近从场外取土而引起挖填土方量的变化，需相应地增减设计高程。

5)考虑泄水坡度对角点设计高程的影响。按上述计算及调整后的场地设计高程进行场地平整时，则整个场地将处于同一水平面，但实际上由于排水的要求，场地表面均应有一定的泄水坡度。因此，应根据场地泄水坡度的要求计算出场地内各方格角点实际施工时所采用的设计高程。

① 单向泄水时，场地各点设计高程的求法。场地单向泄水时，以计算出的设计高程 H_0 作为场地中心线(与排水方向垂直的中心线)的高程(图 1.6)，则场地内任意一点的设计高程为

$$H_n = H_0 \pm li \quad (1.17)$$

式中：H_n——场地内任意一点的设计高程；

l——该点至场地中心线的距离；

i——场地泄水坡度(不小于 0.2%)。

例如，图 1.6 中 H_{52} 点的设计高程是

$$H_{52} = H_0 - li = H_0 - 1.5ai$$

② 双向泄水时，场地各点设计高程的求法。场地双向泄水时，以计算出的设计高程 H_0 作为场地中心点的高程(图 1.7)，则场地内任意一点的设计高程为

$$H_n = H_0 \pm l_x i_x \pm l_y i_y \tag{1.18}$$

式中：H_n——场地内任意一点的设计高程；

l_x、l_y——该点至场地中心线 $x—x$、$y—y$ 的距离；

i_x、i_y——$x—x$、$y—y$ 方向场地泄水坡度(不小于0.2%)。

2. 场地土方量的计算

大面积场地平整的土方量通常采用方格网法计算，即根据方格网各方格角点的自然地面高程和实际采用的设计高程，算出相应的角点挖填高度(施工高度)，然后计算每一方格的土方量，并算出场地边坡的土方量。

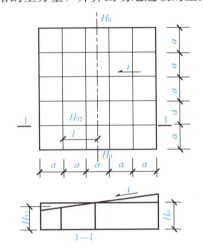

图 1.6 单向泄水坡度的场地

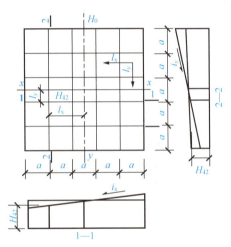

图 1.7 双向泄水坡度的场地

(1)计算各方格角点的施工高度

施工高度是设计地面高程与自然地面高程的差值，将各角点的施工高度填在方格网的右上角。设计高程和自然高程分别标注在方格网的右下角和左下角，方格网的左上角填的是角点编号，如图 1.8 所示。

图 1.8 角点标注

各方格角点的施工高度按下式计算，即

$$h_n = H_n - H \tag{1.19}$$

式中：h_n——角点施工高度，即各角点的挖填高度，"+"为填，"-"为挖；

H_n——角点的设计地面高程(若无泄水坡度时，即为场地的设计高程)；

H——各角点的自然地面高程。

(2)计算零点位置

在一个方格网内同时有填方或挖方时，要先算出方格网边的零点位置。所谓零点，是指方格网边线上不挖不填的点。把零点位置标注于方格网上，将各相邻边线上的零点连接起来，即为零线。零线是挖方区和填方区的分界线，零线求出后，场地的挖方区和

填方区也随之标出。一个场地内的零线不是唯一的,有可能是一条,也可能是多条。当场地起伏较大时,零线可能出现多条。

零点的位置按下式计算,即

$$x_1 = \frac{h_1}{h_1 + h_2} \cdot a, \quad x_2 = \frac{h_2}{h_1 + h_2} \cdot a \tag{1.20}$$

式中:x_1、x_2——角点至零点的距离(m);

h_1、h_2——相邻两角点的施工高度(m),均用绝对值表示;

a——方格网的边长(m)。

(3)计算方格土方工程量

按方格网底面积图形和表1.5中所列公式,计算每个方格内的挖方或填方量。

表1.5 采用方格网点计算公式

项目	图示	计算公式
一点填方或挖方(三角形)		$V = \frac{1}{2}bc \frac{\sum h}{3} = \frac{bch_3}{6}$ 当 $b=c=a$ 时,$V = \frac{a^2 h_3}{6}$
二点填方或挖方(梯形)		$V_+ = \frac{b+c}{2}a \frac{\sum h}{4} = \frac{a}{8}(b+c)(h_1+h_3)$ $V_- = \frac{d+e}{2}a \frac{\sum h}{4} = \frac{a}{8}(d+e)(h_2+h_4)$
三点填方或挖方(五角形)		$V = \left(a^2 - \frac{bc}{2}\right) \frac{\sum h}{5}$ $= \left(a^2 - \frac{bc}{2}\right) \frac{h_1+h_2+h_4}{5}$
四点填方或挖方(正方形)		$V = \frac{a^2}{4} \sum h = \frac{a^2}{4}(h_1+h_2+h_3+h_4)$

注:1)a——方格网的边长(m);b,c——零点到一角点的边长(m);h_1,h_2,h_3,h_4——方格网四角点的施工高程(m),用绝对值代入;$\sum h$——填方或挖方施工高程的总和(m),用绝对值代入;V——挖方或填方量(m³)。

2)计算公式是按各计算图形底面积乘以平均施工高程而得出的。

3. 边坡土方量的计算

图 1.9 是一场地边坡的平面示意图,从图中可看出:边坡的土方量可划分为两种近似几何形体计算,一种为三角棱锥体,另一种为三角棱柱体,其计算如下。

(1)三角棱锥体边坡体积

三角棱锥体边坡体积(图 1.9 中的①)计算公式如下:

$$V_1 = \frac{1}{3} A_1 l_1 \tag{1.21}$$

式中:l_1——边坡①的长度;

A_1——边坡①的断面积,即

$$A_1 = \frac{h_2(mh_2)}{2} = \frac{mh_2^2}{2} \tag{1.22}$$

h_2——角点的挖土高度;

m——边坡的坡度系数。

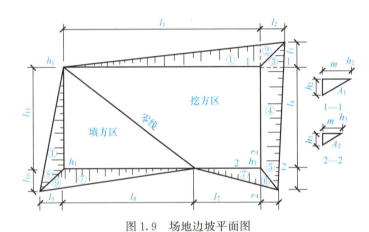

图 1.9 场地边坡平面图

(2)三角棱柱体边坡体积

三角棱柱体边坡体积(图 1.9 中的④)计算公式如下:

$$V_4 = \frac{A_1 + A_2}{2} l_4 \tag{1.23}$$

当两端横断面面积相差很大的情况下,则

$$V_4 = \frac{l_4}{6}(A_1 + 4A_0 + A_2) \tag{1.24}$$

式中:l_4——边坡④的长度;

A_1、A_2、A_0——边坡④两端及中部的横断面面积,算法同上(图 1.9 剖面是近似表示,实际上地表面不完全是水平的)。

4. 计算土方总量

将挖方区(或填方区)所有方格的土方量和边坡土方量汇总,即得场地平整挖(填)方的工程量。

【例1.1】 某建筑场地地形图如图1.10所示,方格网边长为$a=20$m。场地设计泄水坡度:$i_x=0.3\%$,$i_y=0.2\%$。建筑设计、生产工艺和最高洪水位等方面均无特殊要求。试确定场地设计高程(不考虑土的可松性影响,如有余土,用以加宽边坡),并计算挖、填土方量(不考虑边坡土方量)。

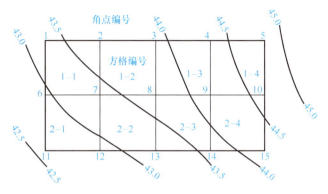

图1.10 某建筑场地地形图和方格网布置

解 (1)计算各方格角点的地面高程

各方格角点的地面高程,可根据地形图上所标等高线,假定两等高线之间的地面坡度按直线变化,用插入法求得。如求角点4的地面高程(H_4),由图1.11有

$$h_x:0.5=x:l$$

则

$$h_x=\frac{0.5}{l}x;\qquad h_4=44.00+h_x$$

为了避免烦琐的计算,通常采用图解法(图1.12)。用一张透明纸,上面画6条等距离的平行线。把该透明纸放到标有方格网的地形图上,将6条平行线的最外边两根分别对准A点和B点,这时6条等距的平行线将A、B之间的0.5m高差分成5等份,于是便可直接读得角点4的地面高程$H_4=44.34$m。其余各角点高程均可用图解法求出。本例各方格角点高程,如图1.13所示中地面高程各值。

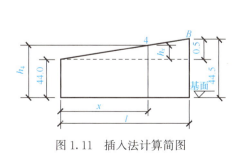

图1.11 插入法计算简图

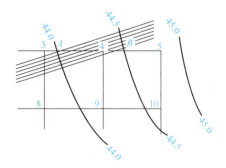

图1.12 插入法的图解法

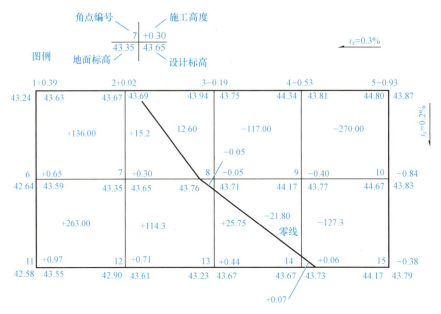

图 1.13 方格网法计算土方工程量

(2) 计算场地设计高程 H_0

$\sum H_1 = (43.24 + 44.80 + 44.17 + 42.58)\text{m} = 174.79\text{m}$

$2\sum H_2 = 2 \times (43.67 + 43.94 + 44.34 + 44.67 + 43.67 + 43.23 + 42.90 + 42.94)\text{m}$
$= 698.72\text{m}$

$3\sum H_3 = 0$

$4\sum H_4 = 4 \times (43.35 + 43.76 + 44.17)\text{m} = 525.12\text{m}$

由式(1.16b)得

$$H_0 = \frac{\sum H_1 + 2\sum H_2 + 3\sum H_3 + 4\sum H_4}{4N} = \frac{174.79 + 698.72 + 525.12}{4 \times 8}\text{m}$$
$= 43.71\text{m}$

(3) 计算方格角点的设计高程

以场地中心角点 8 为 H_0(图 1.13),由已知泄水坡度 i_x 和 i_y,各方格角点设计高程按式(1.18)计算:

$H_1 = H_0 - 40 \times 0.3\% + 20 \times 0.2\% = (43.71 - 0.12 + 0.04)\text{m} = 43.63\text{m}$

$H_2 = H_0 - 20 \times 0.3\% + 20 \times 0.2\% = (43.71 - 0.06 + 0.04)\text{m} = 43.69\text{m}$

$H_6 = H_0 - 40 \times 0.3\% = (43.71 - 0.12)\text{m} = 43.59\text{m}$

其余各角点设计高程算法同上,其值见图 1.13 中设计高程值。

(4) 计算角点的施工高度

用式(1.19)计算各角点的施工高度为

$h_1 = (43.63 - 43.24)\text{m} = +0.39\text{m}$

$$h_2 = (43.69 - 43.67)\text{m} = 0.02\text{m}$$
$$h_3 = (43.75 - 43.94)\text{m} = -0.19\text{m}$$

其余各角点施工高度详见图 1.13 中施工高度值。

(5)确定零线

首先求零点，有关方格边线上零点的位置由式(1.20)和式(1.21)确定。2—3 角点连线零点距角点 2 的距离为

$$x_{2\text{-}3} = \frac{0.02 \times 20}{0.02 + 0.19}\text{m} = 1.9\text{m}, \quad 则\ x_{3\text{-}2} = (20 - 1.9)\text{m} = 18.1\text{m}$$

同理求得

$$x_{7\text{-}8} = 17.1\text{m}, \quad x_{8\text{-}7} = 2.9\text{m}; \quad x_{13\text{-}8} = 18.0\text{m}, \quad x_{8\text{-}13} = 2.0\text{m}$$
$$x_{14\text{-}9} = 2.6\text{m}, \quad x_{9\text{-}14} = 17.4\text{m}; \quad x_{14\text{-}15} = 2.7\text{m}, \quad x_{15\text{-}14} = 17.3\text{m}$$

相邻零点的连线即为零线(图 1.13)。

(6)计算土方量

根据方格网挖填图形，按表 1.5 所列公式计算土方工程量。

方格 1—1、1—3、1—4、2—1 四角点全为挖(填)方，按正方形计算，其土方量为

$$V_{1\text{-}1} = \frac{a^2}{4}(h_1 + h_2 + h_3 + h_4)$$
$$= 100 \times (0.39 + 0.02 + 0.30 + 0.65)\text{m}^3 = (+)136\text{m}^3$$

同样计算得

$$V_{2\text{-}1} = (+)263\text{m}^3; \quad V_{1\text{-}3} = (-)117\text{m}^3; \quad V_{1\text{-}4} = (-)270\text{m}^3$$

方格 1—2、2—3 各有两个角点为挖方；另两角点为填方，按梯形公式计算，其土方量为

$$V_{1\text{-}2}^{填} = \frac{a}{8}(b+c)(h_1+h_3) = \frac{20}{8} \times (1.9 + 17.1) \times (0.02 + 0.3)\text{m}^3 = (+)15.2\text{m}^3$$

$$V_{1\text{-}2}^{挖} = \frac{a}{8}(d+e)(h_2+h_4) = \frac{20}{8} \times (18.1 + 2.9) \times (0.19 + 0.05)\text{m}^3 = (-)12.6\text{m}^3$$

同理

$$V_{2\text{-}3}^{填} = (+)25.75\text{m}^3; \quad V_{2\text{-}3}^{挖} = (-)21.8\text{m}^3$$

方格网 2—2、2—4 为一个角点填方(或挖方)和三个角点挖方(或填方)，分别按三角形和五角形公式计算，其土方量为

$$V_{2\text{-}2}^{填} = \left(a^2 - \frac{bc}{2}\right)\frac{h_1+h_2+h_3}{5}$$
$$= (20^2 - 2.9 \times 2) \times \frac{0.3 + 0.71 + 0.44}{5}\text{m}^3 = (+)114.3\text{m}^3$$

$$V_{2\text{-}2}^{挖} = \frac{bch_4}{6} = \frac{2.9 \times 2 \times 0.05}{6}\text{m}^3 = (-)0.05\text{m}^3$$

同理

$$V_{2\text{-}4}^{填} = (+)0.07\text{m}^3; \quad V_{2\text{-}4}^{挖} = (-)127.3\text{m}^3$$

将计算出的土方量填入相应的方格中(图 1.13)。场地各方格土方量总计：挖方 548.75m³，填方 554.32m³。

1.2.3 土方调配

土方调配，就是对挖土的利用、堆弃和填土的取得三者之间的关系进行综合协调的处理。其目的在于使土方运输量最小(或土方运输费用最小)的条件下，确定挖填方区土方的调配方向、数量及平均运距。好的土方调配方案，应该是使土方运输量或费用达到最小，且又能方便施工。

1. 土方调配原则

1)挖方与填方基本平衡和就近调配、运距最短。使各分区挖方量与运距的乘积之和尽可能为最小，即土方运输量或费用最小。但有时，仅局限于一个场地范围内的挖填平衡难以满足上述原则，可根据场地和周围地形条件，考虑就近借土或就近堆弃。

2)先期施工与后期利用相结合的原则。当工程分期分批施工时，先期工程的土方余土应结合后期工程的需要，考虑其利用的数量和堆放位置，以便就近调配。堆放位置的选择应为后期工程创造良好的工作面和施工条件，力求避免重复挖填和场地混乱。

3)分区与全场相结合的原则。分区土方的调配，必须配合全场性的土方调配进行。

4)合理布置挖、填方分区线，选择恰当的调配方向、运输线路，使土方机械和运输车辆的性能得到充分发挥。

5)好土用在回填质量要求高的地区。

6)尽可能与大型地下建筑物的施工相结合。如大型建筑物位于填土区时，为了避免重复挖运和场地施工秩序混乱，应将部分填方区予以保留，待基础施工之后再进行填土。

总之，必须根据现场具体情况、有关技术资料、工期要求、土方施工方法与运输方案等综合考虑，并按上述原则经计算比较，最后选择经济合理的调配方案。

2. 土方调配区的划分

进行土方调配时首先要划分土方调配区，在划分调配区时应注意以下几点。

1)调配区的划分应与房屋或构筑物的位置相协调，满足工程施工顺序和分期分批施工的要求，使先期施工与后期利用相结合。

2)调配区的大小应该满足土方施工用主导机械的技术要求，使土方机械和运输车辆的功效得到充分发挥。例如，调配区的范围应该大于或等于机械的铲土长度，调配区的面积最好和施工段的大小相适应。

3)当土方运距较大或场区内土方不平衡时，可根据附近地形，考虑就近借土或就近弃土，这时每一个借土区或弃土区均可作为一个独立的调配区。

4)调配区的范围应该和土方的工程量计算用的方格网协调，通常可有若干个方格组成一个调配区。

3. 土方调配图表的编制

场地土方调配，需做成相应的土方调配图表，编制的方法如下：

(1)划分调配区

在场地平面图上先划出零线,确定挖填方区;根据地形及地理条件,把挖方区和填方区再适当地划分为若干个调配区,其大小应满足土方机械的操作要求。

(2)计算土方量

计算各调配区的挖填方量,并标写在图上。

(3)计算调配区之间的平均运距

调配区的大小及位置确定后,便可计算各挖填调配区之间的平均运距。当用铲运机或推土机平土时,挖方调配区和填方调配区土方重心之间的距离,通常就是该挖填调配区之间的平均运距。因此,确定平均运距需确定各个调配区土方的重心,并把重心标在相应的调配区图上,然后用比例尺量出每对调配区之间的平均运距即可。当挖填方调配区之间的距离较远,采用汽车、自行式铲运机或其他运土工具沿工地道路或规定线路运输时,其运距可按实计算。

调配区之间重心的确定方法为:取场地或方格网中的纵横两边为坐标轴,分别求出各区土方的重心位置,即

$$\overline{X} = \frac{\sum V_x}{\sum V}, \quad \overline{Y} = \frac{\sum V_y}{\sum V} \quad (1.25)$$

式中:$\overline{X}$、$\overline{Y}$——挖方或填方调配区的重心坐标;

V——各个方格的土方量;

x、y——各个方格的重心坐标。

为了简化计算,可用作图法近似地求出形心位置来代替重心位置。

(4)进行土方调配

土方最优调配方案的确定,是以线性规划为理论基础的,常用"表上作业法"求得。

(5)绘制土方调配图

根据表上作业法求得最优调配方案,在场地地形图上绘出土方调配图,图上应标出土方调配方向,土方数量及平均运距,如图1.14所示。

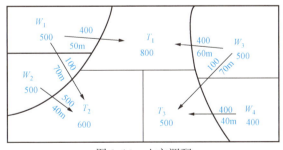

图1.14 土方调配

1.3 土方边坡与土壁支撑

开挖土方时,边坡土体的下滑会产生剪应力,此剪应力主要由土体的内摩阻力和内聚力

平衡，一旦土体失去平衡，边坡就会塌方。为了防止塌方，保证施工安全，在基坑(槽)开挖深度超过一定限度时，土壁应放坡开挖，或者加以临时支撑或支护以保证土壁的稳定。

1.3.1 土方边坡及其稳定

当边坡的高度 h 为已知时，边坡的宽度 b 则等于 mh，若土壁高度较高，土方边坡可根据各层土体所受的压力，其边坡可做成折线形或台阶形(图1.15)，以减少挖填土方量。土方边坡的大小主要与土质、开挖深度、开挖方法、边坡留置时间的长短、边坡附近的各种荷载状况及排水情况有关。

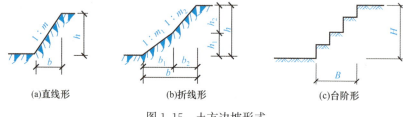

图1.15 土方边坡形式

1. 场地永久性边坡

挖方边坡应根据使用时间、土的种类、物理力学性质(内摩擦角、黏聚力、密度、湿度)、水文情况等确定。对于永久性场地，挖方边坡坡度应按设计要求放坡，如设计无规定，可按表1.6中的规定采用。

表1.6 永久性场地挖方的边坡坡度

项次	挖土性质	边坡坡度
1	在天然湿度、层理均匀、不易膨胀的黏土、粉质黏土和砂土(不包括细砂、粉砂)内，挖方深度不超过3m	(1∶1.00)～(1∶1.25)
2	土质同上，深度为3～12m	(1∶1.25)～(1∶1.50)
3	干燥地区内土质结构未经破坏的干燥黄土及类黄土，深度不超过12m	(1∶0.10)～(1∶1.25)
4	在碎石土和泥灰岩土的地方，深度不超过12m，根据土的性质、层理特性和挖方深度确定	(1∶0.50)～(1∶1.50)
5	在风化岩内的挖方，根据岩石性质、风化程度、层理特性和挖方深度确定	(1∶0.20)～(1∶1.50)
6	在微风化岩石内的挖方，岩石无裂缝且无倾向挖方坡脚的岩层	1∶0.10
7	在未风化的完整岩石内的挖方	直立

2. 基坑(槽)临时边坡

开挖基坑(槽)时，当土质为天然湿度、构造均匀、水文地质条件良好(即不会发生坍滑、移动、松散或不均匀下沉），且无地下水时，开挖基坑（槽）也可不必放坡，采取直立开挖不加支护，但挖方容许深度应按表1.7中的规定。

表1.7 开挖基坑（槽）和管沟不放坡也不加支护时的容许深度

项次	土的种类	容许深度/m
1	密实、中密的砂子和碎石类土（充填物为砂土）	1.0
2	硬塑、可塑的粉质黏土及粉土	1.25
3	硬塑、可塑的黏土和碎石类土（充填物为黏性土）	1.5
4	坚硬的黏土	2.0

对使用时间较长的临时性挖方边坡坡度，应根据工程地质和边坡高度，结合当地实践经验确定。在山坡整体稳定的情况下，如地质条件良好，土质较均匀，深度在5m内不加支撑的边坡最陡坡度可按表1.8中的规定确定。

表1.8 深度在5m内的基坑（槽）、管沟边坡的最陡坡度（不加支撑）

土的类别	边坡坡度（高∶宽）		
	坡顶无荷载	坡顶有静载	坡顶有动载
中密的砂土	1∶1.00	1∶1.25	1∶1.50
中密的碎石类土（充填物为砂土）	1∶0.75	1∶1.00	1∶1.25
硬塑的粉土	1∶0.67	1∶0.75	1∶1.00
中密的碎石类土（充填物为黏性土）	1∶0.50	1∶0.67	1∶0.75
硬塑的粉质黏土、黏土	1∶0.33	1∶0.50	1∶0.67
老黄土	1∶0.10	1∶0.25	1∶0.33
软土（经井点降水后）	1∶1.00	—	—

注：1）静载是指堆土或材料等，动载是指机械挖土或汽车运输作业等。静载或动载距挖方边缘的距离应保证边坡和直立壁的稳定，堆土或材料应距挖方边缘0.8m以外，高度不超过1.5m。
2）当有成熟施工经验时，可不受本表限制。

超过表1.8规定的深度，应根据土质和施工具体情况进行放坡，以保证土壁边坡稳定。其临时性挖方的边坡值可按表1.9中规定值采用。放坡后基坑上口宽度由基坑底面宽度及边坡坡度来决定，坑底宽度每边应比基础宽出15～30cm，以便施工操作。

表1.9 深10m以内的临时性挖方边坡坡度值表

土的类别		边坡坡度（高∶宽）
砂土（不包括细砂、粉砂）		(1∶1.25)～(1∶1.5)
一般黏性土	坚硬	(1∶0.75)～(1∶1)
	硬塑	(1∶1)～(1∶1.25)
	软	(1∶1.50)或更缓

续表

土的类别		边坡坡度(高:宽)
碎石类土	充填坚硬、硬塑黏性土	(1:0.5)~(1:1)
	充填砂土	(1:1)~(1:1.5)

注：1）设计有要求时，应符合设计要求。
　　2）若采用降水或其他加固措施，可不受本表限制，但应计算复核。
　　3）开挖深度，对软土不应超过4m，对硬土不应超过8m。

1.3.2 土壁支撑

基坑或管沟开挖时，如果土质或周围场地条件允许，采用放坡开挖往往比较经济。但是，在建筑物密集的地区施工，有时不允许按规定的坡度进行放坡，或深基坑开挖时，放坡所增加的土方量过大，就需要用设置支撑或支护的施工方法来保证土方的稳定、保证土方施工的顺利进行和安全，并减少对相邻已有建筑物的不利影响。

1. 横撑式支撑

对于宽度不大，深5m以内的浅沟、槽，一般宜设置简单的横撑式支撑，其形式根据开挖深度、土质条件、地下水位、施工时间长短、施工季节和当地气象条件、施工方法与相邻建筑物情况进行选择。

横撑式支撑根据挡土板的不同分为水平挡土板和垂直挡土板两大类，水平挡土板的布置又分为间断式、断续式和连续式三种，如图1.16所示。

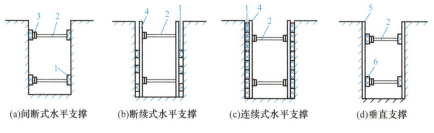

(a)间断式水平支撑　(b)断续式水平支撑　(c)连续式水平支撑　(d)垂直支撑

1——水平挡土板；2——横撑木；3——木楔；4——竖楞木；5——垂直挡土板；6——横楞木。

图1.16 横撑式支撑

(1)间断式水平支撑

支撑方法 两侧挡土板水平放置，用工具式或木横撑借木楔顶紧，挖一层土支顶一层。

适用条件 适于能保持直立壁的干土或天然湿度的黏土类土，地下水很少，深度在2m以内。

(2)断续式水平支撑

支撑方法 挡土板水平放置，中间留出间隔，并在两侧同时对称立竖楞木，再用工具或木横撑上、下顶紧。

适用条件 适于能保持直立壁的干土或天然湿度的黏土类土，地下水很少，深度在3m以内。

(3)连续式水平支撑

支撑方法 挡土板水平连续放置,不留间隙,然后两侧同时对称立竖楞木,上下各一根撑木,端头加木楔顶紧。

适用条件 适于较松散的干土或天然湿度的黏土类土,地下水很少,深度为3～5m。

(4)垂直支撑

支撑方法 挡土板垂直放置,连续或留适当间隙,然后每侧上、下各水平顶一根木方木再用横撑顶紧。

适用条件 适于土质较松散或湿度较大的土,地下水较少,深度不限。

采用横撑式支撑时,应随挖随撑,支撑要牢固。施工中应经常检查,如有松动、变形等现象时,应及时加固或更换。支撑的拆除应按回填顺序依次进行,多层支撑应自下而上逐层拆除,随拆随填。

2. 其他支撑

对于宽度较大、深度较小的浅基坑,其支撑(护)形式常用的有斜柱支撑、锚拉支撑、短桩横隔板支撑和临时挡土墙支撑等(图1.17)。

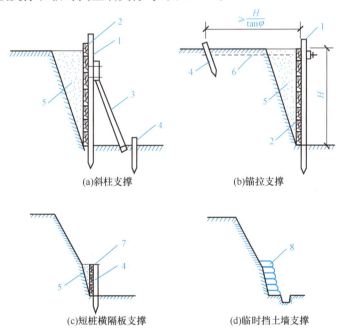

1——柱桩;2——挡板;3——斜撑;4——短桩;5——回填土;6——拉杆;
7——横隔板;8——编织袋或草袋装土、砂或干砌、浆砌毛石。

图1.17 其他支撑形式

(1)斜柱支撑

支撑方法 水平挡土板钉在柱桩内侧,外侧用斜撑支顶,斜撑底端支在木桩上,在挡板内侧回填土。

适用条件 适于开挖较大型、深度不大的基坑或使用机械挖土时使用。

(2)锚拉支撑

支撑方法 水平挡土板支在柱桩的内侧,柱桩一端打入土中,另一端用拉杆与锚桩锚紧,在挡土板内侧回填土。

适用条件 适于开挖较大型、深度不大的基坑或使用机械挖土,不能安设横撑时使用。

(3)短桩横隔板支撑

支撑方法 打小短木桩,部分打入土中,部分露出地面,钉上水平挡土板,在背面填土夯实。

适用条件 适于开挖宽度大的基坑,当部分地段下部放坡不够时使用。

(4)临时挡土墙支撑

支撑方法 沿坡脚用砖、石叠砌或用装水泥的聚丙烯丝编织袋、草袋装土(砂)堆砌,使坡脚保持稳定。

适用条件 适于开挖宽度大的基坑,当部分地段下部放坡不够时使用。

1.4 施工排水与土方开挖

1.4.1 施工排水

为了保证土方施工顺利进行,应对施工现场的排水系统进行总体规划,做到场地排水通畅。土方施工排水包括排除地面水和降低地下水。

1. 地面排水

场地内低洼地区的积水必须排除,同时应注意雨水的排除,使场地保持干燥,便于施工。

地面水的排除通常采用设置排水沟、截水沟或修筑土堤等设施来进行,应尽量利用自然地形来设置排水沟,以便将水直接排至场外。

主排水沟最好设置在施工区域或道路的两旁,其横断面和纵向坡度根据最大流量确定。一般排水沟的横断面面积不小于 $0.5m \times 0.5m$,纵向坡度根据地形确定,一般不小于 0.3%。在山坡地区施工,应在较高一面的坡上,先做好永久性截水沟,或设置临时截水沟,阻止山坡水流入施工现场。在低洼地区施工时,除开挖排水沟外,必要时还需修筑土堤,以防止场外水流入施工场地。出水口应设置在远离建筑物或构筑物的低洼地点,并保证排水通畅。

2. 集水井降水

在开挖基坑、地槽、管沟或其他土方时,土的含水层常被切断,地下水将会不断地渗入坑内。雨季施工时,地面水也会流入坑内。为了保证施工的正常进行,防止边坡塌方和地基承载能力的下降,必须做好基坑降水工作。降低地下水位的方法有集水井降水法和井点降水法两种。集水井降水法一般宜用于降水深度较小且地层为粗粒土层或黏性土的情形;井点降水法一般宜用于降水深度较大,或土层为细砂和粉砂,或是软土地区的情形。

(1)集水井设置

采用集水井降水法施工,即在基坑开挖时,沿坑底周围或中央开挖排水沟,在沟底设置集水井(图 1.18)，使坑内的水经排水沟流向集水井，然后用水泵抽走。

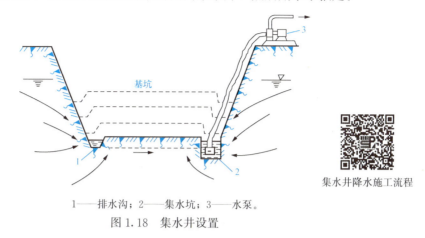

1——排水沟；2——集水坑；3——水泵。

图 1.18　集水井设置

集水井降水施工流程

排水沟和集水井应设置在基础范围以外，一般排水沟的横断面面积不小于 0.5m×0.5m，纵向坡度宜为 0.1%～0.2%；根据地下水量的大小、基坑平面形状及水泵能力，集水井每隔 20～40m 设置一个，其直径一般为 0.6～0.8m，其深度随着挖土的加深而加深，要始终低于挖土面 0.7～1.0m。井壁可用竹、木等简易加固。当基坑挖至设计高程后，集水井底应低于坑底 1～2m，并铺设 0.3m 左右的碎石滤水层，以免抽水时将泥沙抽走，同时防止集水井底的土被扰动。

(2)流砂的产生及其防治

当基坑挖土至地下水水位以下时，而土质又是细砂或粉砂，这时集水井法降水，坑底下面的土有时会形成流动状态，随地下水一起流动涌入基坑，这种现象称为流砂现象。发生流砂现象时，土完全丧失承载能力，使施工条件恶化，难以达到开挖设计深度，严重时会造成边坡塌方及附近建筑物下降、倾斜、倒塌等。总之，流砂现象对土方施工和附近建筑物有很大危害。

流砂产生的原因　水在土中渗流时受到土颗粒的阻力，从作用与反作用定律可知，水对土颗粒也作用一个压力，称为动水压力，当基坑底挖至地下水位以下时，坑底的土就受到动水压力的作用。如果动水压力等于或大于土的浸水重度时，土粒失去自重处于悬浮状态，能随着渗流的水一起流动，带入基坑边发生流砂现象。

当地下水位愈高，坑内外水位差愈大时，动水压力也就愈大，越容易发生流砂现象。实践经验表明：在可能发生流砂的土质处，基坑挖深超过地下水位线 0.5m 左右时，就要注意流砂的产生。

此外，当基坑底位于不透水层内，而其下为承压水的透水层，基坑不透水层的覆土的质量小于承压水的压力时，基坑底部就可能发生管涌现象。

易产生流砂的土　主要有以下几种情况：

1)土的颗粒组成中，黏粒含量小于 10%，粉粒(颗粒为 0.005～0.05mm)含量大于 75%。
2)颗粒级配中，土的不均匀系数小于 5。

3) 土的天然孔隙比大于 0.75。

4) 土的天然含水量大于 30%。因此，流砂现象经常发生在颗粒细、均匀、松散、饱和的非黏性土中。

流砂的防治　是否出现流砂现象的重要条件是动水压力的大小和方向。在一定的条件下土转化为流砂，而在另一些条件下（如改变动水压力的大小和方向），又可将流砂转变为稳定土。流砂防治的具体措施如下：

1) 抢挖法。即组织分段抢挖，使挖土速度超过冒砂速度，挖到高程后立即铺竹筏或芦席，并抛大石块以平衡动水压力，压住流砂，此法可解决轻微流砂现象。

2) 打板桩法。将板桩打入坑底下面一定深度，增加地下水从坑外流入坑内的渗流长度，以减小水力坡度，从而减小动水压力，防止流砂产生。

3) 水下挖土法。不排水施工，使坑内水压力与地下水压力平衡，消除动水压力，从而防止流砂产生。此法在沉井挖土下沉过程中常用。

4) 人工降低地下水位。采用轻型井点等方法降水，既能使地下水渗流向下，不致渗流入坑内，又能增大土料间的压力，从而有效地防止流砂形成。此法应用广且较可靠。

5) 地下连续墙法。此法是在基坑周围先浇筑一道混凝土或钢筋混凝土的连续墙，以支承土壁、截水，并防止流砂产生。

此外，在含有大量地下水土层或沼泽地区施工时，还可采取土壤冻结法等。对于位于流砂地区的基础工程，应尽可能用桩基或沉井施工，以节约防治流砂所增加的成本。

3. 井点降水

井点降水法又称人工降低地下水位法，是在基坑开挖前，预先在基坑四周埋设一定数量的滤水管（井），利用抽水设备从中抽水，使地下水位降落在坑底以下，直至施工结束为止。这样，可使所挖的土始终保持干燥状态，改善施工条件，同时还使动水压力方向向下，从根本上防止流砂发生，并增加土中有效应力，提高土的强度或密实度。

井点降水法有轻型井点、喷射井点、电渗井点、管井井点及深井井点等。各种方法的选用，可根据土的渗透系数、降低水位的深度、工程特点、设备及经济技术比较等条件选择，也可参照表 1.10 选用。因轻型井点降水法采用较广，下面做重点介绍。

表 1.10　各类井点降水类型及适用条件

项次	井点类别	土层渗透系数/(m/d)	降低水位的深度/m
1	单层轻型井点	0.1~50	2~6
2	多层轻型井点	0.1~50	6~12（由井点层数而定）
3	喷射井点	0.1~2	8~20
4	电渗井点	<0.1	根据选用的井点确定
5	管井井点	20~200	3~5
6	深井井点	10~250	>10

(1)轻型井点

轻型井点设备 轻型井点设备主要包括井点管、滤管、集水总管、弯联管、抽水设备等,如图1.19所示。

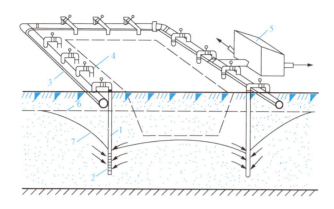

1——井点管;2——滤管;3——集水总管;4——弯联管;5——水泵房;
6——原有地下水位线;7——降低后地下水位线。

图1.19 轻型井点的设备及降低地下水位全貌

1)井点管为直径38mm或51mm、长度为5~7m的钢管,可整根或分节组成。井点管的上端用弯联管与总管相连,下端与滤管用螺纹套头连接。

2)滤管为进水设备,通常采用长度为1.0~1.2m,直径为38~57mm的无缝钢管,管壁钻有直径为12~19mm的呈星棋状排列的滤孔,滤孔面积为滤管表面积的20%~25%。滤管上端与井点管连接。

3)集水总管用直径100~125mm的无缝钢管,每段长4m,其上装有与井点管连接的短接头,间距0.8m或1.2m。

4)抽水设备是由真空泵、离心泵和水汽分离器(又称集水箱)等组成。

轻型井点的布置 井点系统的布置,应根据基坑平面形状与大小、土质、地下水位高低与流向、降水深度要求等确定。

1)平面布置。当基坑或沟槽宽度小于6m,水位降低值不大于5m时,可用单排线状井点,布置在地下水流的上游一侧,两端延伸长一般不小于沟槽宽度(图1.20)。如沟槽宽度大于6m,或土质不良,宜用双排线状井点(图1.21)。面积较大的基坑宜用环状井点(图1.22)。有时也可布置为U形,以利挖土机械和运输车辆出入基坑。环状井点四角部分应适当加密,井点管距离基坑一般为0.7~1.0m,以防漏气。井点管间距一般为0.8~1.5m,或由计算和经验确定。

采用多套抽水设备时,井点系统应分段,各段长度应大致相等。分段处应设阀门或将集水总管断开,以免管内水流紊乱,影响抽水效果。

2)高程布置。轻型井点的降水深度在考虑设备水头损失后,不超过6m。
井点管的埋设深度H(不包括滤管长)按下式计算,即

$$H \geqslant H_1 + h + iL \tag{1.26}$$

式中：H_1——井管埋设面至基坑底的距离（m）；

h——基坑中心处基坑底面（单排井点时，为远离井点一侧坑底边缘）至降低后地下水位的距离，一般为 0.5～1.0m；

i——地下水降落坡度，环状井点为 1/10，单排线状井点为 1/5～1/4；

L——井点管至基坑中心的水平距离（m）（在单排井点中，为井点管至基坑另一侧的水平距离）。

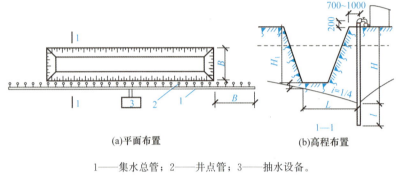

1——集水总管；2——井点管；3——抽水设备。

图 1.20　单排线状井点的布置

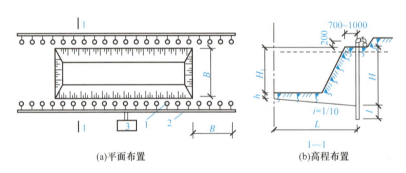

1——井点管；2——集水总管；3——抽水设备。

图 1.21　双排线状井点布置

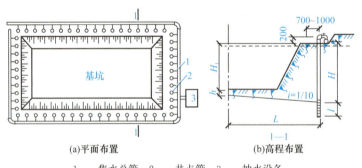

1——集水总管；2——井点管；3——抽水设备。

图 1.22　环状井点布置

如果计算出的 H 值大于井点管长度，则应降低井点管的埋置面（但以不低于地下水位为准）以适应降水深度的要求。在任何情况下，滤管必须埋在透水层内。为了充分利用抽吸能力，集水总管的布置高程宜接近地下水位线(可事先挖槽)，水泵轴心高程宜与集水总管平行或略低于总管。集水总管应具有0.25%~0.5%坡度(坡向泵房)。各段集水总管与滤管最好分别设在同一水平面，不宜高低悬殊。

当一级井点系统达不到降水深度要求，可视其具体情况采用其他方法降水。如上层土的土质较好时，先用集水井排水法挖去一层土再布置井点系统；也可采用二级井点，即先挖去第一级井点所疏干的土，然后再在其底部装设第二级井点(图1.23)。

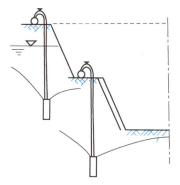

图1.23 二级轻型井点示意图

井点施工工艺顺序 放线定位→铺设集水总管→冲孔→安装井点管、填砂砾滤料、上部填黏土密封→用弯联管将井点管与集水总管接通→安装抽水设备与集水总管连通→安装集水箱和排水管→开动真空泵排气，再开动离心水泵抽水→测量观测井中地下水位变化。

(2) 喷射井点

当基坑开挖较深或降水深度超过6m，必须使用多级轻型井点，这样会增大基坑的挖土量、延长工期并增加设备数量，不够经济。当降水深度超过6m，土层渗透系数为0.1~2.0m/d的弱透水层时，可采用喷射井点降水，其降水深度可达20m。

喷射井点的主要设备 喷射井点根据其工作时使用的喷射介质的不同，分为喷水井点和喷气井点两种。其主要设备由喷射井管、高压水泵(或空气压缩机)和管路系统组成。

喷射井管分为内管和外管两个部分，内管下端装有喷射器并与滤管相接。喷射器由喷嘴、混合室、扩散室等组成。为防止因停电、机械故障或操作不当而突然停止工作时的倒流现象，在滤管的芯管下端设一逆止球阀。喷射井点正常工作时，喷射器产生真空，芯管内出现负压，钢球浮起，地下水从阀座中间的孔进入井管。当井管出现故障，真空消失时，钢球下沉堵住阀座孔，阻止工作水进入土层。

高压水泵或多级高压水泵1~2台，每台可带动25~30根喷射井点管。

管路系统包括进水、排水总管(直径为150mm，每套长60m)、接头、阀门、水表、溢流管、调压管等管件、零件及仪表。

常用喷射井点管的规格直径为38mm、50mm、63mm、100mm、150mm。

喷射井点布置 喷射井点管的布置与井点管的埋设方法和要求与轻型井点基本相同。基坑面积较大时，采用环形布置；基坑宽度小于10m，用单排线状布置；基坑宽度大于10m时，采用双排线状布置。喷射井管间距一般为2~3m；采用环形布置，进出口(道路)处的井点间距为5~7m。冲孔直径为400~600mm，深度比滤管底深1m以上。

(3) 深井井点

深井井点降水是在深基坑的周围埋置深于基底的井管，通过设置在井管内的潜水电泵将地下水抽出，使地下水位低于坑底。适用于抽水量大、较深的砂类土层，降水深可达50m。

深井井点系统主要由井管和水泵组成。井管用钢管、塑料管或混凝土管制成，管径一般为 300mm，井管内径一般应大于水泵外径 50mm。井管下部过滤部分带孔，外包裹 10 孔/cm² 镀锌钢丝两层，41 孔/cm² 镀锌钢丝两层或锦纶网。水泵可用 QY-25 型或 QJ-50-52 型油浸式潜水泵或深井泵。

深井井点一般沿工程基坑周围距边坡上缘 0.5～1.5m 呈环形布置，如果基坑宽度较窄，也可在一侧呈直线形布置；如果是面积不大的独立深基坑，也可采取点式布置。井点宜深入到透水层 6～9m，通常还应比所需降水的深度深 6～8m，间距一般为 10～30m（相当于埋深）。基坑开挖深 8m 以内，井距为 10～15m；挖深 8m 以上，井距为 15～20m。在一个基坑布置的井点，应尽可能多地为附近工程基坑降水所利用，或上部两节井管尽可能地回收利用。

（4）电渗井点

在饱和黏性土中，特别是在淤泥和淤泥质黏土中，由于土的渗透系数很小（小于 0.1m/d），此时宜采用电渗井点排水。它是利用黏性土中的电渗现象和电泳特性，使黏性土孔隙中的水流动加快，起到一定的疏干作用，从而使排水效率得到提高。该方法一般与轻型井点或喷射井点结合使用，效果较好。除有与一般井点相同的优点，还可用于渗透系数很小（0.002～0.1m/d）的黏土和淤泥中。同时与电渗一起产生的电泳作用，能使阳极周围土体加密，并可防止黏土颗粒淤塞井点管的过滤网，保证井点正常抽水。

（5）管井井点

管井井点由滤水井管、吸水管和抽水机械等组成。管井井点设备较为简单，排水量大，降水较深，较轻型井点具有更大的降水效果，可起到代替多组轻型井点的作用，其水泵设在地面，易于维护。适于渗透系数较大、地下水丰富的土层、砂层，或适宜在用集水井排水法易造成土粒大量流失，引起边坡塌方及用轻型井点难以满足要求的情况下使用。但管井属于重力排水范畴，吸程受到一定限制，要求渗透系数 K 较大（20～200m/d），降水深度仅为 3～5m。

（6）降水对周围建筑的影响及防止措施

在弱透水层和压缩性大的黏土层中降水时，地下水流失造成地下水位下降、地基自重应力增加和土层压缩，从而会产生较大的地面沉降；又由于土层的不均匀性和降水后地下水位呈漏斗曲线，四周土层的自重应力变化不一而导致不均匀沉降，使周围建筑物基础下沉或房屋开裂。因此，在建筑物附近进行井点降水时，为防止降水影响或损害区域内的建筑物，就必须阻止建筑物下的地下水流失。为达到此目的，除可在降水区域和原有建筑物之间的土层中设置一道固体抗渗屏幕外，还可用回灌井点补充地下水的办法来保持地下水位，使降水井点和原有建筑物下的地下水位保持不变或降低较少，从而阻止建筑物下地下水的流失。这样，也就不会因降水而使地面沉降，或减少沉降值。

回灌井点是防止井点降水损害周围建筑物的一种经济、简便、有效的办法，它能将井点降水对周围建筑物的影响减少到最小程度。为确保基坑施工的安全和回灌的效果，回灌井点与降水井点之间应保持一定的距离，一般不宜小于 6m。

为了观测降水及回灌后四周建筑物、管线的沉降情况及地下水位的变化情况，必须设置沉降观测点及水位观测井，并定时测量、记录，以便及时调节灌、抽量，使灌、抽量基本达到平衡，确保周围建筑物或管线等的安全。

1.4.2 定位放线

1. 基槽放线

根据房屋主轴线控制点，首先将外墙轴线的交点用木桩测设在地面上，并在桩顶钉上铁钉作为标志。房屋外墙轴线测定以后，以外墙轴线为依据，再按照建筑施工平面图中轴线间尺寸，将内部开间所有轴线都一一测出。然后根据边坡系数及工作面大小计算开挖宽度，最后在中心轴线两侧用石灰在地面上撒出基槽开挖边线。同时在房屋四周设置龙门板，以便于基础施工时复核轴线位置。

2. 柱基放线

在基坑开挖前，从设计图上核对基础的纵横轴线编号和基础施工详图，根据柱子的纵横轴线，用经纬仪在矩形控制网上测定基础中心线的端点，同时在每个柱基中心线上测定基础定位桩，每个基础的中心线上设置四个定位木桩，其桩位离基础开挖线的距离为0.5～1.0m。若基础之间的距离不大，可每隔1～2个或几个基础打一定位桩，但两个定位桩的间距以不超过20m为宜，以便拉线恢复中间柱基的中线。桩顶上钉铁钉，标明中心线的位置。然后按基础施工图上柱基的尺寸和边坡系数及工作面确定的挖土边线的尺寸，放出基坑上口挖土灰线，标出挖土范围。

大型基坑开挖，需根据房屋的控制点，按基础施工图上的尺寸和按边坡系数及工作面确定的挖土边线的尺寸，放出基坑四周的挖土边线。

1.4.3 基坑(槽)开挖

土方开挖应遵循"开槽支撑，先撑后挖，分层开挖，严禁超挖"的原则。基坑(槽)开挖有人工开挖和机械开挖，对于大型基坑应优先考虑选用机械化施工，以加快施工进度。开挖基坑(槽)需按规定的尺寸合理确定开挖顺序和分层开挖深度，连续地进行施工，尽快地完成。土方开挖施工要求高程、断面准确，土体应有足够的强度和稳定性，因此在开挖过程中要随时注意检查。

1. 开挖基坑(槽)时的注意要点

1) 施工前必须做好地面排水和降低地下水位工作，地下水位应降低至基坑底以下0.5～1.0m后方可开挖。降水工作应持续到回填完毕。

2) 挖出的土除预留一部分用作回填外，不得在场地内任意堆放，应把多余的土运到弃土地区，以免妨碍施工。为防止坑壁滑坡，根据土质情况及坑(槽)深度，在坑顶两边一定距离(一般为2m)内不得堆放弃土，在此距离外堆土高度不得超过1.5m，否则，应验算边坡的稳定性。在桩基周围、墙基或围墙一侧，不得堆土过高。在坑边放置有动载的机械设备时，也应根据验算结果，距坑边较远距离停置，如地质条件不好，还应采取加固措施。

3) 为了防止基底土(特别是软土)受到浸水或其他原因的扰动，基坑(槽)挖好后，应立即做垫层或浇筑基础，否则，挖土时应在基底高程以上保留厚度为150～300mm的土层，待基础施工时再行挖去。如用机械挖土，为防止基底土被扰动，结构被破坏，不应直接挖到坑（槽）底，应根据机械种类在基底高程以上留出一定厚度的土层，待基础施工前通过人工铲平修整。使用铲运机、推土机时，保留土层厚度为 150～200mm，使用正铲、反铲或拉铲挖土时为 200～300mm。

4）挖土不得超挖（挖至基坑槽的设计高程以下）。若个别处超挖，应用与基土相同的土料填补，并夯实到要求的密实度。如用原土填补不能达到要求的密实度时，应用碎石类土填补，并仔细夯实。重要部位如被超挖时，可用低强度等级的混凝土填补。

5）雨季施工时，基坑（槽）应分段开挖，挖好一段浇筑一段垫层，并在基坑（槽）两侧围以土堤或挖排水沟，以防地面雨水流入基（坑）槽，同时应经常检查边坡和支撑情况，以防止坑壁受水浸泡造成塌方。

6）基坑开挖时，应对平面控制桩、水准点、基坑平面位置、水平高程、边坡坡度等经常复测检查。

2. 基坑开挖程序

基坑开挖程序一般是：<u>测量放线→切线分层开挖→排、降水→修坡→整平→留足预留土层等</u>。相邻基坑开挖时，应遵循先深后浅或同时进行的施工程序。挖土应自上而下水平分段分层进行，每层 0.3m 左右，边挖边检查坑底宽度及坡度，坡度不够时及时修整，每 3m 左右修一次坡，至设计高程再统一进行一次修坡清底，检查坑底宽和高程，要求坑底凹凸不超过 2.0cm。

1.5 土方机械化施工

土方施工机械

土（石）方工程有人工开挖、机械开挖和爆破三种开挖方法。人工开挖只适用于小型基坑（槽）、管沟及土方量少的场所，对土方量较大的一般均选择机械开挖。当开挖难度很大，如冻土、岩石土的开挖，也可采用爆破技术进行爆破。土方工程的机械施工过程主要包括土方开挖、运输、填筑与压实等。常用的施工机械有推土机、铲运机、单斗挖土机、装载机等，施工时应正确选用施工机械，加快施工进度。

1.5.1 推土机施工

推土机是土方工程施工的主要机械之一，其推土板有用钢丝绳操纵和用油压操纵两种。图 1.24 所示为推土机外形图，用油压操纵推土板的推土机除了可升调推土板，还可调整推土板的角度，因此具有更大的灵活性。

推土机特点：操纵灵活、运转方便、所需工作面较小、行驶速度快、易于转移，能爬坡度为 30°左右的缓坡，因此应用较广。它多用于场地清理和平整、开挖深度 1.5m 以内的基坑，填平沟坑，以及配合铲运机、挖土机工作等。此外，在推土机后面可安装

图 1.24 推土机外形

松土装置,破、松硬土和冻土,也可拖挂羊足碾,进行土方压料工作。推土机可以推挖一～三类土。运距在100m以内的平土或移挖作填,宜采用推土机,尤其是当运距在30～60m效率最高。

1.5.2 铲运机施工

铲运机由牵引机械和土斗组成,按行走方式分自行式和拖式两种(图1.25和图1.26),其操纵机构分为油压式和索式。拖式铲运机由拖拉机牵引;自行式铲运机的行驶和工作,都靠自身的动力设备,不需要其他机械的牵引和操纵。

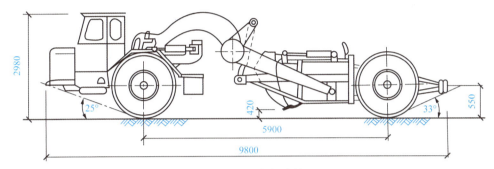

图1.25 CL7型自行式铲运机

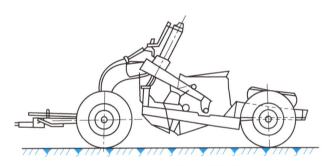

图1.26 C6-2.5型拖式铲运机

铲运机特点:能综合完成铲土、运土、平土或填土等全部土方施工工序,对行驶道路要求较低;操纵灵活、运转方便、生产率高,在土方工程中常应用于大面积场地平整、开挖大基坑、沟槽以及填筑路基、堤坝等工程。它适宜于铲运含水量不大于27%的松土和普通土,不适于在砾石层和冻土地带及沼泽区工作,当铲运三、四类较坚硬的土时,宜用推土机助铲或用松土机配合将土翻松至0.2～0.4m,以减少机械磨损,提高生产率。

在工业与民用建筑施工中,常用铲运机的铲斗容量为1.5～7m^3。自行式铲运机的经济运距以800～1500m为宜;拖式铲运机的运距以600m为宜,当运距为200～300m时效率最高。在规划铲运机的开行路线时,应力求符合经济运距的要求。在选定铲运机斗容量之后,其生产率的高低主要取决于机械的开行路线和施工方法。

1.5.3 单斗挖土机施工

单斗挖土机在土方工程中应用较广，种类很多，按其行走装置的不同，分为履带式和轮胎式两大类。单斗挖土机还可根据工作的需要，更换其工作装置。按其工作装置的不同，可分为正铲、反铲、拉铲和抓铲等。按其操纵方式的不同，其可分为机械式和液压式两类，如图 1.27 所示。

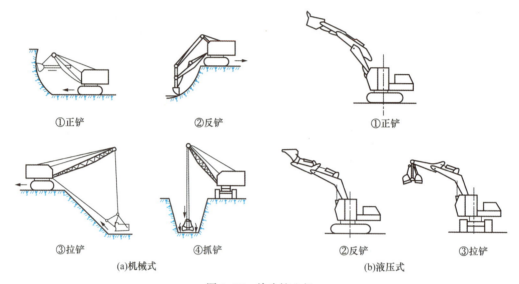

图 1.27 单斗挖土机

正铲挖土机施工流程（动画）

1. 正铲挖土机

正铲挖土机装车轻便灵活，回转速度快，移位方便；能挖掘坚硬土层，易控制开挖尺寸，工作效率高。

（1）适用范围

正铲挖土机可开挖停机面以上的一～三类土，它与运土汽车配合能完成整个挖运任务，可用于开挖大型干燥基坑以及土丘等，适用于：

1）开挖含水量不大于 27% 的一～四类土和经爆破后的岩石与冻土碎块。

2）大型场地整平土方。

3）工作面狭小且较深的大型管沟和基槽、路堑等。

4）独立基坑。

5）边坡开挖。

（2）开挖方式

正铲挖土机的挖土特点是"前进向上，强制切土"。根据开挖路线与运输汽车相对位置的不同，一般有以下两种。

正向开挖，侧向卸土 正铲向前进方向挖土，汽车位于正铲的侧向装土。这种方法铲臂卸土回转角度最小（<90°），装车方便，循环时间短，工作效率高，用于开挖工作面较大且深度不大的边坡、基坑（槽）、沟渠和路堑等，为最常用的开挖方法。

正向开挖，后方卸土　正铲向前进方向挖土，汽车停在正铲的后面。这种方法开挖工作面较大，但铲臂卸土回转角度(180°左右)较大，且汽车要侧向行车，增加工作循环时间，工作效率降低(回转角度180°，工作效率约降低23%；回转角度130°，工作效率约降低13%)。这种方法用于开挖工作面较小且较深的基坑(槽)、管沟和路堑等。

2. 反铲挖土机

反铲挖土机操作灵活，挖土、卸土均在地面作业，不用开运输道。

反铲挖土机施工流程(动画)

(1)作业特点

1)开挖地面以下深度不大的土方。

2)最大挖土深度为4~6m，经济合理深度为1.5~3m。

3)可装车和两边甩土、堆放。

4)较大较深基坑可用多层接力挖土。

(2)作业方法

反铲挖土机的挖土特点是"后退向下，强制切土"。根据挖掘机的开挖路线与运输汽车的相对位置不同，一般有以下几种。

沟端开挖法　反铲停于沟端，后退挖土，同时往沟一侧弃土或装车运走[图1.28(a)]。挖掘宽度可不受机械最大挖掘半径的限制，臂杆回转半径仅45°~90°，同时可挖到最大深度。对较宽的基坑可采用图1.28(b)所示的方法，其最大一次挖掘宽度为反铲有效挖掘半径的两倍，但汽车需停在机身后面装土，工作效率降低。此法适于一次成沟后退挖土、挖出土方随即运走，或就地取土填筑路基，或修筑堤坝等。

沟侧开挖法　反铲停于沟侧沿沟边开挖，汽车停在机旁装土或往沟一侧卸土[图1.28(c)]。这种方法铲臂回转角度小，能将土弃于距沟边较远处，但挖土宽度比挖掘半径小，边坡较难控制，同时机身靠沟边停放，稳定性较差。该法用于横挖土体和需将土方甩到离沟边较远的距离时使用。

(a)反铲沟端开挖法　　(b)较宽基坑沟端开挖法　　(c)沟侧开挖法

图1.28　沟端开挖法及沟侧开挖法

多层接力开挖法　用两台或多台挖土机设在不同作业高度上同时挖土，边挖土，边将土传递到上层，再由地表挖土机挖土并装土(图1.29)；上部可用大型反铲，中、下层用大型或小型反铲进行挖土和装土，均衡连续作业。一般两层挖土可挖深10m，三层可挖深15m左右。该方法适于开挖土质较好，深10m以上的大型基坑、沟槽和渠道，一次完成开挖到设计高程，可避免汽车在坑下装运作业，提高工作效率，且不必设专用垫道。

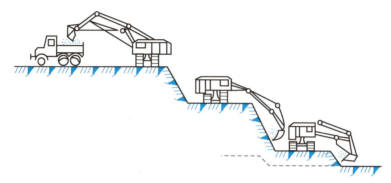

图1.29 多层接力开挖法

3. 拉铲挖土机

拉铲挖土机可挖深坑，挖掘半径及卸载半径大，操纵灵活性较差。

(1)适用范围

1)挖掘一～三类土，开挖较深较大的基坑(槽)、管沟。

2)大量外借土方。

3)填筑路基、堤坝。

拉铲挖土机施工(动画)

4)挖掘河床。

5)可不排水挖取水中泥土。

(2)开挖方式

拉铲挖土机的挖土特点是"后退向下，自重切土"。拉铲挖土时，吊杆倾斜角度应在45°以上，先两侧后中间，分层进行，保持边坡整齐；距边坡的安全距离应不小于2m。开挖方式有沟端开挖法(图1.30)和沟侧开挖法(图1.31)两种。

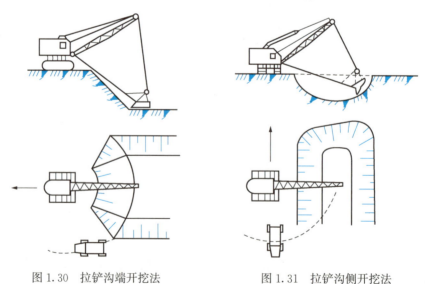

图1.30 拉铲沟端开挖法　　图1.31 拉铲沟侧开挖法

4. 抓铲挖土机

抓铲挖土机钢绳牵拉灵活性较差，工作效率不高，不能挖掘坚硬土；可装在简易机械上工作，使用方便。

抓铲挖土机
施工流程（动画）

(1) 适用范围

抓铲挖土机适于开挖直井或沉井土方，如：

1) 挖掘土质比较松软，施工面较狭窄的深基坑、基槽。
2) 挖取水中土（淤泥），清理河床。
3) 挖掘桥基、桩孔。
4) 装卸散装材料。

(2) 作业方法

抓铲挖土机的挖土特点是"直上直下，自重切土"。抓铲能抓在回转半径范围内开挖基坑上任何位置的土方，并可在任何高度上卸土（装车或弃土）。

对于小型基坑，抓铲立于一侧抓土；对于较宽的基坑，则在两侧或四周抓土。抓铲应离基坑边一定距离，土方可直接装入自卸汽车运走，或堆弃在基坑旁或用推土机推到远处堆放。抓铲挖淤泥时，抓斗易被淤泥吸住，应避免用力过猛，以防翻车。抓铲施工，一般均需加配重。

1.5.4 土方施工机械的选择

土方机械化开挖应根据基础形式、工程规模、开挖深度、地质、地下水情况、土方量、运距、现场和机具设备条件、工期要求以及土方机械的特点等合理选择挖方机械，以充分发挥机械效率，节省机械费用，加快工程进度。

1. 土方施工机械选择要点

1) 当地形起伏不大，坡度在 20°以内，挖填平整土方的面积较大，土的含水量适当，平均运距短（一般在 1km 以内）时，采用铲运机较为合适。如果土质坚硬或冬季冻土层厚度超过 100～150mm 时，必须由其他机械辅助翻松后再铲运。当一般土的含水量大于 25%，或坚硬的黏土含水量超过 30% 时，铲运机会出现陷车现象，必须将水疏干后再施工。

2) 地形起伏较大的丘陵地带，挖土高度在 3m 以上，运输距离超过 1km，工程量较大且又集中时，可采用下述三种方式进行挖土和运土。

① 正铲挖土机配合自卸汽车进行施工，并在弃土区配备推土机平整土堆。选择铲斗容量时，应考虑土质情况、工程量和工作面高度。当开挖普通土，集中工程量在 1.5 万 m^3 以下时，可采用 0.5m^3 的铲斗；当开挖集中工程量为 1.5～5 万 m^3 时，以选用 1.0m^3 的铲斗为宜，此时普通土和硬土都能开挖。

② 用推土机将土推入漏斗，并用自卸汽车在漏斗下承土并运走。这种方法适用于挖土层厚度在 5～6m 以上的地段。漏斗上口尺寸为 3m 左右，由宽 3.5m 的框架支撑。其位置应选择在挖土段的较低处，并预先挖平。漏斗左右及后侧土壁应予支撑。

③ 用推土机预先把土推成一堆，用装载机把土装到汽车上运走，效率较高。

2. 开挖基坑时选择施工机械的原则

1) 土的含水量较小，可结合运距长短、挖掘深浅，分别采用推土机、铲运机或正铲挖土机配合自卸汽车进行施工。基坑深度在 1～2m，长度不大时，可采用推土机挖土；深度在 2m 以内，长度较大的线状基坑，宜用铲运机挖土；基坑较大，工程量集中时，可选用正铲挖土机挖土。

2) 如地下水位较高，又不采用降水措施，或土质松软，可能造成正铲挖土机和铲运机陷车时，则采用反铲挖土机挖土；拉铲或抓铲挖土机配合自卸汽车较为合适，挖掘深度见有关机械的性能表。

1.6 土方填筑与压实

1.6.1 填筑要求

为了保证土方填筑质量，必须正确选择填土的种类和填筑方法。

1. 填方土料的要求

填方土料应符合设计要求，保证填方的强度和稳定性，如设计无要求时应符合以下规定。

1) 碎石类土、砂土和爆破石渣可用于表层下的填料。
2) 含水量符合压实要求的黏性土可作各层填料。
3) 淤泥和淤泥质土一般不能用作填料，但在软土地区，经过处理，含水量符合压实要求的，可用于填方中的次要部位。
4) 碎块草皮和有机质含量大于 5% 的土只能用无压实要求的填方。
5) 含有盐分的盐渍土中，仅中、弱两类盐渍土一般可以使用，但填料中不得含有盐晶、盐块或含盐植物的根基。
6) 不得使用冻土、膨胀性土作填料。

碎石类土或爆破石渣作填料时，其最大粒径不得超过每层铺土厚度的 2/3，使用振动碾时，不得超过每层铺土厚度的 3/4；铺填时，大块料不应集中，且不得填在分段接头或填方与山坡连接处。

2. 填土压实的要求

(1) 密实度要求

填方的密实度要求和质量指标通常以压实系数 λ_c 表示，压实系数为土的控制（实际）干密度 ρ_d 与最大干土密度 $\rho_{d\,max}$ 的比值。最大干土密度 $\rho_{d\,max}$ 是在土的最优含水量时，通过标准的击实试验确定的。密实度一般由设计要求，根据工程结构性质、使用要求以及土的性质确定，如未作规定，可参考表 1.11 数值。

表 1.11　压实填土的质量控制

结构类型	填土部位	压实系数	控制含水量/%
砌体承重结构和框架结构	在地基主要受力层范围内	≥0.97	$\omega_{op} \pm 2$
	在地基主要受力层范围外	≥0.95	
排架结构	在地基主要受力层范围内	≥0.96	
	在地基主要受力层范围外	≥0.94	

注：1）压实系数 λ_c 为压实填土的控制干密度 ρ_d 与最大干密度 $\rho_{d\,max}$ 的比值，ω_{op} 为最优含水量。

2）地坪垫层以下及基础底面高程以上的压实填土，压实系数不应小于 0.94。压实填土的最大干密度 $\rho_{d\,max}$ （t/m³）宜采用击实试验确定，当无试验资料时，可按下式计算，即

$$\rho_{d\,max} = \eta \frac{\rho_w d_s}{1 + 0.01 \omega_{op} d_s} \tag{1.27}$$

式中：η——经验系数，黏土取 0.95，粉质黏土取 0.96，粉土取 0.97；

ρ_w——水的密度（t/m³）；

d_s——土粒相对密度（t/m³）；

ω_{op}——最优含水量（%）（以小数计），可按当地经验或取 $\omega_p + 2$（ω_p 为土的塑限）。

(2) 一般要求

1) 填土应尽量采用同类土填筑，并宜控制土的含水量在最优含水量范围内。当采用不同的土填筑时，应按土类有规则地分层铺填，将透水性大的土层置于透水性较小的土层之下，不得混杂使用，边坡不得用透水性较小的土封闭，以利于水分排除和基土稳定，并避免在填方内形成水囊和产生滑动现象。

2) 填土应从最低处开始，由下向上分层铺填碾压或夯实。

3) 在地形起伏之处，应做好接槎处理，修筑 1∶2 阶梯形边坡，每台阶高可取 50cm、宽 100cm。分段填筑时每层接缝处应做成坡度大于 1∶1.5 的斜坡，碾迹重叠 0.5～1.0m，上下层错缝距离不应小于 1m。接缝部位不得在基础、墙角、柱墩等重要部位。

4) 填土应预留一定的下沉高度，以备在行车、堆重或干湿交替等自然因素作用下，土体逐渐沉落密实。预留沉降量应根据工程性质、填方高度、填料种类、压实系数和地基情况等因素确定。当土方用机械分层夯实时，其预留下沉高度（以填方高度的百分数计）分别为：对砂土，为 1.5%；对粉质黏土，为 3%～3.5%。

1.6.2　填土压实方法

填土压实可采用人工压实，也可采用机械压实，当压实量较大，或工期要求比较紧时一般采用机械压实。常用的机械压实方法有碾压法、夯实法和振动压实法等。

1. 碾压法

碾压法是利用机械滚轮的压力压实土壤，使之达到所需的密实度，此法多用于大面积填土工程。碾压机械有平碾压路机、羊足碾压路机和气胎碾压路机。平碾对砂土、黏性土均可压实；羊足碾需要较大的牵引力，且只宜压实黏性土，因在砂土中使用羊足碾会使土颗粒受到"羊足"较大的单位压力后会向四周移动，从而使土的结构遭到破坏；气

胎碾在工作时是弹性体，其压力均匀，压实质量较好。利用运土机械进行碾压，也是较经济合理的压实方案，施工时使运土机械行驶路线能大体均匀地分布在填土面积上，并达到一定重复行驶遍数，使其满足填土压实质量的要求。

平碾压路机是最常用的一种碾压机械，又称为光碾压路机，按质量等级分为轻型（3～5t）、中型（6～10t）和重型（12～15t）三种；按装置形式的不同又分为单轮压路机、双轮压路机及三轮压路机等几种；按作用于土层荷载的不同，分为静作用压路机和振动压路机两种。平碾压路机具有操作方便、转移灵活、碾压速度较快等优点。但碾轮与土的接触面积大，单位压力较小，碾压上层密实度大于下层。静作用压路机适用于薄层填土或表面压实、平整场地、修筑堤坝及道路工程；振动压路机适用于填料为爆破石渣、碎石类土、杂填土或粉土的大型填方工程。

碾压机械压实填方时，行驶速度不宜过快，一般平碾控制在2km/h，羊足碾控制在3km/h。否则，会影响压实效果。

蛙式打夯（视频）

2. 夯实法

夯实法是利用夯锤自由下落的冲击力来夯实土壤，主要用于小面积回填。夯实法分为人工夯实和机械夯实两种。夯实机械有夯锤、内燃夯土机和蛙式打夯机，人工夯土用的工具有木夯、石夯等。

蛙式打夯机、内燃夯土机、电动立夯机等，适用于土质黏性较低的（砂土、粉土、粉质黏土）基坑（槽）、管沟及各种零星分散、边角部位的填方的夯实，以及配合压路机对边线或边角碾压不到之处的夯实。

夯锤是借助起重机悬挂一重锤进行夯土的夯实机械，适用于夯实砂性土、湿陷性黄土、杂填土以及含有石块的填土。

振动打夯（视频）

3. 振动压实法

振动压实法是将振动压实机放在土层表面，借助振动机械使压实机械振动，土颗粒在振动力的作用下发生相对位移而达到紧密状态。这种方法用于振实非黏性土效果较好。若使用振动碾进行碾压，可使土受到振动和碾压两种作用，碾压效果好，适用于大面积填方工程。

对密实度要求不高的大面积填方，在缺乏碾压机械时，可采用推土机、拖拉机或铲运机结合行驶、推（运）土、平土来压实。对于已回填松散的特厚土层，可根据回填厚度和设计对密实度的要求采用重锤夯实或强夯等方法来夯实。

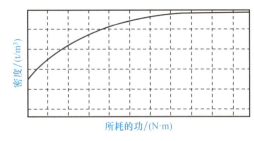

图1.32 土的密度与所耗的功的关系曲线

1.6.3 影响填土压实质量的因素

影响填土压实的因素较多，主要有压实功、土的含水量以及每层铺土厚度。

1. 压实功的影响

填土压实后的密度与压实机械在其上所施加的功有一定的关系。土的密度与所消耗的功的关系如图1.32所示。当土的含水量一定，在开始压实时，土的密度急剧增加，待到接近土的最大密度时，压实功虽然增加许多，而土的密度则变化甚小。实际施工中，对于砂土只需碾压或夯击2～3遍；对于粉土只需3～4遍；对于粉质黏土或黏土只需5～6遍。此外，松土不宜用重型碾压机械直接滚压，否则土层有强烈起伏现象，效率较低。先用轻碾压实，再用重碾压实，效果较好。

2. 土的含水量的影响

填土土料含水量的大小，直接影响夯实（碾压）质量，在夯实（碾压）前应预先试验，以得到符合密实度要求条件下的最优含水量和最少夯实（或碾压）遍数。含水量过小，夯压（碾压）不实；含水量过大，则易成橡皮土。当土的含水量适当时，水起了润滑作用，土颗粒之间的摩阻力减少，从而容易压实。每种土都有其最佳含水量，土在这种含水量的条件下，使用同样的压实功进行压实，所得到的密度最大，各种土的最佳含水量和最大干密度可参考表1.12。

表1.12 土的最佳含水量和最大干密度参考

项次	土的种类	变动范围		项次	土的种类	变动范围	
		最佳含水量/%（质量比）	最大干密度/（g/cm³）			最佳含水量/%（质量比）	最大干密度/（g/cm³）
1	砂土	8～12	1.80～1.88	3	粉质黏土	12～15	1.85～1.95
2	黏土	19～23	1.58～1.70	4	粉土	16～22	1.61～1.80

注：1）表中土的最大干密度应根据现场实际测定的数字为准。
2）一般性的回填可不做此项测定。

土料最佳含水量一般以土手握成团、落地开散为适宜，当含水量过大，应采取翻松、晾干、风干、换土回填、掺入干土或其他吸水性材料等措施；如土料过干，则应预先洒水润湿。在气候干燥时，须采取加速挖土、运土、平土和碾压过程，以减少土的水分散失。当填料为碎石类土（充填物为砂土）时，碾压前应充分洒水湿透，以提高压实效果。

3. 铺土厚度和压实遍数的影响

土在压实功的作用下，其应力随厚度增加而逐渐减小，其影响厚度与压实机械、土的性质和含水量等有关。铺得过薄，则要增加机械的总压实遍数。最优的铺土厚度应能使土方压实而机械的功耗费最少，可按照表1.13选用。在表中规定压实遍数范围内，轻型压实机械取大值，重型取小值。

表1.13 填方每层的铺土厚度和压实遍数

压实机具	每层铺土厚度/mm	每层压实遍数/遍
平碾	200～300	6～8
羊足碾	200～350	8～16
蛙式打夯机	200～250	3～4

续表

压实机具	每层铺土厚度/mm	每层压实遍数/遍
推土机	200～300	6～8
拖拉机	200～300	8～16
人工打夯	≤200	3～4

注：人工打夯时，土块粒径不应大于50mm。

上述三个方面因素之间是互相影响的。为了保证压实质量，提高压实机械的工作效率，重要工程应根据土质和所选用的压实机械在施工现场进行压实试验，以确定达到规定密实度所需的压实遍数、铺土厚度及最优含水量。

1.7 土方工程的质量要求及安全施工

1.7.1 土方工程常见的质量事故处理

在土方工程施工中，由于施工操作不当和违反操作规程而引起的质量事故，其危害程度很大，如造成建筑物（或构筑物）的沉陷、开裂、位移、倾斜，甚至倒塌等。因此，对土方工程施工必须特别重视，按设计和施工质量验收规范要求认真施工，以确保土方工程质量。

1. 场地积水

在建筑场地平整过程中或平整完成后，场地范围内高低不平，局部或大面积出现积水。

(1) 原因

1) 场地平整填土面积较大或较深时，未分层回填压（夯）实，土的密实度不均匀或不够，遇水产生不均匀下沉而造成积水。

2) 场地周围未做排水沟，或场地未做成一定排水坡度，或存在反向排水坡。

3) 测量错误使场地高低不平。

(2) 防治

1) 平整前，应对整个场地的排水坡、排水沟、截水沟和下水道进行有组织的排水系统设计。施工时，应遵循先地下后地上的原则做好排水设施，使整个场地排水通畅。排水坡度的设置应按设计要求进行；当设计无要求时，对地形平坦的场地，纵横方向应做成不小于0.2%坡度，以利泄水。在场地周围或场地内设置排水沟（截水沟），其截面、流速和坡度等应符合有关规定。

2) 场地内的填土应认真分层回填碾压（夯）实，使其密实度不低于设计要求。当设计无要求时，一般也应分层回填、分层压（夯）实，使相对密实度不低于85%，以免松填。填土压（夯）实的方法应根据土的类别和工程条件合理选用。

3) 做好测量的复核工作，防止出现高程误差。

(3)处理

已积水的场地应立即疏通排水和采用截水设施将水排除。场地未做排水坡或坡度过小，应重新修坡；对局部低洼处，应填土找平、碾压（夯）实至符合要求，避免再次积水。

2. 填方出现沉陷现象

基坑（槽）回填时，填土局部或大片出现沉陷，从而造成室外散水坡空鼓下陷、积水，甚至引起建筑物不均匀下沉，出现开裂。

(1)原因

1) 填方基底上的草皮、淤泥、杂物和积水未清除便开始填方，因此含有机物过多，腐朽后产生下沉。
2) 基础两侧用松土回填，未经分层夯实。
3) 槽边松土落入基坑（槽），夯填前未认真进行处理，回填后土受到水的浸泡产生沉陷。
4) 基槽宽度较窄，采用人工回填夯实，未达到要求的密实度。
5) 回填土料中夹有大量干土块，受水浸泡产生沉陷。
6) 采用含水量大的黏性土、淤泥质土、碎块草皮作土料，回填质量不合要求。
7) 冬季施工时基底土体受冻胀，未经处理就直接在其上填方。

(2)防治

1) 基坑（槽）回填前，应将坑（槽）中积水排净，淤泥、松土、杂物清理干净，如有地下水或地表积水，应有排水措施。
2) 回填土采取严格分层回填、夯实。每层虚铺土厚度不得大于300mm。土料含水量应符合规定。回填土密实度要按规定抽样检查，确保符合要求。
3) 填土土料中不得含有大于50mm直径的土块，且不应有较多的干土块，急需进行下道工序施工时，宜用二八灰土或三七灰土回填夯实。

(3)处理

基坑（槽）回填土沉陷造成墙脚散水空鼓，如混凝土面层尚未破坏，可填入碎石，侧向挤压捣实；若面层已经裂缝破坏，则应视面积大小或损坏情况，采取局部或全部返工。局部处理可用锤、凿将空鼓部位打去，填灰土或黏土、碎石混合物夯实后再做面层。因回填土沉陷引起结构物下沉时，应会同设计部门针对具体情况采取加固措施。

3. 边坡塌方

在挖方过程中或挖方后，基坑（槽）边坡土方局部或大面积坍塌或滑坡。

(1)原因

1) 基坑（槽）开挖较深，放坡不够；挖方尺寸不够，将坡脚挖去。
2) 通过不同土层时，没有根据土的特性分别放成不同坡度，致使边坡失稳而造成塌方。
3) 在有地表水、地下水作用的土层开挖基坑（槽）时，未采取有效的降、排水措施，使土层湿化，黏聚力降低，导致在重力作用下失稳而引起塌方。

4)边坡顶部堆载过大,或受施工设备、车辆等外力振动影响。

5)土质松软,开挖次序、方法不当而造成塌方。

(2)防治

1)根据土的种类、物理力学性质(土的内摩擦角、黏聚力、湿度、密度、休止角等)确定适当的边坡坡度。经过不同土层时,其边坡应做成折线形。

2)做好地面排水工作,避免在影响边坡的范围内积水,造成边坡塌方。当基坑(槽)开挖范围内有地下水时,应采取降、排水措施,将水位降至离基底 0.5m 以下方可开挖,并持续到基坑(槽)回填完毕。

3)土方开挖应自上而下分段分层依次进行,防止先挖坡脚,造成坡体失稳。相邻基坑(槽)和管沟开挖时,应遵循先深后浅或同时进行的施工顺序,并及时做好基础或铺管,尽量防止对地基的扰动。

4)施工中应避免在坡体上堆放弃土和材料。

5)在建筑物密集的地区,基坑(槽)或管沟开挖时,有时不允许按规定的坡度进行放坡,可采用设置支撑或支护的施工方法来保证土方的稳定。

(3)处理

对于基坑(槽)塌方,可将坡脚塌方清除并采取临时性支护措施,如堆装土编织袋或草袋、设支撑、砌砖石护坡墙等;对于永久性边坡局部塌方,可将塌方清除,用块石填砌或回填二八灰土或三七灰土嵌补,与土接触部位做成台阶搭接,防止滑动;或将坡顶线后移;或将坡度改缓。

土方工程施工中,一旦出现边坡失稳塌方现象,后果非常严重,不但会造成安全事故,而且会增加大量费用,拖延工期等。因此,应引起高度重视。

4. 填方出现橡皮土

(1)原因

在含水量较大的黏土或粉质黏土、淤泥质土、腐殖土等原状土地基上进行回填,或采用上述土作土料进行回填时,由于原状土被扰动,颗粒之间的毛细孔被破坏,水分不易渗透和散发。当施工气温较高时,对其进行夯击或碾压,表面易形成一层硬壳,阻止了水分的渗透和散发,使土形成软塑状态的橡皮土。这种土埋藏越深,水分散发越慢,长时间内不易消失。

(2)防治

1)夯(压)实填土时,应适当控制填土的含水量。

2)避免在含水量过大的黏土、粉质黏土、淤泥质土和腐殖土等原状土上进行回填。

3)填方区如有地表水,应设排水沟排水;如有地下水,地下水水位应降低至基底 0.5m 以下。

(3)处理

1)暂停回填时间,使橡皮土含水量逐渐降低。

2)将干土、石灰粉和碎砖等吸水材料均匀掺入橡皮土中,吸收土中的水分,降低土的含水量。

3)将橡皮土翻松、晾晒、风干至最优含水量范围,再夯(压)实。
4)将橡皮土挖除,回填灰土和级配砂石夯(压)实。

1.7.2 土方工程质量标准

1)柱基、基坑、基槽和管沟基底的土质,必须符合设计要求,并严禁扰动。
2)填方的基底处理,必须符合设计要求或施工规范规定。
3)柱基、坑基、基槽、管沟回填的土料必须符合设计要求和施工规范。
4)填土施工过程中应检查排水措施、每层填筑厚度、含水量控制和压实程度。
5)填方和柱基、基坑、基槽、管沟的回填等对有密实度要求的填方,在夯实或压实之后,必须按规定分层夯压密实。取样测定压实后土的干密度,90%以上符合设计要求,其余10%的最低值与设计值的差不应大于0.08g/cm³,且不应集中。

土的实际干密度可用环刀法(或灌砂法)测定,或用轻便触探仪直接通过锤击数来检验干密度和密实度,符合设计要求后才能填筑上层。其取样组数为:柱基回填取样数不少于柱基总数的10%,且不少于5个;基槽、管沟回填每层按长度20~50m取样一组;基坑和室内填土每层按100~500m²取样一组;场地平整填土每层按400~900m²取样一组,取样部位应在每层压实后的下半部。用灌砂法取样的深度应为每层压实后的全部深度。

6)土方工程外形尺寸的允许偏差和检验方法,应符合表1.14的规定。
7)填施工结束后,应检查高程、边坡坡度、压实程度等,检验标准应符合表1.15的规定。

表1.14 土方开挖工程质量检验标准

	项序	检查项目	允许偏差或允许值/mm					检验方法
			柱基基坑基槽	挖方场地平整		管沟	地(路)面基层	
				人工	机械			
主控项目	1	高程	−50	±30	±50	−50	−50	水准仪
	2	长度、宽度(由设计中心线向两边量)	+200 −50	+300 −100	+500 −150	+100	—	经纬仪,用钢尺检查
	3	边坡坡度	按设计要求					观察或用坡度尺检查
一般项目	1	表面平整度	20	20	50	20	20	用2m靠尺和楔型塞尺检查
	2	基底土性	按设计要求					观察或土样分析

注:地(路)面基层的偏差只适用于直接在挖、填方上作地(路)面的基层。

表1.15 填土工程质量检验标准

项序		检查项目	允许偏差或允许值/mm					检查方法
			桩基基坑基槽	场地平整		管沟	地(路)面基层	
				人工	机械			
主控项目	1	高程	-50	±30	±50	-50	-50	水准仪
	2	分层压实系数	按设计要求					按规定方法
一般项目	1	回填土料	按设计要求					取样检查或直观鉴别
	2	分层厚度及含水量	按设计要求					水准仪及抽样检查
	3	表面平整度	20	20	30	20	20	用靠尺或水准仪

1.7.3 土方工程安全技术

1) 基坑开挖时，两人操作间距应大于2.5m，多台机械开挖，挖土机间距应大于10m。挖土应由上而下，逐层进行，严禁采用挖空底脚(挖"神仙土")的施工方法。
2) 基坑开挖应严格按要求放坡。操作时应随时注意土壁变动情况，如发现有裂纹或部分坍塌现象，应及时进行支撑或放坡，并注意支撑的稳固和土壁的变化。
3) 基坑(槽)挖土深度超过3m使用吊装设备吊土时，起吊后，坑内操作人员应立即离开吊点的正下方，起吊设备距坑边一般不得少于1.5m，坑内人员应戴安全帽。
4) 用手推车运土，应先铺好道路。卸土回填，不得放手让车自动翻转。用翻斗汽车运土，运输道路的坡度、转弯半径应符合有关安全规定。
5) 深基坑上下应先挖好阶梯或设置靠梯，或开斜坡道，并采取防滑措施，禁止踩踏支撑上下。坑四周应设安全栏杆或悬挂危险标志。
6) 基坑(槽)设置的支撑应经常检查是否有松动变形等不安全的迹象，特别是雨后更应加强检查。
7) 基坑(槽)沟边2m以内不得堆土、堆料和停放机具；2m以外堆土，其高度不宜超过1.5m；坑(槽)、管沟与附近建筑物的距离不得小于1.5m，危险时必须加固。

1.8 土方工程施工方案实例

1. 工程概况

基坑(槽)填方出现橡皮土，造成建筑物不均匀下沉，出现开裂。

2. 橡皮土的施工方案

(1) 橡皮土产生的原因

在含水量很大的黏土或粉质黏土、淤泥质土、腐殖土等原状土地基上进行回填，或采用上述土作土料进行回填时，由于原状土被扰动，颗粒之间的毛细孔被破坏，水分不易渗透和散发。当施工气温较高时，对其进行夯击或碾压，表面易形成一层硬壳，更阻止了水分的渗透和散发，使土形成软塑状态的橡皮土。这种土埋藏越深，水分散发越慢,长时间内不易消失。

(2)防止措施

1)夯(压)实填土时,应适当控制填土的含水量。

2)避免在含水量过大的黏土、粉质黏土、淤泥质土和腐殖土等原状土上进行回填。

3)填方区如有地表水,应设排水沟排水;如有地下水,地下水水位应降低至基底0.5m以下。

4)延缓回填时间,使橡皮土含水量逐渐降低。

5)用干土、石灰粉和碎砖等吸水材料均匀掺入橡皮土中,以吸收土中的水分,降低土的含水量。

6)将橡皮土翻松、晾晒、风干至最优含水量范围,再进行夯(压)实。

7)将橡皮土挖除,然后换土回填夯(压)实,可回填 3∶7 灰土和级配砂石夯(压)实。

小　　结

本项目包括土方工程量的计算与调配、土方施工机械、土方开挖、土方填筑与压实、土方工程的质量要求及安全施工等内容。

土方工程施工时,做好排除地面水、降低地下水位,为土方开挖和基础施工提供良好的施工条件,这对加快施工进度,保证土方工程施工质量和安全,具有十分重要的作用。

降低地下水位方法有许多种,要能根据具体条件正确选择应用,尤其在地下水位较高、土质是细砂或粉砂土的情况下。当基坑开挖采用集水坑降水时,要注意流砂的发生及采取相应的具体防治措施。

在井点降水方法中,重点介绍了轻型井点降水的布置与施工部分,即轻型井点所用设备及其工作原理、轻型井点施工与使用等内容。

采用土方施工机械进行土方工程的挖、运、填、压施工中,重点是土方的填筑与压实。要能正确选择地基因填土的填方材料及填筑压实方法。能分析影响填土压实的主要因素,掌握填土压实质量的检查方法。

思考与训练

一、思考题

1. 试述土的可松性及其对土方施工的影响。
2. 试述土的基本物理性质对土方施工的影响。
3. 试述基坑及基槽土方量的计算方法。
4. 试述场地平整土方量计算的步骤和方法。
5. 土方调配应遵循哪些原则?调配区如何划分?
6. 试述土方边坡的表示方法及影响边坡的因素。
7. 常用的基坑支护有哪些?

8. 分析流砂形成的原因以及防治流砂的途径和方法。

9. 试述人工降低地下水位的方法及适用范围。

10. 如何进行轻型井点降水系统的平面布置与高程布置?

11. 常用的土方施工机械有哪些?试述其工作特点、适用范围。

12. 正铲、反铲挖土机开挖方式有哪几种?如何选择?

13. 填土压实有哪几种方法?有什么特点?影响填土压实的主要因素有哪些?怎样检查填土压实的质量?

14. 试述土的最佳含水量的概念,土的含水量和控制干密度对填土质量有何影响?

15. 土方工程常见的质量事故及处理方法。

16. 试述土方工程质量标准与安全技术。

二、练习题

1. 某基坑底长度为 90m,宽度为 60m,深度为 10m,四边放坡,边坡坡度为 1∶0.5。已知土的最初可松性系数 $K_s=1.14$,最终可松性系数 $K'_s=1.05$。

1) 试计算土方开挖工程量。

2) 若混凝土基础和地下室占有体积为 2000m³,则应预留多少回填土(以自然状态土体积计)?

3) 若多余土方外运,外运土方为多少(以自然状态的土体积计)?

4) 如果用铲斗容量为 3.0m³ 的汽车外运,需运多少台汽车?

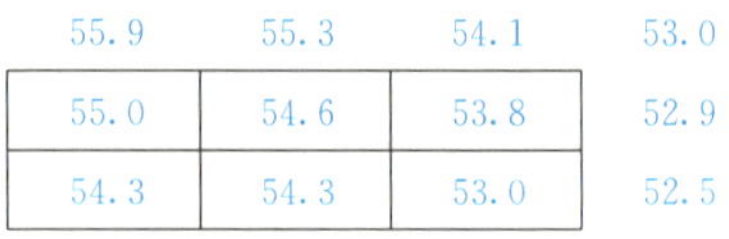

55.9	55.3	54.1	53.0
55.0	54.6	53.8	52.9
54.3	54.3	53.0	52.5

图 1.33 练习题 2

2. 某场地如图 1.33 所示,方格边长为 20m。

1) 试按挖填平衡原则确定场地平整的设计高程 H_0。

2) 当 $i_x=0.2\%$,$i_y=0$ 时,确定方格角点和设计高程。

3) 当 $i_x=0.2\%$,$i_y=0.3\%$ 时,确定方格角点的计划高程。然后算出方格角点的施工高度、绘出零线,计算挖方量和填方量(不考虑土的可松性影响)。

3. 某建筑基坑底面积为 30m×25m,深度为 5.0m,基坑边坡系数为 0.5,设天然地面相对高程为 ±0.000,天然地面至 −1.000 为亚黏土,−1.000~−9.000 为砂砾层,下部为黏土层(可视为不透水层);地下水为无压水;渗透系数 $K=25m/d$。现拟用轻型井点系统降低地下水位,试求:

1) 绘制井点系统的平面和高程布置图。

2) 计算涌水量、井点管数量和间距(井点管直径为 38mm)。

三、技能训练

参观土石方工程施工现场。

练习题库

项目 2 地基与基础工程施工

知识目标：
1. 了解地基的加固方法。
2. 掌握浅埋式钢筋混凝土基础的施工方法。
3. 掌握钢筋混凝土预制桩和灌注桩的施工方法；明确质量事故产生的原因，以及对应的预防措施和根治方法。

能力目标：
1. 能提出软弱地基处理方案，会进行钢筋混凝土预制桩和灌注桩施工。
2. 能处理钢筋混凝土预制桩和套管成孔混凝土灌注桩施工常见质量问题。

思政目标：
形成严谨、细心，吃苦耐劳的工作作风。

北京大兴国际机场跑道施工

北京大兴国际机场是世界上规模最大的机场之一，拥有世界最大面积单体航站楼，被英国《卫报》列为"新世界七大奇迹"之首。其建设难度世界少有，创造了 40 余项国际、国内第一。其中，机场的跑道穿过一条河流，其地基不均匀沉降的处理是施工的关键，难度极大。

北京新机场
跑道施工

2.1 地基处理

地基是指建筑物基础底部下方一定深度范围内的土层，一般将地层中由于承受建筑物全部荷载而引起的应力和变形不能忽略的那部分土层，称为建筑物的地基。地基有天然地基和人工地基（复合地基）两类，人工地基需要加固处理，常见的有换土垫层、桩基等。

地基处理是指为了提高地基承载力，改善其变形性质或渗透性质而采取的人工处理地基的方法。地基处理不仅应满足工程设计要求，还应做到因地制宜、就地取材、保护环境和节约资源等。

地基处理的方法很多,主要有以下几种。

换土垫层法 挖除地表浅层软弱土层或不均匀土层,回填坚硬、较大粒径的材料,并夯压密实形成垫层,作为人工填筑的持力层的地基处理方法。

重锤夯实法 利用起重机械将夯锤提升到一定高度(2.5~4.5m),然后自由落下,重复夯击地基土表面(一般需夯6~10遍),使地基表面形成一层比较密实的硬壳层,使地基得到加固的方法。

强夯法 反复将夯锤提升到高处使其自由落下,给地基以冲击和振动能量,将地基土夯实的地基处理方法。

振冲法 在振冲器水平振动和高压水的共同作用下,将松砂土层振捣密实,或在软弱土层中成孔,然后回填碎石等粗粒料形成桩柱,并和原地基土组成复合地基的地基处理方法。

砂石桩法 采用振动、冲击或水冲等方式在地基中成孔后,将碎石、砂或砂石挤压入已成的孔中,形成砂石所构成的密实桩体,并和原桩周土组成复合地基的地基处理方法。

石灰桩法 在软弱地基中用机械成孔,填入生石灰或生石灰与粉煤灰等拌和均匀,在孔内分层夯实形成竖向增强体,并与桩间土组成复合地基的地基处理方法。

水泥粉煤灰碎石桩法 由水泥、粉煤灰、碎石、石屑或砂等混合料加水拌和形成高黏结强度桩,并由桩、桩间土和褥垫层一起组成复合地基的地基处理方法。

夯实水泥土桩法 将水泥和土按设计的比例拌和均匀,在孔内夯实至设计要求的密实度而形成加固体,并将其与桩间土组成复合地基的地基处理方法。

水泥土搅拌法 以水泥作为固化剂的主剂,通过特制的深层搅拌机械,将固化剂和地基土强制搅拌,使软土硬结成具有整体性、水稳定性和一定强度的桩体的地基处理方法。水泥土搅拌法分为深层搅拌法和粉体喷搅法。深层搅拌法是使用水泥浆作为固化剂的水泥土搅拌法,简称湿法;粉体喷搅法是使用干水泥粉作为固化剂的水泥土搅拌法,简称干法。

高压喷射注浆法 用高压水泥浆通过钻杆由水平方向的喷嘴喷出,形成喷射流,以此切割土体并与土拌和形成水泥土加固体的地基处理方法。

排水固结法 在建筑物建造前,对天然地基或已设置竖向排水系统的地基加载预压,使土体固结沉降基本结束或完成大部分,从而提高地基土强度的一种地基加固方法。其原理是软黏土地基在荷载作用下,土中孔隙水慢慢排出,孔隙比减小,地基发生固结变形,同时随着超静水压力逐渐消散,土的有效应力增大,地基土的强度逐步增大。排水固结法常用于解决软黏土地基的沉降和稳定问题。

2.1.1 换土垫层法

1. 砂或砂石地基

砂或砂石地基的作用机理是用砂或砂石垫层替换基础下部的软土层,通过夯(压)实,起到提高基础下部地基承载力、减少地基沉降、加速软土层排水固结的作用。

(1)材料要求

砂 使用颗粒级配良好、质地坚硬的中砂或粗砂,当用细砂、粉砂时,应掺加粒径20~50mm的卵石(或碎石)。掺加料要分布均匀,砂中不得含有杂草、树根等有机杂质，含泥量应小于5%，兼作排水垫层时，含泥量不得超过3%。

砂石 用自然级配的砂石(或卵石、碎石)混合物，粒级应在50mm以下，其含量应在50%以内，不得含有植物残体、垃圾等杂物，含泥量小于5%。

(2)施工要点

1)铺设前应先验槽，清除基底表面浮土、淤泥等杂物；地基槽底如有孔洞、沟、井、墓穴应先填实；基底应无积水；基槽应有一定坡度，防止振捣时塌方。

2)砂石级配应根据设计要求或现场实验确定，拌和应均匀，然后进行铺夯填实。

3)如果垫层高程不尽相同，施工时应分段施工，接头处应控制成斜坡或阶梯搭接，并按先深后浅的顺序施工，搭接处，每层应错开0.5～1.0m，并注意充分捣实。

4)砂石地基应分层铺垫、分层夯实，每层铺设厚度、捣实方法可参照表2.1的规定选用。每铺好一层垫层，经干密度检验合格后方可进行上一层施工。

表2.1 砂和砂石地基每层铺筑厚度及最佳含水量

捣实方法	每层铺筑厚度/mm	施工时最佳含水量/%	施工说明	备注
平振法	200～250	15～20	用平板式振捣器反复振捣	不宜用于干细砂或含泥量较大的砂所铺筑的砂地基
插振法	振捣器插入深度	饱和	用插入式振捣器振捣；插入点间距可根据机械振幅大小决定；不应插至下卧黏性土层；插入振捣完毕所留的孔洞应用砂填实	不宜用于干细砂或含泥量较大的砂所铺筑的砂地基
水撼法	250	饱和	注水高度应超过每次铺筑面层；用钢叉摇撼捣实，插入点间距为100mm；钢叉分四齿，齿的间距为80mm，长为30mm，木柄长为90mm，质量为4kg	在湿陷性黄土、膨胀土、细砂地基上不宜使用
夯实法	150～200	8～12	用木夯或机械夯；木夯质量为40kg，落距为400～500mm；一夯压半夯，全面夯实	适用于砂石垫层
碾压法	250～350	8～12	6～12t压路机反复碾压	适用于大面积施工的砂和砂石地基

5)当地下水位较高或在饱和软土地基上铺设砂和砂石时，应加强基坑内侧及外侧的排水工作，防止砂石垫层由于浸泡水过多，引起流失，保持基坑边坡稳定，或采取降低地下水位措施，使地下水位降低到基底0.5m以下。

6) 当采用水撼法或插振法施工时,以振捣棒振幅半径的 1.75 倍为间距(400～500mm)插入振捣,依次振实,以不再冒气泡为准,直至完成;同时应采取措施做到有控制地注水和排水。垫层接头应重复振捣,插入式振捣棒振完所留孔洞应用砂填实;在振动首层垫层时,不得将振捣棒插入原土层或基槽边部,以避免使泥土混入砂垫层而降低砂垫层的强度。

7) 垫层铺设完毕,立即进行下道工序的施工,严禁人员及车辆在砂石层面上行走,必要时应在垫层上铺板行走。

8) 冬季施工时,应注意防止砂石内水分冻结,须采取相应的防冻措施。

(3) 施工注意事项

1) 砂、石含杂质较多,不能达到设计要求,配合比不符合要求以及搅拌不均匀。

2) 分层厚度不能满足一般要求,分段施工搭接部分不严密,压实度不够。

3) 施工时没有控制好加水量,夯击遍数(一般为 4 遍)及用环刀取样或贯入仪测得的压实系数 λ_c 不能达到设计要求。

2. 灰土地基

灰土地基是用石灰与黏性土拌和均匀,分层夯实而形成垫层。其承载能力可达 300kPa。它适用于一般黏性土地基加固,施工简单,费用较低。

(1) 材料要求

土料 采用就地挖出的黏性土及塑性指数大于 4 的粉土,土内不得含有松软杂质或使用耕植土;土料需过筛,其颗粒粒径不应大于 15mm。

石灰 应用Ⅲ级以上新鲜的块灰,氧化钙、氧化镁的含量越高越好,使用前 1～2d 消解并过筛,其颗粒粒径不得大于 5mm,且不应夹有未熟化的生石灰块粒及其他杂质,也不得含有过多的水分。

(2) 施工要点

1) 铺设前应先检查基槽,待合格后方可施工。

2) 灰土的体积比配合应满足一般规定,通常体积比为 3∶7 或 2∶8。

3) 灰土施工时,应适当控制其含水量,灰土以手握成团,两指轻捏能碎为宜,如土料水分过多或不足时,可晾干或洒水润湿。灰土应拌和均匀,颜色一致,拌好后应及时铺设夯实,铺土厚度按表 2.2 规定执行。厚度用样桩控制,每层灰土夯击遍数,应根据设计的干土质量密度在现场试验确定。

表 2.2 灰土最大虚铺厚度

序号	夯实机具种类	质量/t	虚铺厚度/mm	备注
1	小木夯	0.005～0.01	150～200	人力送夯,落距 400～500mm,一夯压半夯,夯实厚度为 80～100mm
2	石夯、木夯	0.04～0.08	200～250	
3	轻型夯实机械	0.12～0.4	200～250	蛙式打夯机、柴油打夯机,压实厚度为 100～150mm
4	压路机	6～10	200～300	双轮

4)在地下水位以下的基槽(坑)内施工时,应先采取排水措施,在无水情况下施工。应注意,夯实后的灰土3d内不得受水浸泡。

5)灰土分段施工时,不得在墙角、柱墩及承重窗间墙下接缝,上下相邻两层灰土的接缝间距不得小于500mm,接缝处的灰土应充分夯实。

6)灰土夯实后,为防止日晒雨淋,应及时进行基础施工,并随时准备回填土,否则,须做临时遮盖,如刚夯实或还未夯实的灰土,突然受雨淋浸泡,则须将积水及松软土除去并补填夯实,稍微受到浸湿的灰土,可在晾干后再补夯。

7)冬季施工时,应采取有效的防冻措施,不得采用含有冻土的土块作灰土地基的填料。

8)质量检查可用环刀法取样测量土的干密度。质量标准可按压实系数λ_c鉴定,一般为0.93~0.95,也可按表2.3规定执行。

表2.3 灰土质量标准

项次	土料种类	灰土最小干密度/(g/cm³)
1	粉土	1.55
2	粉质黏土	1.50
3	黏土	1.45

9)确定贯入度时,应先进行现场试验。

(3)施工注意事项

1)原材料杂质过多,配合比不符合要求以及灰土搅拌不均匀。

2)垫层铺设厚度不能达到设计要求;分段施工时没有控制好上、下两层的搭接长度;夯实的加水量、夯击遍数等不能达到设计要求。

3)灰土地基的压实系数λ_c不能达到设计要求。

4)灰土地基宽度不足,难以承载上部荷载。

2.1.2 重锤夯实法

重锤夯实法施工简便,使用轻型设备,费用较低,但布点较密、夯击遍数多,施工周期相对较长,同时夯击能量小,孔隙水难以消散,加固深度有限,当土的含水量稍高时,易夯成橡皮土,处理较困难。重锤表面夯实的加固深度一般为1.2~2.0m。湿陷性黄土地基经重锤表面夯实后,透水性有显著降低,可消除湿陷性,地基土密度增大,强度可提高30%;对杂填土则可减少其不均匀性,提高承载力。

重锤夯实适于地下水位0.8m以上、稍湿的黏性土、砂土、饱和度$S_r \leq 60$的湿陷性黄土,杂填土以及分层填土地基的加固处理。但当夯击对邻近建筑物有影响,或地下水位高于有效夯实深度时,不宜采用。

重锤夯实的夯锤形状宜采用截头圆锥体,质量一般为1.5~3t,锤底直径一般为1.13~1.5m(图2.1)。锤重与底面积的关系应符合锤重在底面上的单位静压力(0.15~0.2MPa)要求。可用C20混凝土制作,底部可采用厚度为20mm的钢板,能够便于降低重心。

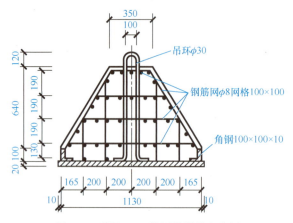

图 2.1 质量 1.5t 的钢筋混凝土夯锤

起重机可采用配置有摩擦式卷扬机的履带式起重机、悬臂式桅杆起重机或龙门式起重机等。其起重能力规定为：当采用自动脱钩时，应大于夯锤质量的 1.5 倍；当直接用钢丝绳悬吊夯锤时，应大于夯锤质量的 3 倍。

吊钩宜采用自制半自动脱钩器，以减少吊索的磨损和机械振动。

地基在重锤夯实前，应在现场进行试夯。试夯及地基夯实时，必须使土处在最佳含水量范围。基坑（槽）的夯实范围应大于基础底面，每边应比设计宽度加宽 0.3m 以上，以使底面边角均能夯打密实。遇基坑（槽）边坡处应适当放缓。夯实前，基坑（槽）底面应高出设计高程，预留土层的厚度可为试夯时的总下沉量再加 50～100mm。在大面积基坑或条形基槽内夯打时，应一夯挨一夯顺序进行。在一次循环中同一夯位应连夯两击，下一循环的夯位应与前一循环的夯位错开 1/2 的锤底直径，落锤应平稳、夯位应准确。在独立柱基基坑内夯打时，一般采用先周边后中间夯法或先外后里跳夯法进行，如图 2.2 所示。夯实完毕，应将基坑（槽）表面修整至设计高程。

(a) 先外后里跳夯法　(b) 先周边后中间夯法

图 2.2 夯打顺序

重锤夯实后应检查施工记录，除应符合试夯最后下沉量的规定外，还应检查基槽（坑）表面的总下沉量，以不小于试夯总下沉量的 90% 为合格。

2.1.3　强夯法

强夯法施工

强夯法是用起重机械吊起重 8～40t 的夯锤，从 6～30m 高处自由落下，给地基土以强大的冲击能量的夯击，使土中出现冲击波和较大的冲击应力，迫使土层孔隙压缩，土体局部液化，在夯击点周围产生裂隙，形成良好的排水通道，孔隙水和气体逸出，使土粒重新排列，经时效压密达到固结，从而提高地基承载力降低其压缩性的一种有效的地基加固方法。地基经强夯加固后，承载能力可提高 2～5 倍，压缩性可降低 200%～1000%，其影响深度在 10m 以上。国外加固影响深度已达 40m，故强夯法是一种效果好、速度快、节省材料、施工简便的地基加固方法。

强夯法适用于加固碎石土、砂土、黏性土、湿陷性黄土、高填土及杂填土等地基，也可用于防止粉土及粉砂的液化，对于淤泥与饱和软黏土如采取一定措施也可采用。若强夯所产生的震动对周围建筑物或设备有一定的影响时，应有防震措施。

1. 施工机具选择

(1)夯锤

夯锤分为整体式和装配式两种。整体式由钢壳和混凝土制成;装配式由钢板制成。夯锤一般多采用圆形,因为圆形锤印易于重合。锤的底面积大小取决于表面土质:对于砂土,一般为3~4m^2;对于黏性土,不宜小于6m^2。锤重一般为8t、10t、12t、16t、25t、30t等。锤中常设置多个上下贯通的直径为60~200mm的排气孔,以利于夯击时空气排出和减小起锤时的吸力(图2.3和图2.4)。

(2)起重设备

可用质量为15t、20t、25t、30t、50t且带有离合摩擦器的履带式起重机。当起重能力不够时,亦可采取加钢辅助人字桅杆或龙门架的办法。当直接用钢丝绳悬吊夯锤时,其起重能力应大于夯锤质量的3~4倍;当采用能脱落夯锤的吊钩时,起重触力应大于夯锤质量的1.5倍。施工尽量采用自由落钩,常用吊钩装置如图2.5所示。吊车起落速度为一次1~2min。为防止突然脱钩,造成起重机后仰翻车的安全事故,一般在起重机前端臂杆上用缆风绳拉住,并用推土机作地锚。

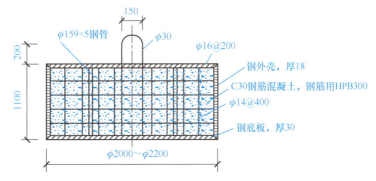

图2.3 质量为1.2t整体式混凝土夯锤

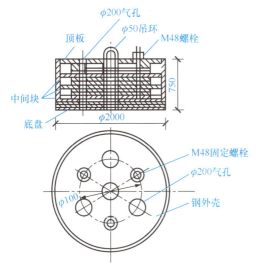

图2.4 质量为12t的装配式钢制夯锤

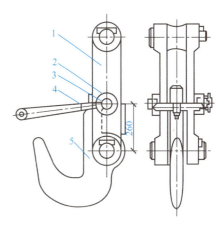

1—架板;2—开口锁;3—螺栓;
4—锁卡焊合件;5—吊钩。

图2.5 吊钩装置

2. 施工要点

1) 施工前做好强夯地基地质勘察，对不均匀土层适当增加钻孔和原位测试工作；掌握土质情况，作为制定强夯方案和对比夯前、夯后加固效果之用。查明强夯影响范围内的地下构筑物和各种地下管线的位置及高程，采取必要的防护措施，避免因强夯施工而造成破坏。

2) 施工前应检查夯锤质量、尺寸、落锤控制手段及落距。对于夯击遍数、夯点布置、夯击范围，应进行现场试夯，确定施工参数。

3) 施工时应按以下步骤进行：

① 清理并平整施工场地。

② 标出第一遍夯点布置位置并标出高程。

③ 起重机就位，使夯锤对准夯点位置。

④ 测量夯前锤顶高程。

⑤ 将夯锤起吊到预定高度，待夯锤脱钩自由下落后，放下吊钩，测量锤顶高程，若发现因坑底倾斜而造成夯锤歪斜时，应及时将坑底整平。

⑥ 重复步骤⑤，按设计规定的夯击次数及控制标准完成一个夯点的夯击。

⑦ 重复步骤③~⑥，完成第一遍全部夯点的夯击。

⑧ 用推土机将夯坑填平，并测量场地高程。

⑨ 在规定的间隔时间后，按上述步骤逐次完成全部夯击遍数；最后进行低能量满夯，将场地表层松土夯实，并测量夯后场地高程。

4) 夯击时，落锤应保持平稳，夯位应准确，夯击坑内积水应及时排除。坑底含水量过大时，可先铺砂石后再进行夯击。

5) 强夯应分段进行，顺序从边缘向中央。对厂房柱基亦可一排一排地夯，每夯完一遍，进行场地平整，放线定位后再进行下一遍夯击。强夯的施工顺序是先深后浅，在最后一遍点夯完之后，再以低能量满夯一遍。由于表层土是基础的主要持力层，如处理不好，将会导致建筑物的不均匀沉降，因此必须高度重视表层土的夯实问题。满夯时宜采用小夯锤夯击，并适当增加满夯的夯击次数，以提高表层土的夯实效果。

6) 对于高饱和度的粉土、黏性土和新饱和填土，进行强夯时，若难以控制最后两击的平均夯沉量在规定的范围内，可采取以下措施。

① 适当将夯击能量降低。

② 将夯沉量差适当加大。

③ 填土前将原土上的淤泥清除，挖纵横盲沟，以排除土内的水分，同时在原土上铺50cm的砂石混合料，以保证强夯时土内的水分排出，在夯坑内回填块石、碎石或矿渣等粗颗粒材料，进行强夯置换等措施。

7) 雨季强夯施工，场地四周设排水沟、截洪沟，防止雨水流入夯坑；填土中间稍高，使表面保持1‰~2‰的排水坡度；土料含水率应符合要求，随填随压实；雨后及时排水，去除表面泥土和软土再碾压；夯后应立即将夯坑填平、压实，并使之高于四周。

8）冬季施工应清除地表冻土再强夯，夯击次数相应增加，如有硬壳层，也要适当增加夯次或提高夯击质量。

9）做好施工过程中的监测和记录工作，包括检查夯锤重和落距，对夯点进行放线复核，检查夯坑位置，按要求检查每个夯点的夯击次数、每夯的夯沉量等，对各项施工参数、施工过程实施情况做好详细记录，作为质量控制的依据。

2.1.4 振冲法

振冲法，又称为振动水冲法，是以起重机吊起振冲器，启动潜水电机带动偏心块，使振冲器产生高频振动，同时开动水泵，通过喷嘴喷射高压水流成孔，然后分批填以砂石骨料形成一根根桩体，桩体与原地基构成复合地基。该方法具有技术可靠、机具设备简单、操作技术易于掌握、施工简便、节省"三材"（钢材、木材、水泥）、加固速度快、地基承载力高等特点。

振冲法按加固机理和效果的不同，可分为振冲置换法和振冲密实法两大类：前者适用于处理不排水、抗剪强度小于20kPa的黏性土、粉土、饱和黄土及人工填土等地基；后者适用于处理砂土和粉土等地基，不加填料的振冲密实法仅适用于处理黏土含量小于10%的粗砂、中砂地基。

1. 施工准备

（1）技术准备

1）了解现场有无障碍物存在，加固区边缘留出的空间是否满足施工机具使用，空中有无电线，现场有无河沟可作为施工时的排泥水池，料场是否适合。

2）了解现场地质情况，土层分布是否均匀；有无软弱土夹层。

3）对中型、大型工程，宜事先设置一试验区进行实地制桩试验，以求得各施工参数。

（2）材料要求

填料可用粗砂、中砂、砾砂、碎石、卵石、角砾、圆砾等，粒径为5~50mm。粗骨料粒径以20~50mm为宜，最大粒径不宜大于80mm，含泥量不宜大于5%，不得选用风化或半风化的石料。

（3）主要机具

振冲法施工主要机具有振冲器、吊机、水泵、控制电流操作台、150A电流表、500V电压表、供水管道及加料设备等。

2. 施工工艺

（1）振冲挤密法

振冲挤密法一般在中、粗砂地基中使用，可不另外加料，而利用振冲器的振动力将原地基的松散砂振挤密实。施工操作时，其关键是水量的大小和留振时间的长短。

振冲挤密法一般施工顺序如下：

1）振冲器对准加固点。打开水源和电源，检查水压、电压和振冲器的空载电流是否正常。

2）启动吊机。使振冲器以1~2m/min的速度徐徐沉入砂基，并观察振冲器电流变化，电流最大值不得超过电动机的额定电流。当超过额定电流值时，必须减慢振冲器下沉速度，甚至停止下沉。

3)当振冲器下沉到在设计加固深度以上30～50cm时,需减小冲水量,其后继续使振冲器下沉至设计加固深度以下50cm处,并在这一深度上留振30～60s。

4)以1～2m/min速度提升振冲器。每提升振冲器30～50cm需留振30～60s,并观察振冲器电动机电流变化,其密实电流一般是超过空振电流25～30A。记录每次提升的高度、留振时间和密实电流。

5)关机、关水和移位。在另一加固点上施工。

6)施工现场全部振密加固后,整平场地,进行表层处理。

(2)振冲置换法

振冲置换法施工是指碎石桩施工,其施工顺序如图2.6所示。

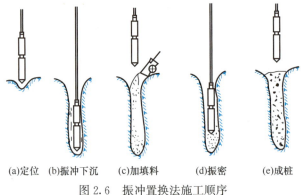

图2.6 振冲置换法施工顺序

振冲置换法的施工操作主要步骤可分成孔、清孔、下沉、填料、振密、成桩。

若土层中夹有硬层时,应适当进行扩孔,即在此硬层中,将振冲器多次往复上下,使得此孔径扩大,以便于加碎石料。

在黏性土层中制桩,孔中的泥浆水太稠时,碎石料在孔内下降的速度将减慢,且影响施工速度,所以要在成孔以后,留有一定的清孔时间,用回水把稠泥浆带出地面,降低孔内泥浆密度。每次往孔内倒入的填料高度以孔高0.8m为宜,然后用振冲器振密,再继续加料。密实电流应超过空振时电流35～45A。

在强度较低的软土地基中施工,则要采用"先护壁,后制桩"的方法。即在成孔时,不要直接到达加固深度,可先到达第一层软弱层,然后加填料进行初步挤振,通过填料挤入该软弱层周围,从而将该段的孔壁保护住,接着再往下开孔到第二层软弱层,采用同样处理方法,直到加固深度,这样在制桩前已将整个孔道的孔壁保护住。

目前,常用的填料是碎石,其粒径不宜大于5cm,太大将会损坏机具;也可采用卵石、矿渣等其他填料。各类填料的含泥量均不得大于10%,已经风化石块不能作为填料使用。

3. 施工要点

1)施工前后进行振冲试验,以确定成孔合适的水压、水量、成孔速度和填料方法,以及达到土体密度时的密实电流、填料量和留振时间。通常,密实电流不小于50A,填料量每米桩长不小于0.6m³,每次填料量控制在0.20～0.35m³,留振时间30～60s。

2)振冲前应按设计图要求定出桩孔中心位置并编好孔号,施工时应复查孔位和编号,并做好记录。

3)振冲置换造孔的方法有:

① 排孔法,即由一端开始到另一端结束。

② 跳打法,即每排孔施工时隔一孔造一孔、反复进行。

③ 帷幕法,即先造外围2~3圈孔,再造内圈孔,此时可隔一圈造一圈或依次向中心区推进。振冲施工必须防止漏孔,要按步骤2)要求做好孔位复查工作。

4)造孔时,振冲器贯入速度一般为1~2m/min,每贯入0.5~1.0m,宜悬留振冲5~10s扩孔,待孔内泥浆溢出时再继续贯入。当造孔接近加固深度时,振冲器应在孔底适当停留并减小射水压力。

5)振冲填料时,宜保持小水量补给,采用边振边填,对称均匀。如将振冲器提出孔口再加填料时,每次加料量高度以孔高0.5m为宜。每根桩的填料总量必须符合设计要求或规范规定。

6)填料密实度以振冲器工作电流达到规定值为控制标准,完工后,应在距地表面1m左右深度桩身部位加填碎石进行夯实,以保证桩顶密实度,密实度必须符合设计要求或施工规范规定。

7)振冲地基施工时会对原土结构造成扰动,强度降低,因此,质量检验应在施工结束后间歇一定时间进行,对砂土地基间隔1~2周,黏性土地基间隔3~4周,粉土、杂填土地基间隔2~3周。桩顶部位由于周围土体约束力小,密实度较难达到要求,检验取样时应考虑此因素。

8)对用振冲密实法加固的砂土地基,如不加填料,质量检验主要是地基的密实度,可用标准贯入、动力触探等方法进行,但选点应有代表性。在选择质量检验点时,宜由设计、施工、监理(或业主方)方在施工结束后根据施工实施情况共同确定检验位置。

2.1.5 深层搅拌法

深层搅拌法方法适用于加固饱和软黏土地基,还可用于构建重力式支护结构。

深层搅拌法是利用水泥浆作为固化剂,通过特制的深层搅拌机械,在地基深处就地将软土和固化剂(浆液)强制搅拌,利用固化剂和软土之间所产生的一系列物理、化学反应,使软土硬结成具有整体性、水稳定性和一定强度的地基。

深层搅拌法施工工艺流程如图2.7所示,主要包括定位、预搅下沉、制备水泥浆、喷浆搅拌提升、重复搅拌下沉与上升、清洗并移位等施工过程。

定位 起重机悬吊深层搅拌机对准指定桩位。

预搅下沉 待深层搅拌机的冷却水循环正常后,启动搅拌机电动机,放松起重机钢丝绳,使搅拌机沿导向架搅拌切土下沉,下沉速度可由电动机的电流监测表控制。如果下沉速度过慢,可从输浆系统补给清水以利钻进。

制备水泥浆 待深层搅拌机下沉到一定深度时,即开始按设计确定的配合比拌制水泥浆,在压浆前将水泥浆倒入集料斗中。

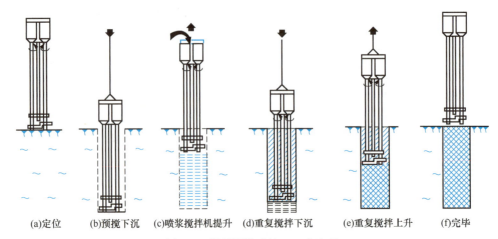

(a)定位　(b)预搅下沉　(c)喷浆搅拌机提升　(d)重复搅拌下沉　(e)重复搅拌上升　(f)完毕

图 2.7　深层搅拌法施工工艺流程

喷浆搅拌机提升　深层搅拌机下沉到设计深度后,开启灰浆泵将水泥浆压入地基中,并且边喷浆、边旋转,同时严格按照设计确定的提升速度提升深层搅拌机。

重复下沉与上升搅拌　深层搅拌机提升至设计加固深度的顶面高程时,集料斗中的水泥浆应恰好排空。为使软土和水泥浆搅拌均匀,可再次将搅拌机边旋转边沉入土中,至设计加固深度后再将搅拌机提升出地面。

清洗并移位　向集料斗中注入适量清水,开启灰浆泵,清洗全部管路中残存的水泥浆,直至清洗干净,并将黏附在搅拌头的软土清洗干净。重复上述步骤,进行下一根桩的施工。

考虑搅拌桩顶部与上部结构的基础或承台接触部分受力较大,因此通常还可对桩顶 1.0~1.5m 范围内再增加一次输浆,以提高其强度。

2.2　浅埋式钢筋混凝土基础

浅基础按构造形式不同可分为独立基础、条形基础、筏形基础、箱形基础等。

2.2.1　独立基础

独立基础以钢筋混凝土扩展基础为主,分为柱下独立基础和杯形基础。

1. 柱下独立基础

柱下独立基础常为阶梯形或锥形,基础底板常为方形和矩形,如图 2.8 所示。

柱下独立基础施工要点有以下几方面。

(1)基坑验槽与混凝土垫层

基坑验槽清理同刚性基础。验槽后应立即灌筑垫层混凝土,以保护地基。混凝土宜用表面振捣器进行振捣,要求表面平整,内部密实。

(2)弹线、支模与铺设钢筋网片

混凝土垫层达到一定强度后,在其上弹线、支模、铺放钢筋网片,底部用与混凝土保护层同厚度的水泥砂浆块垫塞,以保证位置正确。

基础外形(视频)

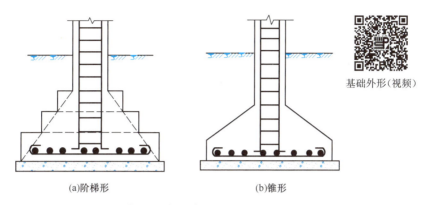

(a)阶梯形　　　　　　　(b)锥形

图 2.8　柱下独立基础

(3)浇筑混凝土

在浇筑混凝土前，模板和钢筋上的灰浆、泥土以及钢筋上的锈皮油污等杂物应清除干净，木模板应浇水加以湿润。基础混凝土宜分层连续浇筑完成，对于阶梯形基础，每一台阶高度内应整层作为一个浇筑层，每浇筑完一台阶应稍停 0.5～1h，待其下沉，再浇筑上层，以防止下层台阶混凝土溢起，上层台阶根部出现"烂脖子"现象。浇筑时，应使每个台阶上表面基本平整。对于锥形基础，应注意控制锥体斜面坡度正确，斜面模板应随混凝土浇筑分层支设，并顶紧。边角处的混凝土必须捣实，严禁斜面部分不支模，只用铁锹拍实。

(4)基础上插筋与养护

基础上有插筋时，其插筋的数量、直径及钢筋种类应与柱内纵向受力钢筋相同，插筋的锚固长度应符合设计要求。施工时，对插筋要加以固定，以保证插筋位置正确，防止浇捣混凝土时发生移位。混凝土浇筑完毕，外露表面应覆盖并浇水养护，养护时间不少于 7d。

2. 杯形基础

杯形基础常用于装配式钢筋混凝土柱的基础，形式有一般杯口基础、双杯口基础、高杯口基础等，如图 2.9 所示。

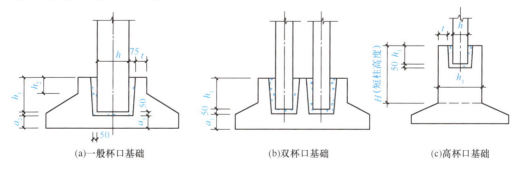

(a)一般杯口基础　　　　　(b)双杯口基础　　　　　(c)高杯口基础

h——柱截面边尺寸；h_1——插入深度；h_3——短柱截面尺寸；a_1、a_2——杯底厚度；t——杯壁厚度。
$t \geqslant 200$(轻型柱可用 150)；$a_1 \geqslant 200$(轻型柱可用 150)；$a_1 > a_2$。

图 2.9　杯形基础

杯形基础施工要点有以下两方面。

(1)杯口模板

杯口模板可用木模板或钢模板,可做成整体式,也可做成两半形式,中间各加楔形板一块。拆模时,先取出楔形板,然后分别将两半杯口模板取出。为便于拆模,杯口模板外可包钉薄铁皮一层。支模时,杯口模板要固定牢固。在杯口模板底部留设排气孔,避免出现空鼓,如图2.10所示。

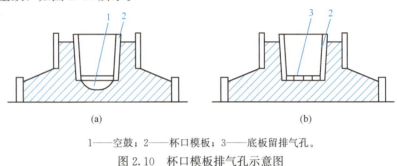

1——空鼓;2——杯口模板;3——底板留排气孔。

图2.10 杯口模板排气孔示意图

(2)浇筑混凝土

浇筑混凝土至杯底标高,然后安装杯口模板,以保证杯底标高准确。通常在杯底均留有50mm厚的细石混凝土找平层。在浇筑杯形基础混凝土时,要仔细控制标高。浇筑杯口时,一要对称下料,避免杯口位移;二要注意振捣,避免杯口模板上浮。混凝土应按台阶分层浇灌。对高杯口基础的高台阶部分按整段分层浇筑,不留施工缝。基础浇筑完毕,混凝土终凝前将杯口模板取出(用倒链),并对杯口内侧表面混凝土凿毛。

2.2.2 条形基础

条形基础分无筋扩展基础(在项目3中介绍)和钢筋混凝土扩展基础,下面主要介绍后者。

钢筋混凝土扩展基础分为墙下钢筋混凝土扩展基础(图2.11)和柱下钢筋混凝土扩展基础(图2.12)。柱下钢筋混凝土扩展基础由单向梁或交叉梁及其横向伸出的翼板组成,其横断面一般呈倒T形,基础截面下部向两侧伸出部分为翼板,中间梁腹部分为肋梁,常用于上部结构荷载较大、地基承载力较低的基础。

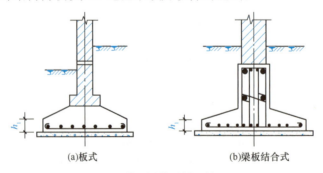

图2.11 墙下钢筋混凝土扩展基础

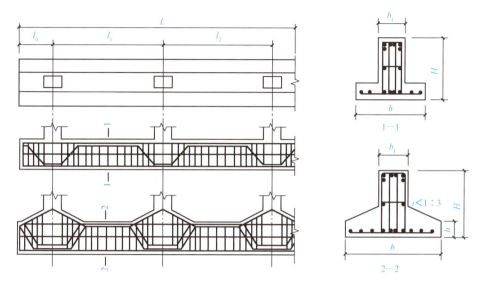

图 2.12　柱下钢筋混凝土扩展基础

条形基础的施工要点有以下几方面。

当基坑(槽)验收合格后,应立即浇筑混凝土垫层,以保护地基。垫层混凝土应采用平板式振捣器进行振捣,要求垫层混凝土密实,表面平整,待垫层强度达到设计强度的70%,在其上弹线、支模、绑扎钢筋网片,并支设水泥砂浆垫块,做好浇筑混凝土的准备。钢筋绑扎必须牢固,位置准确,垫块厚度必须符合保护层的要求。

钢筋绑扎经验收合格后,应立即浇筑混凝土,条形基础可留设垂直和水平施工缝。但留设位置、处理方法必须符合规范规定。

混凝土浇筑要求以及基础上插筋与养护等同独立基础。

2.2.3　筏形基础

筏形基础分为整体式钢筋混凝土板(平板式)和钢筋混凝土底板、整体梁(梁板式)两种类型,如图 2.13 所示。筏形基础适用于有地下室或地基承载能力较低而上部荷载较大的基础。筏形基础在外形和构造上如倒置的钢筋混凝土楼盖。

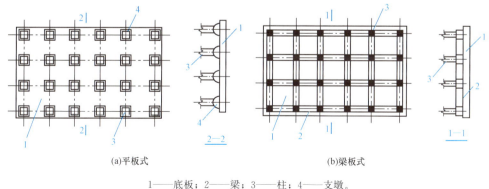

1——底板;2——梁;3——柱;4——支墩。

图 2.13　筏形基础

筏形基础施工要点有以下几方面。

1) 根据地质勘探和水文资料，地下水位较高时，应采用降低水位的措施，使地下水位降低至基底以下不少于 0.5m，保证在无水情况下进行基坑开挖和钢筋混凝土筏体施工。

2) 根据筏体基础结构情况、施工条件等确定施工方案。一般有两种方法：一种是先铺设垫层，在垫层上绑扎底板、梁的钢筋和柱子锚固插筋，可先浇筑底板混凝土，待其强度达到设计强度的 25% 时，再在底板上支梁模板，继续浇筑梁部分混凝土；另一种是将底板和梁模板一次支好，将混凝土一次浇筑完成。筏形混凝土基础应一次连续浇筑完成，不宜留设施工缝。必须留设时，应按施工缝的要求留设，同时应有止水技术措施，并做好沉降观测。在浇筑混凝土时，应在基础底板上预埋好沉降观测点，定期进行观测，做好观测记录。

3) 加强养护。混凝土筏形基础施工完毕后，表面应加以覆盖和洒水养护，以保证混凝土的成型质量。

2.2.4 箱形基础

箱形基础是由钢筋混凝土底板、顶板、外墙及一定数量的内隔墙构成的封闭箱体。它的整体性和刚度都比较好，有调整不均匀沉降的能力，抗震能力较强，可以消除因地基变形而使建筑物开裂的缺陷，也可以减小基底处原有地基的自重应力，降低总沉降量。箱形基础适用于作为软弱地基上面积较小、平面形状简单、荷载较大或上部结构分布不均的高层建筑物的基础，如图 2.14 所示。

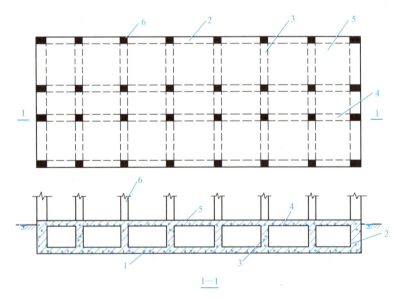

1—底板；2—外墙；3—内横隔墙；4—内纵隔墙；5—顶板；6—柱。

图 2.14 箱形基础

箱形基础施工要点有以下几方面。

(1)基坑处理

基坑开挖时如有地下水,应将地下水位降低至设计底板以下 0.5m 处。当地质为粉质砂土有可能产生流砂现象时,不得采用明沟排水,宜采用井点降水措施,并应设置水位降低观测孔。注意保持基坑底土的原状结构,采用机械开挖基坑时,应在基坑底面以上保留 200~400mm 厚的土层;采用人工开挖基坑时,应在基坑验槽后立即进行基础施工。

(2)支模和浇筑

1)箱形基础的底板、内外墙和顶板的支模和浇筑,可采取内外墙与顶板分次支模浇筑方法施工,外墙接缝应设榫接或设止水带。施工缝的处理,应符合有关规定。

2)基础的底板、内外墙和顶板宜连续浇筑。当基础长度超过 40m 时,为防止表面出现温度收缩裂缝,一般应设置贯通后浇施工缝,缝宽不宜小于 800mm。在后浇施工缝处,钢筋必须贯通,顶板浇筑后,相隔 14~28d,用比设计强度等级高一级的微膨胀细石混凝土将施工缝填灌密实,并加强养护。当有可靠的基础防裂措施时,可不设后浇施工缝。

3)对于超厚、超长的整体钢筋混凝土结构,由于其结构截面大、水泥用量多,水泥水化后释放的水化热会产生较大的温度变化和收缩作用,会导致混凝土表面产生裂缝和贯穿性裂缝,影响结构的整体性、耐久性和防水性,影响正常使用。因此,对大体积(基础长度超过 40m)混凝土,在浇筑前应对结构进行必要的裂缝控制计算,估算混凝土浇筑后可能产生的最大水化热温升值、温度差和温度收缩应力,以便在施工期采取有效的技术措施,预防温度收缩裂缝,保证混凝土工程质量。

4)基础施工完毕,应进行基坑四周的回填土工作。完成降水时,应验算箱形基础抗浮稳定性、地下水对基础的浮力,抗浮稳定系数不宜小于 1.1,以防出现基础上浮或倾斜的重大事故。如抗浮稳定系数不能满足要求时,应继续抽水,直到施工上部结构荷载加上后能满足抗浮稳定系数要求为止。

2.3 深基坑支护技术

"挂在"坑壁上的五星级酒店——上海佘山世茂洲际酒店

上海佘山世茂洲际酒店是世界首个建造在石坑内的自然生态酒店,酒店总建筑面积为 61087m^2,高度(相对地面标高)-88m,酒店建筑格局为地上 2 层、地平面下 16 层。酒店依托自然环境,一反向高空发展的传统建筑理念,下探地表 77m 开拓建筑空间依附深坑崖壁而建,多项支护技术世界领先,被国际上誉为"世界建筑奇迹",彰显大国工匠精神。

上海佘山世茂洲际酒店

(详细内容扫码查看)

由于各建筑基坑周围环境的多样性,场地大小、基坑形状、深度、工程地质和水文地质条件的不同,其支护结构形式也多种多样。

2.3.1 深基坑支护结构的类型及其适用条件

(1) 重力式挡土支护结构

重力式挡土支护结构是以其自身重力来维持在侧压力作用下的结构稳定。一般通过深层搅拌或高压喷射形成水泥土桩,由水泥土桩相互搭接形成格栅状、壁状等形式的支护结构。这种结构兼具隔水作用,施工成本低,但结构抗拉强度低,其变形也较大,主要适用于地下水位高的软土地基,既可挡土又可形成隔水帷幕,如图 2.15 所示。

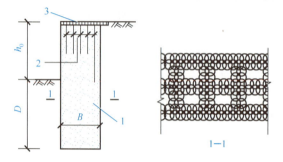

h_0——高挡墙高度;D——地面以下高度;B——柱截面边尺寸;
1——水泥土搅拌桩;2——插筋;3——混凝土面层。

图 2.15 水泥土桩重力式挡土支护结构

(2) 悬臂式支护结构

悬臂式支护结构常采用钢筋混凝土排桩、木板桩、钢板桩、钢筋混凝土板桩、地下连续墙等形式,依靠其入土深度和抗弯能力来维持坑壁稳定和结构的安全。悬臂式支护结构对开挖深度很敏感,容易产生较大的变形,只适用于土质较好、开挖深度较浅的基坑工程。

(3) 内撑式支护结构

内撑式支护结构由支护桩(墙)和内支撑组成。支护桩常采用钢筋混凝土桩或钢板桩,支护墙通常采用地下连续墙。内支撑常采用木方、钢筋混凝土(或钢管,或型钢),如图 2.16 所示。内支撑支护结构适用范围广,适于各种基坑和基坑深度,但设置的内支撑会占用一定的施工空间。

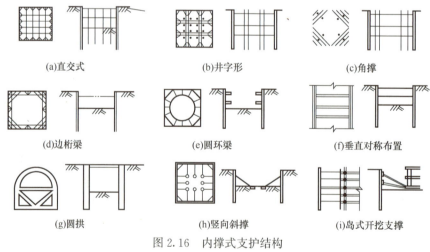

图 2.16 内撑式支护结构

(4) 拉锚式支护结构

拉锚式支护结构由支护桩(墙)和锚固体系组成,支护桩和墙同样采用钢筋混凝土桩或地下连续墙。锚固体系通常有地面拉锚和土层锚杆两种。地面拉锚需要有足够的场地设置锚桩或其他锚固装置。土层锚杆因需要土层提供较大的锚固力,较适合用于砂土或黏土地层,不宜用于软黏土地层中。

(5)土钉墙支护结构

土钉墙支护结构由被加固的原位土体、布置较密的土钉和喷射于坡面上的混凝土面板组成,如图2.17所示。土钉一般是通过钻孔、插筋、注浆来设置的,也可通过直接打入较粗的钢筋或型钢形成。土钉墙支护结构适于地下水位以上的黏性土、砂土和碎石土等地层,不适于淤泥或淤泥质土层。土钉墙支护结构的支护深度不超过18m,使用期限不超过18个月。

1——基坑底;2——混凝土面板;
3——基坑顶;4——土钉。

图2.17 土钉墙支护结构

(6)其他支护结构

其他支护结构形式有双排桩支护结构、连拱式支护结构、逆作拱墙支护结构、加筋水泥土拱墙支护结构以及各种组合支护结构等。

2.3.2 重力式挡土支护结构施工工艺

1. 深层搅拌水泥土桩排挡墙施工工艺

深层搅拌水泥土桩排挡墙是采用水泥作为固化剂,利用特制的深层搅拌机械,在地基深处就地将软土和水泥强制搅拌形成水泥土桩,利用水泥和软土之间所产生的一系列物理-化学反应,使软土硬化成整体性并有一定强度的挡土防渗墙。施工工艺流程如图2.18所示。

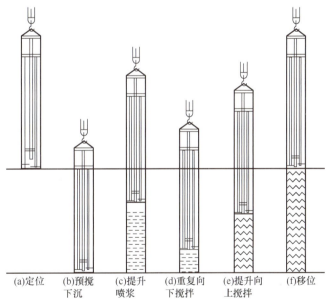

图2.18 深层搅拌水泥土桩排挡墙的施工工艺流程

2. 高压旋喷桩施工工艺

高压旋喷桩是利用工程钻机(或引孔旋喷一体机)钻孔至要求深度后,利用高压旋喷台车将安有水平喷嘴的注浆管下到设计标高，利用高压设备使喷嘴以一定的压力将浆液喷射出去。高压射流冲击切割土体，使一定范围内的土体结构破坏，浆液与土体搅拌混合固化，随着注浆管的旋转和提升而形成圆柱形桩体，凝固后便在土体中形成有一定强度、相邻桩体相互咬合成一体的圆柱状固结体。

3. 施工要点

1) 水泥土墙采用格栅布置时，水泥土的置换率要求：淤泥不宜小于 0.8，淤泥质土不宜小于 0.7，一般黏性土及砂土不宜小于 0.6，格栅长宽比不宜大于 2。
2) 水泥土桩桩间的搭接宽度应根据挡土及截水要求确定。考虑截水作用时，桩的有效搭接宽度不宜小于 150mm；当不考虑截水作用时，搭接宽度不宜小于 100mm。
3) 当变形不能满足要求时，宜采用基坑内侧土体加固或水泥土墙插筋加混凝土面板及加大嵌固深度等措施。
4) 水泥土墙应采取切割搭接法施工，应在前桩水泥土尚未固化时进行后序搭接桩施工，施工开始和结束的头尾搭接处，应采取加强措施，消除搭接沟缝。
5) 深层搅拌水泥土桩排挡墙施工前，应进行成桩工艺及水泥掺入量或水泥浆的配合比试验，以确定相应的水泥掺入比或水泥浆水灰比。浆喷深层搅拌的水泥掺入量宜为被加固土质量的 15%～18%，粉喷深层搅拌的水泥掺入量宜为被加固土质量的 13%～16%。
6) 高压喷射注浆施工前应通过试喷试验，确定不同土层旋喷固结体的最小直径、高压喷射施工技术参数等。高压喷射水泥水灰比宜为 1.0～1.5。
7) 深层搅拌桩和高压喷射桩水泥土墙的桩位偏差不应大于 50mm，垂直度偏差不宜大于 0.5%。
8) 当设置插筋时，桩身插筋应在桩顶搅拌完成后及时进行，插筋材料、插入长度和出露长度等均应按计算和构造要求确定。
9) 高压喷射注浆应按试喷确定的技术参数施工，切割搭接宽度应符合下列规定：旋喷固结体直径不宜小于 150mm，摆喷固结体直径不宜小于 150mm，定喷固结体直径不宜小于 200mm。
10) 水泥土桩应在施工后一周内进行开挖检查或采用钻孔取芯等手段检查成桩质量，若不符合设计要求应及时调整施工工艺。
11) 水泥土墙应在设计开挖龄期采用钻芯法检测墙身完整性，钻芯数量不宜少于总桩数的 2%，且不应少于 5 根，并应根据设计要求取样进行单轴抗压强度试验。

2.3.3 地下连续墙

地下连续墙是指在工程开挖土方之前，用特制的挖槽机械在泥浆护壁的情况下分段开挖沟槽，待开挖至设计深度并清除沉淀下来的泥渣后，把加工好的钢筋骨架吊放入沟槽内，用导管向沟槽内浇筑水下混凝土至设计标高，完成一个单元槽段即施工完毕。各个单元槽段之间由特制的接头连接，形成连续的地下钢筋混凝土墙。若地下连续墙为封闭状，在进行基坑开挖时，既可挡土又可防水，为地下工程施工提供条件。

地下连续墙防渗性能好，可在各种复杂条件下进行施工，适用于各种土质，施工时振动小、噪声低，在建筑物、构筑物密集地区可以施工，对邻近的结构和地下设施影响较小。若将地下连续墙方法与"逆筑法"结合，可大大提高施工工效。地下连续墙造价较高，若能将其用作建筑物的承重结构，则效益明显。目前，地下连续墙已成为地下工程和深基础施工中的有效施工方法。

地下连续墙按单元槽段逐段施工，施工工序如图 2.19 所示，即：修筑导墙→挖槽→安放锁口管→吊放钢筋笼→浇筑水下混凝土→拔出锁口管→墙段施工完毕。

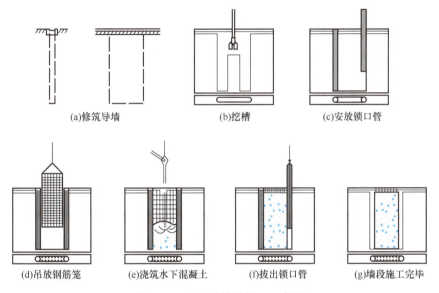

图 2.19　地下连续墙施工工序图

以下为几道主要工序的施工方法。

1. 修筑导墙

（1）导墙的作用和形式

导墙是地下连续墙挖槽之前修筑的临时结构，其作用是为槽定位，支撑机械、钢筋笼等重物，保持泥浆稳定。导墙的形式如图 2.20 所示。

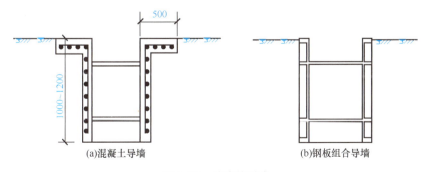

图 2.20　导墙的形式

(2)导墙施工

现浇钢筋混凝土导墙的施工顺序为：平整场地→测量定位→挖槽→按设计进行钢筋混凝土作业→拆模并设置横撑→导墙外侧回填土并压实。导墙的内侧净空尺寸、垂直与水平精度和平面位置等要严格按设计要求施工，水平钢筋必须连接起来，使导墙成为整体。导墙施工接头位置应与地下连续墙施工接头位置错开。

2. 泥浆的制备

地下连续墙的深槽是在泥浆护壁下进行挖掘，泥浆除防止槽壁坍塌外还可冷却和润滑挖槽钻具，挖槽产生的土渣可随泥浆排出槽外。

地下连续墙挖槽护壁泥浆通常用膨润土泥浆，泥浆类型有制备泥浆、自成泥浆、半自成泥浆三种。

3. 挖槽

地下连续墙挖槽的主要工作包括单元槽段划分、挖槽机械的选用、制定防止槽壁坍塌的措施及工程事故和特殊情况的处理等。

(1)单元槽段划分

地下连续墙施工时，预先沿墙体长度方向把地下墙划分为多个某种长度的施工单元，这种施工单元称为单元槽段。在确定单元槽段长度时，除考虑设计要求和结构特点外，还应考虑地质条件、地面荷载、起重机的起重能力、单位时间内混凝土的供应能力、泥浆池(罐)的容积、单元槽段之间的接头位置、接头形式等因素。单元槽段长度一般取5~7m，也有取10m甚至更长的情况。

(2)挖槽机械的选用

我国在地下连续墙施工中，目前应用最多的挖槽机械是吊索式蚌式抓斗、导杆式蚌式抓斗、多头钻和冲击式挖槽机等。

4. 清底

挖槽结束后，清除沉渣等槽底沉淀物的工作称为清底。常用方法有砂石吸力泵排泥、压缩空气升液排泥、潜水泥浆泵排泥等。

5. 单元槽段的接头

常用的单元槽段的接头有以下两种：

1)接头管(亦称锁口管)接头(图 2.21)。其施工过程为：开挖槽段→吊放接头管和钢筋笼→浇筑混凝土→拔出接头管→形成接头。

2)接头箱接头(图 2.22)。其施工过程为：插入接头箱→吊放钢筋笼→浇筑混凝土→吊出接头箱→吊放后一个槽段的钢筋笼→浇筑后一个槽段的混凝土形成整体接头。

6. 结构接头

地下连续墙与内部结构的楼板、柱、梁、底板等相连接的结构接头，常用的方法有以下几种：

1)预埋连接钢筋法。该方法是将连接钢筋弯折后预埋在地下连续墙内，待内部土体开挖后露出墙体时，凿开预埋连接钢筋处的墙面，将露出的预埋连接钢筋弯成设计形状连接。考虑到连接处往往是结构的薄弱处，设计时一般使连接筋有20%的富余。

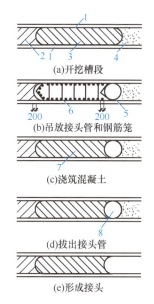

1——导墙；2——已浇筑混凝土的单元槽段；
3——开挖的槽段；4——未开挖的槽段；5——接头管；
6——钢筋笼；7——正浇筑混凝土的单元槽段；
8——接头管拔出后形成的圆孔。

图 2.21 接头管接头的施工过程

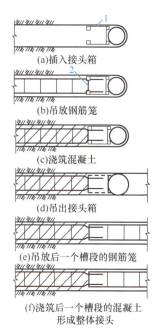

1——接头箱；2——焊在钢筋笼端部的钢板。

图 2.22 接头箱接头的施工过程

2) 预埋连接钢板法。该方法是钢筋间接连接的接头方式，将预埋连接钢板放入地下连续墙内并与钢筋笼固定。浇筑混凝土后，凿开墙面使预埋连接钢板外露，用焊接方式将后浇结构中的受力钢筋与预埋连接钢板焊接。

3) 预埋剪力连接件法。该方法是将剪力连接件预埋在地下连续墙内，然后弯折出来部分与后浇结构连接。

7. 吊放钢筋笼

钢筋笼起吊应用横吊梁或吊架，采取在钢筋笼内放桁架的方法防止钢筋笼起吊时变形。为防止钢筋笼吊起后在空中摆动，应在钢筋笼下端系上曳引绳以人力操纵。插入钢筋笼时，应使钢筋笼对准单元槽段的中心，垂直、准确地插入槽内。钢筋笼进入槽内时，吊点中心必须对准槽段中心，然后徐徐下降，此时必须注意不要因起重臂摆动而使钢筋笼产生横向摆动，造成槽壁坍塌。钢筋笼插入槽内后，检查其顶端高度是否符合设计要求，然后将其搁置在导墙上。如果钢筋笼是分段制作，吊放时需要接长，下段钢筋笼要垂直悬挂在导墙上，然后将上段钢筋笼垂直吊起，上下两段钢筋笼呈直线连接。

8. 浇筑水下混凝土

地下连续墙混凝土用导管法进行水下浇筑。在混凝土浇筑过程中，应随时掌握混凝土的浇筑量、混凝土上升高度和导管埋入深度，防止导管下口暴露在泥浆内，造成泥浆涌入导管。随时量测混凝土面的高程，可用测锤进行量测，由于混凝土面非水平，应量测三个点取其平均值。单元槽段端部易渗水,因此导管距单元槽段端部的距离不得超过2m。如一个单元槽段用两根或两根以上的导管同时进行浇筑,应根据浇筑有效半径和混凝土的和易性确定导管的间距,使各导管处的混凝土面大致处于同一标高。混凝土面上存在一层与泥浆接触的浮浆层,需要凿去,为此混凝土高度需超浇300~500mm。

2.3.4 土层锚杆支护结构

土层锚杆支护是在基坑土壁上钻孔,再在孔中安放钢拉杆,并在拉杆尾部一定长度范围内注浆,形成锚固体,使之与土层结合成为抗拉(拔)力强的锚杆,如图2.23所示。其特点是:能与土体结合在一起,承受较大的拉力,以保持结构的稳定,可用高强钢材,并可施加预应力,可有效地控制建筑物的变形量;施工所需钻孔孔径小,不需用大型机械;代替钢横撑作侧壁支护,可大量节省钢材;为地下工程施工提供开阔的工作面。

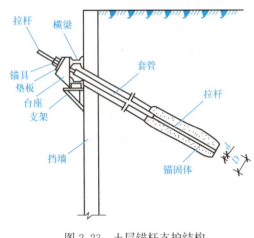

图2.23 土层锚杆支护结构

经济效益显著,可节省大量劳动力,加快工程进度。

土层锚杆支护结构施工包括钻孔、安放拉杆、压力灌浆和张拉锚固等。

1. 钻孔

土层锚杆钻孔用的钻孔机械,按工作原理分有旋转式钻孔机、冲击式钻孔机和旋转冲击式钻孔机三类。主要根据土质、钻孔深度和地下水情况进行选择。

要求土层锚杆的钻孔方向准确和孔壁平直,无坍陷和松动,否则影响钢拉杆安放和土层锚杆的承载能力。钻孔时不得使用膨润土循环泥浆护壁,以免在孔壁上形成泥皮,降低锚固体与土壁间的摩阻力。

2. 安放拉杆

土层锚杆用的拉杆,常用的有钢管(钻杆用作拉杆)、粗钢筋、钢丝束和钢绞线。承载能力较小时,多用粗钢筋;承载能力较大时,我国多用钢绞线。钢筋、钢绞线使用前要检查各项力学性能,应顺直,无油污、锈蚀、缺股断丝等情况。钻孔完毕应尽快地安设拉杆,以防塌孔。为将拉杆安置于钻孔的中心,在拉杆上应安设定位器,每隔1.0~2.0m应安设一个。

3. 压力灌浆

通过灌浆管用压浆泵或泥浆泵进行灌浆,压力为0.3~4MPa。水泥砂浆浆体的灰砂比宜为0.8~1.5,水灰比宜为0.38~0.5。浆体强度应符合设计要求,并由试块检验。灌浆管为钢管或胶管,随拉杆入孔,随着灌浆拔出孔外。若采用二次灌浆法可以显著提高土锚的承载能力。

4. 张拉锚固

土锚灌浆后,待锚固体强度大于20MPa并达到80%设计强度以上,便可对土锚进行张拉和锚固。张拉前先在支护结构上安装围檩,张拉用设备与预应力结构张拉所用相同。边坡锚固技术规范要求宜进行超过锚杆设计预应力值 1.05～1.10 倍的超张拉,预应力保留值应满足设计要求。锚固由锚具实现,外锚头需涂防腐材料或外包混凝土。

2.3.5 土钉墙支护结构

土钉墙施工工艺

土钉墙支护结构由采用土钉加固的基坑侧壁土体与护面等组成。这种支护结构是由天然土体通过土钉墙就地加固并与喷射混凝土面板相结合,形成类似重力挡墙,以此来抵抗墙后的土压力,从而保持开挖面的稳定。其具有节约投资、施工占地少、进度快、安全可靠等优点,在深基坑开挖支护工程中得到较为广泛的应用。

1. 土钉墙的构造

土钉墙一般由土钉、面层、泄排水系统等三部分组成。常用作土钉的材料有变形钢筋、角钢、圆钢或钢管。面层由喷射混凝土、纵横主筋、网筋构成。钢筋网可为单层或双层。基坑坡顶和坡脚应设排水措施,坡面可根据具体情况设置泄水孔。坡面泄水孔为插入坡面的内填滤水材料的带孔塑料管。土钉墙设计及构造应符合下列规定:

1) 土钉墙墙面坡度不宜大于 1:0.1。
2) 土钉必须和面层有效连接,应设置承压板或加强钢筋等构造措施,承压板或加强钢筋应与土钉螺栓连接或钢筋焊接连接。
3) 土钉的长度宜为开挖深度的 0.5～1.2 倍,间距宜为 1～2m,与水平面夹角宜为 5～20°。
4) 土钉钢筋宜采用Ⅱ、Ⅲ级钢筋,钢筋直径宜为 16～32mm,钻孔直径宜为 70～120mm。
5) 注浆材料宜采用水泥浆或水泥砂浆,其强度等级不宜低于 M10。
6) 喷射混凝土面层宜配置钢筋网,钢筋直径宜为 6～10mm,间距宜为 150～300mm。喷射混凝土强度等级不宜低于 C20,面层厚度不宜小于 80mm。
7) 坡面上下段钢筋网搭接长度应大于 300mm。

2. 土钉墙施工工艺

土钉墙施工可按下列顺序进行:挖第一层土方→喷射混凝土面层→打孔→土钉制作与安放→注浆→铺放、压固钢筋网→安装泄排水系统→喷射混凝土→挖下层土。

施工要点如下。

(1) 挖土方

基坑开挖和土钉墙施工应按设计要求自上而下分段分层进行,在机械开挖后,应辅以人工修整坡面,坡面平整度的允许偏差宜为 ±20mm,在坡面喷射混凝土支护前,应清除坡面虚土。

(2) 喷射混凝土面层

混凝土面层的喷射作业应分段进行,同一分段内喷射顺序应自下而上,一次喷射厚度不宜小于 40mm。喷射混凝土时,喷头应与受喷面垂直,并保持 0.6～1.0m 的距离。喷射混凝土的回弹率不大于 15%。喷射混凝土终凝 2h 后,应喷水养护,养护时间宜为

3～7d，养护视当地环境条件采用喷水、覆盖浇水或喷涂养护剂等方法。

(3)打孔

打孔时根据不同的土质情况采用不同的成孔作业法进行施工。对于一般土层，孔深不大于15m时，可选用洛阳铲或螺旋钻施工；孔深大于15m时，宜选用土锚专用钻机和地质钻机施工。对饱和土易塌孔的地层，宜采用跟管钻进工艺。掌握好钻机钻进速度，保证孔内干净、圆直，孔径应符合设计要求。钻孔时如发现水量较大，要预留导水孔。

(4)土钉制作和安放

拉杆要求顺直，应除油、除锈并做好防腐处理，按要求设置好定位架。拉杆插入时，应防止扭压、弯曲，拉杆安放后不得随意敲击和悬挂重物。

(5)注浆

注浆前应将孔内残留或松动的杂土清除干净。注浆材料宜采用水泥浆或水泥砂浆，水泥浆的水灰比宜为0.5，水泥砂浆配合比宜为(1:1)～(1:2)(质量比)，水灰比宜为0.38～0.45，其强度等级不宜低于M10。

(6)钢筋网施工

钢筋网施工中土钉必须和面层有效连接，为此应设置承压板或加强钢筋等构造措施，承压板或加强钢筋应与土钉螺栓连接或钢筋焊接连接；钢筋网的钢筋直径宜为6～10mm，间距宜为150～300mm，坡面上下段钢筋网搭接长度应大于300mm。钢筋网应在喷射一层混凝土后铺设，钢筋保护层厚度不宜小于20mm，采用双层钢筋网时，第二层钢筋网应在第一层钢筋网被混凝土覆盖后铺设。土钉与面层钢筋网的连接可通过垫板、螺帽及土钉端部螺纹杆固定。土钉钢筋也可通过井字加强钢筋直接焊接在钢筋网上，焊接强度要满足设计要求。

(7)泄排水系统

当地下水位高于基坑底面时，应采取降水或截水措施；土钉墙墙顶应采用砂浆或混凝土护面，坡顶和坡脚应设排水措施，坡面上可根据具体情况设置泄水孔。

(8)喷射混凝土

喷射混凝土顺序一般"先锚后喷"，土质条件不好时"先喷后锚"。喷射作业时，空压机气压为0.2～0.5MPa，喷头水压不应小于0.15MPa，喷射距离控制在0.6～1.0m，为保证喷射混凝土厚度达到规定值，在坡壁上垂直打入短钢筋作为厚度控制标志。混凝土的初凝时间和终凝时间分别控制在5min和10min左右，喷射厚度为80～100mm。

(9)开挖下层土方

上层土钉注浆体及喷射混凝土面层达到设计强度的70%后方可开挖下层土方及下层土钉施工。

3. 土钉墙质量检测

土钉墙应按下列规定进行质量检测：

1)土钉采用抗拉试验检测承载力，同一条件下，试验数量不宜少于土钉总数的1%且不应少于3根。

2)墙面喷射混凝土厚度应采用钻孔检测，钻孔数宜每100m² 墙面积一组，每组不应少于3点。

2.3.6 装配式支护结构施工技术

1. 技术内容

装配式支护结构是以成型的预制构件为主体，通过各种技术手段在现场装配成为支护结构。与常规方法相比，该支护技术具有造价低、工期短、质量易于控制等特点，从而大大降低了能耗、减少了建筑垃圾，有较高的社会、经济效益与环保作用。目前，市场上较为成熟的装配式支护结构有预制桩、预制地下连续墙结构、预应力鱼腹梁支撑结构、工具式组合内支撑等。

预制桩作为基坑支护结构使用时，主要是采用常规的预制桩施工方法，如静压或者锤击法施工，还可以采用插入水泥土搅拌桩、TRD搅拌墙或CSM双轮铣搅拌墙内形成连续的水泥土复合支护结构。预应力预制桩用于支护结构时，应注意防止预应力预制桩发生脆性破坏并确保接头的施工质量。

预制地下连续墙技术即按照常规的施工方法成槽后，在泥浆中先插入预制墙段、预制桩、型钢或钢管等预制构件，然后以自凝泥浆置换成槽用的护壁泥浆，或直接以自凝泥浆护壁成槽插入预制构件，以自凝泥浆的凝固体填塞墙后空隙和防止构件间接缝渗水，形成地下连续墙。采用预制的地下连续墙技术施工的地下墙面光洁、墙体质量好、强度高，并可避免在现场制作钢筋笼和浇筑混凝土及处理废浆。近年来，在常规预制地下连续墙技术的基础上，又出现一种新型预制连续墙，即不采用昂贵的自凝泥浆，仍用常规的泥浆护壁成槽，成槽后插入预制构件并在构件间采用现浇混凝土将其连成一个完整的墙体。该工艺是一种相对经济又兼具现浇地下墙和预制地下墙优点的新技术。

预应力鱼腹梁支撑技术，由鱼腹梁（以高强度低松弛的钢绞线作为上弦构件，H型钢作为受力梁，与长短不一的H型钢撑等组成）、对撑、角撑、立柱、横梁、拉杆、三角形节点、预压顶紧装置等标准部件组合并施加预应力，形成平面预应力支撑系统与立体结构体系，支撑体系的整体刚度高、稳定性强。该技术能够提供开阔的施工空间，挖土、运土及地下结构施工便捷，不仅显著改善地下工程的施工作业条件，而且大幅减少支护结构的安装、拆除、土方开挖及主体结构施工的工期和造价。

工具式组合内支撑技术是在混凝土内支撑技术的基础上发展起来的一种内支撑结构体系，主要利用组合式钢结构构件截面灵活可变、加工方便、适用性广的特点，可在各种地质情况和复杂周边环境下使用。该技术具有施工速度快、支撑形式多样、计算理论成熟、可拆卸重复利用、节省投资等优点。

2. 适用范围

预制地下连续墙结构一般仅适用于深9m以内的基坑，如地铁车站和周边环境较为复杂的基坑工程等。预应力鱼腹梁支撑结构适用于市政工程中地铁车站、地下管沟基坑工程以及各类建筑工程基坑等，当温差较大时应考虑温度应力的影响。工具式组合内支撑适用于周围建筑物密集、施工场地狭小、岩土工程条件复杂或软弱地基等类型的深大基坑。

2.4 桩基础施工

2.4.1 桩的分类

桩基础是一种常用的基础形式,当天然地基上的浅基础沉降量过大或地基的承载力不能满足设计要求时,通常采用桩基础。桩基础按不同的分类方式可分为不同类型。

1. 按桩的传力及作用性质分类(图 2.24)

摩擦桩 是指桩顶荷载全部或主要由桩侧阻力承担的桩。根据桩侧阻力承担荷载的份额,摩擦桩又分为纯摩擦桩和端承摩擦桩。

端承桩 是指桩顶荷载全部或主要由桩端阻力承担的桩。根据桩端阻力承担荷载的份额,端承桩又分为纯端承桩和摩擦端承桩。

2. 按成桩方法分类

非排土桩 如干作业法桩、水泥混合浆护壁法桩、套管护壁法桩、人工挖孔桩等。

部分排土桩 如部分挤土灌注桩、预钻孔打入式预制桩、打入式开口钢管桩、H型钢桩、螺旋成孔桩等。

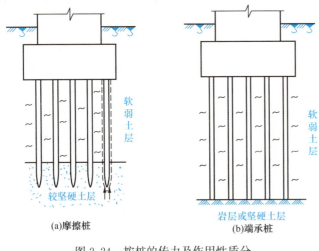

图 2.24 按桩的传力及作用性质分

排土桩 如排土灌注桩、排土预制混凝土桩(打入式桩、振入式桩、压入式桩)等。

3. 按桩制作工艺分类

预制桩 在现场或加工厂预制而成的桩。

现场灌注桩 在施工现场根据设计要求灌注而成的桩。

2.4.2 钢筋混凝土预制桩施工

钢筋混凝土预制桩的施工主要工序包括预制、起吊、运输、堆放、沉桩等过程。

1. 桩的制作、起吊、运输和堆放

(1)桩的制作

钢筋混凝土预制桩有实心桩和管桩两种。

实心桩一般为正方形断面,常用断面边长为 200～450mm。单根桩的最大长度,根据打桩架的高度确定。30m 以上的桩可将桩预制成几段,在打桩过程中逐段接长,如在工厂制作,每段长度不宜超过 12m。

钢筋混凝土预制桩可在工厂或施工现场预制。一般较长的桩在打桩现场或附近场地预制,较短的桩多在预制厂生产。

钢筋混凝土预制桩制作程序为：现场布置→场地地基处理、整平→场地地坪浇筑混凝土→支模→绑扎钢筋、安设吊环→浇筑混凝土→养护→拆模(至30%强度后)→支间隔端头模板、刷隔离剂、绑扎钢筋→浇筑间隔桩混凝土→同法间隔重叠制作第二层桩→……→养护至75%强度起吊→达100%强度后运输。

桩的制作质量除应符合有关规范的允许偏差规定外，还应符合下列要求。
1) 桩的表面应平整、密实，掉角的深度不应超过10mm，且局部蜂窝和掉角的缺损总面积不得超过该桩表面全部面积的0.5%，并不得过于集中。
2) 混凝土收缩产生的裂缝深度不得大于20mm，宽度不得大于0.25mm；横向裂缝长度不得超过50%的边长(圆桩或多边形桩不得超过直径或对角线的1/2)。
3) 桩顶和桩尖处不得有蜂窝、麻面、裂缝和掉角。

(2) 桩的起吊

桩的强度达到设计强度标准值的75%后方可起吊，如提前起吊，必须采取措施并经验算合格方可进行。吊索应系于设计规定之处，如无吊环，可按图2.25所示的位置设置吊点起吊。在吊索与桩间应加衬垫，起吊应平稳提升，并应采取措施保护桩身质量，防止撞击和受振动。

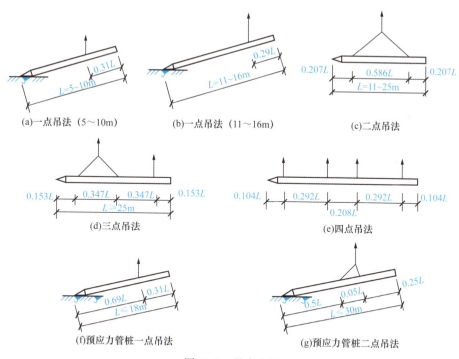

图2.25 吊点位置

(3) 桩的运输

混凝土预制桩达到设计强度的100%方可运输。当运距不大时，可用起重机吊运或在桩下垫以滚筒，用卷扬机拖拉。运距较大时，可采用平板拖车或轻轨平板车运输，桩下宜设活动支座，运输时应做到平稳并不得损坏，经过搬运的桩要进行质量检查。

(4) 桩的堆放

桩堆放时，地面必须平整、坚实，垫木间距应与吊点位置相同，各层垫木应位于同一垂直线上，最下层垫木应适当加宽。堆放层数不宜超过4层，不同规格的桩应分别堆放。

2. 打桩前的准备

1) 整平场地，清除桩基范围内的高空、地面、地下障碍物；架空高压线距打桩机不得小于10m；修设打桩机进出、行走道路，做好排水措施。

2) 按图样布置进行测量放线，定出桩基轴线，先定出中心，再引出两侧，并将桩的准确位置测设到地面，每一个桩位打一个小木桩；并测出每个桩位的实际高程，场地外设2～3个水准点，以便随时检查之用。

3) 检查桩的质量，将需用的桩按平面布置图堆放在打桩机附近，不合格的桩不能运至打桩现场。

4) 检查打桩机设备及起重工具；铺设水电管网，进行设备架立组装和试打桩，在桩架上设置标尺或在桩的侧面划上标记，以便能观测桩身入土深度。

5) 打桩场地建(构)筑物有防震要求时，应采取必要的防护措施。

6) 学习、熟悉桩基施工图样，并进行会审；做好技术交底，特别是地质情况、设计要求、操作规程和安全措施的交底。

7) 准备好桩基工程沉桩记录和隐蔽工程验收记录表格，并安排好记录和监理人员等。

3. 沉桩工艺

沉桩工艺主要有锤击沉桩法、静力压桩法以及其他沉桩工艺等。

(1) 锤击沉桩法

锤击沉管灌注桩施工(动画)

锤击沉桩法又称为打入桩法，是利用桩锤下落产生的冲击能量，克服土体对桩的阻力，将桩沉入土中。这是钢筋混凝土预制桩常用的沉桩方法。该方法施工速度快、机械化程度高、适应范围广。但施工时极易产生挤土、噪声和振动现象，目前使用较少。

打桩设备及选用 打桩所用的机具设备主要包括桩锤、桩架及动力装置三个部分。

打桩顺序 当桩较稀时(桩中心距大于4倍桩截面边长或桩径)，可采用由一侧向单一方向逐排施打，或由两侧同时向中间施打，如图2.26(a)和(b)所示。这种方法土体挤压均匀，易保证施工质量。

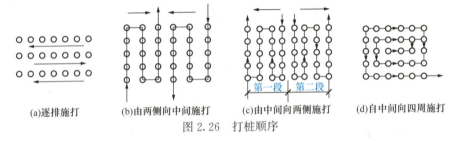

图2.26 打桩顺序

当桩较密时(桩中心距小于或等于4倍桩截面边长或桩径)，应由中间向两侧对称施打，或由中间向四周施打，如图2.26(c)和(d)所示。这种方法土体挤压均匀，易保证施工质量。

当桩的规格、埋深、长度不同时，宜采用先大后小、先深后浅、先长后短的原则施打。

沉桩施工工艺 沉桩施工工艺过程一般包括定桩位、桩架移动、吊桩和定桩、打桩、接桩、截桩等。

(2) 静力压桩法

静力压桩法是在软土地基上，利用静力压桩机或液压压桩机用无振动的静压力将预制桩压入土中的一种沉桩工艺，它可消除噪声和振动。近几年来，液压静力压桩机发展很快，有的压力已达 7000kN 以上。静力压桩一般是分节压入，当每一节桩压入土中后，在其上端距地面 2m 左右时，将第二节桩接上，如此反复进行。

静力压桩施工工艺流程：场地清理→测量定位→尖桩就位（包括对中和调直）→压桩→接桩→再压桩→截桩等。最重要的工艺是测量定位、尖桩就位、压桩和接桩四大施工过程，这是保证压桩质量的关键。

静力沉桩法具有无噪声、无振动、无冲击、施工应力小等优点，可减少打桩振动对地基和邻近建筑物的影响，桩顶不易损坏，沉桩精度较高，节省制桩材料，降低工程成本，施工质量较高，是一种很有发展前景的沉桩方法。

静力压桩机有顶压式、箍压式和前压式三种类型。顶压式由桩架、压梁、桩帽、卷扬机、滑轮组等组成。箍压式是最近几年才发展的机型，全液压操作，行走机构为新型的液压步履机，可做任何角度的回转，最大压力可达 7000kN。前压式是最新的压桩机型，压桩高度可达 20m，可大大减少接桩的工作，是有使用前景的一种压桩机。按行走机构不同，静力压桩机又可分为托板圆轮式、走管式和步履式三种。

(3) 其他沉桩工艺

预制桩的其他沉桩工艺还有振动沉桩法、水冲沉桩法、钻孔锤击法等。

振动沉桩法 原理是借助固定于桩头上的振动沉桩机所产生的振动力，以减小桩与土壤颗粒之间的摩擦力，使桩在自重与机械力的作用下沉入土中。

振动沉桩机由电动机、弹簧支撑、偏心振动块和桩帽组成。振动机内的偏心振动块分为左右对称两组，其旋转速度相同，方向相反。因此，当工作时，两组偏心块的离心力的水平分力相抵消，而垂直分力相叠加，形成垂直方向的振动力。由于桩体与振动机是刚性连接在一起的，也将随着振动力沿垂直方向上下振动而下沉。振动沉桩法主要适用于砂石、黄土、软土、亚勃土地基，在含水砂层中的效果更为显著。但在砂砾层中采用振动沉桩法时，施工比较困难，还需要配以水冲沉桩法。在沉桩施工过程中，必须连续进行，以防间歇过久难以沉桩。

水冲沉桩法 是锤击沉桩的一种辅助方法。水冲沉桩法是利用高压水流经过桩侧面或空心桩内部的射水管冲击桩靴附近土层，减小桩与土之间的摩擦力及桩靴下土的阻力，使桩在自重和锤击作用下迅速沉入土中。通常是边冲水边打桩，当沉桩至最后 1～2m 时停止冲水，用锤击至规定高程。水冲沉桩法适用于砂土和碎石土层，有时对于特别长的预制桩，单靠锤击有一定困难时，可用水冲法辅助施工。

钻孔锤击法 是钻孔与锤击相结合的一种沉桩方法。当遇到土层坚硬，采用锤击法遇到困难时，可先在桩位上钻孔后再在孔内插桩，然后再进行锤击沉桩。钻孔深度距持力层1~2m时停止钻孔，提钻时注入泥浆以防止塌孔，泥浆的作用是护壁。钻孔直径应小于桩径。钻孔完成后吊桩，插入桩孔并锤击至持力层深度。

2.4.3 混凝土灌注桩施工

混凝土灌注桩是直接在施工现场桩位上成孔，然后在孔内安放钢筋笼，再浇筑混凝土成桩。与预制桩相比，它具有施工噪声低、振动小、挤土影响小、单桩承载力大、钢材用量少、设计变化自如等优点。但成桩工艺复杂，施工速度较慢，质量影响因素较多。混凝土灌注桩按成孔的方法分为干作业成孔灌注桩、泥浆护壁成孔灌注桩、沉管灌注桩、爆扩成孔灌注桩和人工挖孔灌注桩等。

1. 灌注桩的施工准备

(1) 定桩位和确定成孔顺序

灌注桩定位放线与预制桩定位放线基本相同。确定桩的成孔顺序时应注意以下问题。

1) 机械钻孔灌注桩、干作业成孔灌注桩等成孔时对土没有挤密作用，一般按现场条件和桩机行走最方便的原则确定成孔顺序。

2) 冲孔灌注桩、振动灌注桩、爆扩桩等成孔时对土有挤密作用和振动影响，一般可结合现场施工条件，采用下列方法确定成孔顺序。

① 间隔1~2个桩位成孔。

② 在邻桩混凝土初凝前或终凝后再成孔。

③ 5根单桩以上的群桩基础，位于中间的桩先成孔，周围的桩后成孔。

④ 同一个承台下的爆扩桩，可根据不同的桩距采用单爆或联爆法成孔。

(2) 制作钢筋笼

绑扎钢筋笼(钢筋骨架)时，要求纵向钢筋沿环向均匀布置，箍筋的直径和间距、纵向钢筋的保护层、加劲箍的间距等应符合设计规定。箍筋和纵向钢筋(主筋)之间进行绑扎时，应在其两端和中部采用焊接，以增加骨架的牢固程度，便于吊装入孔。

钢筋笼直径除按设计要求外，还应符合下列规定。

① 套管成孔的桩，应比套管内径小60~80mm。

② 用导管法灌注水下混凝土的桩，应比导管连接处的外径大100mm以上。

③ 钢筋笼制作、运输和安装过程中，应采取措施防止变形，并应有保护层垫块。

④ 钢筋笼吊放入孔时不得碰撞孔壁，浇筑混凝土时应采取措施固定钢筋笼，防止其上浮和偏移。

(3) 混凝土配制

混凝土配制时，应选择合适的石子粒径和混凝土坍落度。石子粒径要求：卵石不宜大于50mm，碎石不宜大于40mm，用于有配筋的桩不宜大于30mm，石子最大粒径不得大于钢筋净距的1/3。坍落度要求：水下灌注的混凝土宜为16~22cm；干作业成孔的混凝土宜为8~10cm；套管成孔的混凝土宜为6~8cm。

灌注桩的混凝土浇筑应连续进行。水下浇筑混凝土时，钢筋笼放入泥浆后4h内必须浇筑混凝土，并要做好施工记录。

2. 干作业成孔灌注桩

干作业成孔灌注桩是用钻机在桩位上成孔，在孔中吊放钢筋笼，再浇筑混凝土的成桩工艺。

干作业成孔适用于地下水位以上的各种软硬土层，施工中不需设置护壁而直接钻孔取土形成桩孔。目前常用的钻孔机械是螺旋钻机。

（1）螺旋钻机成孔灌注桩施工工艺

螺旋成孔钻机（图 2.27）是利用动力旋转钻杆带动钻头上的螺旋叶片旋转切削土层，土渣沿螺旋叶片上升排出孔外。螺旋成孔钻机成孔直径一般为 300～600mm，钻孔深度为 8～12m。

钻杆按叶片螺距的不同，可分为密螺纹叶片和疏螺纹叶片。密螺纹叶片适用于可塑或硬塑黏土或含水量较小的砂土，钻进时速度缓慢而均匀；疏螺纹叶片适用于含水量大的软塑土层，由于钻杆在相同转速时，疏螺纹叶片较密螺纹叶片向上推进快，可取得较快的钻进速度。

螺旋成孔钻机成孔灌注桩施工流程如下：

钻机就位→钻孔→检查成孔质量→孔底清理→盖好孔口盖板→移桩机至下一桩位→移走盖口板→复测桩孔深度及垂直度→安放钢筋笼→放混凝土串筒→浇筑混凝土→插桩顶钢筋。

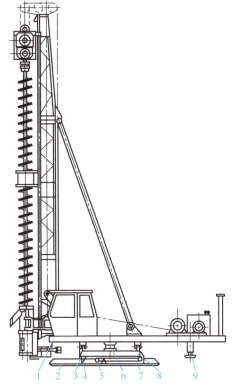

1——上盘；2——下盘；3——回转滚轮；
4——行走滚轮；5——钢丝滑轮；6——旋转中心轴；
7——行走油缸；8——中盘；9——支腿。

图 2.27 步履式全螺旋成孔钻机

钻进时要求钻杆垂直，钻孔过程中如发现钻杆摇晃或钻进困难时，可能是遇到石块等硬物，应立即停机检查，及时处理，以免损坏钻具或导致桩孔偏斜。

施工中，如发现钻孔偏斜，应提起钻头上下反复扫钻数次，以便削去硬土，如纠正无效，应在孔中回填黏土至偏孔处以上 0.5m，再重新钻进。如成孔时发生塌孔，宜钻至塌孔处以下 1～2m 处，用低强度等级的混凝土（也可用3∶7的灰土代替混凝土）填至塌孔以上 1m 左右，待混凝土初凝后再继续下钻，钻至设计深度。

钻孔达到要求深度后，进行孔底土清理，即钻到设计深度后，必须在孔底进行空转清土，然后停止转动，提钻杆，不得回转钻杆。

提钻后应检查成孔质量：用测绳（锤）测量孔深垂直度及虚土厚度。虚土厚度等于测量深度与钻孔深的差值，虚土厚度一般不应超过 100mm。清孔时，如果少量浮土或泥浆不易清除，可加入 25~60mm 厚的卵石或碎石插捣，以挤密土体。或用夯锤夯击孔底虚土，或用压力在孔底灌入水泥浆，以减少桩的沉降和提高其承载力。

钻孔完成后应尽快吊放钢筋笼并浇筑混凝土。混凝土应分层浇筑，每层高度不得大于 1.5m。混凝土的坍落度要求：黏性土中为 50~70mm，砂类土中为 70~90mm。

(2) 螺旋钻孔压浆成桩法施工工艺

螺旋钻孔压浆成桩是用螺旋钻杆钻到预定的深度后，通过钻杆芯管底部的喷嘴，自孔底由下而上向孔内高压喷射以水泥浆为主剂的浆液，使液面升至地下水位或无塌孔危险的位置以上。提起钻杆后，在孔内安放钢筋笼并在孔口通过漏斗投放骨料。最后再自孔底向上多次高压补浆。

这种工艺的施工特点是连续一次成孔，多次自下而上高压注浆成桩，既具有无噪声、无振动、无排污的优点，又能在流砂、卵石、地下水、易塌孔等复杂地质条件下顺利成桩，而且由其扩散渗透的水泥浆而大大提高了桩体的质量，其承载力为一般灌注桩的 1.5~2 倍，在国内很多工程中已经得到成功应用。

螺旋钻孔压浆成桩法的施工顺序(图 2.28)如下：

1) 钻机就位。
2) 钻进，钻至设计深度，空钻清底。
3) 一次压浆。将高压胶管一头接在钻杆顶部的导流器预留管口，另一头接在压浆泵上，再将配制好的水泥浆由下而上边提钻边压浆。
4) 提钻。压浆到成孔地层以上 500mm 后提出钻杆。
5) 下钢筋笼。将塑料压浆管固定在制作好的钢筋笼上，使用钻机的吊装设备吊起钢筋笼对准孔位，垂直缓慢放入孔内，下到设计高程，固定钢筋笼。
6) 下碎石。碎石通过孔口漏斗倒入孔内，用铁棍捣实。
7) 二次补浆。与第一次压浆的间隔不得超过 45min，利用固定在钢筋笼上的塑料压浆管进行第二次压浆，压浆完成后立即拔管并将并将其洗净备用。

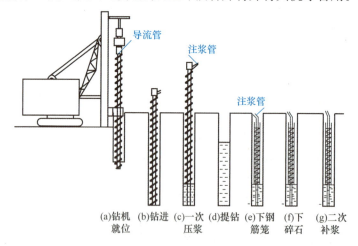

图 2.28 螺旋钻孔压浆成桩法的施工顺序

3. 泥浆护壁成孔灌注桩

泥浆护壁成孔灌注桩是利用原土自然造浆或人工造浆浆液进行护壁，通过循环，泥浆将被钻头切下的土块挟带出孔外成孔，然后安放绑扎好的钢筋笼，水下灌注混凝土成桩。此法适用于地下水位较高的黏性土、粉土、砂土、填土、碎石土及风化岩层，也适用于地质情况复杂、夹层较多、风化不均、软硬变化较大的岩层。但在有岩溶发育地区要慎重使用。

泥浆护壁成孔灌注桩施工工艺流程如图 2.29 所示。

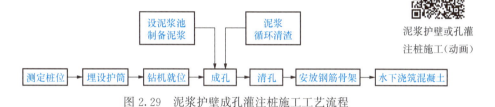

图 2.29 泥浆护壁成孔灌注桩施工工艺流程

下面介绍几处关键工艺的施工要点。

（1）埋设护筒

护筒是大直径泥浆护壁成孔灌注桩特有的一种装置，常用 4～8mm 钢板制成。其内径比钻头直径大 100～200mm，埋设护筒时，先挖去桩孔处表面土，将护筒埋入土中，并保证其准确、稳定。护筒中心与桩位中心的偏差不得大于 50mm，护筒与坑壁之间用黏性土填实，以防漏水。护筒的埋设深度：在黏土中不宜小于 1.5m，在砂土中不宜小于 1.0m。护筒顶面应高于地面 0.5m 左右，并应保持孔内泥浆面高出地下水位 1～2m。其上部宜开设 1～2 个溢浆孔。护筒的作用：固定桩孔位置，防止地面水流入，保护孔口；增大桩孔内水压力，防止塌孔。

（2）制备泥浆

泥浆是该施工方法不可缺少的材料，它具有稳固土壁、防止塌孔和挟砂排土的作用，另外还有对钻机钻头冷却和润滑的作用。

制备泥浆的方法应根据土质的实际情况而确定。在黏性土中成孔，可在孔中直接注入清水，通过钻机不停地回转，可把切下的土屑制成泥浆。泥浆的相对密度宜控制在 1.1～1.2。在其他土层中成孔，制备泥浆应当用高塑性土或膨润土，且在孔外泥浆池中进行，在砂质土层中，泥浆的相对密度应控制在 1.1～1.3；在容易塌孔的土层中，泥浆的相对密度、黏度、含砂率、胶体率等是确保泥浆质量的重要指标。

（3）钻孔

泥浆护壁成孔灌注桩有潜水钻机钻孔、冲击钻机钻孔等不同方式。

潜水钻机钻孔 潜水钻机是一种将动力变速机构与钻头连在一起加以密封，潜入水中工作的一种体积小、质量轻的钻机。这种钻机由桩架及钻杆定位，钻孔时钻杆不旋转，仅钻头部分旋转，切削下来的泥渣通过泥浆循环排出孔外。钻机桩架轻便，移动灵活，噪声小、速度快，钻孔直径为 600～1500mm，钻孔深度可达 40m。潜水钻机钻孔适用于黏性土、淤泥质土及砂土，尤其适用于地下水位较高的土层。潜水钻机的钻头有笼式钻头和筒式钻头等多种，可根据不同土层选用。

潜水钻机同样使用泥浆护壁成孔，泥浆的功能和组成与其他钻机施工所要求的基本相同，其出渣的方式有正循环与反循环两种。

① 正循环排渣法。采用 3PN 泥浆泵将泥浆水或清水压向钻机中心送水管，然后下放钻杆于土中，当钻到设计深度后，电动机停转，但 3PN 泥浆泵仍继续工作。采用正循环排渣，当孔内泥浆相对密度为 1.15～1.25 时，方停泵提升钻机，然后迅速移位，进行下道工序。正循环排渣法如图 2.30(a)所示。

② 反循环排渣法。目前，常用的反循环排渣法是将潜水泵同主机连接，开钻时采用正循环开孔，当钻深超过砂石泵叶轮位置后，即可启动砂石泵机，开始循环作业。当钻至设计深度后，停止钻进，砂石泵继续排泥，一直达到要求浓度为止。反循环排渣法如图 2.30(b)所示。

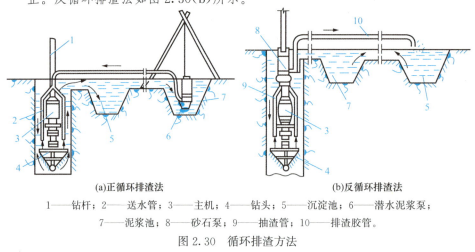

(a)正循环排渣法　　　　　　　　　(b)反循环排渣法

1——钻杆；2——送水管；3——主机；4——钻头；5——沉淀池；6——潜水泥浆泵；
7——泥浆池；8——砂石泵；9——抽渣管；10——排渣胶管。

图 2.30　循环排渣方法

冲击钻机钻孔　将带钻刃的冲锥式钻头提升到一定高度，靠自由下落的冲击力来破碎岩层或冲挤土层，然后用掏渣筒掏取孔内的渣浆而成孔。

此种成孔方法适用于碎石土、砂土、黏性土及风化的岩层等，孔径可达 600～1500mm。

(4)清孔

当钻孔达到设计深度后，应进行验孔和清孔。清孔的目的是清除孔底的沉渣和淤泥，以减少桩基的沉降量，从而提高承载能力。

在清孔时，应保持孔内泥浆面高出地下水位 1.0m 以上；当受水位涨落影响时，泥浆面应高出最高水位 1.5m 以上。清孔之后，浇筑混凝土之前，孔底 500mm 以内的泥浆相对密度应小于 1.25，黏度小于 28Pa·s，含砂率小于 8%。孔底沉渣的厚度，应符合下列规定：对端承桩，不应大于 50mm；对摩擦桩，不应大于 100mm；对抗拔、抗水平力桩，不应大于 200mm。

(5)安放钢筋骨架

清孔符合要求后，应立即吊放钢筋骨架。吊放时，为防止扭转、弯曲和碰撞，要吊直扶稳，缓缓下落。钢筋骨架下放到设计位置后，应立即固定。为保证钢筋骨架位置正确，可在钢筋笼上设置钢筋环或混凝土块，以确保保护层的厚度。

钢筋笼制作应分段进行，接头宜采用焊接，主筋一般不设弯钩，加劲箍筋设在主筋外侧。钢筋笼的外形尺寸，应严格控制在比孔径小 110～120mm。

(6)浇筑混凝土

钢筋骨架固定之后，在 4h 之内必须浇筑混凝土。混凝土选用的粗骨料粒径不宜大于 30mm，并不宜大于钢筋间最小净距的 1/3，坍落度为 160～220mm，含砂率宜为 40%～50%，细骨料宜采用中砂。

浇筑混凝土通常采用导管法，如图 2.31 所示。浇筑混凝土的导管可用钢管制成，壁厚不宜小于 3mm，直径为 200～250mm，直径制作偏差不超过±2mm。导管的分节长度视具体情况而定，一般小于 3m；底管长度不宜小于 4m，两管的接头宜用法兰或双螺纹方扣快速接头，接口要严密，不漏水漏浆。水下浇筑混凝土要求混凝土流动性好，坍落度应控制在 160～220mm，掺加木钙、糖蜜、加气剂等外加剂改善其和易性和延长凝结时间。水泥用量一般要在求 350kg/m³ 以上，水灰比为 0.50～0.60。

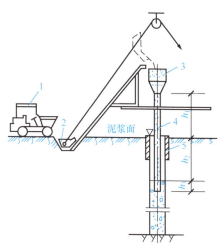

1——翻斗车；2——料斗；3——储料漏斗；
4——导管；5——护筒。

图 2.31 导管法浇筑混凝土示意图

浇筑混凝土前先将导管吊入桩孔内，导管顶部高于泥浆面 3～4mm 并连接漏斗，底部距桩孔底 0.3～0.5m，导管内设隔水栓，用细钢丝悬吊在导管下口，隔水栓可用预制混凝土四周加橡胶密封圈、橡胶球胆或软木球制作。

浇筑混凝土时，先在漏斗内注入足量的混凝土，保证下落后能将导管下端埋入混凝土 1～1.5m，然后剪断钢丝，隔水栓下落，混凝土在自重的作用下，随隔水栓冲出导管下口（用橡胶球胆或软木球制做的隔水栓浮出水面后可回收重复使用），并把导管底部埋入混凝土内，然后连续浇筑混凝土；当导管埋入混凝土达 2～2.5m 时，即可提升导管，提升速度不宜过快，应保持导管埋在混凝土内 1m 以上。按上述方法连续浇筑，直到桩顶为止。

桩身混凝土必须留置试块，每浇筑 50m³ 必须有一组试件；小于 50m³ 的桩，每根桩必须有一组试件。

4. 沉管灌注桩

沉管灌注桩是目前建筑工程常用的一种灌注桩，按其施工方法不同可分为锤击沉管灌注桩、振动沉管灌注桩、沉管夯扩灌注桩等。沉管灌注桩的施工工艺主要包括：就位→沉钢管→放钢筋笼→浇筑混凝土→拔钢管。

锤击沉管灌注桩施工(动画)

(1)锤击沉管灌注桩

锤击沉管灌注桩施工时，用桩架吊起钢桩管，对准预先设在桩位处的预制钢筋混凝上桩靴。桩管与桩靴连接处要垫以麻、草绳，以防止地下水渗入桩管。然后缓缓放下桩管，套入桩靴压进土中，校正垂直度后即可锤击桩管。先用低锤轻击，观察无偏移后，再进行正常施打。

桩管打入至要求的贯入度或高程后，停止锤击，在管内放入钢筋笼。同时，用吊砣检查管内有无泥浆或渗水，然后用吊斗将混凝土通过漏斗灌入桩管内，待桩管灌满后，开始拔管。拔管要均匀，不宜过快：对于一般土层，以 1m/min 为宜；对于淤泥和淤泥质软土层以不大于 0.8m/min 为宜；在软弱土层和软硬土层交界处，可控制在 0.3～0.8m/min。拔管高度一次也不宜过高，应保持桩管内的混凝土高度不少于 2m。边拔管边浇筑混凝土。拔管时应保持连续密锤低击，从而将混凝土振实。按此方法一直到全管拔出为止。

锤击沉管灌注桩适用于一般黏性土、淤泥质土、砂土和人工填土地基。

振动沉管灌注桩施工（动画）

（2）振动沉管灌注桩

振动沉管灌注桩采用激振器或振动冲击锤沉管。施工时，先安装好桩机，将桩靴对准桩位，徐徐放下桩管并压入土中，校正垂直度后即可开动激振器沉管。当桩管沉到设计深度时，停止振动，用料斗将混凝土灌入桩管内，然后再开动激振器和卷扬机拔出钢管，边拔边振，将混凝土振实。

振动沉管灌注桩适用于软土、淤泥和人工填土地基。

（3）沉管夯扩灌注桩

夯扩桩2

夯扩桩1

沉管夯扩灌注桩是在锤击沉管灌注桩的基础上发展起来的一种施工方法。它利用打桩锤将内、外桩管同步沉入土层中，通过锤击内桩管夯扩端部混凝土，使桩端形成一个扩大头，然后灌注桩身混凝土。在拔外桩管时，用内桩管和桩锤顶压在管内混凝土面上，使桩身混凝土密实。

沉管夯扩灌注桩的机械设备与锤击沉管灌注桩相同，常用 D25 型或 D40 型柴油锤。该施工方法适用于中低压缩性黏性土、粉土、砂土、碎石土、强风化岩等土层。其桩身直径一般为 400～600mm，扩大头直径可达 500～900mm，桩长不宜超过 20m。

5. 爆扩成孔灌注桩

爆扩成孔灌注桩是先在桩位上钻孔或爆扩成孔，然后在孔底放入炸药，再灌入适量的压爆混凝土，引爆炸药使孔底形成球形扩大头，再放置钢筋骨架，然后浇筑桩身混凝土而形成的桩。

爆扩成孔灌注桩的施工顺序为：成孔→检查修理桩孔→安放炸药→灌入压爆混凝土→引爆→检查扩大头→安放钢筋笼→浇筑桩身混凝土→成桩养护。

（1）成孔

成孔方法有机钻成孔法和爆扩成孔法。机钻成孔所用设备与钻孔方法相同，下面只介绍爆扩成孔法。

爆扩成孔法是先用小直径（如 ϕ50mm）洛阳铲或手提麻花钻等钻出导孔，然后根据不同土质放入不同直径的炸药条，经爆扩后形成桩孔。

采用爆扩成孔法，必须先在爆扩灌注桩施工地区进行试验，找出在该地区地质条件下导管、装药量及其形成桩孔直径的有关数据，以便指导施工。

装炸药的管材以玻璃管较好，既防水又透明，能查明炸药情况，还便于插到导孔底部。管与管的接头处要牢固和防水,炸药要装满振实,药管接头处不得有空药现象。

(2)爆扩大头

爆扩大头的工作包括放入炸药、灌入压爆混凝土、通电引爆、测量混凝土下落高度(或直接测量扩大头直径)以及捣实扩大头混凝土等几个操作过程。

(3)浇筑混凝土

扩大头和桩混凝土要连续浇筑完毕,不留施工缝。混凝土浇筑完毕后,根据气温情况,可用草袋覆盖并浇水养护,在干燥的砂类土地区,桩周围也需浇水养护。

6. 灌注桩后注浆技术

(1)技术内容

灌注桩后注浆是指在灌注桩成桩后一定时间,通过预设在桩身内的注浆导管及与之相连的桩端、桩侧处的注浆阀以压力注入水泥浆的一种施工工艺。后注浆的目的是:通过桩底和桩侧后注浆加固桩底沉渣(虚土)和桩身泥皮;对桩底及桩侧一定范围的土体通过渗入(粗粒土)、劈裂(细粒土)和压密(非饱和松散土)而起到加固作用,从而增大桩侧阻力和桩端阻力,提高单桩承载力,减少桩基沉降。

在优化注浆工艺参数的前提下,可使单桩竖向承载力提高40%以上,通常情况下粗粒土增幅高于细粒土,桩侧桩底复合式注浆高于桩底注浆;桩基沉降减小30%左右,而且可利用预埋于桩身的后注浆钢导管进行桩身完整性超声检测,注浆用钢导管可取代等承载力桩身纵向钢筋。

(2)技术要求

考虑地层性状、桩长、承载力增幅和桩的使用功能(抗压、抗拔)等因素,灌注桩后注浆可采用桩底注浆、桩侧注浆、桩侧桩底复合式注浆等形式。主要技术指标为浆液水灰比:0.45~0.9;注浆压力:0.5~16MPa。

实际工程中,以上参数应根据土的类别、饱和度及桩的尺寸、承载力增幅等因素适当调整,并通过现场试注浆和试桩试验最终确定。设计和施工可依据《建筑桩基技术规范》(JGJ 94—2008)的规定进行。

(3)适用范围

灌注桩后注浆技术适用于除沉管灌注桩外的各类泥浆护壁和干作业的钻、挖冲孔灌注桩。当桩端及桩侧有较厚的粗粒土时,后注浆提高单桩承载力的效果较为明显。

7. 长螺旋钻孔压灌桩技术

(1)技术内容

长螺旋钻孔压灌桩技术是采用长螺旋钻机钻孔至设计深度,利用混凝土泵将超流态细石混凝土从钻头底压出,边压灌混凝土边提升钻头直至成桩,混凝土灌注至设计深度后,再借助钢筋笼自重或利用专门振动装置将钢筋笼一次插入混凝土桩体至设计深度,形成钢筋混凝土灌注桩。后插入钢筋笼的工序应在压灌混凝土工序后连续进行。与普通水下灌注桩施工工艺相比,长螺旋钻孔压灌桩施工不需要泥浆护壁,无泥皮、无沉渣、无泥浆污染,施工速度快,造价较低。该工艺还可根据需要在钢筋笼上绑设桩端后,注浆管进行桩端后注浆,以提高桩的承载力。

(2)技术要求

长螺旋钻孔压灌桩施工应满足如下要求：

1）混凝土中可掺加粉煤灰或外加剂，混凝土中粉煤灰掺量宜为 70~90kg/m³；

2）混凝土的粗骨料可采用卵石或碎石，最大粒径不宜大于 20mm；

3）混凝土坍落度宜为 180~220mm。

设计和施工可依据《建筑桩基技术规范》(JGJ 94—2008)的规定进行。

(3)适用范围

长螺旋钻孔压灌桩技术适用于地下水位较高，易坍孔，且长螺旋钻孔机可以钻进的地层。

2.4.4 桩基工程质量检测试验

桩的质量检测试验有两种基本方法：一种是静载载荷试验法，另一种是动测法。现以单桩竖向抗压静载试验为例进行介绍。

桩的静载试验是模拟实际荷载情况，通过静载加压得出一系列关系曲线，综合评定确定其容许承载力，它能较好地反映单桩的实际承载力。

1. 试验目的

静载试验的目的是采用接近于桩的实际工作条件，将通过静载加压确定单桩的极限承载力作为设计依据，或对工程桩的承载力进行抽样检验和评价。

2. 试验装置

单桩竖向抗压静载试验一般采用油压千斤顶加载，根据现场实际条件，千斤顶的加载反力装置的选择有三种形式，即锚桩横梁反力装置、压重平台反力装置和锚桩压重联合反力装置。千斤顶需平放于试桩中心，当采用两个以上千斤顶加载时，应将千斤顶并联同步工作，并使千斤顶的合力通过试桩中心。

荷载与沉降量测仪表：荷载可用放置于千斤顶上的压力环通过应变式压力传感器直接测定，或采用连接于千斤顶的压力表测定油压，根据千斤顶率定曲线换算荷载。试桩沉降一般采用百分表或电子位移计测量。试桩、锚桩和基准桩之间的中心距离应符合表 2.4 中的规定。

表 2.4 试桩、锚桩和基准桩之间的中心距离

反力系统	试桩与锚桩 （或压重平台支墩边）	试桩与基准桩	基准桩与锚桩 （或压重平台支墩边）
锚桩横梁反力装置 压重平台反力装置	≥4d 且≥2.0m	≥4d 且≥2.0m	≥4d 且≥2.0m

注：d 为试桩或锚桩的设计直径，取其较大者(如试桩或锚桩为扩底桩时，试桩与锚桩的中心距不应小于 2 倍扩大端直径)。

3. 加卸方式与沉降观测

1）试验加载方式。采用慢速维持荷载法，即逐级加载，每级荷载达到相对稳定后加下一级荷载，直到破坏，然后分级卸载到零。也可采用多循环加载、卸载法或快速维持荷载法加载。

2)加载分级。试验时加载分级不应小于8级,每级加载为预估极限荷载的1/15~1/10,第一级可按2倍分级荷载加载。

3)沉降观测。每级加载后间隔5min、10min、15min各测读一次,以后每隔15min测读一次,累计1h后每隔30min测读一次,每次测读值记入试验记录表。

4)沉降相对稳定标准。每1h的沉降不超过0.1mm,并连续出现两次(由1.5h内连续三次观测值计算)认为已达到相对稳定,可加下一级荷载。

5)终止加载条件。当出现下列情况之一时,即可终止加载:某级荷载作用下,桩的沉降量为前一级荷载作用下沉降量的5倍;某级荷载作用下,桩的沉降量大于前一级荷载作用下沉降量的2倍,且经24h尚未达到相对稳定;已达到锚桩最大抗拔力或压重平台的最大重力时。

6)卸载与卸载沉降观测。每级卸载值为每级加载值的2倍。每级(荷载)卸载后隔15min测读一次残余沉降,读两次后,隔30min再读一次,即可卸下一级荷载,全部卸载后,隔3~4h再测读一次。

4. 单桩竖向极限承载力的确定

根据沉降随荷载的变化特征确定极限承载力:对于陡降型Q-S曲线,取Q-S曲线发生明显陡降的起始点。

根据沉降量确定极限承载力:对于缓变型Q-S曲线,一般可取$S=40~60$mm对应的荷载;对于大直径桩($\geqslant 800$mm),可取$S=(0.03~0.06)D$(D为桩端直径)所对应的荷载;对于细长桩($L/d>80$),可取$S=60~80$mm对应的荷载。

单桩竖向极限承载力标准值应根据试桩位置、实际地质条件、施工情况等综合确定。当各试桩条件基本相同时,单桩竖向极限承载力标准值可取试桩结果统计特征值。

5. 桩基验收资料

当桩顶设计高程与施工场地地面高程接近时,桩基工程的验收应待成桩完毕后验收;当桩顶设计高程低于施工场地地面高程时,应待开挖到设计高程后进行验收。

桩基验收应包括的资料如下:

1)工程地质勘察报告、桩基施工图、图样会审纪要、设计变更单。
2)经审定的施工组织设计或施工方案。
3)桩位测量放线图,包括工程桩位线复核签证单。
4)成桩质量检查报告。
5)单桩承载力检测报告。
6)桩基施工平面图及桩顶高程。

2.5 桩基工程施工方案实例

2.5.1 工程概况

某工程钻孔灌注桩共布桩94根,其中:ϕ600mm桩共40根,ϕ400mm桩共18根,ϕ1200mm桩共32根,ϕ1000mm桩共4根。设计要求:桩端支承于微风化基岩上,且嵌入该岩层深度为1.5倍桩径；基岩强度$f_x=10\ 000\text{kPa}$；平均桩长约25.5m；理论成孔体积约4500m³。由于工期紧迫，在施工区域内配置了6台桩机，1~6号桩机由西向东错开排列，其中2号和5号桩机分别负责西塔楼和东塔楼的电梯基坑下的钻桩。6台桩机不分昼夜同时施工。

2.5.2 钻孔灌注桩施工工艺

该工程桩型为大中型桩，采用正循环钻进成孔，二次反循环换浆清孔。整套工艺分为成孔、下放钢筋笼和导管、灌注水下混凝土。

主要施工工艺如下：

清除障碍 在施工区域内全面用挖掘机向下挖掘4~5m，彻底清除大块角石等障碍物。

桩位控制 该工程采用经纬仪坐标法控制桩位及轴线，每桩施工前再次对桩位进行复核。

埋设护筒 采用十字架中心吊锤法将钢制护筒垂直稳固地埋实。护筒埋好后，在其外围回填黏性土并夯实，以防滑浆和塌孔，同时测量护筒高程。

钻机安装定位 钻机安装必须水平、稳固，起重滑轮前缘、转盘中心与护筒中心在同一铅垂线上，用水平尺依纵、横向校平转盘，以保证桩机的垂直度。

钻进成孔 该步骤要注意以下几点：

① 钻头。选用导向性能良好的单腰式钻头。

② 钻进技术参数。采用分层钻进技术，即针对不同的土层特点，适当调整钻进参数。开孔钻进，采用轻压慢转钻进方式，对于粉质黏土和粉砂层要适当控制钻压，调整泵量，以较高的转数通过。

③ 护壁泥浆。第一根桩采用优质黏土造浆，后续桩主要采用原土自然造浆，产生的泥浆经沉淀、过滤后循环使用。考虑本场地砂层较厚，水量丰富，为防止塌孔，保证成孔质量，还配备一定数量的优质黏土，做制备循环泥浆之用。泥浆循环系统由泥浆池、循环槽、泥浆泵、沉淀池、废浆池（罐）等组成。

④ 终孔及持力层的确定。第一根桩施工时要做超前钻，取得岩样进行单轴抗压强度试验，会同设计人员确定岩性及终孔深度。在施工过程中，若有疑问时，继续进行抽芯取样试验，确保达到设计要求。终孔前距设计深度0.5m，采用小参数钻头钻进，以减少孔底沉渣。

一次清孔 终孔时，使用质量较好泥浆，将钻具反复在距孔底1.5m范围内边反扫边冲孔，低转速钻进，大泵送泥浆量利于搅碎孔底大泥块，再用砂石泵吸渣清孔。

钢筋笼保护层 在吊放钢筋笼时，沿钢筋笼外围上、中、下三段绑扎混凝土垫块，以保证钢筋笼的保护层厚度。

钢筋笼的制作与下放 该步骤要注意以下两点：

① 钢筋笼由专人负责焊接，经验收合格后按设计高程垂直下入孔内。

② 吊放过程中必须轻提、慢放，若下放遇阻应停止，查明原因并处理后再行下放。严禁将钢筋笼高起猛落，强行下放。到达设计位置后，立即固定，防止移动。

下导管 灌注混凝土选用 $\phi 250\mathrm{mm}$ 灌注导管，导管必须内平、笔直，并保证连接处密封性能良好，防止泥浆渗入。

二次清孔 第二次清孔在下导管后进行，清孔时用质量较好的泥浆清孔，将孔内较大泥屑排出孔外，置换孔内泥浆，直到泥浆相对密度≤1.25。清孔过程中，必须将导管下放到孔底，孔底沉渣厚度≤50mm时，方可进行混凝土灌注。

水下混凝土灌注 本工程以商品混凝土为主，确保混凝土灌注必须在二次清孔结束后 30min 内进行，商品混凝土需加入缓凝剂。储料斗内必须有足以将导管的底端一次性埋入水下混凝土中 0.8m 以上的混凝土储存量。灌注过程中，及时测量孔内混凝土面高度，准确计算导管埋深，导管的埋深控制在 3~6m，所有机械不得有故障。

由于该工程基础桩的形式选择正确，施工管理完善，94 根钻孔灌注桩仅用了两个月的施工工期就顺利完成。之后，抽取了 3 根桩进行双倍设计承载力的单桩竖向静载荷试验，结果各桩均能满足规范规定的要求。同时，抽取了 20 根桩（抽样率 21.3%）进行反射波法的桩基无损检测，均符合要求。在竣工验收时测得整幢建筑物的最大沉降量只有 4mm，在赶进度的情况下，桩基施工达到了较理想的效果。

小　　结

本项目内容包括地基处理、浅基础施工、桩基础施工三部分内容。

地基处理的方法很多，本项目主要介绍了换土垫层法的灰土地基和砂地基、重锤夯实地基、强夯地基、振冲地基、深层搅拌地基、高压喷浆地基等，学习时注意各种处理方法的工艺过程与适用范围。

浅基础的施工方法在以后的项目内容中多有体现，本项目中仅从构造要求和施工要点两个方面做了介绍，应注意学习掌握。

由于技术的发展，桩基础不仅在高层建筑和工业厂房建筑中使用量很大，而且在多层及其他建筑中应用也日益广泛，目前桩基础已成为建筑工程中常用的分项工程之一。

桩可分为预制桩和灌注桩，这两类桩基础的施工方法在施工现场具有同样重要的地位，因此学习时应同等重视。

对于钢筋混凝土预制桩的施工，应注意做好两个方面的工作：桩的预制、起吊和运输，正确选择桩锤和打桩方法。混凝土及钢筋混凝土灌注桩的应用越来越多，已超过预制桩。各种灌注桩都有其不同的适用条件，如泥浆护壁成孔灌注桩适用于地下水位以下的土层中施工，这种情况在工程中常见，工艺也较复杂；振动沉管灌注桩由于噪声、振动等比锤击沉管灌注桩小，故更有发展前景。本项目以泥浆护壁成孔灌注桩和沉管灌注桩为介绍重点。另外，桩基工程施工中常见的质量问题以及产生这些质量问题的原因及处理方法，也特别值得关注。

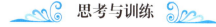

思考与训练

一、思考题

1. 地基处理方法一般有哪几种？各有什么特点？

2. 试述换土地基的适用范围、施工要点与质量检查。
3. 什么是重锤夯实法？什么是强夯法？两者有什么区别？
4. 简述扩展基础的构造要求及施工要点。
5. 简述杯口基础的施工要点。
6. 简述柱下条形基础及墙下条形基础的施工要点。
7. 简述筏形基础的构造及施工要点。
8. 试述桩基的作用和分类。
9. 钢筋混凝土预制桩在制作、起吊、运输和堆放过程中应注意哪些问题？
10. 打桩前要做哪些准备工作？打桩设备如何选用？
11. 预制桩的沉桩方法主要有哪几种？
12. 静力压桩有何特点？适用范围如何？施工时应注意哪些问题？
13. 试分析各种打桩顺序的利弊。打桩的控制原则是什么？
14. 现浇混凝土桩的成孔方法有几种？各种方法的特点及适用范围如何？
15. 什么是泥浆护壁成孔？泥浆有哪些作用？
16. 水下浇筑混凝土最常用的方法是什么？应注意哪些问题？
17. 灌注桩常易发生哪些质量问题？如何预防和处理？
18. 试述爆扩桩的成孔方法和施工中常见问题。
19. 桩基检测的方法有几种？应验收哪些方面？

二、技能训练

在实训场地完成独立基础的钢筋绑扎。

练习题库

项目 3 砌筑工程施工

知识目标：

1. 熟悉垂直运输设施的种类及适用范围。
2. 熟悉砌体工程对材料的要求以及脚手架的种类及搭设工艺。
3. 掌握砌筑工程的施工工艺以及质量要求。

能力目标：

1. 能结合工程实际情况选择垂直运输设施。
2. 能组织砌筑工程施工。
3. 能进行砌体材料、组砌工艺、砌体质量的验收与质量控制。

思政目标：

养成有条不紊、综合统筹的思维习惯。

古长城的砌筑

"全面建设社会主义现代化国家，必须坚持中国特色社会主义文化发展道路，增强文化自信，围绕举旗帜、聚民心、育新人、兴文化、展形象建设社会主义文化强国，发展面向现代化、面向世界、面向未来的，民族的科学的大众的社会主义文化，激发全民族文化创新创造活力，增强实现中华民族伟大复兴的精神力量。"中国古建筑极其精湛的传统工艺，充分展示了中华优秀传统文化的魅力和传统技艺的强大。

古长城砌筑，在建筑材料和建筑结构上以"就地取材、因材施用"的原则，创造了多种结构方法。有夯土、块石片石、砖石混合等结构；在沙漠中还利用了红柳枝条、芦苇与砂粒层层铺筑的结构，在今甘肃玉门关、阳关和新疆境内还保存了两千多年前西汉时期这种长城的遗迹。

砌筑长城

随着社会生产力进步，制砖技术不断发展，明代砖制品产量大增，已不再是珍贵的建筑材料，所以明长城不少地方的城墙内外檐墙都以巨砖砌筑。在当时全靠手工施工、靠人工搬运建筑材料的情况下，采用重量不大、尺寸大小一样的砖砌筑城墙，不仅施工方便，而且提高了施工率，提高了建筑水平。其次，许多关隘的大门，多用青砖砌筑成大跨度的拱门，这些青砖有的虽然已严重风化，但整个城门仍威严耸立，表现了当时砌筑拱门的高超技能。从关隘的城楼上的建筑装饰看，许多石雕砖刻的制作技术都极其复杂精细，反映了当时工匠匠心独运的艺术才华。

砌筑工程是指砖、石和各类砌块的砌筑，即用砌筑砂浆将砖、石、砌块等砌成所需形状，如墙、基础等砌体。砖石砌筑的建筑，在我国有着悠久的历史，素有"秦砖汉瓦"之称。随着时代的发展，人们越来越重视环境保护，如今又在进一步开发应用新型墙体材料，改善砌筑施工工艺。

砌筑工程是一项综合的施工过程，它包括材料的运输、砂浆的调制、脚手架的搭设和砖、石、砌块的砌筑等工序。

3.1 脚手架及垂直运输设施

砌筑工程中，脚手架的搭设与垂直运输设施的选择是重要的一个环节，它直接影响施工的质量、安全、进度和工程成本，要予以重视。

3.1.1 脚手架

脚手架是砌筑过程中堆放材料和工人进行操作的临时性设施。当砌体砌到一定高度（即可砌高度或一步架高度，一般为 1.2m）时，砌筑质量和效率将受到影响，此时就需要搭设脚手架。砌筑用脚手架必须满足以下基本要求：脚手架的宽度应满足工人操作、材料堆放及运输要求，一般为 2m 左右，且不得小于 1.5m；脚手架结构应有足够的强度、刚度和稳定性，保证在施工期间的各种荷载作用下，脚手架不变形、不摇晃、不倾斜；构造简单，便于装拆、搬运，并能多次周转使用；过高的外脚手架应有接地和避雷装置。

脚手架的种类很多，按其搭设位置分为外脚手架和里脚手架两大类；按其构造形式分为多立杆式、门型（已被禁用）、悬挑式及吊脚手架等。目前，脚手架的发展趋势是采用高强度金属制作、具有多种功用的组合式脚手架，可适应不同情况下作业的要求。

1. 多立杆式脚手架

多立杆式脚手架是外脚手架中的一种，是在建筑物的外侧（沿建筑物周边）搭设的一种脚手架，既可用于外墙砌筑，又可用于外装修施工。多立杆式脚手架的形式很多，常用的有扣件式钢管脚手架、碗扣式钢管脚手架、承插型盘扣式钢管脚手架等。

（1）扣件式钢管脚手架

基本组成和一般构造 扣件式钢管脚手架由钢管、扣件、脚手板和底座等组成。钢管一般采用外径为 48mm、壁厚度为 3.5mm 的焊接钢管或无缝钢管，主要用于立杆、大横杆、小横杆及支撑杆（包括剪刀撑、横向斜撑、水平斜撑等），其特点是每步架可根据施工需要灵活布置。钢管间通过扣件连接，其基本形式（图 3.1）有三种：直角扣件，用于连接扣紧两根互相垂直相交的钢管；旋转扣件，用于连接扣紧两根呈任意角度相交的钢管；对接扣件，用于钢管的对接接长。立杆底端立于底座上（图 3.2）。脚手板（可采用竹脚手板、木脚手板、钢木脚手板和冲压钢脚手板等）铺在脚手架的小横杆上，直接承受施工荷载。

扣件式钢管脚手架可按单排或双排搭设，如图 3.3 所示。单排脚手架仅在脚手架外侧设一排立杆，其小横杆的一端与大横杆连接，另一端则支承在墙上。双排脚手架在脚手架的里外侧均设有立杆，稳定性较好，但较单排脚手架费工费料。单排脚手架节约材料，但稳定性较差，且在墙上需留设脚手眼，其搭设高度和使用范围也受一定的限制。施工脚手眼补砌时，灰缝应填满砂浆，不得用干砖填塞。

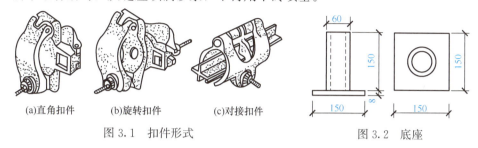

图 3.1　扣件形式　　　　　　　　　　图 3.2　底座

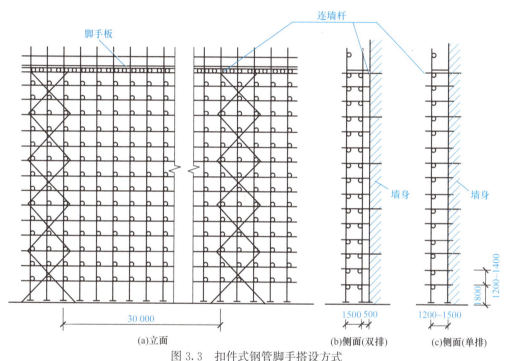

图 3.3　扣件式钢管脚手搭设方式

（2）碗扣式钢管脚手架

碗扣式钢管脚手架又称为多功能碗扣型脚手架，其基本构造和搭设要求与扣件式钢管脚手架类似，不同之处在于其杆件接头处采用碗扣连接。由于碗扣是固定在钢管上的，连接可靠，组成的脚手架整体性好，也不存在扣件丢失问题。碗扣式接头由上、下碗扣及横杆接头、限位销等组成，如图3.4所示。上、下碗扣和

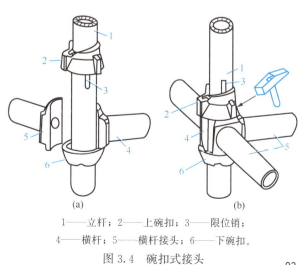

1——立杆；2——上碗扣；3——限位销；
4——横杆；5——横杆接头；6——下碗扣。

图 3.4　碗扣式接头

限位销按 600mm 间距设置在钢管立杆上，其中下碗扣和限位销直接焊接在立杆上，搭设时将上碗扣的缺口对准限位销后，即可将上碗扣向上拉起（沿立杆向上滑动），然后将横杆接头插入下碗扣圆槽内，再将上碗扣沿限位销滑下，并按顺时针方向旋转扣紧，用小锤轻击几下即可完成接点的连接。

碗扣式接头可同时连接四根横杆，横杆可相互垂直或偏转一定的角度，因而可进行不同形式的搭设，特别是曲线型的脚手架，还可作为模板的支撑。碗扣式钢管脚手架立杆横距为 1.2m，纵距根据脚手架荷载可分为 1.2m、1.5m、1.8m、2.4m，步距为 1.8m、2.4m。

(3) 承插型盘扣式钢管脚手架

扣件式钢管脚手架由于材料、技术、管理等方面的问题，存在较多安全隐患，多地已明确禁止在危险性较大的模板脚手架工程中使用。为满足施工防护设施工具化、定型化、标准化的要求，推广使用承插型盘扣式钢管脚手架支撑体系。

承插型盘扣式钢管脚手架也称圆盘式钢管脚手架、菊花盘式钢管脚手架、插盘式钢管脚手架、轮盘式钢管脚手架、扣盘式钢管脚手架以及十字盘式钢管脚手架等。承插型盘扣式钢管脚手架广泛应用于普通房建模架的竖向支撑、外架、上下爬梯及人行安全施工通道，大型公共建筑的高大空间梁板混凝土浇筑模板支撑架、高大空间钢结构安装满堂操作架、大型特种工作架，还可以用于市政桥梁、轨道交通工程的模板支撑架。

承插型盘扣式钢管脚手架可由立杆、水平杆、斜杆、可调底座和可调托撑等组成，常见形式及盘扣节点如图 3.5～图 3.8 所示。

为了防止水平杆与斜杆端扣接头的插销与连接盘在脚手架使用过程中滑脱，插销应设计为具有自锁功能的楔形，同时插销端头设计有弧形弯钩段，确保插销不会滑脱。搭设脚手架时，要求用不小于 0.5kg 锤子敲击插销，直至插销插紧。插紧后再次击打时，插销下沉量不得大于 3mm。应根据施工方案计算得出的立杆纵横向间距选用定长的水平杆和斜杆，并应根据搭设高度组合立杆、可调托撑和可调底座等。

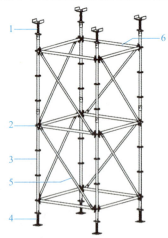

1——可调托撑；2——盘扣节点；3——立杆；
4——可调底座；5——竖向斜杆；6——水平杆。

图 3.5 承插型盘扣式钢管脚手架（一）

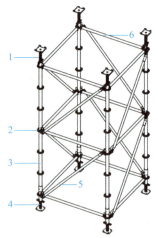

1——可调托撑；2——盘扣节点；3——立杆；
4——可调底座；5——竖向斜杆；6——水平杆。

图 3.6 承插型盘扣式钢管脚手架（二）

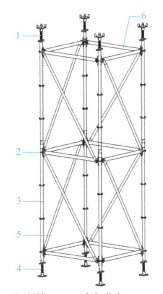
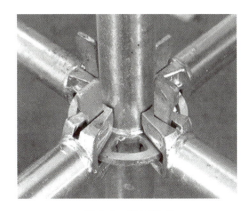

1——可调托撑；2——盘扣节点；3——立杆；
4——可调底座；5——竖向斜杆；6——水平杆。

图 3.7　承插型盘扣式钢管脚手架(三)　　　　图 3.8　盘扣节点

承插型盘扣式钢管脚手架搭设步距不应超过 2m；脚手架的竖向斜杆不应采用钢管扣件；在多层楼板上连续设置模板支架时，应保证上下层支撑立杆在同一轴线上。

承插型盘扣式钢管脚手架根据用途可分为支撑脚手架(支撑架)和作业脚手架(作业架)。

1)支撑架。支撑架应满足以下要求。

① 支撑架的高宽比宜控制在 3 以内，高宽比大于 3 的支撑架应与既有结构进行刚性连接或采取抗倾覆措施。

② 对标准步距为 1.5m 的支撑架，应根据支撑架搭设高度、支撑架型号及立杆轴向力设计值进行竖向斜杆布置；竖向斜杆布置形式应根据规范要求，按搭设高度和立杆轴力设计值选择是每跨布置还是间隔 1 跨、2 跨、3 跨布置(图 3.9～图 3.12)。

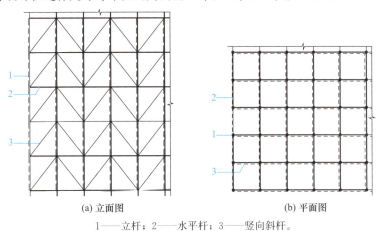

(a) 立面图　　　　(b) 平面图

1——立杆；2——水平杆；3——竖向斜杆。

图 3.9　每跨布置支撑架斜杆示意图

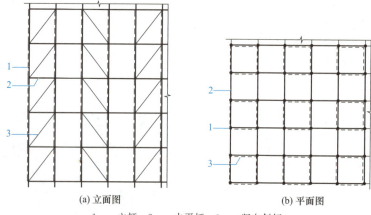

1——立杆；2——水平杆；3——竖向斜杆。

图 3.10　间隔 1 跨布置支撑架斜杆示意图

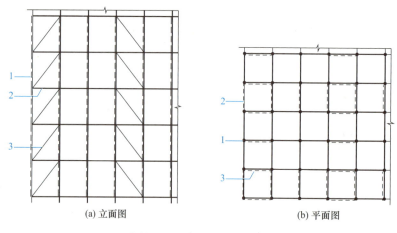

1——立杆；2——水平杆；3——竖向斜杆。

图 3.11　间隔 2 跨布置支撑架斜杆示意图

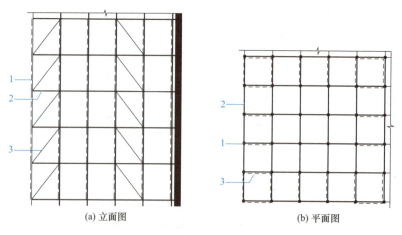

1——立杆；2——水平杆；3——竖向斜杆。

图 3.12　间隔 3 跨布置支撑架斜杆示意图

③ 当支撑架搭设高度大于 16m 时，顶层步距内应每跨布置竖向斜杆。

④ 支撑架可调托撑伸出顶层水平杆或双槽托梁中心线的悬臂长度不应超过 650mm，且丝杆外露长度不应超过 400mm，可调托撑插入立杆或双槽托梁长度不得小于 150mm。

⑤ 当支撑架搭设高度超过 8m、其周围有已建成的建筑结构时，应沿高度方向每间隔 4～6 个步距与周围已建成的结构进行可靠拉结。支撑架应沿高度方向每间隔 4～6 个标准步距设置水平剪刀撑。

2) 作业架。作业架应满足以下要求。

① 作业架的高宽比宜控制在 3 以内；当作业架高宽比大于 3 时，应设置抛撑或揽风绳等抗倾覆措施。当搭设双排外作业架时或搭设高度在 24m 以上时，应根据使用要求选择架体几何尺寸，相邻水平杆步距不宜大于 2m。

② 双排外作业架首层立杆宜采用不同长度的立杆交错布置，立杆底部宜配置可调底座或垫板。

③ 当设置双排外作业架人行通道时，应在通道上部架设支撑横梁，横梁截面大小应按跨度以及承受的荷载计算确定，通道两侧作业架应加设斜杆；通道洞口顶部应铺设封闭的防护板，两侧应设置安全网；通行机动车的洞口，应设置安全警示和防撞设施。

④ 双排作业架的外侧立面上应设置竖向斜杆（图 3.13），并应符合下列规定：

a. 在脚手架的转角处、开口型脚手架端部应由架体底部至顶部连续设置斜杆。

b. 应每隔不大于 4 跨设置一道竖向连续斜杆；当架体搭设高度在 24m 以上时，应每隔不大于 3 跨设置一道竖向斜杆。

c. 竖向斜杆应在双排作业架外侧相邻立杆间由底至顶连续设置。

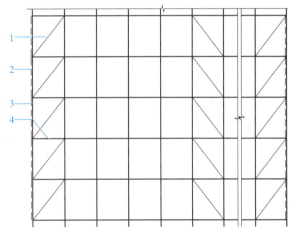

1——斜杆；2——立杆；3——两端竖向斜杆；4——水平杆。

图 3.13 竖向斜杆搭设示意图

⑤ 连墙件的设置应符合下列规定：

a. 连墙件应采用可承受拉、压荷载的刚性杆件，并应与建筑主体结构和架体连接牢固。

b. 连墙件应靠近水平杆的盘扣节点设置。

c. 同一层连墙件宜在同一水平面，水平间距不应大于 3 跨；连墙件之上架体的悬臂高度不得超过 2 步距。

d. 在架体的转角处或开口型双排脚手架的端部应按楼层设置，且竖向间距不应大于 4m。

e. 连墙件宜从底层第一道水平杆处开始设置。

f. 连墙件宜采用菱形布置，也可采用矩形布置。

g. 连墙点应均匀分布。

h. 当脚手架下部不能搭设连墙件时，宜外扩搭设多排脚手架并设置斜杆形成外侧斜面状附加梯形架。

i. 三脚架与立杆连接及接触处，应沿三脚架长度方向增设水平杆，相邻三脚架应连接牢固。

表 3.1 为不同类型脚手架综合对比分析情况。

表 3.1 各类多立杆式脚手架综合对比分析

对比项目	类型		
	扣件式钢管脚手架	碗扣式钢管脚手架	承插型盘扣式钢管支脚手架
主要构配件	钢管、扣件	立杆、横杆	立杆、横杆、斜杆
立杆截面	$\phi 48 \times 3.6$	$\phi 48 \times 3.5$	$\phi 48.3 \times 3.2$(标准型) $\phi 60.3 \times 3.2$(标准型)
立杆材质	Q235	Q235	Q355
表面处理方式	油漆	油漆	热浸镀锌
受力方式	轴心摩擦力	轴心受力	轴心受力
连接方式	扣件连接	上下碗连接锁紧	承插式销接
可靠性	中	中	高
耐久性	内外壁裸露，易锈蚀	内外壁裸露，易锈蚀	双面镀锌，不易锈蚀
适应性	强，适用于各种尺寸	中	较强
施工效率	搭拆速度慢	搭拆速度慢	搭拆快捷
维修损耗率	维修率高、丢失率高	低	较低
架体组拼后运输	不能	不能	能

2. 悬挑式脚手架

(1)悬挑式脚手架的构造形式

悬挑式脚手架由型钢支承架、扣件式钢管脚手架及连墙件等组合而成。按悬挑结构的构造形式不同，可分为斜拉式和下撑式两类，如图 3.14 所示。

(2)悬挑式脚手架的构造要求

悬挑式脚手架的搭设高度(或分段悬挑搭设的高度)一般宜在 20m 左右，否则应采取可靠的分段卸载措施，并通过计算确保安全。主节点处必须设置一根横向水平杆，用直角扣件扣紧且严禁拆除。脚手架必须设置纵、横向扫地杆，纵向扫地杆应采用直角扣件固定在距底座上皮不大于 200mm 处的立杆上，横向扫地杆也应用直角扣件固定在紧靠纵向扫地杆下方的立杆上。当立杆基础不在同一高度时，必须将高处的纵向扫地杆向低处延长 2 跨与立杆固定，高低差不应大于 1m。立杆接长除顶层顶步可采用搭接外，其余各层各步均必须采用对接扣件连接。立杆必须用连墙件与建筑物可靠连接，应每隔

2~3步和2～3跨设一连墙件,连墙件必须采用可承受拉力和压力的构造,如图3.15所示。脚手板应与架体可靠固定,避免出现探头板,严防倾覆。剪刀撑与斜撑布置应符合规范规定。悬挑式脚手架的外侧立面应采用密目网(或其他围护材料)全封闭围护,必要时密目网外侧尚应加挂钢丝网或竹笆等,以确保架上人员操作安全和避免物件坠落。同时,必须考虑设置可靠的供人员上下的安全通道、斜道等。

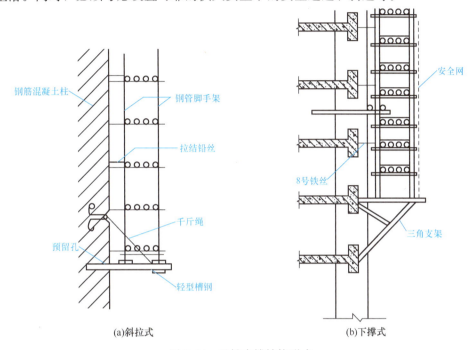

图3.14 悬挑支撑结构形式

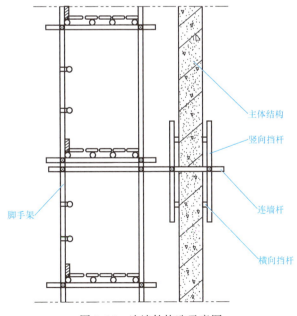

图3.15 连墙件构造示意图

3. 附着升降式脚手架

附着升降式脚手架是指不携带施工外模板的架体结构及附着支承结构,依靠设置于架体上或主体结构上的专用升降设备实现升降的施工外脚手架。当建筑较高(如大于80m),附着升降式脚手架的施工成本低于其他脚手架。

(1)附着升降式脚手架的分类

按支承形式分类,有悬挑式[图3.16(a)]、吊拉式、套框式、导轨式[图3.16(b)]、导座式、挑轨式、套轨式、吊套式、吊轨式等。

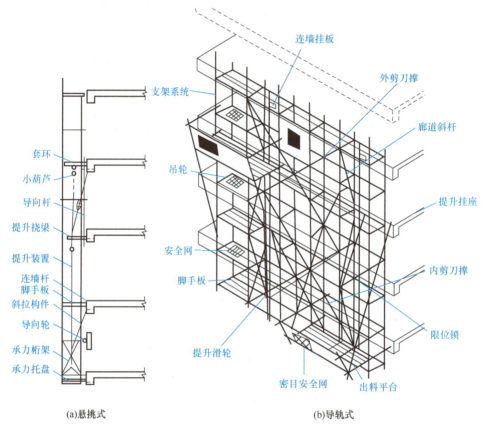

(a)悬挑式　　　　　　　　　　　　(b)导轨式

图3.16　附着升降式脚手架

互升降式脚手架(动画)

按架体主框架形式分类,有片式、格构柱式、导轨组合式等。

按升降方式分类,有整体式、分段式、互爬式等。

(2)附着升降式脚手架的构造要求

1)附着升降式脚手架的架体尺寸应符合以下规定:架体高度不应大于5倍楼层高;架体宽度不应大于1.2m;直线布置的架体支承跨度不应大于8m;折线或曲线布置的架体支承跨度不应大于5.4m;整体式附着升降式脚手架架体的悬挑长度不得大于1/2水平支承跨度或3m;单片式附着升降式脚手架架体的悬挑长度

不应大于1/4水平支承跨度；升降和使用工况下，架体悬臂高度均不应大于6.0m或2/5架体高度；架体全高与支承跨度的乘积不应大于110m²。

自升降式脚手架(动画)

2)附着升降式脚手架应具有足够强度和刚度的架体结构；应具有安全可靠的能够适应工程结构特点的附着支承结构；应具有安全可靠的防倾覆装置、防坠落装置；应具有保证架体同步升降和监控升降荷载的控制系统；应具有可靠的升降动力设备；应设置有效的安全防护措施，以确保架体上操作人员的安全，并防止架体上的物料坠落伤人。

(3)附着升降式脚手架的搭设要求

1)附着升降式脚手架安装搭设前，应检验主体结构施工时设置的预留螺栓孔洞或预埋件的平面位置、标高和预留螺栓孔洞的孔径、垂直度等，还应核实预留螺栓孔洞处或预埋件处混凝土的强度等级。

2)附着升降式脚手架的安装搭设应按照施工组织设计规定的程序进行。搭设前应设置可靠的安装平台来承受安装时的竖向荷载。

3)安装过程中架体与主体结构间应采取可靠的临时水平拉结措施，防止架体外倾。螺栓螺母的扭矩应控制在40~50N·m范围内。

4)架体搭设的整体垂直度偏差应小于4‰，最大水平偏差不大于50mm。

5)脚手架安装完毕，应进行架体提升试验，检验升降动力装置是否能够正常运行。整体式附着升降式脚手架按机位数30%的比例进行超载与失载试验，检验控制系统的可靠性。

4. 悬吊式脚手架

悬吊式脚手架又称吊篮，其结构轻巧，操纵简单，安装、拆除速度快，升降和移动方便。在玻璃和金属幕墙的安装，外墙钢窗及装饰物的安装，外墙面涂料施工，外墙面的清洁、保养、修理等作业中得到广泛应用，也适用于外墙面其他装饰施工。

吊篮的构造是由结构顶层伸出挑梁，挑梁的一端与建筑结构连接固定，挑梁的伸出端通过滑轮和钢丝绳悬挂吊篮。吊篮按升降的动力分手动和电动两类，前者利用手扳葫芦进行升降，后者利用特制的电动卷扬机进行升降。

(1)手动吊篮

手动吊篮多为工地自制。它由吊篮、手扳葫芦、吊篮绳、安全线、保险绳和悬挑钢架组成。吊篮结构由薄壁型钢组焊而成，也可由钢管扣件组搭而成。吊篮可设单层工作平台，也可设置双层工作平台。平台工作宽度为1m，每层允许最大荷载为7000N。双层平台吊篮自重约600kg，可容4人同时作业。

(2)电动吊篮

电动吊篮多为定型产品，由吊篮、吊挂、电动提升机构、安全装置、控制柜、靠墙托轮系统及屋面悬挑系统等部件组成。吊篮本身采用组合形式，其标准段分为2m、2.5m及3m等不同长度。

电动吊篮的屋面悬挑系统可分为简单固定式悬挑系统、移动式悬挑系统和装配式桁架台车悬挑系统三类。在构造上，各种屋面悬挑系统基本上均由挑梁、支柱、配重架、配重块、加强臂附加支杆以及角轮或行走台车组成。悬挑系统采用型钢焊接结构，其悬挑长度、前后支腿距离、悬挑支柱高度均是可调节的，因而能灵活地适应不同屋顶结构以及不同立面造型的需要，如图 3.17 所示。

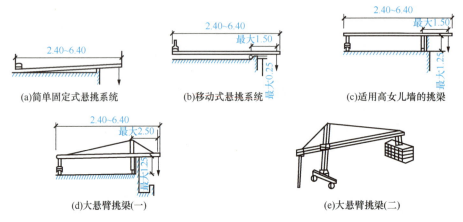

图 3.17　电动吊篮的屋面悬挑系统(单位：m)

吊篮使用中应严格遵守操作规程，确保安全。严禁超载，不准在吊篮内进行焊接作业，5 级风以上天气不得登吊篮操作。吊篮停于某处施工时，必须锁紧安全锁，安全锁必须按规定日期进行检查和试验。

3.1.2　垂直运输设施

在砌筑工程中不仅要运输大量的砖(或砌块)、砂浆等材料，而且还要运输脚手架、脚手板和各种预制构件。垂直运输设施是指担负垂直运送材料和施工人员上下的机械设备和设施。垂直运输是影响砌筑工程施工速度的重要因素。

目前，砌筑工程采用的垂直运输设施有井架、龙门架、塔式起重机、物料提升机和施工电梯等。井架和龙门架必须配合卷扬机使用。

1. 井架

井架是砌筑工程垂直运输的常用设备之一。它的特点是：稳定性好、运输量大，可搭设较大的高度。井架可为单孔、两孔和多孔，常用单孔。井架内设吊盘。井架上可根据需要设置拔杆，供吊运长度较大的构件使用，其起重量为 5～15kN，工作幅度可达 10m。

井架除用型钢或钢管加工的定型井架外，也可用脚手架材料搭设而成，搭设高度可达 50m 以上。图 3.18 所示是用角钢搭设的单孔四柱井架。井架搭设要求：垂直偏差≤总高的 1/400；支承地面应平整，各连接件螺栓须拧紧；缆风绳一般每道不少于 6 根，高度在 15m 以下时设一道，15m 以上时每增高 10m 增设一道，缆风绳宜采用 7～9mm 的钢丝绳，与地面呈 45°；安装好的井架应有避雷和接地装置。

2. 龙门架

龙门架是由两根立柱及天梁(横梁)组成的门式架，如图 3.19 所示。龙门架上装设滑轮、导轨、吊盘、缆风绳等,进行材料、机具、小型预制构件的垂直运输。龙门架构造简单,制作容易,用材少,装拆方便,起升高度为15~30m,起重量为0.6~1.2t,适用于中小型工程。

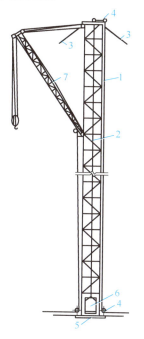

1——井架;2——钢丝绳;3——缆风绳;4——滑轮;
5——垫梁;6——吊盘;7——辅助吊臂。

图3.18 单孔四柱井架

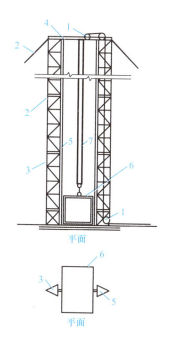

1——滑轮;2——缆风绳;3——立柱;4——横梁;
5——导轨;6——吊盘;7——钢丝绳。

图3.19 龙门架

3. 塔式起重机

塔式起重机是指起重臂安装在塔身顶部且可作360°回转的起重机,具有较高的起重高度、工作幅度和起重能力,生产效率高,且机械运转安全可靠,使用和装拆方便,因此广泛地用于多层和高层的工业与民用建筑的结构安装。塔式起重机按起重能力可分为轻型、中型、重型三种:轻型塔式起重机,起重量为0.5~3t,一般用于六层以下的民用建筑施工;中型塔式起重机,起重量为3~15t,适用于一般工业建筑与民用建筑施工;重型塔式起重机,起重量为20~40t,一般用于重工业厂房的施工和高炉等设备的吊装。

由于塔式起重机具有提升、回转和水平运输的功能,且工作效率高,尤其在吊运长、大、重的物料时有明显的优势,有条件的宜优先采用。

塔式起重机的布置应保证其起重高度与起重量满足工程的需求,同时起重臂的工作范围应尽可能地覆盖整个建筑,以使材料运输切实到位。此外,主材料的堆放、搅拌站的出料口等均应尽可能地布置在起重机工作半径之内。

(1)塔式起重机类型

塔式起重机一般分为固定式、附着式、轨道(行走)式、爬升式等几种,如图3.20所示。

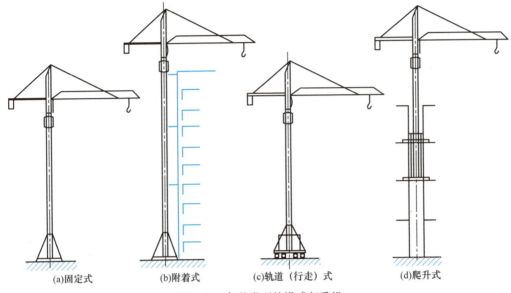

图 3.20 各种类型的塔式起重机

固定式塔式起重机 底架安装在独立的混凝土基础上,塔身不与建筑物拉结。这种起重机适用于安装大容量的油罐、冷却塔等特殊构筑物。

附着式塔式起重机 是固定在建筑物近旁混凝土基础上的起重机械,它可以借助顶升系统随着建筑施工进度而自行向上接高。为了减少塔身的计算高度,规定每隔 20m 左右将塔身与建筑物用锚固装置联结起来。这种塔式起重机适用于高层建筑的施工。附着式塔式起重机的结构如图 3.21 所示。

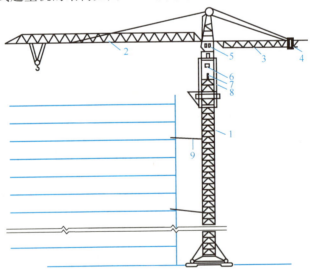

1——塔身;2——起重臂;3——平衡臂;4——平衡重;5——操纵室;
6——液压千斤顶;7——活塞;8——顶升套架;9——锚固装置。

图 3.21 附着式塔式起重机的结构

附着式塔式起重机的顶部有顶升套架和液压顶升装置，需要接高时，利用塔顶的行程液压千斤顶将塔顶上部结构（起重臂等）顶高，用定位销固定；千斤顶回油，推入塔身标准节，用螺栓与下面的塔身连成整体，每次可接高 2.5m。附着式塔式起重机顶升的五个工作步骤如图 3.22 所示。

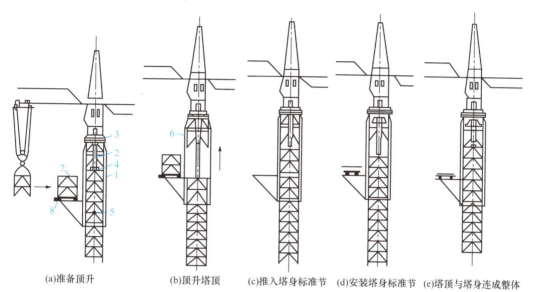

(a)准备顶升　　(b)顶升塔顶　　(c)推入塔身标准节　(d)安装塔身标准节　(e)塔顶与塔身连成整体

1——顶升套架；2——液压千斤顶；3——承座；4——顶升横梁；
5——定位销；6——过渡节；7——标准节；8——摆渡小车。

图 3.22　附着式塔式起重机顶升过程

轨道（行走）式塔式起重机　是一种能在轨道上行驶的起重机。这种起重机可负荷行走，有的只能在直线轨道行驶，有的可沿"L"形或"U"形轨道行驶。轨道式塔式起重机有塔身回转式和塔顶旋转式两种。

轨道（行走）式塔式起重机使用灵活，活动范围大，是结构安装工程的常用机械。

爬升式塔式起重机　是一种安装在建筑物内部（电梯井或特设的开间）的结构上，借助套架托梁和爬升系统自爬升的起重机械。一般每隔 1～2 层楼便爬升一次。这种起重机主要用于高层建筑的施工。

爬升过程：固定下支座→提升套架→固定套架→下支座脱空→提升塔身→固定下支座。主要爬升过程如图 3.23 所示。

（2）塔式起重机的工作参数

塔式起重机的主要参数是回转半径、起重量、起重力矩和起升高度（或称吊钩高度）。

塔吊升高(动画)

回转半径　即通常所说的工作半径或幅度，是从塔吊回转中心线至吊钩中心线的水平距离。在选定塔式起重机时要通过建筑外形尺寸作图确定回转半径，再考虑塔式起重机起重臂长度、工程对象、计划工期、施工速度以及塔式起重机配置台数，然后确定所用塔式起重机。一般说来，设计处型简单的高层建筑仅需配用一台爬升式塔式起重机，而造型庞大复杂、工期紧迫的工程则需配置两台或多台爬升式塔式起重机。

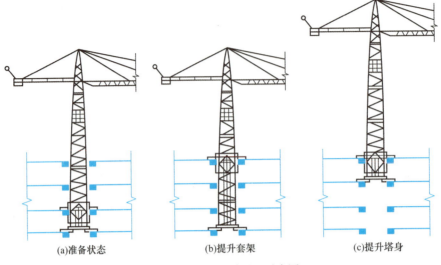

(a)准备状态　　　(b)提升套架　　　(c)提升塔身

图 3.23　主要爬升过程示意图

起重量　是指所起吊的重物重量、铁扁担、吊索和容器重量的总和。起重量参数又分为最大幅度时的额定起重量和最大起重量：前者是指吊钩滑轮位于臂头时的起重量，而后者是吊钩滑轮以多倍率（3绳、4绳、6绳或8绳）工作时的最大额定起重量。对于钢筋混凝土高层及超高层建筑，最大幅度时的额定起重量极为关键。若是全装配式大板建筑，最大幅度起重量应以最大外墙板重量为依据；若是现浇钢筋混凝土建筑，则应按最大混凝土料斗容量确定所要求的最大幅度起重量。对于钢结构高层及超高层建筑，塔式起重机的最大起重量乃是关键参数，应以最重构件的重量为准。

起重力矩　是起重量与相应工作幅度的乘积。对于钢筋混凝土高层和超高层建筑，重要的是最大幅度时的起重力矩必须满足施工需要；对于钢结构高层及超高层建筑，重要的是最大起重量时的起重力矩必须符合需要。

起升高度　是自钢轨顶面或基础顶面至吊钩中心的垂直距离。塔式起重机进行吊装施工所需要的起升高度同幅度参数一样，可通过作图和计算加以确定。

(3)塔式起重机选择的影响因素

影响塔式起重机选择的因素包括：建筑物的造型和平面布置，建筑层数、层高和建筑物总高度，建筑工程实物量，建筑构件、制品、材料、设备搬运量，建筑工期，施工节奏，施工流水段的划分以及施工进度的安排，建筑基地及周围施工环境条件，当时当地塔式起重机供应条件及对经济效益的要求。

4. 物料提升机

作为在工程施工中的物料运输工具，物料提升机是一种固定装置的板链式、重力诱导卸料的提升设备，如图 3.24 所示。它主要适用于垂直输送粉状、颗粒状、小块状磨琢性或无磨琢性物料，例如生料、水泥、煤、石灰石、干黏土、熟料等散装物料。对物料的种类、特性要求少，密封性好，环境污染小。

(a) 物料提升机 (单柱双笼)

(b) 井架式物料提升机

(c) 龙门架式物料提升机 (双柱单笼)

图 3.24　物料提升机

龙门架式物料提升机是以地面卷扬机为动力，由两根立柱与天梁构成门架式架体，吊篮（吊盘）在两立柱间沿轨道作垂直运输的提升机。

井架式物料提升机是以地面卷扬机为动力，由型钢组成井字架体，吊盘（吊篮）在井孔内或架体外侧沿轨道作垂直运输的提升机。

按架设高度的不同，物料提升机可分为低架物料提升机和高架物料提升机：架设高度在 30m（含 30m）以下的物料提升机为低架物料提升机；架设高度在 30m（不含 30m）至 150m 的物料提升机为高架物料提升机。

物料提升机应设置断绳保护安全装置、停靠安全装置、缓冲装置、上下高度及极限限位器、防松绳装置等安全保护装置。安装高度超过 30m 的物料提升机还应安装渐进式防坠安全器及自动停层、语音影像信号监控装置；必须使用附墙架的，缆风绳设置的数量、位置、角度应符合规范要求，并与地锚可靠连接。

在地面进料口安装防护围栏和防护棚，防护栏（棚）长度应大于 3m，宽度应大于吊笼宽度，顶部应设置双层防护。停层平台两侧应设置防护栏杆、挡脚板，平台脚手板应铺满、铺平；平台门、吊笼门安装高度、强度应符合规范要求，安全可靠，并定型化。

当吊笼处于最低位置时，卷筒上钢丝绳最少应保留 3 圈。

安装、拆卸物料提升机应制定专项施工方案，并应按规定进行审核、审批，作业前应按规定进行例行检查，交班时应按规定填写交接班记录。

5. 施工电梯

施工电梯又名为外用施工电梯，或称施工升降机。在高层建筑施工中，它是一种重要的机械设备，这种电梯多数是人货两用，少数仅供货用。国产施工电梯分为两类，一类是齿轮齿条驱动式，另一类是绳轮驱动式（图 3.25）。

施工电梯（视频）

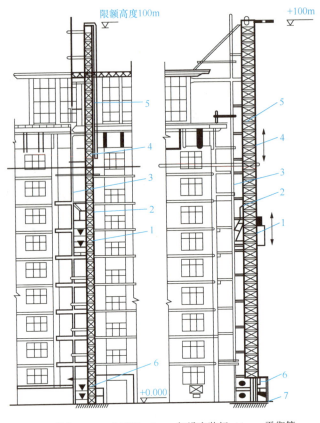

1——吊笼；2——小吊杆；3——架设安装杆；4——平衡箱；
5——导轨架；6——底笼；7——混凝土基础。
图 3.25 绳轮驱动式施工电梯

(1)齿轮齿条驱动式施工电梯

齿轮齿条驱动式施工电梯由塔架（又称立柱，包括基础节、标准节、塔顶天轮架）、吊厢、地面停机站、驱动机组、安全装置、电控柜站、门机电联锁盒、电缆、电缆接受筒、平衡重、安装小吊杆等组成。按吊厢数量区分，可分为单厢式和双厢式。

齿轮齿条驱动式施工电梯的主要特点是：采用方形断面钢管焊接格桁结构塔架，刚度好；电机、减速机、驱动齿轮、控制柜等均装设在后厢内，检查维修保养方便；采用高效能的锥鼓式限速装置，当吊厢下降速度超过 0.95m/s 时，便会动作并擎住吊厢，从而保证不致发生坠落事故；能自升接高，安装转移迅速；可与建筑物拉结，随建筑物向上施工而逐节接高；附着后的悬臂高度（即附着点以上的自由高度）为 12～15m，升运高度一般为 100～150m，国产外用施工电梯最大升运高度可达 200m，宜用于 25 层以上的高层建筑。

(2)绳轮驱动式施工电梯

绳轮驱动式施工电梯常称为施工升降机。有的可客、货两用，最大载重为 1000kg 或准乘 8～10 人；有的只供运货，最大载重为 1000kg。绳轮驱动式施工电梯具有结构比较轻巧、能自升接高、构造较简单、用钢量少、附着装量费用低等特点，因而在高层建筑施工中应用较多。

(3)施工电梯的选择与使用

1)高层建筑施工施工电梯的机型选择应根据建筑造型、建筑面积、运输总量、工期要求以及施工电梯的造价与供货条件等确定。

2)现场施工经验表明：20层以下的高层建筑，宜采用绳轮驱动式施工电梯；25～30层以上的高层建筑，宜选用齿轮齿条驱动式施工电梯。

3)一台施工电梯的服务楼层面积为600m^2，可按此数据为高层建筑工地配备施工电梯。为缓解高峰时运输能力不足的问题，应尽可能选用双吊厢式施工电梯。

4)为使施工电梯充分发挥效能，其安装位置应便于施工人员和物料的集散；便于安装和设置附墙装置；靠近电源，有良好的夜间照明。

5)严格对客、货两用施工电梯进行运输的组织与管理。采取白天以运送人员为主、晚上以运送材料为主等措施，缓解工人上下班高峰时的运输矛盾。

3.2 砌筑材料

砌筑工程所用的主要材料是砖(石)、各种砌块和砂浆。

3.2.1 砖

砖常用的种类有烧结普通砖、烧结多孔砖、蒸压灰砂砖、蒸压粉煤灰砖、烧结空心砖、煤渣砖等。

1. 烧结普通砖

烧结普通砖是指由黏土、煤矸石、页岩或粉煤灰为主要原料，经过焙烧而成的实心或孔洞率不大于15%，且外形尺寸符合一定要求的砖。

(1)种类

烧结普通砖按主要原料分为烧结页岩砖、烧结煤矸石砖和烧结粉煤灰砖；根据抗压强度分为MU30、MU25、MU20、MU15、MU10五个强度等级。强度和抗风化性能合格的砖，根据尺寸偏差、外观质量、泛霜和石灰爆裂的程度分为优等品、一等品、合格品三个质量等级。

(2)规格

烧结普通砖的规格为240mm×115mm×53mm，习惯称为标准砖。

(3)适用范围

优等品适用于砌筑清水砖砌体，一等品、合格品可用于砌筑混水砖砌体。中等泛霜的砖不能用于潮湿部位。

2. 烧结多孔砖

烧结多孔砖是以黏土、页岩、煤矸石、粉煤灰为主要原料，经焙烧而成的承重多孔砖，简称多孔砖。其孔洞率不小于25%，孔洞小而多。多孔砖具有自重轻、保温隔热性能好、节约原料和能源等多项优点。

(1) 种类及规格

烧结多孔砖按主要原料分为页岩多孔砖、煤矸石多孔砖、粉煤灰多孔砖；按抗压强度分为 MU30、MU25、MU20、MU15、MU10 五个强度等级。强度和抗风化性能合格的多孔砖，根据尺寸偏差、外观质量、强度等级、孔型及空洞排列、抗风化性能、泛霜和石灰爆裂的程度分为特等品、一等品、合格品三个质量等级。

烧结多孔砖根据产品规格分为三种类型：P(KP1)型，规格为 240mm×115mm×90mm，此类型应用较多；P(KP2)型，规格为 240mm×115mm×180mm；K(KM1)型，规格为 190mm×190mm×190mm。其代号中的字母 K 表示空心，P 表示普通，M 表示模数。

(2) 适用范围

烧结多孔砖多用于多层房屋的承重墙体。其中，P(KP1)型宜与标准砖配合使用，应用广泛；P(KP2)型也可与标准砖配合使用，但需用配砖。K(KM1)型规格尺寸符合建筑模数，但不能与标准砖配合使用，需与配砖配合使用。

3. 蒸压灰砂砖

蒸压灰砂砖是以石灰和砂为主要原料，掺加适量的颜料添加剂，经坯料制备、压制成型、蒸压养护而成的实心砖。

(1) 种类

蒸压灰砂砖根据尺寸偏差、外观质量、强度及抗冻性分为优等品(A)、一等品(B)、合格品(C)三个质量等级；根据抗压强度和抗折强度可分为 MU25、MU20、MU15、MU10 四个强度等级。

(2) 规格

蒸压灰砂砖的规格尺寸为 240mm×115mm×53mm。

(3) 适用范围

MU10 的蒸压灰砂砖仅可用于防潮层以上的建筑部位；MU15 及以上的蒸压灰砂砖可用于基础及其他建筑部位。蒸压灰砂砖不得用于长期受热(200℃以上)、受急冷急热和有酸性介质侵蚀的建筑部位。

4. 蒸压粉煤灰砖

蒸压粉煤灰砖是以粉煤灰、石灰或水泥为主要原料，掺加适量石膏和骨料，经坯料制备、压制成型、高压或常压蒸汽养护而成的实心粉煤灰砖，通常称为粉煤灰砖。

(1) 种类

蒸压粉煤灰砖根据抗压强度和抗折强度分为 MU20、MU15、MU10、MU7.5 四个强度等级，根据尺寸偏差、外观质量和干燥收缩分为优等品、一等品、合格品三个质量等级。

(2) 规格

蒸压粉煤灰砖的规格为 240mm×115mm×53mm。

(3) 适用范围

蒸压粉煤灰砖不得用于长期受热(200℃以上)、受急冷急热和有酸性介质侵蚀的建筑部位。

5. 烧结空心砖

烧结空心砖是以黏土、页岩、煤矸石为主要原料经焙烧而成的空心砖。

(1)种类

烧结空心砖按主要原料分为页岩空心砖、煤矸石空心砖；根据抗压强度分为MU5、MU3、MU2三个强度等级。烧结空心砖根据密度分为800、900、1100三个密度等级。每个密度等级根据孔洞及其排数、尺寸偏差、外观质量、强度等级和物理性能分为优等品、一等品、合格品三个质量等级。

(2)规格

烧结空心砖的长度规格尺寸(mm)为：390、290、240、190、180(175)、140；宽度规格尺寸(mm)为：190、180(175)、140、115；高度规格尺寸(mm)为：180(175)、140、115、90。在与砂浆的接合面应设有增加结合力的、深度在1mm以上的凹线槽。烧结空心砖的壁厚应大于10mm，肋厚应大于7mm。孔洞采用矩形条孔或其他孔形，且平行于大面和条面。

6. 煤渣砖

煤渣砖是以煤渣为主要原料，掺入适量石灰和石膏，经混合、压制成型、蒸养或蒸压而成的实心砖。煤渣砖根据抗压强度和抗折强度分为MU20、MU15、MU10、MU7.5四个强度等级；根据尺寸偏差、外观质量、强度等级分为优等品、一等品、合格品三个质量等级。煤渣砖的规格为240mm×115mm×53mm。

煤渣砖不得用于长期受热(200℃以上)、受急冷急热和有酸性介质侵蚀的建筑部位。用于基础或用于易受冻融和干湿交替作用的建筑部位必须使用MU15及其以上的砖。

砖要按规定及时进场，按砖的强度等级、外观、几何尺寸进行验收，并应检查出厂合格证。用于清水墙、柱表面的砖，应边角整齐，色泽均匀。在常温下，黏土砖应在砌筑前1~2d浇水润湿，以免在砌筑时由于砖吸收砂浆中的大量水分，砂浆流动性降低，砌筑困难，影响砂浆的黏结强度。但也要注意不能将砖浇得过湿，以水浸入砖内10~15mm为宜。过湿过干都会影响施工速度和施工质量，如因天气酷热，砖面水分蒸发过快，操作时按压困难，也可在脚手架上进行两次浇水。

3.2.2 石

石材有毛石和料石两种。毛石又称为片石或块石，是由爆破直接获得的石块。毛石根据其平整程度可分为乱毛石与平毛石两类。乱毛石的形状不规则，一般在一个方向的尺寸达300~400mm。乱毛石常用于砌筑毛石基础、勒脚、墙身、挡土墙。平毛石是将乱毛石略进行加工，其形状比乱毛石整齐，基本上有六个面，但加工程度不高，常用于砌筑基础、勒脚、墙身。

料石又称为条石，是用人工或机械开采出的较规则的六面体石块，各面经凿琢而成。依照石块表面加工的平整程度分为毛料石、粗料石、半细料石和细料石四种。

毛石砌体所用的石材应质地坚实，无分化剥落和裂纹。用于清水墙、柱表面的石材，应色泽均匀。石材表面的泥垢、水锈等杂质，在砌筑前应清除干净，以利于砂浆和块石黏结。毛石应呈块状，其中部厚度不宜小于150mm，其强度应满足设计要求。

3.2.3 砌块

砌块一般是以混凝土或工业废料作原料制成的实心或空心的块材。它具有自重轻、机械化和工业化程度高、施工速度快、生产工艺和施工方法简单，且可大量利用工业废料等优点，因此，用砌块代替普通黏土砖是墙体改变的重要途径。

砌块按形状分有实心砌块和空心砌块两种。按制作原料分为粉煤灰砌块、加气混凝土砌块、硅酸盐砌块、石膏砌块等。按规格分为小型砌块、中型砌块和大型砌块。砌块高度在 115~380mm 的称为小型砌块；高度在 380~980mm 的称为中型砌块；高度大于 980mm 的称为大型砌块。目前，在工程中多采用中小型砌块，各地区生产的砌块规格不一。用于砌筑的砌块的外观、尺寸和强度应符合设计要求。

1. 普通混凝土小型空心砌块

普通混凝土小型空心砌块是以水泥、砂、石等普通混凝土材料制成的混凝土砌块，空心率为 25%~50%，主要规格尺寸为 390mm×190mm×190mm，适合人工砌筑。这种砌块具有强度高、自重轻、耐久性好，外形尺寸规整等特点，有些还具有美观饰面以及良好的保湿隔热性能，适用范围广泛。

(1) 种类

普通混凝土小型空心砌块包括普通砌块、承重和非承重砌块、装饰砌块、保湿砌块、吸声砌块等类别。普通砌块分为单排孔砌块和多排孔砌块两种。强度等级 MU7.5 以上的为承重砌块，MU5.0 以下的为非承重砌块。

单排孔砌块为沿宽度方向只有一排孔的普通砌块，这种砌块具有较大的空心率和孔洞截面，上下贯通的孔洞可浇筑砌体中的钢筋混凝土芯柱；多排孔砌块是沿宽度方向有双排或多排孔洞的普通砌块；装饰混凝土小型空心砌块为具有外装饰面的普通混凝土小型空心砌块系列制品。

普通混凝土小型空心砌块根据尺寸允许偏差、外观质量、强度等级分为优等品、一等品和合格品三个等级；根据抗压强度分为 MU3.5、MU5.0、MU7.5、MU10.0、MU15.0 和 MU20.0 六个级别。

(2) 规格

混凝土砌块的主规格尺寸为 190mm×190mm×390mm，墙厚度即砌块的宽度。

(3) 适用范围

单排孔砌块自重较轻，可建造清水砌块墙的建筑，但保湿隔热性能较差，且易损坏。多排孔砌块通常为盲孔砌块，保湿隔热性能优于单排孔砌块，多用于我国南方地区。装饰混凝土小型空心砌块通常为单排砌块，具有较高的强度等级和抗渗性，适用于作装饰砌块建筑的内外墙承重装饰和围护的块材。建筑的墙体结构和墙面装饰施工可同时完成，进度较快，且具有造型美观，易于维护等特点。

2. 轻骨料混凝土小型空心砌块

轻骨料混凝土小型空心砌块是以浮石、火山渣、煤渣、自然煤矸石、陶粒为粗骨料制作的混凝土空心砌块，简称轻骨料混凝土小砌块。

(1) 种类

轻骨料混凝土小型空心砌块常用品种有煤矸石混凝土空心砌块、煤渣混凝土空心砌块、浮石混凝土空心砌块及各种陶粒混凝土空心砌块等。孔洞的排数有单排孔、双排孔、三排孔、四排孔四类；根据尺寸允许偏差、外观质量、密度等级、强度等级分为优等品、一等品和合格品三个等级；按其密度等级分为 500、600、700、800、900、1000、1200、1400 八个等级；按抗压强度分为 1.5、2.5、3.5、5.0、7.5、10.0 六个强度等级。

(2) 规格

煤矸石混凝土小型空心砌块有外墙砌块和内墙砌块两大类。外墙砌块主规格为 290mm×290mm×190mm；内墙砌块主规格为 290mm×190mm×190mm。其强度等级有 MU3.5～MU10。

煤渣混凝土空心砌块的主规格为 390mm×190mm×190mm。其强度等级有 MU3.0 和 MU5.0 两级，砌块密度不大于 900kg/m³。

浮石混凝土空心砌块的主规格为 600mm×(125～300)mm×250mm。其强度等级为 MU2.5。

轻质黏土陶粒混凝土空心砌块有外墙砌块和内墙砌块两大类。外墙砌块主规格为 390mm×190mm×190mm；内墙砌块主规格为 390mm×90mm×190mm。其强度等级有 MU3.5 和 MU5.0 等。

粉煤灰陶粒混凝土空心砌块分为全轻砌块(用轻砂)和砂轻砌块(用重砂)两大类。全轻砌块主规格为 390mm×190mm×190mm，强度等级有 MU2.5 和 MU3.0。砂轻砌块主规格为 390mm×190mm×190mm，其强度等级为 MU3.5～MU10。

(3) 适用范围

轻骨料混凝土小型空心砌块具有自重轻、保温隔热、抗震性能好等特点，在各种建筑的墙体中得到广泛应用，具有广阔的发展前景。

3. 蒸压加气混凝土砌块

蒸压加气混凝土砌块是以水泥、石灰、矿渣、砂、粉煤灰、铝粉等为原料，经磨细、计量配料、搅拌浇筑、发气膨胀、静停切割、蒸压养护、成品加工、包装等工序制造而成的多孔实心混凝土砌块。

(1) 种类

蒸压加气混凝土砌块按其尺寸偏差、外观质量、体积密度级别和抗压强，分为优等品(A)、一等品(B)和合格品(C)三个等级；根据体积密度级别分为 B03、B04、B05、B06、B07、B08 六个级别；按抗压强度分为 A1.0、A2.0、A2.5、A3.5、A5.0、A7.5、A10.0 七个级别。对不同等级砌块判断其强度级别时，除应满足抗压强度指标外还应满足相应的体积密度指标。

(2) 规格

蒸压加气混凝土砌块的规格尺寸分为两个系列，见表 3.2。

表 3.2　蒸压加气混凝土砌块的规格　　　　　　　（单位：mm）

砌块公称尺寸			砌块制作尺寸		
长度 L	宽度 B	高度 H	长度 L_1	宽度 B_1	高度 H_1
600	100 125 150 200 250 300 120 180 240	200	$L-10$	B	$H-10$

(3) 适用范围

蒸压加气混凝土砌块具有质量轻、保温、防火、可锯、能刨、加工方便等优点，一般作为内外墙的建筑砌块，也常用于框架填充墙的墙体和刚性屋面的保温层。

4．粉煤灰砌块

粉煤灰砌块又称为粉煤灰硅酸盐砌块，是以粉煤灰、石灰、石膏和煤渣、硬矿渣等骨料为原料，按照一定比例加水搅拌，振动成型，再经蒸汽养护而制成的密实砌块。

(1) 种类

粉煤灰砌块按密度情况可分为密实砌块和空心砌块两种。密实砌块一般用于低层或多层房屋建筑的墙体和基础，不宜用于具有酸性介质侵蚀的建筑部位。当其采取有效防护措施时，可使用于非承重结构部位，不宜用于经常处于高温影响下的建筑物。

粉煤灰砌块根据尺寸偏差、外观质量、强度等级、干缩性能，分为一等品(B)和合格品(C)两个等级。

(2) 规格

粉煤灰砌块的主规格尺寸为 880mm×380mm×240mm 和 880mm×430mm×240mm。砌块的断面应加灌浆槽，坐浆面(又称铺灰面)宜设抗剪槽。

(3) 适用范围

粉煤灰砌块制作可利用大量工业废渣，施工效率较高，能缩短工期，节约砌筑砂浆，降低工程造价，但存在设备老化、工艺落后和质量降低等问题。

5．粉煤灰混凝土小型空心砌块

粉煤灰混凝土小型空心砌块是以粉煤灰、集料、水为主要成分制成的混凝土小型空心砌块，其中粉煤灰用量不应低于原材料质量的 10%，生产过程中也可加入适量的外加剂调节砌块的性能。

(1) 种类

粉煤灰混凝土小型空心砌块按砌块密度分为 600、700、800、900、1000、1200、1400 七个等级；按抗压强度分为 MU3.5、MU5、MU7.5、MU10、MU15 和 MU20 六个等级。

(2)规格

粉煤灰混凝土小型空心砌块按孔的排数分为单排孔、双排孔和多排孔。其主要规格尺寸为390mm×190mm×190mm,其他规格尺寸可由供需双方协商确定。

(3)适用范围

粉煤灰混凝土小型空心砌块具有轻质、保温隔热、抗震性能好的特点,可用于框架结构的填充墙等结构部位。

6. 石膏砌块

石膏砌块是以建筑石膏为原料,加水拌和,浇筑成型,自然干燥或烘干而制成的轻质块状隔墙材料,在生产中还可加入各种轻集料、填充料、纤维增强材料、发泡剂等辅助原料,也可用高强石膏粉或部分水泥代替建筑石膏,并掺入粉煤灰,生产石膏砌块。

(1)种类

石膏砌块可分为天然石膏砌块和工业副产石膏砌块、实心石膏砌块和空心石膏砌块、普通石膏砌块和防潮石膏砌块等类型。国内以空心石膏砌块为主,国外以实心石膏砌块为主。

(2)规格

石膏砌块的主要尺寸规格为666mm×500mm×(60、80、90、100、110、120)mm,三块砌块相拼正好是$1m^2$的墙面,通常在纵横四边分别设有凹凸企口。

(3)适用范围

石膏砌块墙体为轻质结构,具有减轻建筑自重、降低工程造价、提高抗震能力、增加房间有效使用面积等优点,故有着广阔的发展前景。这种砌块主要用于框架结构和其他建筑结构的非承重墙体,多用于内隔墙,若采用合适的固定及支撑结构也可用于承受较重荷载,如挂吊柜、热水器、卫生间用具等的墙体。掺入特殊添加剂的防潮砌块,可用于浴室、卫生间等空气湿度较大的场合。作为内隔墙的石膏砌块,长期使用过程中不会释放有害气体,不会产生放射性和重金属的危害,且具有安全防水、调节湿度、保温隔热、节约能源等优良性能,是典型的绿色建材产品。

3.2.4 砌筑砂浆

砂浆是砖砌体的胶结材料,其制备质量直接影响施工进度和砌体的整体强度。而砂浆制备质量要由原材料的质量和拌和质量共同保证。

砂浆是由胶结材料、细骨料及水组成的混合物。按照胶结材料的不同,砂浆可分为石灰砂浆、水泥砂浆和水泥混合砂浆,其种类选择及其等级的确定,应根据设计要求而定。通常,水泥砂浆用于潮湿环境和强度要求较高的砌体;石灰砂浆主要用于砌筑干燥环境中以及强度要求不高的砌体;混合砂浆主要用于地面以上强度要求较高的砌体。

砌筑砂浆使用的水泥品种及强度等级,应根据砌体部位和所处环境来选择。水泥在进场使用前,应分批对其强度、安定性进行复验(检验批应以同一生产厂家、同一编号为一批)。水泥储存时应保持干燥。当在使用中对水泥质量有疑问或水泥出厂超过三个月(快硬硅酸盐水泥超过一个月)时,应复查试验。不同品种的水泥,不得混合使用。生石灰应熟化成石灰膏,并用滤网过滤,为使其充分熟化,一般在化灰池中的熟化时间不少于7d,化灰池中储存的石灰膏，应防止干燥、冻结和污染，脱水硬化后的石灰膏严禁使用。细骨料宜采用中砂并过筛，不得含有害杂物，其含泥量应满足下列要求：对于水泥砂浆和强度等级不小于 M5 的水泥混合砂浆，不应超过 5%；对强度等级小于 M5 的水泥混合砂浆，不应超过 10%。凡在砂浆中掺入有机塑化剂、早强剂、缓凝剂、防冻剂等，应经试验和试配符合要求后，方可使用。拌制砂浆用水，水质应符合国家现行标准。

砂浆的配合比应经试验确定，并严格执行。当砌筑砂浆的组成材料有变更时，其配合比应重新确定(当施工中采用水泥砂浆代替水泥混合砂浆时，应重新确定砂浆强度等级)。现场拌制砂浆时，各组分材料应采用重量计量。计量时要准确：水泥、微末剂的配料精度应控制在±2%以内；砂、石灰膏、黏土膏、电石膏、粉煤灰的配料精度应控制在±5%以内。砂浆应采用机械搅拌，自投料完算起，搅拌时间应符合下列规定：水泥砂浆和水泥混合砂浆不得少于 2min；水泥粉煤灰砂浆和掺入外加剂的砂浆不得少于 3min；掺入有机塑化剂的砂浆应为 3～5min。拌和后的砂浆的稠度：砌筑实心砖墙、柱宜为 70～100mm；砌筑平拱过梁、拱及空斗墙宜为 50～70mm。砌筑砂浆分层度不应大于 30mm，且颜色一致。

砂浆拌成后和使用时，宜盛入储灰斗内。如砂浆出现泌水现象，在使用前应重新拌和。砂浆应随拌随用，常温下，水泥砂浆和水泥混合砂浆应分别在 3h 与 4h 内使用完毕；当施工期间最高气温超过 30℃时，应分别在拌成后 2h 和 3h 内使用完毕。

为了实现节能减排和绿色施工，减少粉尘、噪声等污染，要求砌体结构施工中优先采用预拌砂浆。当条件不具备，需要现场拌制砂浆时，应确保达到设计配合的要求。

砂浆的强度等级以标准养护龄期 28d 的试块抗压强度为准。砂浆的强度等级分为 M15、M10、M7.5、M5、M2.5 五个等级，各强度等级相应的抗压强度值应符合表 3.3 的规定。

表 3.3 砌筑砂浆强度等级

强度等级	龄期 28d 抗压强度/MPa	
	各组平均值，≥	最小一组平均值，≥
M15	15	11.25
M10	10	7.5
M7.5	7.5	5.63
M5	5	3.75
M2.5	2.5	1.88

对所选用的砂浆应做强度检验。制作试块的砂浆，应在现场取样，每一楼层或 250m³ 砌体中的各种强度等级的砂浆，每台搅拌机应至少检查一次，每次至少留一组试块(每组 6 块)，其标准养护 28d 的抗压强度应满足设计要求。

3.3 砌 筑 施 工

砖砌体主要由砖、砂浆组成。原材料质量和砌筑质量是影响砌体质量的主要因素。但砌筑之前的准备工作充分与否，同样会影响工程质量与施工进度。因此，在砌筑施工前，必须按施工组织设计的要求组织垂直和水平运输机械、砂浆搅拌机械进场，并进行安装和调试等工作；确定各种材料堆放场地；同时，还要准备好脚手架、砌筑工具（如皮数杆、托线板）等。

砖砌体施工必须遵守施工及验收规范的有关规定。

3.3.1 无筋扩展基础砌筑

无筋扩展砖基础由垫层、大放脚和基础墙构成。基础墙是墙身向地下的延伸，大放脚是为了增大基础的承压面积，所以要砌成台阶形状。大放脚有等高式和间隔式两种砌法，如图 3.26 所示，等高式的大放脚是每两皮一收，每边各收进 1/4 砖长；间隔式大放脚是两皮一收与一皮一收相间隔，每边各收进 1/4 砖长，这种砌法在保证刚性角的前提下，可以减少用砖量。

基础垫层施工完毕经验收合格后，便可进行弹墙基线的工作。弹线工作可按以下程序进行：

1）在基槽四角各相对龙门板的轴线标钉处拉上麻线，如图 3.27 所示。

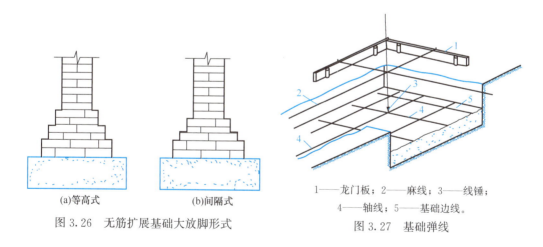

(a)等高式　　(b)间隔式

图 3.26　无筋扩展基础大放脚形式

1——龙门板；2——麻线；3——线锤；
4——轴线；5——基础边线。

图 3.27　基础弹线

2）沿麻线挂线锤，找出麻线在垫层上的投影点。

3）用墨斗弹出这些投影点的连线，即墙基的外墙轴线。

4）按基础图所示尺寸，用金属直尺量出各内墙的轴线位置，并弹出内墙轴线。

5）用金属直尺量出各墙基大放脚外边沿线，弹出墙基边线。

6）砌筑基础前，应校核放线尺寸，其允许偏差应符合有关规定。

砖基础的砌筑高度，是用基础皮数杆来控制的。首先根据施工图高程，在基础皮数杆上画出每皮砖及灰缝的尺寸，然后将基础皮数杆固定，即可逐皮砌筑大放脚。

当发现垫层表面的水平高程相差较大时，要先用细石混凝土或用砂浆找平后再开始砌筑。砌大放脚时，先砌转角端头，以两端为标准，拉好准线，然后按此准线进行砌筑。

大放脚一般采用一顺一丁的砌法，竖缝至少错开 1/4 砖长，十字及丁字接头处要隔皮砌通。大放脚的最下一皮及每个台阶的上面一皮应以丁字接头砌筑为主。

当基底高程不同时，应从低处砌起，并应由高处向低处搭砌。当设计无要求时，搭接长度不应小于基础扩大部分的高度。

基础中的洞口、管道等，应在砌筑时正确留出或预埋。通过基础的管道的上部，应预留沉降缝隙。砌完基础墙后，应在两侧同时填土，并应分层夯实。当基础两侧填土的高度不等或仅能在基础的一侧填土时，填土的时间、施工方法和施工顺序应保证不致破坏或变形。

3.3.2 砖砌筑

1. 砖砌体的组砌形式

砖砌体的组砌要求：上下错缝，内外搭接，以保证砌体的整体性；同时，组砌要有规律，少砍砖，以提高砌筑效率，节约材料。实心砖墙常用的厚度有半砖、一砖、一砖半、两砖等。依其组砌形式不同，最常见的有一顺一丁、三顺一丁、梅花丁、全丁式等，如图 3.28 所示。

一顺一丁的砌法是一皮中全部顺砖与一皮中全部丁砖相互交替砌成，上下皮间的竖缝相互错开 1/4 砖。砌体中无任何通缝，而且丁砖数量较多，能增强横向拉结力。这种组砌方式，砌筑效率高，墙面整体性好，墙面容易控制平直，多用于一砖厚墙体的砌筑。但当砖的规格参差不齐时，砖的竖缝难以整齐。

三顺一丁的砌法是三皮中全部顺砖与一皮中全部丁砖间隔砌成。上下皮顺砖间的竖缝错开 1/2 砖长；上下皮顺砖与丁砖间竖缝错开 1/4 砖长。这种砌法由于顺砖较多，砌筑效率较高，但三皮顺砖内部纵向有通缝，整体性较差，一般使用较少。这种砌法宜用于一砖半以上厚的墙体的砌筑或挡土墙的砌筑。

梅花丁式又称为沙包式、十字式。梅花丁的砌法是每皮中丁砖与顺砖相隔，上皮丁砖中坐于下皮顺砖，上下皮间垂直灰缝相互错开 1/4 砖长。这种砌法内外竖缝每皮都能错开，故整体性好，灰缝整齐，而且墙面比较美观，但砌筑效率较低。砌筑清水墙或当砖的规格不一致时，宜采用这种砌法。

全丁砌筑法就是全部用丁砖砌筑，上下皮竖缝相互错开 1/4 砖长，此法仅用于圆弧形砌体，如水池、烟囱、水塔等。

为了使砖墙的转角处各皮间竖缝相互错开，必须在外角处砌七分头砖(3/4 砖长)。当采用一顺一丁组砌时，七分头的顺面方向依次砌顺砖，丁面方向依次砌丁砖，如图 3.29(a)所示。

砖墙的丁字接头处，应分皮相互砌通，内角相交处竖缝应错开 1/4 砖长，并在横墙端头处加砌七分头砖，如图 3.29(b)所示。

砖墙的十字接头处，应分皮相互砌通，交角处的竖缝应错开 1/4 砖长，如图 3.29(c)所示。

项目 3 砌筑工程施工

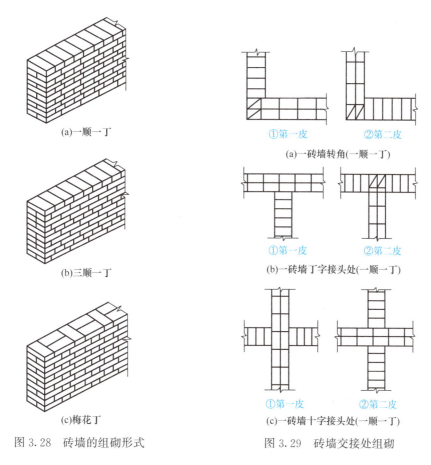

图 3.28 砖墙的组砌形式

图 3.29 砖墙交接处组砌

2. 砖砌体的施工工艺及技术要求

(1)砖砌体的施工工艺

砖砌体的施工过程有抄平、放线、摆砖、立皮数杆、盘角、挂线、砌筑、勾缝、清理等工序。

砌砖(动画)

抄平、放线 砌筑前，在基础防潮层或楼面上先用水泥砂浆找平，然后以龙门板上定位钉为标志弹出墙身的轴线、边线，定出门窗洞口的位置。

摆砖 是指在放线的基面上按选定的组砌方式用砖试摆。一般在房屋外纵墙方向摆顺砖，在山墙方向摆丁砖，由一个大角摆到另一个大角，砖与砖留 10mm 缝隙。摆砖的目的是校对所放出的墨线在门窗洞口、附墙垛等处是否符合砖的模数。当偏差小时可调整砖间竖缝，使砖和灰缝的排列整齐、均匀，以尽可能减少砍砖，提高砌砖效率。摆砖结束后，用砂浆将试摆的砖砌好，砌筑时注意其平面位置不得移动。摆砖样在清水墙砌筑中尤为重要。

立皮数杆 皮数杆是指在其上画有每皮砖和砖缝厚度，以及门窗洞口、过梁、梁底、预埋件等高程位置的一种木制标杆，是砌筑时控制砌体竖向尺寸的标志，同时还可保证砌体的垂直度。皮数杆一般立于房屋的四大角、内外墙交接处、楼梯间以及洞口多的地方，每隔 10～15m 立一根。

119

盘角、挂线　砌筑时，应根据皮数杆先在墙角砌 4～5 皮砖，称为盘角，然后根据皮数杆和已砌的墙角挂准线，作为砌筑中间墙体的依据，每砌一皮或两皮，准线向上移动一次，以保证墙面平整。一砖厚的墙单面挂线，外墙挂外边，内墙挂任何一边；一砖半及以上厚的墙都要双面挂线。

砌筑　砌砖的操作方法较多，不论选择何种砌筑方法，首先应保证砖缝的灰浆饱满，其次还应考虑砌筑效率。目前常用的砌筑方法主要有铺灰挤砌法和"三一砌砖法"。

1) 铺灰挤砌法是先在砌体的上表面铺一层适当厚度的灰浆，然后手拿砖向后持平连续挤向砖缝，将一部分砂浆挤入竖向灰缝，水平灰缝靠手的按压达到需要的厚度，达到上齐线、下齐边，横平竖直的要求。这种砌筑方法的优点是效率较高，灰缝饱满，能保证砌筑质量。当采用铺浆法砌筑时，铺浆长度不得超过 750mm；施工期间气温超过 30℃时，铺浆长度不得超过 500mm。

2) "三一砌砖法"是先将灰浆铺在砌砖位置上，随即将砖挤压，即"一铲灰，一块砖，一挤压"，并随手将挤出的砂浆刮去。该砌筑方法的特点是铺灰后立即挤砌，灰浆不易失水，且灰缝饱满、黏结力好、墙面整洁，易于保证质量。竖缝可采用挤浆或加浆的方法，使其砂浆饱满。砌筑实心墙时宜选用"三一砌砖法"。

勾缝、清理　这是砌清水墙的最后一道工序，具有保护墙面并增加墙面美观的作用。

勾缝的方法有两种：墙较薄时，可用砌筑砂浆随砌随勾缝，称为原浆勾缝；墙较厚时，待墙体砌筑完毕后，用 1∶1 水泥砂浆勾缝，称为加浆勾缝。勾缝形式有平缝、斜缝、凹缝等。勾缝完毕，应清扫墙面。

(2) 楼层轴线的引测

为了保证各层轴线的重合和施工方便，在弹墙身线时，应根据龙门板上标注的轴线位置将轴线引测到房屋的外墙基上。两层以上各层墙的轴线可用经纬仪或垂球引测到楼层上。轴线的引测是放线的关键，必须按图样要求尺寸用皮尺进行校核，然后按楼层墙身中心线弹出各墙边线，划出门窗洞口位置。

(3) 各层高程的控制

墙体高程可在室内弹出水平线控制。当底层砌到一定高度(500mm 左右)后，用水准仪根据龙门板上±0.000 高程，引出统一高程的测量点(一般比室内地坪高 200～500mm)，在相邻两墙角的控制点间弹出水平线作为过梁、圈梁和楼板高程的控制线。以此线到该层墙顶的高度计算出砖的皮数，并在皮数杆上画出每皮砖和砖缝的厚度，作为砌砖时的依据。此外，在建筑物四外墙上引测±0.000 高程，画上标志，当第二层墙砌到一定高度，从底层用尺往上量出第二层的高程控制点，并用水准仪以引出的第一个控制点为准，定出各墙面水平线，用以控制第二层楼板高程。

(4) 技术要求

砖砌体是由砖块和砂浆通过各种形式的组合而搭砌成的整体，所以砌体质量的好坏取决于组成砌体的原材料质量和砌筑方法。在砌筑时应掌握正确的操作方法，做到横平竖直、砂浆饱满、错缝搭接,接槎可靠,减少不均匀沉降,以保证墙体有足够的强度与稳定性。

横平竖直 砌体的灰缝应横平竖直,厚薄均匀。水平灰缝厚度宜为10mm,不应小于8mm,也不应大于12mm。否则在垂直荷载作用下上下两层将产生剪力,使砂浆与砌块分离从而引起砌体破坏;砌体必须满足垂直度要求,否则在垂直荷载作用下将产生附加弯矩而降低砌体承载力。

砌体的竖向灰缝应垂直对齐,对不齐而错位称为游丁走缝,会影响墙体外观质量。

要做到横平竖直,首先应将基础找平,砌筑时严格按皮数杆拉线将每皮砖砌平,同时经常用2m托线板检查墙体垂直度,发现问题应及时纠正。

砂浆饱满 为保证砖块均匀受力和使块体紧密结合,要求水平灰缝砂浆饱满,厚薄均匀。水平灰缝太厚,在受力时,砌体的压缩变形增大,还可能使砂浆产生滑移,这对墙体结构很不利。如灰缝过薄,则不能保证砂浆的饱满度,对墙体的黏结力削弱,影响整体性。砂浆的饱满程度以砂浆饱满度表示,用百格网检查,要求饱满度达到80%以上。同样,竖向灰缝亦应控制厚度,保证黏结强度,不得出现透明缝、瞎缝和假缝,以避免透风漏雨,影响保温性能。

错缝搭接 为保证墙体的整体性和传力效果,砖块的排列方式应遵循内外搭接、上下错缝的原则。砖块的错缝搭接长度不应小于1/4砖长,避免出现垂直通缝,确保砌筑质量。

厚度为240mm承重墙的每层墙的最上一皮砖,砖砌体的阶台水平面上及挑出层应整砖丁砌。

接槎可靠 整个房屋的纵横墙应相互连接牢固,以增加房屋的强度和稳定性。砖砌体的转角处和交接处应同时砌筑,严禁无可靠措施的内外墙分砌施工。对不能同时砌筑而又必须留置的临时间断处应砌成斜槎,斜槎水平投影长度不应小于高度的2/3。非抗震设防和抗震设防烈度为6度和7度地区的临时间断处,当不能留斜槎时,除转角外,可留直槎,但直槎必须做成凸槎。留直槎处应加设拉结筋,拉结钢筋的数量为每120mm墙厚留1φ6的拉结钢筋(120mm厚墙放置2φ6拉结钢筋);间距沿墙高不应超过500mm;埋入长度从留槎处算起每边均不应小于500mm,对抗震设防烈度为6度和7度的地区,不应小于1000mm;末端应有90°的弯钩,如图3.30所示。

接槎即先砌砌体与后砌砌体之间的结合,接槎方式的合理与否,对砌体的质量和建筑物整体性影响极大。因留槎处的灰浆不易饱满,故应少留槎。接搓时必须将接槎处的表面清理干净,浇水润湿,并应填实砂浆,保持灰缝平直,使接槎处的位置黏结牢固。

减少不均匀沉降 沉降不均匀将导致墙体开裂,对结构危害较大,砌筑施工中要严加注意。砖砌体相邻施工段的高差,不得超过一个楼层的高度,也不宜大于4m;临时间断处的高度差不得超过一步脚手架的高度;为减少灰缝变形而导致砌体沉降,一般每日砌筑高度不宜超过1.8m,雨天施工,不宜超过1.2m。

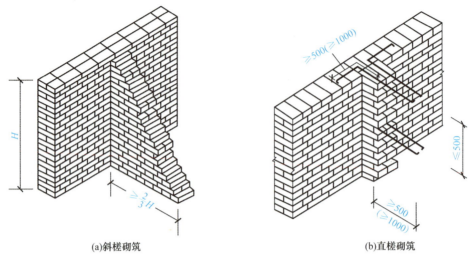

图 3.30 接槎

砖砌体的垂直度允许偏差应符合表 3.4 的规定。砖砌体的一般尺寸允许偏差应符合表 3.5 的规定。

表 3.4 砖砌体的垂直度允许偏差

项次	项目		允许偏差/mm	检验方法
1	轴线位置偏移		10	用经纬仪和尺检查,或其他测量仪器检查
2	垂直度	每层	5	用 2m 托线板检查
		全高 ≤10m	10	用经纬仪、吊线和尺检查,或用其他测量仪器检查
		全高 >10m	20	

表 3.5 砖砌体一般尺寸允许偏差

项次	项目		允许偏差/mm	检验方法	抽检数量
1	基础顶面和楼面高程		±15	用水平仪和尺检查	不应少于 5 处
2	表面平整度	清水墙、柱	5	用 2m 靠尺和楔形塞尺检查	有代表性自然间 10%,但不应少于 3 间,每间不应少于 2 处
		混水墙、柱	8		
3	门窗洞口高、宽(后塞口)		±5	用尺检查	检验批洞口的 10%,且不应少于 5 处
4	外墙上下窗口偏移		20	以底层窗口为准,用经纬仪或吊线检查	检验批的 10%,且不应少于 5 处

续表

项次	项目		允许偏差/mm	检验方法	抽检数量
5	水平灰缝平直度	清水墙	7	拉 10m 线和尺检查	有代表性自然间10%,但不应少于3间,每间不应少于2处
		混水墙	10		
6	清水墙游丁走缝		20	吊线和尺检查,以每层第一皮砖为准	有代表性自然间10%,但不应少于3间,每间不应少于2处

3.3.3 砌块砌筑

用砌块代替普通黏土砖作为墙体材料是墙体改革的重要途径。目前,工程中多采用中小型砌块。中型砌块施工,是采用各种吊装机械及夹具将砌块安装在设计位置,一般要按建筑物的平面尺寸及预先设计的砌块排列图逐块按次序吊装、就位、固定。小型砌块施工,与传统的砖砌体砌筑工艺相似,也是手工砌筑,但在形状、构造上有一定的差异。

1. 砌块安装前的准备工作

(1)编制砌块排列图

砌块砌筑前,应根据施工图样的平面、立面尺寸,并结合砌块的规格,先绘制砌块排列图,砌块排列图见图 3.31。绘制砌块排列图时在立面图上按比例绘出纵横墙,标出楼板、大梁、过梁、楼梯、孔洞等位置,在纵横墙上绘出水平灰缝线,然后以主规格为主、其他型号为辅,按墙体错缝搭砌的原则和竖缝大小进行排列。在墙体上大量使用的主要规格砌块,称为主规格砌块;与其相搭配使用的砌块,称为副规格砌块。小型砌块施工时,也可不绘制砌块排列图,但必须根据砌块尺寸和灰缝厚度计算皮数和排数,以保证砌体尺寸符合设计要求。

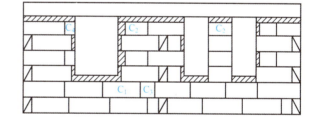

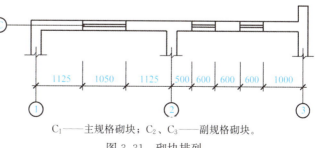

C_1——主规格砌块;C_2、C_3——副规格砌块。

图 3.31 砌块排列

若设计无具体规定,砌块应按下列原则排列。

1)尽量多用主规格的砌块或整块砌块,减少非主规格砌块的规格与数量。

2)砌筑应符合错缝搭接的原则,搭接长度不得小于砌块高的1/3,且不应小于150mm。当搭接长度不足时,应在水平灰缝内设置$2\phi^b/4$的钢筋网片予以加强,网片两端距该垂直缝的距离不得小于300mm。

3)外墙转角处及纵横交接处应用砌块相互搭接,如不能相互搭接,则每两皮应设置一道拉结钢筋网片。

4)水平灰缝一般为10～20mm,有配筋的水平灰缝为20～25mm。竖缝宽度为15～20mm,当竖缝宽度大于40mm时,应用与砌块同强度的细石混凝土填实;当竖缝宽度大于100mm时,应用砖镶砌。

5)当楼层高度不是砌块(包括水平灰缝)的整数倍时,用砖镶砌。

6)对于空心砌块,上下皮砌块的壁、肋、孔均应垂直对齐,以提高砌体的承载能力。

(2)砌块的堆放

砌块的堆放位置应在施工总平面图上周密安排,应尽量减少二次搬运,使场内运输路线最短,以便于砌筑时起吊。堆放场地应平整夯实,使砌块堆放平稳,并做好排水工作;砌块不宜直接堆放在地面上,应堆在草袋、煤渣垫层或其他垫层上,以免砌块底面沾污。砌块的规格、数量必须配套,不同类型分别堆放。

(3)砌块的吊装方案

砌块墙的施工特点是砌块数量多,因此吊次也相应增多。砌块吊装方案与所选用的机械设备有关,通常采用的吊装方案有两种:一种是以塔式起重机进行砌块、砂浆的运输,以及楼板等构件的吊装,由台灵架吊装砌块,适用于工程量较大的工程;另一种是以井架进行材料的垂直运输,杠杆车进行楼板吊装,所有预制构件及材料的水平运输则用砌块车和劳动车,台灵架负责砌块的吊装。

除应准备好砌块垂直、水平运输和吊装的机械外,还要准备安装砌块的专用夹具和其他有关工具。

2. 砌块施工工艺

砌块施工时需弹墙身线和立皮数杆,并按事先划分的施工段和砌块排列图逐皮砌筑。其砌筑顺序是先外后内,先远后近,先下后上。砌块砌筑时应从转角处或定位砌块处开始,并校正其垂直度,然后按砌块排列图,内外墙同时砌筑并且错缝搭砌。

每个楼层砌筑完成后应复核高程,如有偏差则应找平校正。铺灰和灌浆完成后,吊装上一皮砌块时,不允许碰撞或撬动已安装好的砌块。如相邻砌体不能同时砌筑时,应留阶梯形斜槎,不允许留直槎。

砌块施工的主要工序有铺灰、吊砌块就位、校正、灌缝和镶砖等。

(1)铺灰

采用稠度(50～70mm)良好的水泥砂浆,铺3～5m长的水平缝。夏季及寒冷季节应适当缩短铺缝距离,铺灰应均匀平整。

(2)砌块安装就位

采用摩擦式夹具,按砌块排列图将所需砌块吊装就位。砌块就位应按对准位置徐徐下落,使夹具中心尽可能与墙中心线在同一垂直面上,砌块光面在同一侧,垂直落于砂浆层上,待砌块安放稳妥后,才可松开夹具。

(3)校正

用线锤和托线板检查垂直度,用拉准线的方法检查水平度。用撬棍、楔块调整偏差。

(4)灌缝

采用砂浆灌竖缝,两侧用夹板夹住砌块,超过30mm宽的竖缝采用不低于C20的细石混凝土灌缝,收水后进行嵌缝,即原浆勾缝。灌缝后,一般不应再撬动砌块,以防破坏砂浆的黏结力。

(5)镶砖

当砌块间出现较大竖缝或过梁找平时,应镶砖。采用MU10级以上的砖,最后一皮用丁砖镶砌。镶砖工作必须在砌砖校正后即刻进行,镶砖时应注意使砖的竖缝灌注密实。

3. 框架填充墙施工

框架填充墙施工顺序是先结构后填充,施工时不得改变框架结构的传力路线。填充墙主要是在高层建筑框架及框剪结构或钢结构中,用于维护或分隔区间的墙体。大多采用小型空心砌块、空心砖、轻骨料小型砌块、加气混凝土砌块及其他工业废料掺水泥加工而成的砌块。要求砌块有一定的强度,达到轻质、隔声隔热等效果。

填充墙施工最好从顶层向下层砌筑,防止因结构变形量向下传递而造成早期下层先砌筑的墙体产生裂缝。特别是空心砌块,此裂缝的发生通常是在工程主体完成3~5月后,通过墙面抹灰在跨中产生竖向裂缝得以暴露。因而,质量问题的滞后性给后期处理带来困难。

如果工期紧,填充墙施工必须由底层逐步向顶层进行时,则墙顶的连接处理需待全部砌体工程完成后,再从上层向下层施工,此目的是给每一层结构一个完成变形的时间和空间。

(1)加气混凝土小型砌块填充墙施工工艺流程

检验墙体轴线及门窗洞口位置→楼面找平→立皮数杆→凿出拉结筋→选砌块、摆砌块→撂底→按单元砌外墙→砌内墙→砌二步架外墙→砌内墙(砌筑过程中留槎、下拉结网片、安装混凝土过梁)→勾缝或斜砖砌筑与框架顶紧→检查验收。

(2)加气混凝土小型砌块填充墙施工要点

1)砌筑前应弹好墙身位置线及门窗洞口位置线,在楼板上弹墙体主边线。

2)砌筑前一天,应将预砌墙与原结构相接处洒水湿润以保证砌体黏结。

加气混凝土隔墙施工(视频)

3)剔除砌筑墙部位的楼地面高出底面的凝结灰浆,并清扫干净。

4)砌筑前按实际尺寸和砌块规格尺寸进行排列摆块,不够整块可以锯裁成需要的规格,但不得小于砌块长度的1/3。最下一层砌块的灰缝大于20mm时,应用细石混凝土找平铺砌。

5)砌体灰缝应保持横平竖直,竖向垂直灰缝和水平灰缝均应砂浆饱满。灰浆饱满度规定为:水平灰缝的黏结面不得小于90%,竖缝的黏结面不得小于60%,严禁用水冲浆浇灌灰缝,也不得用石子垫灰缝。水平灰缝及竖向灰缝的厚度和宽度应控制在 80～120mm。

6）砌筑前设立皮数杆，皮数杆应立于房屋四角及内外墙交接处，间距以 10～15m 为宜，砌块应按皮数杆拉线位置砌筑。

7）砌筑砂浆必须用机械拌和均匀，随拌随用。拌制的砂浆需在 3h 内使用完毕，当施工期间最高温度超过 30℃ 时，应在 2h 内使用完毕。砂浆稠度一般为 70～100mm。

8）砌筑时铺浆长度以一块砌块长度为宜，铺浆要均匀，厚薄适当，浆面平整；铺浆后立即放置砌块，一次摆正找平，严禁采用水冲缝灌浆的方法使竖向灰缝砂浆饱满。

9）纵横墙应整体咬槎砌筑，外墙转角处和纵墙交接处应严格控制分批、咬槎、交错搭砌。临时间断应留置在门窗洞口处，或砌成阶梯形斜槎，斜槎长度小于高度的 2/3。如留斜槎有困难时，也可留直槎，但直槎必须做成凸槎，且必须设置拉结筋（网片）或采取其他措施，以保证有效连接。接槎时，应先清理基面，浇水湿润，然后铺浆接砌，并做到灰缝饱满。因施工需要留置的临时洞口处，每隔 500mm 应设置 2φ6 拉结筋，拉结筋两端分别伸入先砌筑墙体及后堵洞砌体各 700mm。

10）凡穿过墙体的管道，应严格防止渗水、漏水。

11）砌体与混凝土墙相接处，必须按照设计要求设置拉结筋或网片。设于框架结构中的砌体填充墙，沿墙高每隔 600mm 应与柱内预留的钢筋网片进行拉结，伸入墙内不小于 700mm。铺砌时拉结筋须埋直、铺平。

12）墙顶与楼板或梁底应按设计要求进行拉结，每 600mm 预留 1φ8 拉结筋伸入墙内 240mm，用 C15 素混凝土填塞密实。

13）在门窗洞口两侧，将预制好埋有木砖或铁件的砌块，按洞口高度在 2m 以内每边砌筑三块，洞口高度大于 2m 时砌四块。混凝土砌块四周的砂浆要饱满密实。

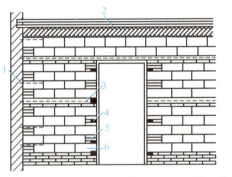

1——φ6 预留钢筋；2——立砖斜砌；3——混凝土带；
4——木砖；5——普通砖；6——空心砌块。
图 3.32 梁底采用实心辅助砌块立砖斜砌

14）作为框架的填充墙，砌至最后一皮砖时，梁底可采用实心辅助砌块立砖斜砌，如图 3.32 所示。

每砌完一层厚，应校核检验墙体的轴线尺寸和高程，允许偏差可在楼面上予以纠正。砌筑一定面积的砌体以后，应随即用厚灰浆进行勾缝。一般情况下，每天砌筑高度不宜大于 1.8m。

15）砌好的砌体不能撬动、碰撞、松动，否则应重新砌筑。

3.3.4 砌筑工程冬期施工

按照《砌体结构工程施工质量验收规范》（GB 50203—2011）规定，根据当地气象资料，当室外日平均气温连续 5d 稳定低于 5℃ 时，或当日最低气温低于 0℃ 时，砌筑施工属于冬期施工阶段。

砌筑工程冬期施工突出的问题是砂浆中的水在0℃以下结冰，使水泥得不到水化，砂浆不能凝固，失去胶结能力而使砌体强度降低，或砂浆解冻后砌体出现沉降。冬期施工方法就是要采取有效措施，保证砌筑工程冬期施工的顺利进行。

1. 冬期施工对材料的基本要求

1) 砖、石材、砌块在砌筑前应清除表面污物及冰、霜、雪等；被水浸泡后受冻的砖及砌块不能使用；当砌筑时的气温为0℃以上时，可以适当将砖浇水湿润，最好用热水，浇水不宜过多，一般以浸入100mm为宜，且随浇随用；砖表面不得有游离水。气温低于或等于0℃时不宜对砖浇水，应适当增加砂浆的稠度。除应符合上述条件外，石材表面不应有水锈。

2) 冬期施工中拌制砌筑砂浆一般常采用强度等级为32.5、42.5级的普通硅酸盐水泥，不可使用无熟料水泥，不得使用无水泥拌制的砂浆。

3) 石灰膏、黏土膏或电石膏等应防止受冻。当遭冻结时，应经融化后方可使用。

4) 拌制砂浆的砂应过筛，不得含有冰块和直径大于10mm的冻结块。

5) 拌和砂浆时，若需对原材料加热，应优先加热水。水的温度不得超过80℃，砂的温度不得超过40℃，砂浆稠度宜较常温适当增大。

2. 冬期施工对砌筑的技术要求

1) 要做好砌筑工程的冬期施工准备工作。

2) 冬期施工的砖砌体，应采用"三一砌砖法"施工和一顺一丁或梅花丁的砌筑排列方式，且灰缝厚度不应超过10mm。

3) 普通砖、多孔砖和空心砖在气温为0℃以上砌筑时，应适当浇水湿润。在气温为0℃以下砌筑时，可不浇水，但必须增大砂浆稠度，以保证与砂浆的黏结力。

4) 抗震设计烈度为9度的建筑物，普通砖、多孔砖和空心砖无法浇水湿润时，如无特殊措施，不得砌筑。

5) 冬期施工中，每日砌筑后应及时在砌体表面进行保护性覆盖，砌体表面不得留有砂浆。在继续砌筑前，应先清理干净砌体表面，然后再施工。

6) 冬期施工时，可在砂浆中按一定比例掺入微末剂，掺量一般为水泥用量（质量）的0.005%～0.01%。微末剂在使用前应用水稀释均匀，水温不宜低于70℃。

7) 冬期施工时，砂浆应采用机械进行拌和，搅拌的时间应比常温季节增加一倍。拌和后的砂浆应注意保温。

8) 基土不冻胀时，基础可在冻结的地基上砌筑；基土有冻胀时，必须在未冻的地基上砌筑。在施工时和回填土前，均应防止地基遭受冻结。

9) 砂浆试块的留置，除应按常温规定要求外，尚应增设不少于两组与砌体同条件养护的试块，分别用于检验各龄期强度和转入常温的砂浆强度。

3. 砌筑工程冬期施工方法

砌筑工程冬期施工常采用的方法有掺盐砂浆法、冻结法、暖棚法等。其中，以掺盐砂浆法为主；对保温、绝缘、装饰等方面有特殊要求的工程，可采用冻结法或其他施工方法。

（1）掺盐砂浆法

掺入盐类的水泥砂浆、水泥混合砂浆或微末砂浆称为掺盐砂浆，采用这种砂浆砌筑的方法称为掺盐砂浆法。

1) **掺盐砂浆法的原理。** 掺盐砂浆法就是在砌筑砂浆内掺入一定数量的抗冻剂来降低水的冰点，以保证砂浆中有液态水存在，使水泥水化反应能在0℃以下气温下进行，砂浆强度在0℃以下气温下能够继续缓慢增长。同时，由于降低了砂浆中水的冰点，砌体的表面不会立即结冰而形成冰膜，砂浆和砌体能较好地黏结。

2) **氯盐使用要求。** 掺盐砂浆中的抗冻剂，目前主要是以氯化钠和氯化钙为主，其他还有亚硝酸钠、碳酸钾和硝酸钙等。

① 氯盐应以氯化钠为主，当气温低于－15℃时，也可与氯化钙复合使用。氯盐掺量应按表3.6选用。

表3.6 不同气温下的氯盐外加剂掺量（占用水质量的百分数）

氯盐及砌体材料种类			掺量/%			
			≥－10℃	－11～－15℃	－16～－20℃	－21～－25℃
单盐	氯化钠	砖、砌块	3	3	7	—
		毛石、料石	4	7	10	—
复盐	氯化钠	砖、砌块	—	—	5	7
	氯化钙		—	—	2	3

② 外加剂溶液应设专人配制，并应先将配制成规定浓度的溶液置于专用容器中，然后再按规定加入搅拌机中拌制成所需砂浆。如在氯盐砂浆中掺加微末剂，应先加氯盐溶液后再加微末剂。

3) **掺盐砂浆法的适用范围。** 掺盐砂浆法具有施工方便、费用低等特点，在砌体工程冬期施工中普遍使用掺盐砂浆法施工。但是，由于氯盐砂浆吸湿性大，会导致结构保温性能和绝缘性能下降，并有析盐等现象。对下列有特殊要求的工程不允许采用掺盐砂浆法施工：

① 接近高压电路的建筑物，如发电站、变电所等工程；
② 对装饰有特殊要求的工程；
③ 使用湿度大于60%的工程；
④ 热工要求高的建筑物；
⑤ 经常处于水位变化的工程，以及在水下未设防水保护层的结构；
⑥ 配有受力钢筋而未做防腐处理的砌体。

4) **对砂浆的要求。**

① 砌筑时砂浆温度不应低于5℃，当设计无要求，且最低气温等于或低于－5℃时，砌筑承重砌体的砂浆强度等级应按常温施工时提高一级。
② 采用氯盐砂浆时，砌体中配置的钢筋及钢制预埋件，应预先做好防腐处理。
③ 当日最低气温等于或低于－15℃时，对砌筑承重砌体的砂浆强度等级应按常温施工时提高一级，同时应以热水搅拌砂浆；当水温超80℃时，应先将水和

砂拌和，然后再投放水泥。

④掺盐砂浆中掺入微末剂时，盐溶液和微末剂在砂浆拌和过程中先后加入。

5)砌筑施工工艺。

①掺盐砂浆法砌筑砖砌体，应采用"三一砌砖法"进行砌筑，要求砌体灰浆饱满，灰缝厚度均匀，水平缝和垂直缝的宽度应控制在8～10mm。

②不得大面积铺灰，以减少砂浆温度散失，并使砂浆和砖的接触面充分结合。

③砌体表面不应铺设砂浆层，宜采用保温材料加以覆盖；继续施工前，应先用扫帚扫净砖面，然后再施工。

④氯盐砂浆砌体施工时，每日砌筑高度不宜超过1.2m。墙体留置的洞口，其侧边距交接处墙面不应小于500mm。

⑤采用掺盐砂浆法砌筑砌体时，在砌体转角处和内外墙交接处应同时砌筑，对不能同时砌筑而又必须留置的临时间断处，应砌成斜槎。

(2)冻结法

冻结法的原理 冻结法是采用不掺加任何防冻剂的普通砂浆进行砌筑的一种施工方法。冻结法施工的砌体，允许砂浆遭受冻结，用冻结后产生的冻结强度来保证砌体稳定，融化时砂浆强度为零或接近于零，转入常温后砂浆解冻使水泥继续水化，使砂浆强度逐渐增长。

冻结法施工的适用范围 采用冻结法施工的砂浆，经冻结、融化和硬化三个阶段后，使砂浆强度，砂浆与砖石砌体间的黏结力都有不同程度的降低。砌体在融化阶段，由于砂浆强度接近于零，将增加砌体的变形和沉降，严重影响砌体的稳定性，因此对下列结构不宜选用冻结法施工：

①砖空斗墙；

②毛石砌体；

③混凝土小型空心砌块砌体；

④砖薄壳、双曲砖拱、筒式拱及承受侧压力的砌体；

⑤在解冻期间可能受到振动或其他动力荷载的砌体；

⑥在解冻时，砌体不允许产生沉降的结构。

冻结法的使用要求 其要点如下：

①采用冻结法砌筑时，砂浆使用最低温度应符合表3.7的规定。

当设计无要求，且日最低气温高于－25℃时，砌筑承重砌体的砂浆强度等级应较常温施工提高一级；当日最低气温等于或低于－25℃时，应提高二级。砂浆强度等级不得小于M2.5，重要结构的强度等级不得小于M5。

表3.7 冻结法砌筑砂浆使用的最低温度

(单位：℃)

室外空气温度	砂浆使用最低温度
0～－10	10
－11～－25	15
≤－25	20

②采用冻结法施工时，通常宜采取下列构造措施：

a. 在楼板水平面位置墙的转角、交接和交叉处应配置拉结筋，每120mm配1φ6钢筋，其伸入相邻墙内的长度不得小于1m。在拉结筋末端应设置弯钩，如图3.33所示。

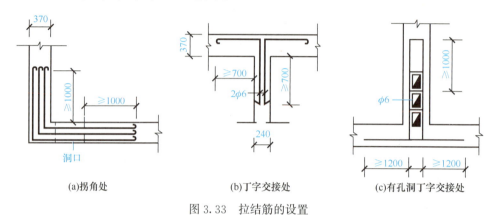

(a)拐角处　　　　　(b)丁字交接处　　　　(c)有孔洞丁字交接处

图3.33　拉结筋的设置

b. 每一层楼的砌体砌筑完毕后，应及时吊装（或捣制）梁、板，并应采取适当的锚固措施。

c. 采用冻结法砌筑的墙，与已经沉降的墙体交接处，应留沉降缝。

砌筑施工工艺　其要点如下：

① 采用冻结法施工时，应按照"三一砌筑法"砌筑，对于房屋转角处和内外墙交接处的灰缝应特别仔细砌合。砌筑时一般应采用一顺一丁的方法组砌。

② 施工应按水平分段进行，工作段宜划在变形缝处。墙体一般在同一个施工段的范围内，砌筑至一个施工层高度，不得间断。每天砌筑高度及临时间断处的高度差均不得大于1.2m，砖砌体的水平灰缝厚度不宜大于10mm。

砌体的解冻　砌体解冻时，由于砂浆的强度接近于零，在上部荷载作用下增加了砌体的变形和沉降，其下沉量比常温施工增加10%～20%。解冻期间，由于砂浆受冻后强度降低，砂浆与砌体之间的黏结力减弱，砌体在解冻期间的稳定性较差。为保证砌体在解冻期间能够均匀沉降不出现裂缝，应遵守下列要求：

① 解冻前应清除现场剩余的建筑材料等临时荷载。在开冻前，宜暂停施工。

② 留置在砌体中的洞口和沟槽等，宜在解冻前填砌完毕。

③ 跨度大于0.7m的过梁，宜采用预制构件；跨度较大的梁、悬挑结构，在砌体解冻前应在下面设置临时支撑，当砌体强度达到设计值的80%时，方可拆除临时支撑。

④ 门窗框上部应留3～5mm的空隙作为解冻后预留沉降量，其宽度在砖砌体中不应小于5mm，在料石砌体中不应小于3mm。

⑤ 在楼板水平面上，墙的拐角处、交接处和交叉处每半砖配1φ6钢筋拉结。

⑥ 对未安装楼板或屋面板的墙体，特别是山墙，应及时采取临时加固措施，以保证墙体稳定，砌筑完的砌体在解冻后，应清除房屋中剩余的建筑材料等临时荷载。

用冻结法砌筑的砌体，在解冻前需进行检查，解冻过程中应组织观测。如发现裂缝、不均匀下沉等情况，应分析原因并立即采取加固措施。在解冻期进行观测时，应特别注意多层房屋下层的柱和窗间墙、梁端支承处、墙交接处和过梁模板支承处等地方。此外，还必须观测砌体沉降的大小、方向和均匀性及砌体灰缝内砂浆的硬化情况。观测一般需15d左右。如发现裂缝，不均匀下沉等情况，应及时分析原因并立即采取加固措施，且应特别注意安全。

采用冻结法施工，应保证砌体在解冻期间对强度、稳定和均匀沉降的要求。在解冻期间验算砌体强度和稳定性时，可按砂浆强度为零进行计算。

(3) 砌体冬期施工的其他施工方法

对有特殊要求的工程，冬期施工可供选用的其他施工方法还有暖棚法、快硬砂浆法、蓄热法蒸汽加热法、电气加热法等。

暖棚法　是利用简易结构和廉价的保温材料，将需要砌筑的工作面临时封闭起来，使砌体在适宜温度条件下砌筑和养护。

采用暖棚法要求棚内的温度不得低于5℃，故经常采用热风装置或蒸汽进行加热。由于搭暖棚需要大量的材料、人工，加温时要消耗能源，其成本高、效率低，一般不宜多用。暖棚法主要适用于地下室墙、挡土墙、局部性事故工程的砌筑修复。

快硬砂浆法　是用快硬硅酸盐水泥、加热的水和砂拌和制成的快硬砂浆，在受冻前能比普通砂浆获得较高的强度。快硬砂浆法适用于热工要求高、湿度大于60%及接触高压输电线路和配筋的砌体。

蒸汽加热法　是利用低压蒸汽对砌体进行均匀加热，使砌体得到适宜的温度和湿度，使砂浆加快凝结与硬化。由于蒸汽加热法在实际施工过程中需要模板或其他有关材料，施工复杂、成本较高、工效较低、工期过长，一般较少使用。

电气加热法　是在砂浆内通过低压电流，使电能变为热能，产生热量以对砌体进行加热从而加速砂浆的硬化。电气加热法的温度不宜超过40℃。电气加热法要消耗很多电能，并需要一定的设备，故工程的附加费用较高。

蓄热法　是在施工过程中，先将水和砂加热，使拌和后的砂浆在使用时保持0℃以上，以推迟冻结的时间。在一个施工段内的墙体砌筑完毕后，立即用保温材料覆盖其表面，使砌体中的砂浆在高于0℃下达到其砌体强度的20%。

蓄热法可用于冬期气温不太低的地区（温度在−5～−10℃），以及寒冷地区的初冬或初春季节；特别适用于地下结构。

3.3.5　砌体工程雨期施工

1. 砌体工程雨期施工要求

1) 砖在雨期必须集中堆放，以便用塑料薄膜、竹席等覆盖，且不宜浇水。砌墙时要求干湿砖块合理搭配。砖湿度过大时不可使用，砌筑高度不宜超过1.2m。

2) 雨期遇大雨必须停工。砌砖收工时应在砖墙顶盖一层干砖，避免大雨冲刷灰浆。搅拌砂浆宜用中粗砂，因为中粗砂拌制的砂浆收缩变形小。另外，要减少砂浆用水量，防止砂浆在使用中稠度变小。大雨过后，受雨冲刷过的新砌墙体应翻动最上面两皮砖。

3) 稳定性较差的窗间墙、独立砖柱，应加设临时支撑或及时浇筑圈梁，以增加砌体的稳定性。

4) 砌体施工时，内外墙要尽量同时砌筑，并注意转角及丁字墙间的连接也要同时跟进，同时要适当地缩小砌体的水平灰缝，减少砌体的压缩变形，其水平灰缝宜控制在 8mm 左右。遇台风时，应在与风向相反的方向加临时支撑，以保证墙体的稳定。

5) 雨后继续施工，必须复核已完工砌体的垂直度和高程。

2. 雨期施工工艺

砌筑方法宜采用"三一砌砖法"，每天的砌筑高度应限制在 1.2m 以内，以减少砌体倾斜的可能性。必要时可将墙体两面用夹板支撑加固。

根据雨期长短及工程实际情况，可搭活动的防雨棚，随砌筑位置变动而搬动。若遇小雨时，可不必采取此措施。

3. 雨期施工安全措施

雨期施工时脚手架等应增设防滑设施。金属脚手架和高耸设备，应有防雷接地设施。

3.4　砌筑工程常见的质量事故与安全施工

3.4.1　砌筑工程常见的质量事故及处理

在砌筑过程中，时有质量事故发生，故应详细分析产生事故的原因，防患于未然。常见的质量事故有砂浆强度不稳定、石砌墙体里外分层、砌块墙面渗水等。

1. 砂浆强度不稳定

砂浆强度不稳定，通常是砂浆强度低于设计要求或是砂浆的强度波动较大，匀质性差。其主要原因是：材料的计量不准；超量使用微末剂；砂浆搅拌不均匀。所以在实际施工中要按照砂浆的配合比准确称量各种原材料，对塑化材料宜先调制成标准稠度，再进行称量；采用机械搅拌，合理确定投料顺序，以保证搅拌均匀。

2. 石砌墙体里外分层

石砌墙体里外分层是指在石墙的砌筑过程中，形成里外互不联结，不能自成一体的现象。其主要原因是：毛石的块量过小，相互之间不能搭压，或搭压量过小；未设拉结石造成横截面的上下对缝；砌筑方法不当，采用先砌外面石块后中间填心的方法。防治的方法是：不能只用大块石，而不用小块石填空，要大小块石搭配；应按规定设置拉结石；砌筑时，应分皮卧砌，上下错缝，内外搭砌。

3. 砌块墙面渗水

砌块墙面渗水是指水沿着墙体由外渗入墙内或由门窗框四周渗入。其主要原因是：砌块收缩量过大；砂浆不饱满；窗台、遮阳板等凸出墙外的构件未做好排水坡，造成倒泛水或积水。防治的方法是：砌块间的灰缝要饱满、密实；门窗框四周在嵌缝前先润湿；窗台、遮阳板等凸出墙外的构件，在抹灰时，上面要做出排水坡，下面要抹出滴水槽。

3.4.2 砌筑工程的质量保证及安全技术

1. 砌筑工程的质量保证

砌体的质量包括砌块、砂浆和砌筑质量,即在采用合理的砌体材料的前提下,还要有良好的砌筑质量,以使砌体有良好的整体性、稳定性和受力性能,因此砌体施工时必须要精心组织,并应严格遵循相应的施工操作规程及验收规范的有关规定,以确保质量。砌筑质量的基本要求是"横平竖直,砂浆饱满,厚薄均匀,上下错缝,内外搭砌,接槎牢固"。为了保证砌体的质量,在砌筑过程中应对砌体的各项指标进行检查,将砌体的尺寸和位置的允许偏差控制在规范要求的范围内。

2. 砌筑工程的安全与防护措施

为了避免事故的发生,做到文明施工,在砌筑过程中必须采取适当的安全措施。

砌筑操作前必须检查操作环境是否符合安全要求,脚手架是否牢固、稳定,道路是否通畅,机具是否完好,安全设施和防护用品是否齐全,以上需经检查符合要求后方可施工。

在砌筑过程中,应注意:

1) 砌基础时,应检查和注意基坑(槽)土质的变化情况,堆放砖、石料应距坑或(槽)边1m以上。
2) 严禁站在墙上做划线、刮缝及清扫墙面或检查大角等工作。不允许用不稳固的工具或物体在脚手板上垫高操作。
3) 砍砖时应面向内打,以免碎砖弹出伤人。
4) 墙身砌筑高度超过1.2m时应搭设脚手架。脚手架上堆料不得超过规定荷载,堆砖高度不得超过三皮侧砖,同一块脚手板上的操作人员不得超过两人。
5) 夏季要做好防雨措施,严防雨水冲走砂浆,致使砌体倒塌。
6) 尚未施工的楼板或屋面的墙或柱,当可能遇到大风时,其允许自由高度不得超过表3.8中的规定。如超过表中限值时,必须采用临时支撑等有效措施。

表3.8 墙或柱的允许自由高度

墙或柱的厚度/mm	允许自由高度/m					
	砌体密度≥1600kg/m³			砌体密度1300~1600kg/m³		
	风载/(kN/m²)			风载/(kN/m²)		
	0.3（约7级风）	0.4（约8级风）	0.5（约9级风）	0.3（约7级风）	0.4（约8级风）	0.5（约9级风）
190	—	—	—	1.4	1.1	0.7
240	2.8	2.1	1.4	2.2	1.7	1.1
370	5.2	3.9	2.6	4.2	3.2	2.1
490	8.6	6.5	4.3	7.0	5.2	3.5
620	14.0	10.5	7.0	11.4	8.6	5.7

7) 钢管脚手架杆件的连接必须使用合格的扣件，不得使用铅丝和其他材料绑扎。

8) 严禁在刚砌好的墙上行走和向下抛掷杂物。

9) 脚手架必须按楼层与结构拉结牢固，拉结点垂直距离不得超过 4m，水平距离不得超过 6m。拉结材料必须有可靠的强度。

10) 脚手架的搭设应符合规范要求，每次使用前均应检查其是否牢固稳定。在脚手架的操作面上必须满铺脚手板，离墙面不得大于 200mm，不得有空隙、探头板和飞跳板。并应设置护身栏杆和挡脚板，防护高度为 1m。

11) 在同一垂直面内上下交叉作业时，必须设置安全隔板，下方操作人员须戴安全帽。脚手架必须保证整体结构不变形。

12) 马道和脚手板应有防滑措施。

13) 过高的脚手架必须有防雷措施。

14) 砌体施工时，楼面和屋面堆载不得超过楼板的允许荷载值。施工层进料口楼板下宜采取临时加撑措施。

15) 垂直运输机具（如吊笼、钢丝绳等）必须满足负荷要求。吊运时应随时检查，不得超载。对不符合规定的应及时采取措施。

3.5 砌筑工程施工方案实例

3.5.1 工程概况

某住宅楼，平面呈一字形，采用砖混结构，建筑面积为 1986.45m²，层数为六层，筏板基础，采用烧结普通砖，楼板为现浇钢筋混凝土板，板厚为 120mm。内墙面做法为：15mm 厚 1∶6 混合砂浆打底，面刮涂料；厨房、卫生间采用瓷砖贴面。外墙为 20mm 厚 1∶3 水泥砂浆打底，1∶2 水泥砂浆罩面，面刷防水涂料。屋面采用聚苯板保温，SBS 卷材防水。

3.5.2 主体结构施工方案

1. 垂直运输设备的布置

在砌筑工程中需将砖、砂浆和脚手架的搭设材料等运至各楼层的施工点，垂直运输量很大，因此合理选择垂直运输设施是砌筑工程首先解决的问题之一。根据本工程的特点，垂直运输采用一台附着式塔式起重机和一台自升式龙门架，将塔式起重机布置在外纵墙的中部。塔式起重机的工作效率取决于垂直运输的高度、材料堆放场地的远近、场内布置的合理性、起重机司机技术的熟练程度和装卸工配合等因素。因此，为了提高起重机的工作效率，可以采取以下措施：要充分利用起重机的起重能力以减少吊次；合理紧凑地布置施工平面，减少起重机每次吊运的时间；避免二次搬运，以减少总吊次；合理安排施工顺序，保证起重机连续、均衡地工作；一些零星的材料设备，通过龙门架运输，以减小塔式起重机的工作负担。

2. 施工前的准备工作

(1) 组织砌筑材料、机械等进场

在基础施工的后期，按施工平面图的要求并结合施工顺序，组织主体结构使用的各种材料、机械陆续进场，并将这些材料堆放在起重机工作半径的范围内。

(2) 放线与抄平

为了保证房屋平面尺寸以及各层高程的准确，在结构施工前，应仔细地做好墙、柱、楼板、门窗等轴线、高程的放线与抄平工作，要确保施工到相应部位时测量标志齐全，以便对施工起控制作用。

底层轴线 根据标志桩(板)上的轴线位置，在做好的基础顶面上，弹出墙身中线和边线。墙身轴线经核对无误后，要将轴线引测到外墙的墙面上，画上特定的符号，并以此符号为标准，用经纬仪或吊锤向上引测来确定以上各楼层的轴线位置。

抄平 用水准仪以标志桩(板)顶的高程(±0.000)将基础墙顶面全部抄平，并以此为标准立一层墙身的皮数杆，皮数杆钉在墙角处的基础墙上，其间距不超过20m。在底层房屋内四角的基础上测出-0.100m高程，以此为标准控制门窗的高度和室内地面的高程。此外，必须在建筑物四角的墙面上做好高程标志，并以此为标准利用钢尺引测以上各楼层的高程。

画门框、窗框线 根据弹好的轴线和设计图样上门框的位置尺寸，弹出门框线并画上符号。当墙体高度将要砌至窗台底时，按窗洞口尺寸在墙面上画出窗框的位置，其符号与门框相同。门、窗洞口高程已画在皮数杆上，可用皮数杆来控制。

(3) 摆砖样

在基础墙上(或窗台面上)，根据墙身长度和组砌形式，先用砖块试摆，使墙体每一皮砖块排列和灰缝宽度均匀，并尽可能少砍砖。摆砖样对墙身质量、美观、砌筑效率、节省材料都有很大影响，拟组织有经验的工人进行。

3. 施工步骤

砌砖工程是一个综合性的施工过程，由泥瓦工、架子工和普工等工种共同施工完成，其特点是操作人员多，专业分工明确。为了充分发挥操作人员的工作效率，避免出现窝工或工作面闲置的现象，就必须从空间上、时间上对工人进行合理的安排，做到有组织、有秩序地施工，故在组织施工时，按本工程的特点，将每个楼层划分为两个施工层、两个施工段。其中，施工层的划分是根据建筑物的层高和脚手架的每步架高(钢管扣件式脚手架宜为1.2~1.4m)而确定，以达到提高砌砖的工作效率和保证砌筑质量的目的。

本工程主体结构标准层砌筑的施工顺序安排如下：<u>放线→砌第一施工层墙→搭设脚手架(里脚手架)→砌第二施工层墙→支楼板与圈梁的模板→楼板与圈梁钢筋绑扎→楼板与圈梁混凝土浇筑</u>。

圈梁钢筋绑扎
(未回填土)(视频)

1) 墙体的砌筑。砌砖先从墙角开始，墙角的砌筑质量对整个房屋的砌筑质量影响很大。

砖墙砌筑时，最好内外墙同时砌筑以保证结构的整体性。但在实际施工中，有时受施工条件的限制，内外墙一般不能同时砌筑，通常需要留槎。如在砌体施工中，为了方便装修阶段的材料运输和人员通过，需在各单元的横隔墙上留设施工洞口(在本工程中，洞口高度 1.5m，宽度 1.2m，在洞顶设置钢筋混凝土过梁，洞口两侧沿高每 500mm 设 2φ6 拉结钢筋，伸入墙内不少于 1000mm，端部应设有 90°的弯钩)。

2) 脚手架的搭设。脚手架采用外脚手架和里脚手架两种。外脚手架从地面向上搭设，随墙体的不断砌高而逐步搭设，在砌筑施工过程中它既作为砌筑墙体的辅助作业平台，又起到安全防护作用。外脚手架主要用于后期的室外装饰施工，采用承插型盘扣式脚手架。里脚手架搭设在楼面上，用来砌筑墙体，在砌完一个楼层的砖墙后，转移到上一个楼层。本工程采用折叠式里脚手架。

3) 在整个施工过程中，应注意适时地穿插进行水、电、暖等安装工程的施工。

小　　结

本项目包括脚手架工程、垂直运输设施、砌体施工三部分内容。

在砌筑过程中，由于受到操作高度的限制，一个楼层的墙体要按照人的可砌高度划分为几个施工层，同时在平面上要划分施工段，这样才能保证砌筑工程的连续进行。为此，需要搭设适应施工需要的各种形式的脚手架。脚手架必须满足使用要求，同时要安全可靠、构造简单、装拆方便。脚手架是供砌体施工安全操作的场地，在脚手架的管理使用中要严格按规定执行，突出其稳定，同时要注意脚手架与建筑物之间的连接。架上堆料要遵守安全规定，不准站在墙顶上作业。

由于在砌筑过程中材料的垂直运输量非常大，施工进度直接受到垂直运输的限制。因此在施工组织设计时要正确合理地选择垂直运输设施，合理地布置施工平面，使每吊次尽可能做到满载，保证施工能连续、均衡地进行。

在砌体施工中，主要了解对砌筑材料的要求、砖砌体的组砌方式和施工工艺，熟悉对砌体的施工质量要求、检验方法及施工的技术要点。

思考与训练

一、思考题

1. 什么是可砌高度或一步架？
2. 脚手架的作用、要求、类型有哪些？
3. 常用的脚手架有几种形式？应满足哪些要求？
4. 砌筑工程的垂直运输工具有哪几种？各有何特点？
5. 单排外脚手架在哪些部位不得留脚手眼？
6. 脚手架的支承系统包括哪些？如何设置？
7. 砌筑工程的垂直运输工具有哪几种？各有何特点？
8. 普通黏土砖砌筑前为什么要浇水？浇湿到什么程度？
9. 砖墙砌体有哪几种组砌形式？

10. 砌筑前的摆底作用是什么？
11. 简述砖墙砌筑的施工工艺和施工要点。
12. 砖墙留槎有何要求？
13. 砖砌体质量要求有哪些？如何进行检查验收？
14. 皮数杆有何作用？如何布置？
15. 何谓"三一砌筑法"？其优点是什么？
16. 砖墙为什么要挂线？怎样挂线？
17. 砌筑时为什么要做到"横平竖直、灰浆饱满"？
18. 砌筑时如何控制砌体的位置与高程？
19. 中小型砌块在砌筑前为什么要编制砌块排列图？
20. 试述中小型砌块的施工工艺和质量要求。

二、技能训练题

在实训场地完成一段砖墙的砌筑。

练习题库

项目 4 混凝土结构工程施工

知识目标：
1. 了解模板的构造要求，了解钢筋的种类、性能。
2. 熟悉钢筋混凝土工程的施工工艺。
3. 掌握钢筋的冷加工以及钢筋的配料、代换的计算。
4. 掌握钢筋混凝土工程质量检查和评定方法，以及质量事故的处理方法。

能力目标：
1. 能够进行模板的构造设计和安装。
2. 能够进行钢筋冷加工和焊接，以及钢筋的代换。
3. 能够进行混凝土配料、浇捣、养护和质量检查，能提出砌筑工程质量问题防治措施。

思政目标：
形成细致严谨、精益求精的工作态度。

历经磨难的武汉绿地中心

"高质量发展是全面建设社会主义现代化国家的首要任务。"建筑业实现高质量发展，必须实现生产方式转型升级，必须有高质量的技术。

目前，混凝土结构工程是我国建筑工程尤其是超高层建筑的主要结构形式，武汉绿地中心工程就是由中建三局建造的典型工程。创造的大型造楼机在央视"大国重器"节目中已播出。这项工程凝聚了一批又一批参建者的心血和智慧，展现了我国建设者"不服输"的顽强拼搏精神，更见证了武汉市经济发展"风向标"的奋进历程。

（详细内容扫码查看）

历经磨难的武汉绿地中心

混凝土结构工程是房屋建筑工程中应用最广的结构形式，由模板、钢筋、混凝土等多个分项工程组成，其施工流程如图 4.1 所示。由于施工过程多，必须加强施工管理、统筹安排、合理组织，以保证质量，缩短工期和降低造价。

混凝土结构工程按施工方法分为现浇钢筋混凝土结构工程和装配式钢筋混凝土结构工程，以下重点介绍现浇钢筋混凝土结构工程的施工。

项目4 混凝土结构工程施工

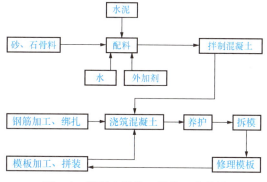

图 4.1 混凝土结构工程施工流程图

4.1 模板工程

模板工程的施工包括模板的选材、选型、设计、制作、安装、拆除和周转等过程。模板工程是混凝土结构工程的重要组成部分，特别是在现浇钢筋混凝土结构工程施工中占有主导地位，决定施工方法和施工机械的选择，直接影响工期和造价。

4.1.1 模板的种类、作用和基本要求

1. 模板的种类

模板的种类很多，按材料可分为木模板、钢木模板、胶合板模板、钢竹模板、钢模板、塑料模板、玻璃钢模板、铝合金模板等；按结构的类型可分为基础模板、柱模板、楼板模板、楼梯模板、墙模板、模壳模板和烟囱模板等多种；按施工方法可分为现场装拆式模板、固定式模板和移动式模板。随着新结构、新技术、新工艺的应用，模板工程也在不断发展，其发展方向是：构造由不定型向定型发展，材料由单一材料向多种材料发展，功能由单一功能向多种功能发展。

2. 模板的作用和基本要求

模板系统包括模板、支架和紧固件三部分。它保证混凝土在浇筑过程中保持正确的形状和尺寸，是混凝土在硬化过程中进行防护和养护的工具。为此，模板和支架必须符合下列要求：

1) 保证工程结构和构件各部位形状尺寸和相互位置的正确。
2) 具有足够的承载能力、刚度和稳定性，能可靠地承受新浇混凝土的自重和侧压力以及施工荷载。
3) 构造简单、装拆方便，便于钢筋的绑扎、安装和混凝土的浇筑、养护。
4) 模板的接缝严密，不得漏浆，能多次周转使用。

4.1.2 模板的构造与安装

1. 木模板

木模板及其支架系统一般在加工厂或现场木工棚制成基本元件（拼板），然后在现场

拼装。拼板（图 4.2）的长短、宽窄可根据混凝土构件的尺寸，设计出几种标准规格，以便组合使用。拼板的板条厚度一般为 25～50mm，宽度不宜超过 200mm，以保证干缩时缝隙均匀，浇水后易于密封，受潮后不易翘曲，但梁底板的板条宽度则不受限制，以减少拼缝、防止漏浆为原则。拼条截面尺寸为（25～50）mm×（40～70）mm。梁侧板的拼条一般立放，如图 4.2 所示，其他则可平放。拼条间距决定于所浇筑混凝土侧压力的大小及板条的厚度，多为 400～500mm。

（1）基础模板

基础模板（图 4.3）与土质有关，如土质较好，阶梯形基础模板的最下一级可不用模板而进行原槽浇筑。阶梯形模板安装时，要保证上、下模板不发生相对位移。如有杯口要求的还要在其中放入杯口模板。

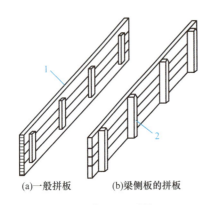

1——板条；2——拼条。

图 4.2 拼板的构造

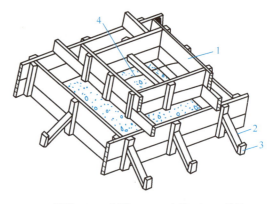

1——拼板；2——斜撑；3——木桩；4——铁丝。

图 4.3 阶梯形基础模板

（2）柱模板

柱的断面尺寸不大但柱比较高。因此，柱模板的构造和安装主要考虑保证垂直度及抵抗新浇混凝土的侧压力，与此同时，也要便于浇筑混凝土、清理垃圾与钢筋绑扎等。

柱模板由两块相对的内拼板夹在两块外拼板之间组成，如图 4.4 所示。

柱模板底部开有清理孔。沿高度每隔 2m 开有浇筑孔。柱底部一般有一钉在底部混凝土上的木框，用来固定柱模板的位置。为承受混凝土侧压力，拼板外要设柱箍，柱箍可为木制、钢制或钢木制。柱箍间距与混凝土侧压力大小、拼板厚度有关，由于侧压力是下大上小，因此柱模板下部柱箍较密。柱模板顶部根据需要开有与梁模板连接的缺口。

安装柱模板前，应先绑扎好钢筋，测出高程并标在钢筋上，同时在已浇筑的基础顶面或楼面上固定好

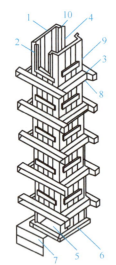

1——外拼板；2——内拼板；3——柱箍；
4——梁缺口；5——清理孔；6——木框；
7——盖板；8——拉紧螺栓；
9——拼条；10——三角木条。

图 4.4 柱模板

柱模板底部的木框,在内外拼板上弹出中心线,根据柱边线及木框位置竖立内外拼板,并用斜撑临时固定,然后由顶部用锤球校正,使其垂直。检查无误后,即用斜撑钉牢固定。同在一条轴线上的柱,应先校正两端的柱模板,再从柱模板上口中心线拉一铁丝来校正中间的柱模。柱模之间还要用水平支撑及剪刀撑相互拉结。

(3)梁模板

梁的跨度较大而宽度不大。梁底一般是架空的,混凝土对梁侧模板有水平侧压力,对梁底模板有垂直压力,因此,梁模板及其支架必须能承受这些荷载而不致发生超过规范允许的过大变形。

梁模板(图4.5)主要由底模板、侧模板、夹木及其支架系统组成,底模板承受垂直荷载,一般较厚,下面每隔一定间距(800~1200mm)有顶撑支承。顶撑可以用圆木、方木或钢管制成。为使顶撑传下来的集中荷载均匀地传给地面,在顶撑底加铺垫板。多层建筑施工中,应使上、下层的顶撑在同一条竖向直线上。侧模板承受混凝土侧压力,应包在底模板的外侧,底部用夹木固定,上部由斜撑和水平拉条固定。

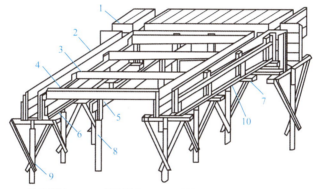

1——楼板模板;2——梁侧模板;3——格栅;4——托木;5——杠木;
6——夹木;7——短撑木;8——立柱;9——顶撑;10——横楞。

图4.5 有梁楼板模板

如梁跨度等于或大于4m,应使梁底模起拱,防止新浇筑混凝土的荷载使跨中模板下挠。如设计无规定时,起拱高度宜为全跨长度的3/1000~1/1000。

(4)楼板模板

楼板的面积大而厚度比较薄,侧压力小。楼板模板及其支架系统主要承受钢筋混凝土的自重及其施工荷载,保证模板不变形。楼板模板的底模板用木板条(或用定型模板,或用胶合板)拼成,铺设在楞木上。楞木搁置在梁模板外侧托木上,若楞木面不平,可加木楔调平。当楞木的跨度较大时,中间应加设立柱。立柱上钉通长的杠木。底模板应垂直于楞木方向铺钉,并适当调整楞木间距来适应定型模板的规格。

2.胶合板模板

胶合板模板种类很多,这里主要介绍钢框胶合板模板和钢框竹胶板模板。

(1)钢框胶合板模板

钢框胶合板模板由钢框和防水胶合板组成,是将防水胶合板平铺在钢框上,用沉头螺钉与钢框连接牢固,其构造如图4.6所示。这种模板在钢边框上可钻有连接孔,用连接件纵横连接,组装成各种尺寸的模板,它也具备定型组合钢模板的一些优点,而且质量比组合钢模板轻,施工方便。

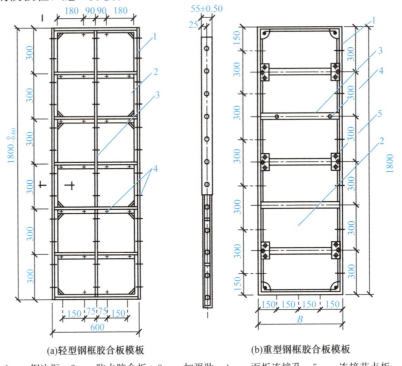

1——钢边框;2——防水胶合板;3——加强肋;4——面板连接孔;5——连接节点板。

图 4.6 钢框胶合板模板

(2)钢框竹胶板模板

钢框竹胶板模板由钢框和竹胶板组成,其构造与钢框胶合板模板相同。用于面板的竹胶板是用竹片(或竹帘)涂胶黏剂,纵横向铺放,组坯后热压成型。为使竹胶板板面光滑平整,便于脱模和增加周转次数,一般板面采用涂料覆面处理或浸胶纸覆面处理。钢框竹胶板模板的宽度有 300mm 和 600mm 两种,长度有 900mm、1200mm、1500mm、1800mm、2400mm 等 12 种。钢框竹胶板模板可作为混凝土结构柱、梁、墙、楼板的模板。

钢框竹胶板模板的特点是:不仅富有弹性,而且耐磨耐冲击、能多次周转使用、寿命长、降低工程费用,强度、刚度和硬度都比较高;在水泥浆中浸泡,受潮后不易变形,模板接缝严密,不易漏浆;质量轻,可设计成大面模板,减少模板拼缝,提高装拆工效,加快施工进度;竹胶板模板加工方便,可锯刨、打钉,可加工成各种规格尺寸,适用性强;竹胶板模板不会生锈,能防潮,可露天存放。

大模板、滑模以及爬模将在后续内容中介绍。

3. 其他形式的模板

(1)台模

台模是一种大型工具模板,用于浇筑楼板,由面板、纵梁、横梁和台架等组成的一个空间组合体。台架下装有轮子,以便移动。有的台模没有轮子,用专用运模车移动。台模尺寸应与房间单位相适应,一般是一个房间一个台模。施工时,先施工内墙墙体,然后吊入台模，浇筑楼板混凝土。脱模时，只要将台架下降，将台模推出墙面放在临时挑台上，用起重机吊至下一单元使用。

国内常用多层板作面板，铝合金型钢加工制成的桁架式台模。用组合钢模板、扣件式钢管脚手架、滚轮组装成的台模，在大型冷库和商场无梁楼盖施工中经常使用。

利用台模浇筑楼板可省去模板的装拆时间，能节约模板材料和降低劳动消耗，但一次性投资较大，且需大型起重机械配合施工。

(2)隧道模

隧道模由墙面模板和楼板模板组合而成，可同时浇筑墙体和楼板混凝土等大型工具式模板，能将各开间沿水平方向逐渐整体浇筑，故浇筑的整体性好，抗震性能强，节约模板材料，施工方便。但由于模板用钢量大、笨重、一次投资大等原因，工程上较少采用。

(3)永久性模板

永久性模板在钢筋混凝土结构施工时起模板作用，当浇筑的混凝土结硬后模板不再取出而成为结构本身的组成部分。各种形式的压型钢板(波形、密肋形等)、顶应力钢筋混凝土薄板作为永久性模板，已在一些高层建筑楼板施工中推广应用。薄板铺设后稍加支承，然后在其上铺放钢筋，浇筑混凝土形成楼板，施工简便，效果较好。

4.1.3 模板设计

常用模板，不需进行设计或验算。重要结构的模板、特殊形式的模板、超出适用范围的一般模板应该进行设计或验算，以确保质量和施工安全。现仅就有关模板设计荷载和计算规定做一简单介绍。

1. 荷载的计算值

在选择模板及支架时，可采用下列荷载数值。

1)模板及支架自重可根据模板设计图样确定。肋形楼板及无梁楼板模板自重，可参考下列数据：

① 平板的模板及小楞：定型组合钢模板为 $0.5kN/m^2$；木模板为 $0.3kN/m^2$。

② 楼板模板(包括梁模板)：定型组合钢模板为 $0.75kN/m^2$；木模板为 $0.5kN/m^2$。

③ 楼板模板及支架(楼层高≤4m)：定型组合钢模板为 $1.1kN/m^2$；木模板为 $0.75kN/m^2$。

2)浇筑混凝土的重量。普通混凝土为 $25kN/m^3$，其他混凝土根据实际重量确定。

3)钢筋重量根据工程图样确定。一般梁板结构每立方米钢筋混凝土的钢筋重量：楼板为 1.1kN；梁为 1.5kN。

4)施工人员及施工设备在水平投影面上的荷载为：

① 计算模板及直接支承小楞结构构件时，均布活荷载为 $2.5kN/m^2$，以集中荷载 2.5kN 进行验算，取两者中较大的弯矩值。

② 计算直接支承小楞结构构件时，均布活荷载为 $1.5kN/m^2$。

③ 计算支架支柱及其他支承结构构件时，均布活荷载为 $1.0kN/m^2$。对于大型浇筑设备(如上料平台，混凝土输送泵等)按实际情况计算。混凝土堆积高度超过 100mm 按实际高度计算。如模板单块宽度小于 150mm 时，集中荷载可

分布在相邻两块板上。

5) 混凝土产生的荷载(作用范围在有效压头高度之内)：水平面模板为 2.0kN/m²，垂直面模板为 4.0kN/m²。

6) 浇筑混凝土对模板的侧压力：采用内部振捣器时，新浇筑的混凝土作用于模板的最大侧压力，可按下列两式计算，并取两式中的较小值，即

$$F = 0.22\gamma_c t_0 \beta_1 \beta_2 V^{1/2} \quad (4.1)$$
$$F = \gamma_c H \quad (4.2)$$

式中：F——板的最大侧压力(kN/m²)。

γ_c——混凝土的重力密度(kN/m³)。

t_0——新浇混凝土的初凝时间(h)，可按实测确定；当缺乏试验资料时，可采用 $t_0 = 200/(T+15)$ 计算[T 为混凝土的温度(℃)]。

V——混凝土的浇筑速度(m/h)。

H——混凝土侧压力计算位置至新浇筑混凝土顶面的总高度(m)。

β_1——外加剂影响修正系数，不掺外加剂时取 1.0，掺具有缓凝作用的外加剂时取 1.2。

β_2——混凝土坍落度影响修正系数。当坍落度小于 30mm 时，取 0.85；当坍落度为 50~90mm 时，取 1.0；当坍落度为 110~150mm 时，取 1.15。

7) 倾倒混凝土时，对垂直面模板产生的水平荷载：用溜槽、串筒或导管向模内灌注混凝土时为 2kN/m²；用容量≤0.2m³ 的运输器具向模内倾倒混凝土时为 2kN/m²；用容量为 0.2~0.8m³ 的运输器具向模内倾倒混凝土时为 4kN/m²；用容量大于 0.8m³ 的运输器具向模内倾倒混凝土时为 6kN/m²。

8) 风荷载按现行《建筑结构荷载规范》(GB 50009—2012)的有关规定计算。

2. 荷载分项系数

计算模板及其支架时的荷载设计值，应采用荷载标准值乘以相应荷载分项系数求得。荷载分项系数为：

1) 当荷载类别为模板及支架自重或新浇筑混凝土自重或钢筋自重时为 1.35。
2) 当荷载类别为施工人员及施工设备荷载或振捣混凝土时产生的荷载时为 1.4。
3) 当荷载类别为新浇筑混凝土对模板的侧压力时为 1.35。
4) 当荷载类别为倾倒混凝土时产生的荷载时为 1.4。

3. 计算规定

1) 模板荷载组合。模板及支架的设计应考虑的荷载如下：①模板及其支架自重；②新浇筑混凝土自重；③钢筋自重；④施工人员及施工设备荷载；⑤振捣混凝土时产生的荷载；⑥新浇筑混凝土对模板侧面压力；⑦倾倒混凝土时产生的荷载。应根据表 4.1 的规定进行荷载组合。

2) 验算模板及支架的刚度时，允许的变形值：结构表面外露的模板为模板构件跨度的 1/400；结构表面隐蔽的模板为模板构件跨度的 1/250；支架压缩变形值或弹性挠度为相应结构自由跨度的 1/1000。

当验算模板及支架在自重和风荷载作用下的抗倾覆稳定性时，应符合有关的相关规

定。滑升模板、爬模等特种模板也应按相应的规定计算。对于利用模板张拉和锚固预应力筋等产生的荷载亦应另行计算。

表 4.1　计算模板及其支架的荷载组合

项次	项目	荷载类别	
		计算强度用	验算刚度用
1	平板和薄壳模板及其支架	①+②+③+④	①+②+③
2	梁和拱模板的底板	①+②+③+④	①+②+③
3	梁、拱、柱(边长≤30mm)、墙(厚≤100mm)的侧面模板	⑤+⑥	⑥
4	厚大结构，柱(边长>30mm)、墙(厚>100mm)的侧面模板	⑥+⑦	⑥

模板系统的设计计算，原则上与永久结构相似，计算时要参照相应的设计规范。

计算模板和支架的强度时，由于是临时性结构，钢材的允许应力可适当提高；当木材的含水率小于25%时，容许应力值可提高15%。

4.1.4　模板的拆除

1. 现浇结构模板的拆除

模板的拆除日期取决于现浇结构的性质、混凝土的强度、模板的用途、混凝土硬化时的气温。及时拆模，可提高模板的周转率，为后续工作创造条件。但过早拆模，混凝土会因强度不足以承担本身自重，或受到外力作用而变形甚至断裂，造成重大的质量安全事故。

(1)模板的拆除规定

侧模板的拆除　侧模板的拆除，应在混凝土强度达到能保证其表面及棱角不因拆除模板而受损坏时进行。

底模板的拆除　底模板应在与混凝土结构同条件养护的试件达到表 4.2 规定的强度标准值后方可拆除。

表 4.2　现浇结构拆模时所需混凝土强度

构件类型	构件跨度/m	达到设计的混凝土立方体抗压强度标准值的百分率/%
板	≤2	≥50
	>2,≤8	≥75
	>8	≥100
梁、拱、壳	≤8	≥75
	>8	≥100
悬臂构件	—	≥100

注：本表中"设计的混凝土立方体抗压强度标准值"是指与设计混凝土强度等级相应的混凝土立方体抗压强度标准值。

(2)拆除模板顺序及注意事项

1)拆模时不要用力过猛,拆下来的模板要及时运走、整理、堆放,以便再用。

2)拆模程序一般应是后支的先拆,先拆除非承重部分,后拆除承重部分。重大复杂模板的拆除,事先应制定拆模方案。

3)拆除框架结构模板的顺序,首先是柱模板,然后是楼板底板、梁侧模板,最后是梁底模板。拆除跨度较大的梁下支柱时,应先从跨中开始,分别拆向两端。

4)楼板模板支柱的拆除,应按下列要求进行:上层楼板正在浇筑混凝土时,下一层楼板的模板支柱不得拆除,再下一层楼板模板的支柱仅可拆除一部分;跨度 4m 及 4m 以上的梁下均应保留支柱,其间距不大于 3m。

5)已拆除模板及其支架的结构,应在混凝土强度达到设计的混凝土强度标准值后,才允许承受全部使用荷载。当承受施工荷载产生的效应比使用荷载更为不利时,必须经过核算,加设临时支撑。

6)拆模时,应尽量避免混凝土表面或模板受到损坏,注意整块板落下伤人。

2. 早拆模板体系

早拆模板体系是利用柱头、立柱和可调支座组成竖向支撑,支撑于上下层楼板之间,使原设计的楼板跨度处于短跨(立柱间距<2m)受力状态,混凝土楼板的强度达到规定标准强度的 50%(常温下 3~4d)即可拆除梁、板模板及部分支撑。柱头、立柱及可调支座仍保持支承状态。当混凝土强度增大到足以在全跨条件下承受自重和施工荷载时,再拆全部竖向支撑。

(1)早拆模板体系构件

柱头 早拆模板体系柱头[图 4.7(a)]为铸钢件,柱头顶板(50mm×150mm)可直接与混凝土接触,两侧梁托可挂住梁头,梁托附着在方形管上,方形管可上下移动 115mm,方形管在上方时可通过支承销锁住,用锤敲击支承板则梁托随方形管下落。

主梁 模板主梁[图 4.7(b)]是薄壁空腹结构,上端带有 70mm 的凸起,与混凝土直接接触。当梁的两端梁头挂在柱头的梁托上时,将梁支起,即可自锁而不脱落。模板梁的悬臂部分[图 4.7(c)]挂在柱头的梁托上支起后,能自锁而不脱落。

可调支座 可调支座[图 4.7(d)]插入立柱的下端,与地面(楼面)接触,用于调节立柱的高度,可调范围为 0~50mm。

其他 支撑可采用碗扣型支撑或钢管扣件式支撑。模板可用钢框胶合板模板或其他模板,模板高度为 70mm。

(2)早拆模板体系的安装与拆除

首先立两根立柱,套上早拆柱头和可调支座,加上一根主梁架起一拱;然后再架起另一拱,用横撑临时固定,依次把周围的梁和立柱架起来;再调整立柱高度和垂直度,并锁紧碗扣接头;最后在模板主梁间铺放模板即可。图 4.8 为安装好的早拆模板体系示意图。

模板拆除时,只需用锤子敲击早拆柱头上的支承板,则模板和模板梁随同方形管下落 115mm 后便可卸下来,保留立柱支撑梁板结构(图 4.9)。当混凝土强度达到设计要求后,调低可调支座,解开碗扣接头,即可拆除立柱和柱头。

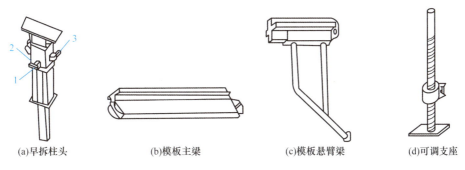

(a)早拆柱头　　　(b)模板主梁　　　(c)模板悬臂梁　　　(d)可调支座

1——支承销；2——方形管；3——梁托。

图 4.7　早拆模板体系构件

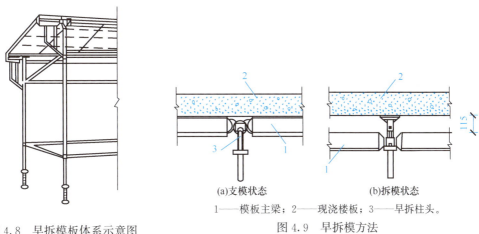

(a)支模状态　　　(b)拆模状态

1——模板主梁；2——现浇楼板；3——早拆柱头。

图 4.8　早拆模板体系示意图　　　图 4.9　早拆模方法

4.1.5　模板工程施工质量检查验收

在浇筑混凝土之前，应对模板工程进行验收。模板及其支架应具有足够的承载能力、刚度和稳定性，能可靠地承受浇筑混凝土的质量、侧压力以及施工荷载。模板安装和浇筑混凝土时，应对模板及其支架进行观察和维护。发生异常情况时，应按施工技术方案及时进行处理。

模板工程的施工质量检验分主控项目、一般项目，按规定的检验方法进行检验。检验批合格质量应符合下列规定：主控项目的质量经抽样检验合格；一般项目的质量经抽样检验合格；当采用计数检验时，除有专门要求外，一般项目的合格点率应达到80%及以上，且不得有严重缺陷；具有完整的施工操作依据和质量验收记录。

1. 主控项目

1)安装现浇结构的上层模板及其支架时，下层楼板应具有承受上层荷载的承载能力，或加设支架；上、下层支架的立柱应对准，并铺设垫板。

　　检查数量：全数检查。

　　检验方法：对照模板设计文件和施工技术方案观察。

2)在涂刷模板隔离剂时，不得粘污钢筋和混凝土接槎处。

检查数量：全数检查。

检验方法：观察。

3）底模及其支架拆除时的混凝土强度应符合规范要求。

检查数量：全数检查。

检验方法：检查同条件养护试件强度试验报告。

4）后浇带模板的拆除和支顶应按施工技术方案执行。

检查数量：全数检查。

检验方法：观察。

2. 一般项目

1）模板安装应满足下列要求：

① 模板的接缝不应漏浆，在浇筑混凝土前，木模板应浇水湿润，但模板内不应有积水。

② 模板与混凝土的接触面应清理干净并涂刷隔离剂，但不得采用影响结构性能或妨碍装饰工程施工的隔离剂。

③ 浇筑混凝土前，模板内的杂物应清理干净。

④ 对清水混凝土工程及装饰混凝土工程，应使用能达到设计要求的模板。

检查数量：全数检查。

检验方法：观察。

2）用作模板的地坪、胎模等应平整光洁，不得产生影响构件质量的下沉、裂缝、起砂或起鼓等现象。

检查数量：全数检查。

检验方法：观察。

3）对跨度不小于4m的现浇钢筋混凝土梁、板，其模板应按设计要求起拱；当设计无具体要求时，起拱高度宜为跨度的3/1000～1/1000。

检查数量：在同一检验批内，梁应抽查构件数量的10%，且不少于3件；板应按有代表性的自然间抽查10%，且不少于3间；大空间结构，板可按纵、横轴线划分检查面，抽查10%，且不少于3面。

检验方法：水准仪或拉线、钢尺检查。

4）固定在模板上的预埋件、预留孔和预留洞均不得遗漏，且应安装牢固，其偏差应符合表4.3的规定。现浇结构模板安装的偏差及检查方法应符合表4.4的规定。

表4.3 预埋件和预留孔洞的允许偏差

项目		允许偏差/mm
预埋钢板中心线位置		3
预埋管、预留孔中心线位置		3
插筋	中心线位置	5
	外露长度	+10，0

续表

项目		允许偏差/mm
预埋螺栓	中心线位置	2
	外露长度	+10，0
预留孔洞	中心线位置	10
	尺寸	+10，0

注：检查中心线位置时，应沿纵、横两个方向量测，并取其中的较大值。

表 4.4 现浇结构模板安装的允许偏差及检验方法

项目		允许偏差/mm	检验方法
轴线位置		5	金属直尺检查
底模上表面高程		±5	水准仪或拉线、金属直尺检查
截面内部尺寸	基础	±10	金属直尺检查
	柱、墙、梁	+4，-5	金属直尺检查
层高垂直度	≤5mm	6	经纬仪或吊线、金属直尺检查
	>5mm	8	
相邻两板表面高低差		2	金属直尺检查
表面平整度		5	2m靠尺和塞尺检查

注：检查轴线位置时，应沿纵、横两个方向量测，并取其中的较大值。

检查数量：在同一检验批内，对于梁、柱和独立基础，应抽查构件数量的10%，且不少于3件；对于墙和板，应按有代表性的自然间抽查10%，且不少于3间；对于大空间结构，墙可按相邻轴线间高度5m左右划分检查面，板可按纵横轴线划分检查面，抽查10%，且均不少于3面。

检验方法：金属直尺检查。

5) 预制构件模板安装的偏差应符合表 4.5 的规定。

表 4.5 预制构件模板安装的允许偏差及检验方法

项目		允许偏差/mm	检验方法
长度	板、梁	±5	金属直尺量两角边，取其中较大值
	薄腹梁、桁架	±10	
	柱	0，-10	
	墙板	0，-5	
宽度	板、墙板	0，-5	金属直尺量一端及中部，取其中较大值
	梁、薄腹梁、桁架、柱	+2，-5	
高(厚)度	板	+2，-3	金属直尺量一端及中部，取其中较大值
	墙板	0，-5	
	梁、薄腹梁、桁架、柱	+2，-5	

续表

项目		允许偏差/mm	检验方法
侧向弯曲	梁、板、柱	$L/1000$ 且 ≤15	拉线、金属直尺量最大弯曲处
	墙板、薄腹梁、桁架	$L/1500$ 且 ≤15	
	板的表面平整度	3	2m靠尺和塞尺检查
	相邻两板表面高低差	1	金属直尺检查
对角线差	板	7	金属直尺量两个对角线
	墙板	5	
翘曲	板、墙板	$L/1500$	调平尺在两端量测
设计起拱	梁、薄腹梁、桁架、柱	±3	拉线、金属直尺量跨中

注：L 为构件长度(mm)。

检查数量：首次使用及大修后的模板应全数检查；使用中的模板应按期检查，并根据使用情况不定期抽查。

6) 侧模拆除时的混凝土强度应能保证其表面及棱角不受损伤。模板拆除时，不应对楼层形成冲击荷载。拆除的模板和支架宜分散堆放并及时清运。

检查数量：全数检查。

检验方法：观察。

4.1.6 铝合金模板施工

1. 铝合金模板的组成和设计

（1）铝合金模板及其组成

由铝合金材料制作而成的模板称铝合金模板，铝合金模板系统由铝模板、支撑和配件三大部分组成，表4.6所示为不同类型铝合金模板的用途。

表4.6 不同类型铝合金模板的用途

类别	名称		用途
平面模板	楼板模板		用于楼板
	墙柱模板	外墙柱模板	外墙、柱外侧模板，与承接模板连接
		内墙柱模板	墙、柱内侧模板，底部连有40mm高的底脚
		墙端模板	墙端部封口处模板，两长边方向连有65mm宽的翼缘，底部连有40mm高的底脚
	梁模板	梁侧模板	用于梁侧
		梁底模板	用于梁底，两长边方向均带65mm宽的翼缘
	承接模板		承接上层外墙、柱外侧及电梯井道内侧模板

续表

类别	名称	用途
转角模板	楼板阴角模板	连接楼板模板与梁侧或墙柱模板
	梁底阴角模板	连接梁底模板与墙柱模板
	梁侧阴角模板	连接梁侧模板与墙柱模板
	楼板阴角转角模板	连接阴角转角处的楼板模板与梁侧、墙、柱模板
	墙柱阴角模板	连接阴角转角处相邻墙柱模板
	连接角模	连接阳角转角处的相邻模板
早拆装置	梁底早拆头	连接梁底模板，支撑早拆梁
	板底早拆头	连接早拆铝梁，支撑早拆板
	单斜早拆铝梁	连接楼板端部的板底早拆头与楼板模板
	双斜早拆铝梁	连接楼板跨中的板底早拆头与楼板模板
	快拆锁条	连接板底早拆头与早拆铝梁
支撑	可调钢支撑	支撑早拆头
	斜撑	用于竖向侧模板调直或增加模板刚度和稳定性
	背楞	用于增加竖向侧模板刚度的方钢管或其他形式的构件
	柱箍	用于增加柱模板刚度
配件	销钉	与销片配合使用，用于模板之间的连接，其中长销钉用于连接快拆锁条与早拆装置
	销片	与销钉配合使用
	对拉螺栓	用于拉结两竖向侧模板及背楞
	对拉螺栓垫片	对拉螺栓配件

1) 铝模板包括平面模板和转角模板等通用模板。平面模板包括楼板模板、墙柱模板、梁模板、承接模板；转角模板包括楼板阴角转角模板、梁底阴角模板、梁侧阴角模板、楼板阴角转角模板、墙柱阴角模板、连接角模等。

2) 支撑包括可调钢支撑、斜撑、背楞、柱箍；配件包括销钉、销片、紧固螺栓、对拉螺栓垫片等。

(2) 铝模板设计

1) 施工方案设计。铝模板工程施工前，应根据结构施工图、施工总平面图及施工设备和材料供应等现场条件，编制模板工程施工方案设计，列入工程项目的施工组织设计。模板工程的施工方案设计应包括下列内容：

① 根据工程结构、建筑、机电等图纸，绘制现浇混凝土结构模板施工平面图及各部位剖面图。

② 根据现浇混凝土结构模板施工平面图，选用标准模板，设计非标准模板，绘

制配板设计图、连接件和支撑系统布置图、细部结构图、异型模板详图及特殊部位详图。

③ 根据结构构造形式和施工条件确定模板荷载,并对模板和支承系统做力学验算。

④ 编制铝模板及其配件的规格、品种与数量明细表。

⑤ 制定技术及安全措施,包括模板结构安装及拆卸的程序,特殊部位、预埋件及预留孔洞的处理方法,加热、保温或隔热措施以及其他安全措施。

⑥ 制定铝模板及配件的周转使用方式与计划。

⑦ 编写模板工程施工方案。

2) 铝模板配板设计。铝模板配板设计应注意以下事项:

① 配板时,宜选用标准模板为主板,其他规格的模板作补充。

② 绘制配板图时,应标出模板的位置、规格型号,标绘出单元分界线,有特殊构造时,应加以标明并出详细加工图。

③ 预埋件和预留孔的位置应在配板图上标明,并注明其固定方法。

④ 铝模板的配板应根据配模面的形状、尺寸以及支撑形式来决定。

⑤ 为设置对拉螺栓或其他拉筋,可根据所需位置采用电钻钻孔。

⑥ 柱、梁、墙、板的各种模板面的交接部分,应采用连接简便、结构牢固的专用模板。

3) 模板支承系统设计。模板支承系统设计应注意以下事项:

① 模板的支承系统应根据模板的荷载和部件的刚度进行布置。钢背楞的配置方向应与模板的长度方向相垂直,其间距应根据荷载的数值和模板的力学性能计算确定。

② 钢背楞悬挑部分的端部挠度应与跨中挠度大致相等,悬挑长度不宜大于 50mm。

③ 对于断面较大的柱、梁,应采用对拉螺栓加钢背楞。

④ 模板端缝齐平布置时,一般每块模板应有两个支承点;错开布置时,其间距可不受端缝位置的限制。

⑤ 当模板底的净高小于 3.10m 时,可以使用不加水平连杆的单支顶作为支撑。

⑥ 单支顶采用内外管设计,外管采用 $\phi 60 \times 2.5$ 的钢管,内管采用 $\phi 48 \times 2.0$ 的钢管。

2. 铝合金模板安装准备

(1) 技术准备

1) 模板施工前应制定详细的施工方案,其内容应包括模板安装、拆除、安全措施等各项内容。

2) 模板安装前应向施工班组进行技术交底,操作人员应熟悉模板施工方案、模板施工图、支撑系统设计图。

3) 根据图纸要求和施工规范,由厂家专业技术人员进行模板深化设计,完成铝模拼装图,进行铝模生产制作。

4) 铝模生产制作前,应该在工厂进行试拼装,试拼装完成后由技术总工组织预验收,模板成品按表 4.7 的要求进行出厂前的检验。

5) 铝模试拼装并验收完成后,绘制拼装图,并组织施工管理人员及技术工人进行培训,学习铝模板安装拆卸的方法、施工顺序及工序搭接等操作要求。

项目 4 混凝土结构工程施工

表 4.7 铝模板出厂验收质量标准

序号	项目	允许偏差/mm	检查工具
1	铝模板高度	±3	钢卷尺
2	铝模板长度	−2	钢卷尺
3	铝模板板面对角线差	≤3	钢卷尺
4	面板平整度	2	2m靠尺和塞尺
5	相邻面板拼缝高低差	≤0.5	2m靠尺和塞尺
6	相邻面板拼缝间隙	≤0.8	阴阳角尺和塞尺

（2）现场准备

1）模板安装现场应设有测量控制点和测量控制线，并应进行楼面抄平和采取模板底面垫平措施。

2）模板进场时应按规定进行模板、支撑等材料的验收，验收内容包括：检查铝合金模板出厂合格证；按模板及配件规格、品种与数量明细表、支撑系统明细表核对进场产品的数量；模板使用前进行外观质量检查，表面应平整、无油污、破损和变形，焊缝应无明显缺陷。

3）模板安装前表面应涂刷脱模剂，不得使用影响现浇混凝土结构性能或妨碍装饰工程施工的脱模剂。

4）模板堆放应满足要求，根据模板编号和拼装图，按颜色、字母有序堆放，做好标识，便于施工人员取货。

5）穿墙螺栓、各种连接螺栓应入库保存，以防生锈；斜支撑的调节丝杠、穿墙螺栓应涂抹润滑油。

6）准备好脱模剂、PVC套管等附属材料，在现场物料仓库准备一定数量的铝模板原材料及配件，以备急用。

7）墙、柱钢筋绑扎完毕，安装水电管及预埋件，并通过验收。

8）准备好主要机具设备，包括锤子、活动板手、锤钻、锯铝机、气体保护焊机、切割机等。施工现场主要机具设备如表 4.8 所示。

表 4.8 铝模板安装施工现场主要机具设备

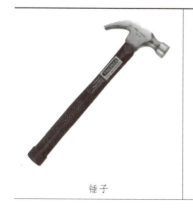

锤子

活动扳手

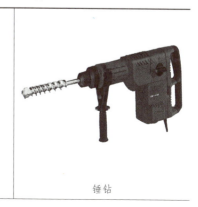

锤钻

续表

锯铝机	气体保护焊机	手提式切割机
激光扫平仪	激光垂准仪	水准仪
塞尺	靠尺	水平尺

3. 铝合金模板安装施工工艺要点

铝合金模板安装施工工艺流程如图 4.10 所示。

(1)模板安装总体要求

1)模板及其支撑应按照配模设计的要求进行安装，配件应安装牢固。

2)整体组拼时，应先支设墙、柱模板，调整固定后再架设梁模板及楼板模板。

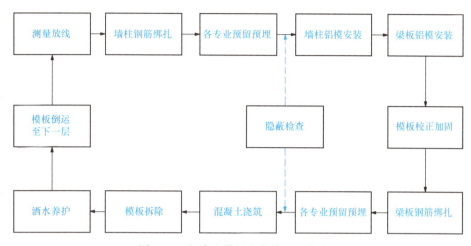

图 4.10 铝合金模板安装施工工艺流程

3)墙、柱模板的基面应调平,下端应与定位基准靠紧垫平;在墙、柱模板上继续安装模板时,模板应有可靠的支承点。
4)模板的安装应符合下列规定:
① 墙两侧模板的对拉螺栓孔应平直相对,穿插螺栓时不得斜拉硬顶;当改变孔的位置时应采用机具钻孔,严禁用电、气焊灼孔。
② 背楞宜取用整根杆件,背楞搭接时,上下道背楞接头宜错开设置,错开位置不宜少于 400mm,接头长度不应少于 200mm(图 4.11);当上下接头位置无法错开时,应采用具有足够承载力的连接件。

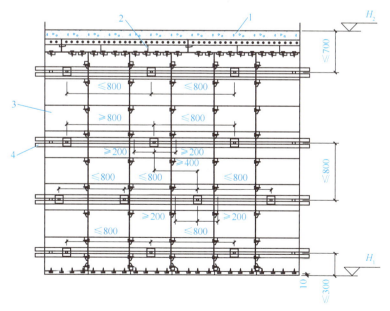

1——楼板;2——楼板阴角模板;3——内墙柱模板;4——背楞。
图 4.11 背楞接头搭接示意图

③ 对于跨度大于 4m 的现浇钢筋混凝土梁、板，其模板应按设计要求起拱，当设计无具体要求时，起拱高度宜为构件跨度的 3/1000～1/1000；起拱不得减少构件的截面高度。

④ 固定在模板上的预埋件、预留孔、预留洞等板不得遗漏，且应安装牢固，其偏差应符合表 4.9 的规定。

表 4.9 预埋件、预留孔、预留洞的允许偏差

项目		允许偏差/mm
预埋管、预留孔中心线位置		3
预埋螺栓	中心线位置	2
	外露长度	+10，0
预留洞	中心线位置	10
	尺寸	+10，0

注：检查中心线位置时，应沿纵、横两个方向量测，并取其中的较大值。

5) 早拆模板支撑系统的上、下层竖向支撑的轴线偏差不应大于 15mm，支撑立柱垂直度偏差不应大于层高的 1/300。

(2) 测量放线

在楼层上弹好墙、柱线及墙、柱控制线、洞口线，其中墙、柱控制线距墙边线 300mm，检验模板是否偏位和方正；在柱纵筋上标好楼层标高控制点，标高控制点作为楼层 50mm 线，墙柱的四角及转角处均设置，以便检查楼板面标高。精度控制在 3mm 以内，安装工人在安装墙、柱模板前要进行验线。

(3) 墙、柱模板安装

1) 安装墙、柱模板前，应根据标高控制点检查墙、柱模板安装位置，楼板标高是否符合要求，高出部分应凿除面层混凝土浮浆，低的部分应在模板下垫上木楔，标高误差控制在 5mm 以内。

2) 墙、柱模板拼装之前，必须对内侧模板面进行全面清理，涂刷脱模剂。脱模剂涂刷要做到薄而匀，不得漏刷。涂刷时，要注意周围环境，防止散落在建筑物、机具和人身衣物上，更不得刷在钢筋上。涂刷时，前三层使用油性脱模剂，之后使用水性脱模剂。

3) 墙、柱模板采用对拉螺栓连接时，最底层背楞距离地面、外墙最上层背楞距离板顶不宜大于 300mm，内墙最上层背楞距离板顶不宜大于 700mm(图 4.12)；除应满足计算要求外，背楞竖向间距不宜大于 800mm，对拉螺栓横向间距不宜大于 800mm。转角背楞及宽度小于 600mm 的柱箍宜一体化，相邻墙肢模板宜通过背楞连成整体。

4) 当设置斜撑时，墙斜撑间距不宜大于 2000mm；长度大于等于 2000mm 的墙体斜撑不应少于两根；柱模板斜撑间距不应大于 700mm；当柱截面尺寸大于 800mm×800mm 时，单边斜撑不宜少于两根，斜撑宜着力于竖向背楞(图 4.13)。

项目 4　混凝土结构工程施工

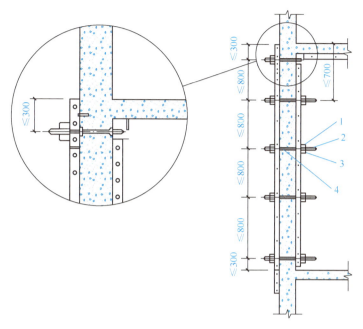

1——背楞；2——对拉螺栓；3——对拉螺栓垫片；4——对拉螺栓套管。

图 4.12　内外墙背楞布置大样示意图

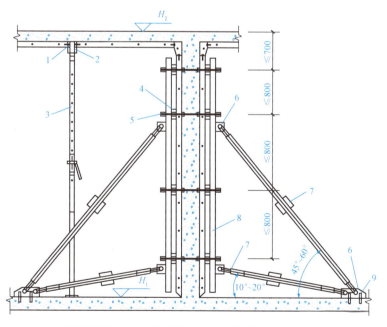

1——板底早拆头；2——快拆锁条；3——可调钢支撑；4——背楞；
5——对拉螺栓；6——斜撑码；7——斜撑；8——竖向背楞；9——固定螺栓。

图 4.13　斜撑布置示意图

5)竖向模板之间、竖向模板与竖向转角模板之间应用销钉锁紧,销钉间距不宜大于300mm。模板顶端与转角模板或承接模板连接处、竖向模板拼接处,模板宽度大于200mm时,不宜少于2个销钉;宽度大于400mm时,不宜少于3个销钉(图4.14)。

6)墙柱模板不宜竖向拼接,当配板确需要竖向拼接时,不宜超过一次,且应在拼接缝附近设置横向背楞。

7)按照试拼装图纸编号依次拼装好墙柱模板,在封闭柱模板之前,需在墙柱模紧固螺杆上预先外套PVC管,且PVC管两头套上胶杯。同时,保证套管与墙两边模板面接触位置准确,以便浇筑后能收回对拉螺杆和胶杯。

8)为了拆除方便,墙柱模板与阴角模连接时,销钉的头部应尽可能在阴角模的内部。墙柱模板间连接销上的销钉要从上往下插,以免在混凝土浇筑时脱落。墙柱模板端部及转角处连接应采用螺栓连接,用销楔连接容易在混凝土浇筑时楔子脱落胀模。

9)为防止墙柱模板下口跑浆,浇混凝土前一天利用水泥砂浆进行封堵。

10)在安装外墙模板时应随拆随上传,随上传随安装。

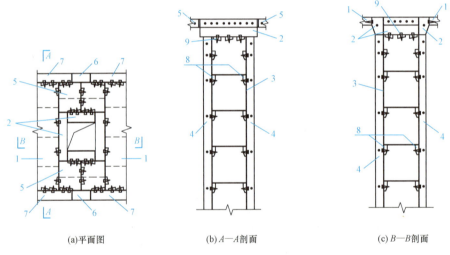

(a)平面图　　(b)A—A剖面　　(c)B—B剖面

1——楼板模板;2——楼板阴角模板;3——内墙柱模板;4——连接角模;5——配套模板;
6——板底早拆头;7——双斜早拆铝梁;8——墙柱模板与连接角模连接销钉;
9——墙柱模板与楼板阴角模板连接销钉。

图4.14　柱模板与楼板连接大样示意图

(4)梁、板模板安装

1)在安装墙顶边模和梁角模之前,应在模板与混凝土接触面处涂抹脱模剂。

2)楼板阴角模板的拼缝应与楼板模板的拼缝错开(图4.15)。

3)楼板模板受力端部,除应满足受力要求外,每孔均应用销钉锁紧,孔间距不宜大于150mm;不受力侧边,每侧销钉间距不宜大于300mm。

4)梁侧阴角模板、梁底阴角模板与墙柱模板连接如图4.16所示,除应满足受力要求外,每孔均应用销钉锁紧,孔间距不宜大于100mm。

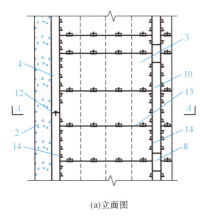
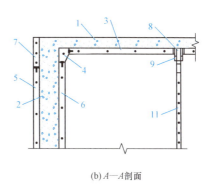

(a) 立面图 (b) A—A剖面

1——楼板；2——墙；3——楼板模板；4——楼板阴角模板；5——外墙柱模板；6——内墙柱模板；7——承接模板；8——板底早拆头；9——快拆锁条；10——双斜早拆铝梁；11——可调钢支撑；12——楼板阴角模板拼缝；13——楼板模板拼缝，不受力侧边；14——楼板模板受力端部。

图 4.15　楼板模板组装示意图

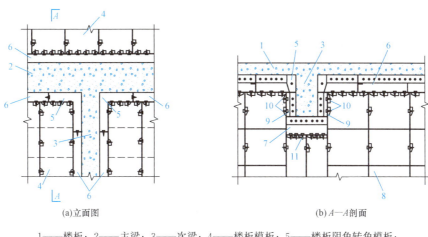

(a) 立面图 (b) A—A剖面

1——楼板；2——主梁；3——次梁；4——楼板模板；5——楼板阴角转角模板；6——楼板阴角模板；7——梁底阴角模板；8——墙板；9——梁侧阴角模板；10——梁侧阴角模板与墙柱模板连接销钉；11——梁底阴角模板与墙柱模板连接销钉。

图 4.16　梁模板与墙柱模板连接节点大样示意图

5）梁侧模板、楼板阴角模板拼缝宜相互错开，梁侧模板拼缝两侧应用销钉与楼板阴角模板连接(图4.17)。

6）当梁高度大于600mm时，宜在梁侧模板处设置背楞，梁侧模板沿高度方向拼接时，应在拼接缝附近设置横向背楞。当梁与墙、柱齐平时，梁背楞宜与墙、柱背楞连为一体(图4.17)。

7）楼梯、开洞、沉箱、悬挑及其他细部结构的模板应采取构造措施保证其承载力。

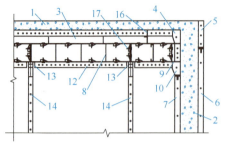 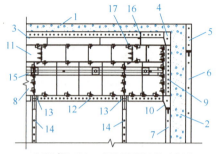

(a) 梁高<600mm梁侧模板组装示意图　　(b) 梁高≥600mm梁侧模板组装示意图

1——楼板；2——墙；3——楼板阴角模板；4——楼板阴角转角模板；5——承接模板；6——外墙柱模板；7——内墙柱模板；8——梁侧模板；9——梁侧阴角模板；10——梁底阴角模板；11——配套模板；12——连接角模；13——梁底早拆头；14——可调钢支撑；15——背楞；16——楼板阴角模板拼缝；17——梁侧模板拼缝。

图 4.17　梁侧模板组装示意图

8）墙顶边模和边角模与墙模板连接时，从上部插入销子以防止浇筑期间销子脱落；安装完墙顶边模，即可在角部开始安装板模。

9）按照梁板模板布置图组装模板（图 4.18）。保证不同楼层立杆均在同一位置，用销子和梁模连接件将板梁组合件中相邻的两个板及支撑梁连接起来；把支撑杆朝横梁方向安装在预先安装好的横梁组件上，用支撑杆提升横梁到适当位置。支撑杆间距为 1200mm，通过已在角部安装好的板模端部，用销子将梁模和板模连接。

10）每排第一块模板与墙顶边模和支撑梁连接，第二块模板只需与第一块板模相连；第二块模板不与横梁相连是为了放置同一排的第三块模板时有足够的调整范围；把第三块模板和第二块模板连接上后，将第二块模板固定在横梁上；用同样的方法放置这一排剩下的模板。铺设钢筋之前在楼板模板的模面上应涂刷脱模剂（图 4.19）。楼板模板安装完成以后，检查全部模板面的标高，如果需要调整则可在支撑杆底部加垫块调整水平度。

图 4.18　梁模板安装　　　　　　　　图 4.19　楼板模板安装

(5) 承接模板（K 板）安装

承接上层外墙、柱及电梯井道的平面模板叫承接模板。在有连续垂直模板的地方，用承接模板将楼板围成封闭的一周并作为上一层垂直模板的连接组件，浇筑完混凝土后保留上部承接模板，作为上层墙体模板的起始点。

承接模板与墙模板的连接：安装承接模板之前，确保已清洁并涂刷脱模剂；在浇筑期间为了防止销子脱落，销子必须从墙模下边框向下插入到承接模板的上边框；承接模板上开 26mm×6.5mm 的长形孔，浇筑之前，将 M16 的低碳螺栓安装在紧靠槽底部位置，这些螺栓将锚固在凝固的混凝土里。

(6)模板细部构造与搭设

1)阴阳角连接：墙体阳角处采用背楞斜拉螺栓进行紧固，具体连接方式如图 4.20 和图 4.21 所示。

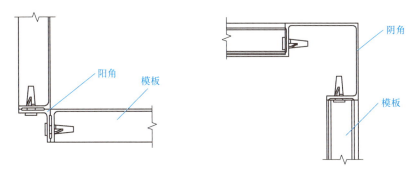

图 4.20　阴阳角连接

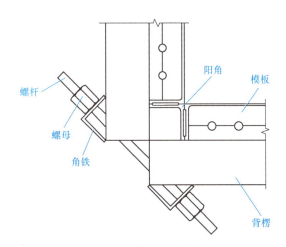

图 4.21　墙体阳角背楞斜拉

2)工字钢穿墙洞处的模板处理：有悬挑工字钢的楼层，依据图纸进行工字钢的布置，在穿墙洞口相应位置处配置小块模板，以方便工字钢的安装，如图 4.22 所示。

3)楼面降板处的吊模：楼面降板的地方一般分布在厕所和阳台，吊模采用角铁固定转角，如图 4.23 所示。

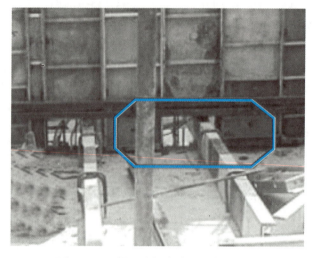

图 4.22 悬挑工字钢穿墙洞口模板处理

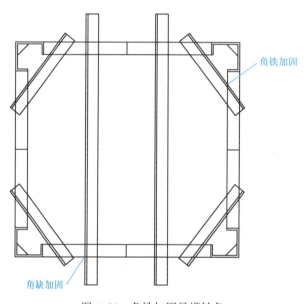

图 4.23 角铁加固吊模转角

4) 预留、预埋的配合处理：为保证大部分模板不受到破坏，影响模板使用，一般在每层相同位置进行穿孔预埋。

为了方便模板在上下层之间的传送，需要在楼板模板上预留 2 个尺寸为 200mm×800mm 的传料口，模板通过传料口传递到上一层，传料口不用时要用盖板盖上，防止杂物坠落。

5) 楼梯模板安装：楼梯梯段模板应封闭处理，预留观察口与振动口；在踏步模板上侧及底部使用背楞进行加固，底部使用单支撑，以保证楼梯不偏移、不变形。

(7) 铝模加固及校正

1) 墙模板的加固：墙模板安装完毕后，在模板预留孔中穿对拉螺杆，对拉螺杆附四道背楞，转角处设置直角背楞，以防止墙模板发生扭转、错台，保证墙面的顺直光滑。安装背楞及穿墙螺杆应两人在墙柱的两侧同时进行，背楞及穿墙螺杆安装必须紧固牢靠，不能过紧或过松。

2) 墙柱模板实测实量的校正：墙模板安装完毕后，安装斜向支撑，对墙模板的水平标高及垂直度作初步调整。用挂线锤或用激光扫平仪检查墙柱模板的垂直度，并进行校正。在墙柱模板两侧的对应部位加顶斜支撑，斜支撑间距不大于2000mm；长度大于2000mm的墙体必须设置不少于两根斜撑；长度小于1200mm的墙体或剪力墙体不少于一根斜撑；外墙无法设置斜支撑时可用手拉葫芦和斜支撑做到一拉一顶，斜支撑一端固定在背楞上，另一端用膨胀螺栓固定在楼板上，以保证墙柱模板垂直度在浇筑混凝土时不会偏移，墙柱垂直度偏差应控制在5mm内，如图4.24所示。

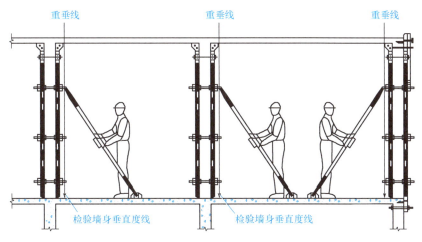

图4.24 模板调整示意图

3) 楼板模板实测实量的校正：根据楼层标高，用红外线先检查梁底是否水平，调节可调节支撑杆至梁底水平，再用红外线检查顶板的水平偏差，调节顶板的每一根支撑杆，直至顶板水平偏差符合要求。同一跨内顶板水平偏差应控制在5mm以内。

(8) 铝合金模板的拆除

1) 模板及其支撑系统拆除的时间、顺序及安全措施应该严格遵照模板专项施工技术方案实施。

2) 若模板早拆，应在拆模前按要求填写审批表，并经监理方批准后方可拆除；模板拆除后应按规定要求填写质量验收记录表。

模板早拆的设计与施工应符合下列规定：拆除早拆模板时，严禁扰动保留部分的支撑系统；严禁竖向支撑随模板拆除后再进行二次支顶；支撑杆应始终处于承受荷载状态，结构荷载传递的转换应可靠；拆除模板、支撑件时的混凝土强度应符合现行国家标准的有关规定。

3) 模板拆除时应符合下列规定：模板应根据专项施工方案规定的墙、梁、楼板拆模时间依次及时拆除；模板拆除时应先拆除侧模板，再拆除承重模板；支承件和连接件应逐件拆卸，模板应逐块拆卸传递，拆除时不得损伤模板和混凝土；拆下的模板应及时进行清理，清理后的模板和配件应分类堆放整齐，不得倚靠已拆下的其他模板或支撑构件堆放。

4. 模板工程施工安全、环保措施

(1) 施工安全措施

1) 模板工程施工应编制安全专项施工方案，并应经施工企业技术负责人和总监理工程师审核签字。层高超过 3.3m 的可调钢支撑模板工程或超过一定规模的模板工程的安全专项施工方案应由施工单位组织专家进行专项技术论证。

2) 模板装拆和支架搭设拆除前应进行施工操作安全技术交底，并应有交底记录；模板安装、支架搭设完毕，应按规定组织验收，并应经责任人签字确认。

3) 高处作业时，应符合现行行业标准《建筑施工高处作业安全技术规范》(JGJ 80—2016)的有关规定。

4) 安装墙、柱模板时，应及时固定支撑防止倾覆。

5) 施工过程中的检查项目应符合下列规定：

① 可调钢支撑等支架基础应坚实、平整，承载力应符合设计要求，并应能承受支架上部荷载。

② 可调钢支撑等支架底部应按设计要求设置底座或预埋螺栓，规格应符合设计要求。

③ 可调钢支撑等支架立杆的规格尺寸、连接方式、间距和垂直度应符合设计要求。

④ 销钉、对拉螺栓、定位撑条、承接模板与斜撑的预埋螺栓等连接件的个数、间距应符合设计要求；螺栓螺帽应扭紧。

⑤ 当采用《建筑施工高处作业安全技术规范》(JGJ 80—2016)规定外的支撑形式时，尚应符合现行行业标准《建筑施工模板安全技术规范》(JGJ 162—2008)的规定。

6) 模板支架使用期间不得擅自拆除支架结构杆件。

7) 在大风地区或大风季节施工，应验算风荷载产生的上浮力影响，且应有抗风的临时加固措施，防止模板上浮；雷雨季节施工应有防湿滑、避雷措施。

8) 在模板搭设或拆除过程中，应采取措施保证已搭设或拆除后剩余部分模板的质量。

(2) 铝合金模板施工危险源识别与措施

铝合金模板施工危险源识别与措施见表 4.10 所示。

项目 4 混凝土结构工程施工

表 4.10 铝合金模板施工危险源识别与措施

危险源	可能造成伤害	措施
高处坠落	操作人员从支撑架上坠落	(1)从事高度在 2m 以上作业的人员，必须系好安全带。 (2)在大梁下方设置固定的安全兜底网。 (3)施工层临边无围护结构时，必须设置防护栏杆并挂安全网。 (4)支模应按规定的作业程序进行，模板未固定前不得进行下道工序，并严禁在上下同一垂直面上安装、拆除模板。 (5)模板上有预留孔时，应在安装后将孔洞覆盖，混凝土浇筑后及时按规定进行防护
坍塌事故	造成模板支撑架的坍塌	(1)严格执行安全生产责任制，各工序施工前及时对班组进行安全技术交底。 (2)坚持安全检查，应有针对性的安全教育，并形成记录。 (3)进入现场必须佩戴好安全帽。 (4)支撑架要与建筑物实现可靠连接。 (5)确保支撑体系受荷均衡，并优先考虑从中部开始向四周扩展的浇筑方法。浇筑过程中应派专业人员观测模板变形情况，发现异常立即停工排险。 (6)拆模应按规定的程序进行。 (7)支撑体系必须按照施工方案和相关的防护标准、规范搭设，并经验收方可使用
触电	使用机具不当引起触电	(1)配电箱的电缆线应有套管，电线进出不混乱。电线老化、破损、漏电的不得使用。 (2)对于危险、潮湿的环境，照明应采用符合要求的安全电压，严禁使用花线或塑胶线，电线不得随地拖动或绑扎在脚手架上。 (3)开关箱与用电设备实行一机一闸一保险，同一开关箱严禁配有 380V 和 220V 两种电压等级。 (4)电箱内设置漏电保护器
火灾	天气干燥、未灭烟头等引起锯末、模板着火	(1)施工现场严格执行有关消防方面的禁令，配备专职消防保卫人员； (2)现场设置消防管道、消防通道，并有专人负责，定期检查，保证完好； (3)坚持现场用火审批制度，电气焊工要有灭火器，易燃、易爆物品使用要按规定执行； (4)施工现场设置专门的吸烟区； (5)木工加工场地有完善的消防设备
物体打击	未按要求进行拆模，零件随手乱丢造成伤害	(1)模板上的小配件应装入专用背包中； (2)进入现场佩戴好安全帽； (3)高空作业时禁止投掷物料； (4)吊运作业时要保证物料捆绑牢固； (5)拆除作业时设置警戒区域，并有专人监护

(3) 文明施工措施

1) 参加模板工程施工的人员,必须进行技术培训和安全教育,没有通过考核合格的人员不能上岗作业。
2) 建立文明施工责任制,划分区域,明确管理负责人。
3) 现场施工人员必须佩戴安全帽,搭设模板支架人员应系安全带、穿防滑鞋。
4) 场容场貌整齐、有序,钢管、扣件等材料分区域堆放整齐。
5) 安装模板时,至少要两人一组进行安装,严禁模板非顺序安装,防止模板偏倒伤人。
6) 浇筑混凝土前,必须检查支撑是否可靠、螺杆是否松动,浇筑时也要随时检查,发现异常现象及时组织恢复。
7) 模板拆除必须满足拆模时所需混凝土强度要求,拆模顺序与支模顺序相反,后支的先拆,先支的后拆;先拆非承重部分,后拆承重部分。
8) 模板拆除时应分片、分区拆除,从一端往另一端拆除,严禁整片一起拆除,拆除时文明轻放,严禁抛扔,要边拆、边清、边运;模板在拆除后,应堆叠整齐,以防止模板变形。
9) 模板支架拆除时,应在周边设置围栏和警戒标志,并派专人看守,严禁非操作人员入内。
10) 工地临时用电线路的架设,应按现行行业标准《施工现场临时用电安全技术规范(附条文说明)》(JGJ 46—2005)的有关规定执行,在模板支架上进行电气焊作业时,必须有防火措施和专人看守。

(4) 绿色施工及环保措施

1) 建立健全环境工作管理条例,主动接受群众的监督。
2) 施工现场应采取措施保证施工噪声符合《建筑施工场界环境噪声排放标准》(GB 12523—2011)要求。
3) 模板运输时,文明轻放;模板调整时,不要过度敲击,避免造成大的噪声。
4) 在施工作业期间尽量减少撞击声、哨声,禁止大声喧哗。
5) 模板用的穿墙螺栓等要收集处理;涂刷脱模剂时,防止泄漏,以免污染土壤;禁止用废旧的机油代替脱模剂。
6) 注意环境卫生,施工项目用地范围内的垃圾倾倒至指定点,不得随意堆放或倾倒。
7) 固体废弃物分类定点堆放,分类处理,可以回收的应回收利用。

4.1.7 大模板施工

液压整体提升大模板施工(动画)

大模板就是根据建筑物的开间、进深和层高,综合考虑设计图样、重复使用次数、起重设备能力等因素而设计制造的一种大尺寸的工具式大型模板。大模板施工因其工艺简单、速度快、工人劳动强度低、房屋的整体性好、抗震性能强、装修湿作业少、机械化程度高，具有良好的技术经济效果而得到广泛应用。

1. 大模板的构造

大模板由面板系统、支撑系统、操作平台和附件组成，如图4.25所示。

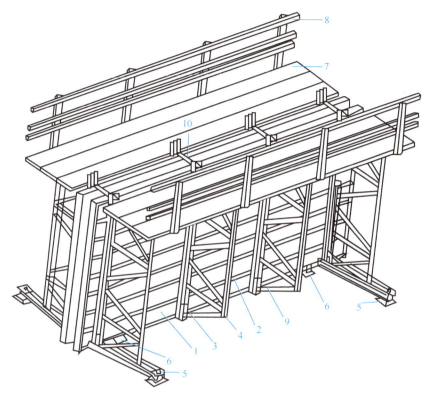

1——面板；2——水平加劲肋；3——竖楞；4——支撑桁架；5——螺旋千斤顶(调整水平用)；
6——螺旋千斤顶(调整垂直用)；7——脚手板；8——栏杆；9——穿墙螺栓；10——上口卡具。

图4.25 大模板构造示意图

2. 大模板的类型

大模板按形状分有平模、小角模、大角模、筒形模等。

平模是以一个整面墙面制作成一块模板，能较好地保证墙面的平整度，结构简单、装拆灵活，但横墙与纵墙混凝土不能同时浇筑，结构的整体性差。解决这一问题的办法是利用小角模与其配套使用。小角模是为适应纵横筋同时浇筑而在纵横墙相交处附加的一种模板，通常用100mm×100mm的角钢制成，作为墙角模板(图4.26)。大角模呈L形，一个房间的模板由四块大角模组成，与平模的区别是模板接缝的位置设在每面墙的中部，优点是四个大角比较方正，纵横墙可同时浇筑，结构整体性好，但大角模也存在加工要求精细、运转麻烦、墙面平整度差、接缝在墙的中部等缺点(图4.27)。筒模是在平模的基础上发展起来的，是将一个房间各个现浇墙面各自独立的模板连接成空间整体模板，优点是模板稳定性好，可整间吊装，减少吊次，有整间大的操作平台，施工条件好；但灵活性较差，自重大，需大吨位的起重机配合工作，制作和安装复杂(图4.28)。

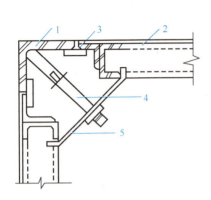

1——小角模；2——平模；3——扁钢；
4——转动拉杆；5——压板。

图 4.26 小角模构造

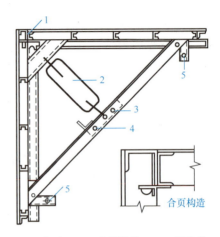

1——合页；2——花篮螺栓；3——固定销；
4——活动销；5——调整螺栓。

图 4.27 大角模构造

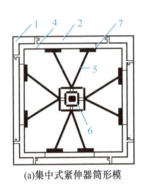

(a) 集中式紧伸器筒形模

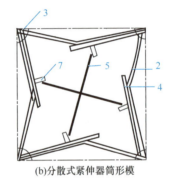

(b) 分散式紧伸器筒形模

1——固定角模；2——平面模板；3——活动角模；
4——肋板；5——紧伸器；6——调节螺杆；7——连接板。

图 4.28 筒模构造

3. 大模板施工要点

(1) 抄平放线

抄平放线包括弹轴线、墙身线、模板就位线及门口、隔墙、阳台位置线和抄平水准线等。采用筒模时，还应放出十字线。每栋建筑物均应设水准点，在底层墙上确定控制水平线，并用钢尺引测各层高程。

(2) 敷设钢筋

墙体钢筋应尽量预先在加工厂按图样点焊成网片运至现场。在运输、堆放和吊装过程中，要采取措施防止钢筋网片产生弯曲变形或焊点脱离。

(3) 内墙模板安装

内墙大模板的安装如图 4.29 所示。大模板进场后要核对型号，清点数量，清除表面锈蚀，用醒目的字体在模板背面注明标号。模板就位前还应涂刷脱模剂，将安装处楼面清理干净，检查墙体中心线及边线，准确无误后方可安装模板。安装模板时，应按顺序吊装，按墙身线就位，反复检查校正模板的垂直度。模板合模前，还要进行隐蔽工程验收。

(4)外墙外模板安装

根据形式不同，外墙外模板分为悬挑式外模板和外承式外模板。

当采用悬挑式外模板施工时，支模顺序为先安装内墙模板，再安装外墙内模，然后把外模板通过内模上端的悬臂梁直接悬挂在内模板上。悬臂梁可采用一根8号槽钢焊在外侧模板的上口横肋上，内外墙模板之间依靠对销螺栓拉紧，下部靠在下层的混凝土墙壁上。

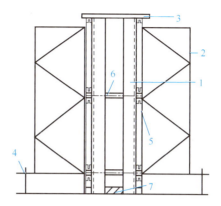

1——内墙模板；2——桁架；3——上夹具；4——校正螺栓；
5——穿墙螺栓；6——套管；7——混凝土导墙。

图4.29 内墙大模板安装

当采用外承式外模板施工时，可先将外墙外模板安装在下层混凝土外墙面挑出的三角形支承架上，用L形螺栓通过下一层外墙预留口挂在外墙上，如图4.30所示。为了保证安全，要设好防护栏和安全网，安装好外墙外模板后，再安装内墙模板和外墙内模板。

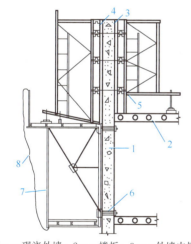

1——现浇外墙；2——楼板；3——外墙内模；
4——外墙外模；5——穿墙螺栓；6——脚手架
固定螺栓；7——外挂脚手架；8——安全网。

图4.30 外承式外模安装

(5)混凝土的浇筑与养护

混凝土坍落度一般控制在7~8cm，宜先浇一层5~10cm厚与原混凝土内砂浆成分相同的砂浆；混凝土应分层连续浇筑，每层间隔时间根据水泥的初凝时间确定，一般不应超过3h，每层高度控制在500mm左右。墙体的施工缝一般宜设在门、窗洞口上连梁跨中1/3区段。

(6)拆模与养护

在常温条件下，墙体混凝土强度超过1.2MPa时方准拆模。拆模顺序为先拆内纵墙模板，再拆横墙模板，最后拆除角模和门洞口模板。单片模板拆除顺序为：拆除穿墙螺栓、拉杆及上口卡具→升起模板底脚螺栓→升起支撑架底脚螺栓→使模板自动倾斜脱离墙面并将模板吊起。拆模时必须先用撬棍轻轻将模板移出20~30mm，然后用塔式起重机吊出。吊拆大模板时应严防撞击外墙挂板和混凝土墙体，因此，吊拆大模板时要注意使吊钩位置倾向于移出模板方向。在任何情况下，不得在墙口上晃动、撬动或敲砸模板。模板拆除后应及时清理、涂刷隔离剂。

4.1.8 滑模施工

液压滑动模板的施工工艺简称"滑模施工"，是按照施工对象的平面尺寸和形状，在地面组装好包括模板、提升架和操作平台的滑模系统，一次装设高度为1.2m左右，然后分层浇筑混凝土，利用液压提升设备不断竖向提升模板，完成混凝土构件施工的一种方法。近年来，随着液压提升机械和施工精度调整技术的不断改进和提高，滑模工艺发展迅速，成为高层建筑施工常用的方法之一。

1. 滑模的构造

滑模由模板系统、操作平台系统和液压提升系统以及施工精度控制系统等组成，如图4.31所示。模板系统包括模板、围圈、提升架；操作平台系统包括平面桁架、铺板、吊脚手架等；液压提升系统包括支承杆、千斤顶、油泵、输油管等。精度控制系统由水平度、垂直度观测与控制装置以及通信联络设施组成。

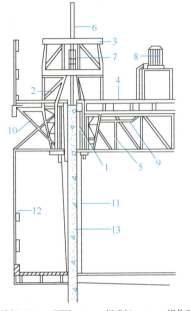

1——模板；2——围圈；3——提升架；4——操作平台；
5——平面桁架；6——支承杆；7——液压千斤顶；
8——高压油泵；9——油管；10——外挑三角架；
11——内吊脚手架；12——外吊脚手架；13——混凝土墙体。

图4.31 滑模系统示意图

2. 滑模施工程序

滑模施工程序一般为：基础施工→绑扎基础上部钢筋→滑模组装→浇筑混凝土→试滑→初滑后检查→正常滑升→绑扎墙体钢筋→浇筑墙体混凝土→滑升→停滑措施→安装或现浇楼板→滑升循环施工直至末滑→拆除滑模装置→继续其他结构施工。

3. 滑模的一般施工工艺

滑升模板的施工由滑升模板的组装、钢筋绑扎、混凝土施工、模板滑升、楼板施工和模板设备的拆除等几道关键工艺组成。

(1) 滑升模板的组装

滑升模板施工（动画）

滑升模板一次组装完，一直使用到结构施工完毕，中途一般不再变化，滑升模板的组装是个重要环节，直接影响施工进度和质量。在组装前，要做好拼装场地的平整工作，检查起滑线以下已经施工好的基础或结构的高程和平面尺寸，并标出建筑物的结构轴线、墙体边线和提升架的位置线等。滑模的组装顺序为：安装提升架→安装围圈→安装模板→安装操作平台→安装液压设备→安装支承杆。滑模组装完毕后，应按规范要求的质量标准进行检查。

(2) 钢筋绑扎

每层混凝土浇筑完毕后，在混凝土表面上至少应有一道已绑扎了的横向钢筋。竖向钢筋绑扎时，应在提升架上部设置钢筋定位架，以保证钢筋位置准确，直径较大的竖向钢筋接头宜采用气焊或电渣焊。双层钢筋的墙体结构，钢筋绑扎后双层钢筋之间应有拉结筋定位。钢筋弯钩均应背向模板，必须留足混凝土保护层。支承杆作为结构受力筋时，应及时清除油污，其接头处的焊接质量必须满足有关钢筋焊接规范的要求。预埋件留设位置与型号必须准确，预埋件的固定，一般可采用短钢筋与结构主筋焊接或绑扎等方法连接牢固，但不得突出模板表面。

(3) 混凝土施工

滑模施工的混凝土，除必须满足设计强度外，还必须满足滑模施工的特殊要求，如出模强度、凝结时间、和易性等。混凝土必须分层均匀交圈浇筑，每一浇筑层的混凝土表面应在同一水平面上，并且有计划地变换浇筑方向，防止模板产生扭转和结构倾斜。混凝土浇筑宜由人工均匀倒入，不得用料斗直接向模板内倾倒，以免对模板造成过大的侧压力。预留孔洞、门窗口等两侧的混凝土，应对称均衡浇筑，以免门窗模移位。分层浇筑的厚度以 200~300mm 为宜，各层浇筑的间隔时间应不大于混凝土的凝结时间，否则应对接槎处按施工缝的要求处理。在气温高的季节，宜先浇筑内墙，后浇筑外墙；先浇筑直墙，后浇筑墙角和墙垛；先浇筑厚墙，后浇筑薄墙。对于狭窄断面的墙体，可在浇筑之前在模板表面铺设塑料或铁皮隔膜，以利于脱模。滑模混凝土的出模强度，一般宜控制在 0.2~0.4MPa。

(4) 滑升工艺

模板的滑升可分为初滑、正常滑升、末滑三个主要阶段。

初滑阶段　即工程开始时进行的初次提升模板阶段，主要对滑模装置和混凝土凝结状态进行检查。当混凝土分层浇筑到 70mm 左右，且第一层混凝土的强度达到出模强度时，缓慢平稳地进行试探性的提升滑升过程，用手按混凝土表面，若出现轻微指印，砂浆不黏手，说明时间恰到好处，进入正常滑升阶段。

正常滑升阶段　模板经初滑调整后，可连续一次提升一个浇筑层高度，待混凝土浇筑至模板顶面时再提升一个浇筑层高度，也可随升随浇。模板的滑升速度，应与混凝土分层浇筑的厚度相配合。两次滑升的间隔停歇时间，一般不宜超过 1h，为防止混凝土与模板黏结，在常温下，滑升速度一般控制在 150~350mm/h 范围内，最慢不应少于 100mm/h。

末滑阶段　当模板滑升至距建筑物顶部高程 1m 左右时，即进入末滑阶段，此时应放慢滑升速度，并进行准确的抄平和找平工作，以使最后一层混凝土能够均匀地交圈，保证顶部际高及位置的准确。混凝土末浇结束后，模板仍应继续滑升，直至与混凝土脱离为止，不致黏结。

停滑措施　如因气候、施工需要或其他原因而不能连续滑升时，应采取可靠的停滑措施，即停滑前，混凝土应浇筑到同一水平面上；停滑过程中，模板应每隔 0.5~1h 提升一个千斤顶行程，确保模板与混凝土不黏结；当支承杆的套管不带锥度时，应于次日将千斤顶顶升一个行程；对于因停滑造成的水平施工缝，应认真处理混凝土表面，保证后浇混凝土与已硬化的混凝土之间良好的黏结；继续施工前，应对液压系统进行全面检查。

(5) 门窗及其他孔洞的留设

门、窗洞及其他孔洞的留设，可采用以下几种方法。

框模法　事先按照设计要求的尺寸制成孔洞框模，框模可用钢材、木材或钢筋混凝土预制件制作，其尺寸宜比设计尺寸大 20~30mm，厚度应比内外模板的上口尺寸小 5~10mm。也可利用门、窗框直接作为框模使用。

堵头模板法　当预留孔洞尺寸较大或孔洞处不设门框时，在孔洞两侧的内外模板之间设置堵头模板，并通过活动角钢与内外模连接，与模板一起滑升。

孔洞胎模法 对于较小的预留孔洞及接线盒等，可事先按孔洞具体形状制作空心或实心的孔洞胎模，尺寸应比设计要求大50～100mm，厚度应比内外模上口小10～20mm，四边应稍有倾斜，便于模板滑过后取出胎模。

(6) 楼板施工

采用滑模施工的高层建筑，其楼板等横向结构的施工方法主要有逐层空滑楼板并进法、先滑墙体楼板跟进法和先滑墙体楼板降模法等。

逐层空滑楼板并进法 又称为"逐层封闭"或"滑一浇一"法，其做法是：当每层墙体模板滑升至上一层楼板底高程位置时，停止墙体混凝土浇筑；待混凝土达到脱模强度后，将模板连续提升，直至墙体混凝土脱模，再向上空滑至模板下口与墙体上皮脱空一段高度为止(脱空高度根据楼板的厚度而定)；然后将操作平台的活动平台板吊开，进行现浇楼板支模、绑扎钢筋和浇筑混凝土的施工。如此逐层进行，直至封顶。

先滑墙体楼板跟进法 是指当滑模施工墙体连续滑动数层后，即可自下而上地进行逐层楼板的施工。楼板施工时，先将操作平台的活动平台板吊开，由活动平台的洞口吊入楼板的模板、钢筋和混凝土等材料或安装预制楼板。对于现浇楼板施工，也可由设置在外墙窗口处的受料平台将所需材料吊入房间，再用手推车运至施工地点。

先滑墙体楼板降模法 先滑墙体楼板降模施工是针对现浇楼板结构而采用的一种施工工艺。其具体做法是：当滑模施工墙体连续滑升到顶或滑升至8～10层高度后，将事先在底层按每个房间组装好的模板，用卷扬机或其他提升机具提升到要求的高度，再用吊杆悬吊在墙体预留的孔洞中，然后进行该层楼板的施工。当该层楼板的混凝土达到拆模强度要求时(不得低于15MPa)，可将模板降至下一层楼板的位置，进行下一层楼板的施工。此时，悬吊模板的吊杆也随之接长。这样，施工完一层楼板，模板降下一层，直到完成全部楼板的施工，降至底层为止。

(7) 模板的拆除

滑模系统的拆除顺序为：拆除油路系统及控制台→拆除操作平台→拆除内模板→拆除安全网和脚手架→用木块垫稳内圈模板桁架→拆除外模板桁架系统→拆除内模板桁架的支撑→拆除内模板桁架。

高空解体过程中，必须保证模板系统的总体稳定和局部稳定，防止倾倒坍落。滑模装置拆除后，应对各部件进行检查、维修，并妥善存放保管，以备使用。

4.1.9 爬模施工

爬升模板施工(动画)

爬升模板简称爬模，是一种自行爬升、不需起重机吊运的模板，可一次成型一个墙面，且可自行升降，是综合大模板与滑模工艺特点形成的一种成套模板技术，既保持了大模板工艺墙面平整的优点，又吸取了滑模利用自身设备向上移动的优点。它适用于高层建筑外墙外侧和电梯井筒内侧无楼板阻隔的现浇混凝土竖向结构施工，尤其在现浇混凝土施工中，爬升模板更有优越性。

1. 爬升模板构造

爬升模板由大模板、爬升支架和爬升设备三部分组成。

2. 爬升模板施工工艺流程

爬升模板施工工艺流程如图 4.32(a)～(g)所示为：首层墙体完成后弹线找平→安装爬升支架→安装外模板、绑扎钢筋、安装内模板→浇筑混凝土→拆除内模板→施工楼板、爬升外模板→绑扎上一层钢筋、安装内模板、浇筑上一层墙体→爬升爬架。如此循环，直至完成整幢建筑的施工。

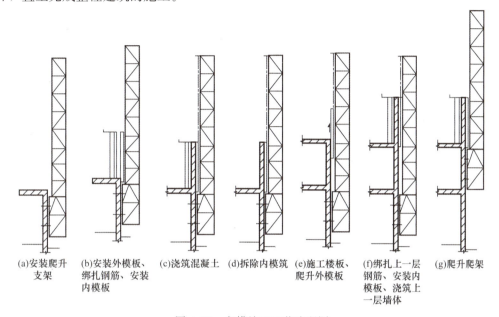

(a)安装爬升支架　(b)安装外模板、绑扎钢筋、安装内模板　(c)浇筑混凝土　(d)拆除内模筑　(e)施工楼板、爬升外模板　(f)绑扎上一层钢筋、安装内模板、浇筑上一层墙体　(g)爬升爬架

图 4.32　爬模施工工艺流程图

3. 爬升模板施工要点

(1)爬升模板安装

爬升模板的安装顺序：组装爬架→爬架固定在墙上→安装爬升设备→吊装模板块→拼接分块模板并校正固定。

各层墙面上预留安装附墙架的螺栓孔应成一垂直线，安装好爬架后要校正垂直度，其偏差宜控制在 $h/1000$ 以内。模板安装完毕后，应对所有连接螺栓和穿墙螺栓进行紧固检查，并经试爬升验收合格后，方可投入使用。

(2)爬架爬升

当墙体的混凝土强度大于 10MPa 时，即可进行爬升。爬架爬升时，拆除校正和固定模板的支撑，拆卸穿墙螺栓。爬升过程中两套爬升设备要同步。应先试爬 50～100mm，确认正常后再快速爬升。爬升时要稳起、稳落，平稳就位，防止大幅度摆动和碰撞。爬升过程中不得有人员站在爬架内，应站在模板外附脚手架上操作。爬升接近就位高程时，应逐个插进附墙螺栓，先插好相应的墙孔和附墙架孔，其余的通过逐步调节爬架对齐插入螺栓，检查爬架的垂直度并用千斤顶调整，然后及时固定。

(3)模板爬升

当混凝土强度达到脱模强度(1.2～3.0MPa)，即可进行模板爬升。先拆除模板对销螺栓、固定支撑、与其他相邻模板的连接件，然后起模、爬升。先试爬升 50～100mm，检查爬升情况，确认正常后再快速爬升。

模板到位后要对其进行平面位置、垂直度、水平度校正，如误差符合要求则可将模板固定。组合并安装好爬升模板，每爬升一次，要对模板金属件涂刷防锈漆，板面要涂刷脱模剂，并要检查下端防止漏浆的橡胶压条是否完好。

4.2 钢筋工程

4.2.1 钢筋的分类、验收和存放

1. 钢筋的分类

混凝土结构和预应力混凝土结构应用的钢筋有热轧钢筋、预应力钢绞线、钢丝和热处理钢筋。后三种用作预应力钢筋。

热轧钢筋分为：HPB300，$d=8～20mm$；HRB400（20MnSiV，20MnSiNb，20MnTi），$d=6～50mm$；RRB400（K20MnSi）和 HRB500，$d=8～40mm$ 等。使用时宜首先选用 HRB400 级钢筋。HPB300 为光圆钢筋，其他为带肋钢筋。

2. 钢筋的验收

钢筋混凝土结构中所用的钢筋，都应有出厂质量证明书或试验报告单，每捆（盘）钢筋均应有标牌。钢筋进场时应按批号及直径分批验收。验收的内容包括查对标牌、外观检查，并按有关标准的规定抽取试样做力学性能和质量偏差检验，合格后方可使用。

(1) 热轧钢筋验收

外观检查　要求钢筋表面不得有裂缝、结疤和折叠，钢筋表面允许有凸块，但不得超过横肋的最大高度。钢筋的外形尺寸应符合规定。

力学性能和质量偏差检验　以同规格、同炉批号的不超过 60t 钢筋为一批，每批抽取 5 个试件进行质量偏差检验，再取两个试样分别进行拉力试验（测定屈服点、抗拉强度和伸长率三项指标）和冷弯试验（以规定弯心直径和弯曲角度检查冷弯性能）。如有一项试验结果不符合规定，则从同一批中另取双倍数量的试样重做各项试验。如仍有一个试样不合格，则该批钢筋为不合格品，应降级使用。

其他说明　在使用过程中，对热轧钢筋的质量有疑问或类别不明时，使用前应做拉力和冷弯试验（抽样数量应根据实际情况确定），根据试验结果确定钢筋的类别后，才允许使用。热轧钢筋在加工过程中发现脆断、焊接性能不良或力学性能显著不正常等现象时，应进行化学成分分析或其他专项检验。

(2) 冷拉钢筋验收

冷拉钢筋以不超过 20t 的同级别、同直径的冷拉钢筋为一批，从每批中抽取两根钢筋，每根截取两个试样分别进行抗拉强度试验和冷弯试验。冷拉钢筋的外观不得有裂纹和局部缩颈。

(3) 冷轧带肋钢筋验收

冷轧带肋钢筋以不大于 50t 的同级别、同一牌号、同一规格为一批。每批抽取 5%

(但不少于5盘)进行外形尺寸、表面质量和重量偏差的检查,如其中有一盘不合格,则应对该批钢筋逐盘检查。力学性能应逐盘检验,从每盘任一端截去500mm后取两个试样分别做抗拉强度和冷弯试验,如有一项指标不合格,则该盘钢筋判为不合格。

(4)抗震要求

对有抗震要求的框架结构纵向受力钢筋进行检验,应符合下列要求:

1)钢筋的抗拉强度实测值与屈服强度实测值的比值不应小于1.25。

2)钢筋的屈服强度实测值与钢筋强度标准值的比值不应大于1.3。

3)钢筋的最大力作用下总伸长率不应小于9%。

3. 钢筋的存放

当钢筋运进施工现场后,必须严格按批分等级、牌号、直径、长度挂牌存放,并注明数量,不得混淆。钢筋应尽量堆入仓库或料棚内。条件不具备时,应选择地势较高,土质坚实,较为平坦的露天场地存放。在仓库或存放场地周围挖排水沟,以利泄水。堆放时钢筋下面要加垫木,离地不宜少于200mm,以防钢筋锈蚀和污染。钢筋成品要分工程名称和构件名称,按号码顺序存放。同一项工程与同一构件的钢筋要存放在一起,按号挂牌排列,牌上注明构件名称、部位、钢筋类型、尺寸、牌号、直径、根数,不能将不同工程项目的钢筋混放在一起。同时不要和产生有害气体的车间靠近,以免污染和腐蚀钢筋。

钢筋现场堆放(视频)

4.2.2 钢筋的冷加工

钢筋一般在钢筋车间或现场钢筋棚加工,然后运至施工现场安装或绑扎。钢筋加工过程取决于成品要求,一般包括冷拉、冷拔、调直、除锈、切断、弯曲成形、焊接、绑扎等。钢筋加工过程如图4.33所示。

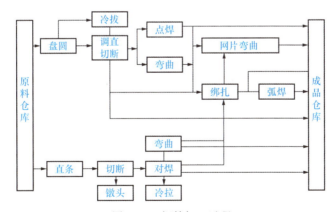

钢筋冷拉(动画)

图4.33 钢筋加工过程

钢筋的冷加工有冷拉、冷轧,用以提高钢筋强度标准值,能节约钢材,满足预应力钢筋的需要。

钢筋的冷拉是在常温下对钢筋进行强力拉伸,拉应力超过钢筋的屈服强度,使钢筋产生塑性变形,以达到调直钢筋、提高强度的

钢筋冷拔(动画)

目的。冷拉 HPB300 级钢筋适用于混凝土结构中的受拉钢筋；冷拉 HRB400、RRB400 级钢筋适用于预应力混凝土结构中的预应力筋。

(1) 冷拉原理

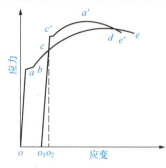

图 4.34　钢筋拉伸曲线

图 4.34 中，$abcde$ 为钢筋的拉伸特性曲线。钢筋冷拉时，拉应力超过屈服点 b 达到 c 点，然后卸荷。由于钢筋已产生了塑性变形，卸荷过程中应力应变沿 co_1 降至 o_1 点。如再立即重新拉伸，应力应变图将沿 o_1cde' 变化，并在高于 c 点附近出现新的屈服点，该屈服点明显高于冷拉前的屈服点 b，这种现象称为"变形硬化"。

冷拉后钢筋有内应力存在，内应力会促进钢筋内的晶体组织调整，经过调整，屈服强度又进一步提高。该晶体组织调整过程称为"时效"。钢筋经冷拉和时效后的拉伸特性曲线即为 $o_1c'de'$。HPB300、HRB400 级钢筋的时效过程在常温下需 15～20d(称为自然时效)，但温度在 100℃时只需 2h 即完成，因而为加速时效，可利用蒸汽、电热等手段进行人工时效。HRB400、RRB400 级钢筋在自然条件下一般达不到时效的效果，宜用人工时效。一般通电加热至 150～200℃，保持 20min 左右即可。

(2) 冷拉控制方法

冷拉钢筋的控制方法有控制应力和控制冷拉率两种方法。

冷拉率是指钢筋冷拉伸长值与钢筋冷拉前长度的比值。采用冷拉率方法冷拉钢筋时，其最大冷拉率及冷拉控制应力，应符合表 4.11 的规定。

采用控制应力冷拉钢筋时，冷拉时以表 4.11 规定的控制应力对钢筋进行冷拉。冷拉后检查钢筋的冷拉率，如不超过表 4.11 中规定的冷拉率，认为合格；如超过表 4.11 中规定的数值时，则应进行力学性能检验。

表 4.11　冷拉控制应力及最大冷拉率

项目	钢筋级别	冷拉控制应力/MPa	最大冷拉率/%
1	HPB300	280	10
2	HRB400	500	5

例如，一根直径为18mm，截面积为254.5mm²，长度为30m 的 HPB300 级钢筋冷拉时，由表 4.11 查出钢筋冷拉控制应力为 280N/mm²，最大冷拉率不超过 10%，则该根钢筋冷拉控制拉力为

$$254.5mm^2 \times 280N/mm^2 = 71260N = 71.26kN$$

最大伸长量为

$$30m \times 10\% = 3m = 3000mm$$

冷拉时，当控制力达到 71.26kN，而伸长量没有超过 3000mm，则这根冷拉钢筋为合格品；当控制拉力达到 71.26kN 而伸长量超过 3000mm，或者伸长量达到 3000mm 而控制力没达到时，均为不合格，须进行力学性能试验或降级使用。

冷拉率控制值必须由试验确定。对同炉批钢筋测定的试件不宜少于 4 个，每个试件应按表 4.12 规定的冷拉应力值在万能试验机上测定相应的冷拉率，取其平均值作为该炉批钢筋的实际冷拉率。如钢筋强度偏高，平均冷拉率低于 1% 时，仍按 1% 进行冷拉。

表 4.12　测定冷拉率时钢筋的冷拉应力

钢筋级别	冷拉控制应力/MPa
HPB300　$d<12mm$	320
HRB400　$d=8\sim40mm$	530
RRB400　$d=10\sim28mm$	730

不同炉批的钢筋，不宜用控制冷拉率的方法进行冷拉。多根连接的钢筋，用控制应力的方法进行冷拉时，其控制应力和每根的冷拉率均应符合表 4.11 的规定；当用控制冷拉率方法进行冷拉时，实际冷拉率按总长计，但多根钢筋中每根钢筋冷拉率不得超过表 4.11 的规定。

钢筋冷拉速度不宜过快，一般以每秒拉长 5mm 或每秒增加 $5N/mm^2$ 拉应力为宜。当拉至控制值时，停止 2～3min 后，再行放松，使钢筋晶体组织变形较为完全，以减少钢筋的弹性回缩。

预应力钢筋由几段对焊而成时，应在焊接后再进行冷拉，以免因焊接而降低冷拉所获得的强度。

钢筋调直宜用机械方法，也可用冷拉调直。当用冷拉方法调直钢筋时，HPB300 级钢筋的冷拉率不宜大于 4%，HRB400 级和 RRB400 级钢筋的冷拉率不宜大于 1%。

4.2.3　钢筋连接

钢筋接头连接方法有焊接连接、机械连接和绑扎连接。焊接连接的方法较多，成本较低，质量可靠，宜优先选用。机械连接无明火作业，设备简单，节约能源，不受气候条件影响，可全天候施工，连接可靠，技术易于掌握，适用范围广，尤其适用于现场焊接有困难的场合。绑扎连接由于需要较长的搭接长度，造成浪费钢筋，且连接不可靠，故宜限制使用。

1. 焊接连接

钢筋焊接方法有电弧焊、电渣压力焊和电阻点焊。此外还有预埋件钢筋和钢板的埋弧压力焊及钢筋气压焊。

受力钢筋采用焊接接头时，设置在同一构件内的焊接接头应相互错开。在任一焊接接头中心至长度为钢筋直径 d 的 35 倍，且不小于 500mm 的区段内，同一根钢筋不得有两个接头；在该区段内有接头的受力钢筋截面面积占受力钢筋总截面面积的百分率应符合下列规定。

① 非预应力筋受拉区不宜超过 50%；受压区和装配式构件连接处不限制。
② 预应力筋受拉区不宜超过 25%，当有可靠保证措施时，可放宽至 50%；受压区和后张法的螺丝端杆不限制。

(1)电弧焊

电弧焊是利用弧焊机使焊条与焊件之间产生高温电弧,使焊条和电弧燃烧范围内的焊件熔化,待其凝固便形成焊缝或接头。电弧焊广泛用于钢筋接头、钢筋骨架焊接、装配式结构接头的焊接、钢筋与钢板的焊接及各种钢结构焊接。

钢筋电弧焊的接头形式(图 4.35)有搭接焊接头(单面焊缝或双面焊缝)、帮条焊接头(单面焊缝或双面焊缝)、坡口焊接头(平焊或立焊)、熔槽帮条焊接头(用于安装焊接 $d \geqslant 25$mm 的钢筋)和窄间隙焊接头(置于 U 形铜模内)等。

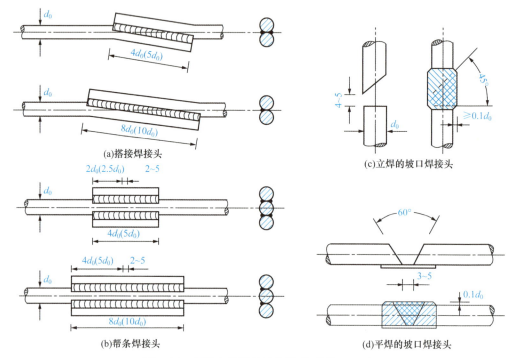

图 4.35 钢筋电弧焊的接头形式(单位:mm)

弧焊机有直流与交流之分,常用的为交流弧焊机。

焊条的种类很多,如 E4303、E5503 等,钢筋焊接需根据钢材等级和焊接接头形式选择焊条。焊条表面涂有药皮,它可保证电弧稳定,使焊缝免致氧化,并产生熔渣覆盖焊缝以减缓冷却速度;对熔池脱氧和加入合金元素,以保证焊缝金属的化学成分和力学性能。

焊接电流和焊条直径根据钢筋类别、直径、接头形式和焊接位置进行选择。

搭接接头的长度、帮条的长度、焊缝的长度和高度等,规程都有明确规定。采用帮条焊或搭接焊时,焊缝长度不应小于帮条或搭接长度,焊缝高度 $h \geqslant 0.3d$,并不得小于 4mm;焊缝宽度 $b \geqslant 0.7d$,并不得小于 10mm。电弧焊一般要求焊缝表面平整,无裂纹,无较大凹陷、焊瘤、无明显咬边、气孔、夹渣等缺陷。在现场安装条件下,每一层楼以 300 个同类型接头为一批,每一批选取三个接头进行拉伸试验。如有一个不合格,取双倍试件复验,若仍不合格,则该批接头不可使用。如对焊接质量有怀疑或发现异常情况,还可进行非破损方式(X 射线、γ 射线、超声波探伤等)检验。

(2)电渣压力焊

电渣压力焊(图 4.36)在建筑施工中多用于现浇钢筋混凝土结构构件内竖向或斜向(倾斜度在 4∶1 的范围内)钢筋的焊接接长,有自动电渣压力焊和手工电渣压力焊两种。与电弧焊比较,这种方法工效高、成本低,可进行竖向连接,在工程中应用较普遍。

进行电渣压力焊宜选用合适的变压器。夹具需灵巧、上下钳口同心,保证上下钢筋的轴线应尽量一致,其最大偏移不得超过 $0.1d$,同时也不得大于 2mm。

焊接时,先将钢筋端部约 120mm 范围内的铁锈除尽,将夹具夹牢在下部钢筋上,并将上部钢筋扶直夹牢于活动电极中,自动电渣压力焊还在上下钢筋间放引弧用的钢丝圈等;然后再装上药盒(直径为 90～100mm)和装满焊药,接通电路,用手柄使电弧引燃(引弧);稳定一定时间后,使之形成渣池并使钢筋熔化(稳弧),随着钢筋的熔化,用手柄使上部钢筋缓缓下送。当稳弧达到规定时间后,在断电同时用手柄进行加压顶锻(顶锻),以排除夹渣和气泡,形成接头。待冷却一定时间后,即拆除药盒、回收焊药、拆除夹具和清除焊渣。引弧、稳弧、顶锻三个过程应连续进行。

电渣压力焊的工艺参数(焊接电流、渣池电压和通电时间)应根据钢筋直径选择,钢筋直径不同时,根据较小直径的钢筋选择参数。电渣压力焊的接头,亦应按规定的方法检查外观质量和进行试件拉伸试验。

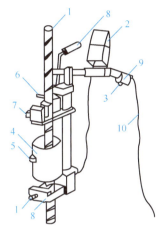

1——钢筋;2——监控仪表;
3——电源开关;4——焊剂盒;
5——焊剂盒扣环;6——电缆插座;
7——活动夹具;8——固定夹具;
9——操作手柄;10——控制电缆。

图 4.36 电渣压力焊构造原理

(3)电阻点焊

电阻点焊主要用于小直径钢筋的交叉连接,如用来焊接钢筋网片、钢筋骨架等。其生产效率高,节约材料,应用广泛。

电阻点焊的工作原理是:当钢筋交叉点焊时,接触点只有一点,且接触电阻较大,在接触的瞬间,电流产生的全部热量都集中在一点上,因而使金属受热而熔化,同时在电极加压下使焊点金属得到焊合,如图 4.37 所示。

常用的点焊机有单点点焊机、多头点焊机(一次可焊数点,用于焊接宽大的钢筋网)、悬挂式点焊机(可焊钢筋骨架或钢筋网)、手提式点焊机(用于施工现场)。

电阻点焊的主要工艺参数为变压器级数、通电时间和电极压力。在焊接过程中应保持一定的预压和锻压时间。

通电时间根据钢筋直径和变压器级数而定。电极压力则根据钢筋级别和直径选择。

焊点应有一定的压入深度。点焊热轧钢筋时,压入深度为较小钢筋直径的30%～45%;点焊冷拔低碳钢丝时,压入深度为较小钢丝直径的30%～35%。

电阻点焊不同直径钢筋时,如较细钢筋的直径小于10mm,粗细钢筋直径之比不宜大于 3;如较细钢筋的直径为 12mm 或 14mm 时,粗细钢筋直径之比则不宜大于 2。应

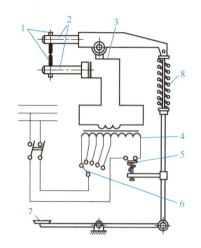

1—电极；2—电极臂；3—变压器的次级线圈；4—变压器的初级线圈；5—断路器；6—变压器的调节开关；7—踏板；8—压紧机构。

图 4.37 点焊机工作原理

根据较小直径的钢筋选择焊接工艺参数。

焊点应进行外观检查和强度试验。热轧钢筋的焊点应进行抗剪试验。

(4) 气压焊

气压焊连接钢筋是利用乙炔-氧混合气体燃烧的高温火焰对已有初始压力的两根钢筋端面接合处加热，使钢筋端部产生塑性变形，并促使钢筋端面的金属原子互相扩散，当钢筋加热到1250～1350℃（相当于钢材熔点的0.80～0.90，此时钢筋加热部位呈橘黄色，有白亮闪光出现）时进行加压顶锻，使钢筋内的原子得以再结晶而焊接在一起。

钢筋气压焊接属于热压焊。在焊接加热过程中，加热温度只为钢材熔点的0.8～0.9，钢材未呈熔化液态，且加热时间较短，钢筋的热输入量较少，所以不会出现钢筋材质劣化倾向。另外，它设备轻巧，使用灵活，效率高，节省电能，焊接成本低，可进行全方位(竖向、水平和斜向)焊接，所以在我国逐步得到推广。

气压焊接设备主要包括加热系统与加压系统两个部分，如图 4.38 所示。

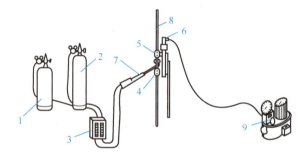

1—乙炔；2—氧气；3—流量计；4—固定卡具；5—活动卡具；6—压接器；7—加热器与焊炬；8—被焊的钢筋；9—电动油泵。

图 4.38 气压焊接设备示意图

加热系统中的加热能源是氧和乙炔。氧的纯度宜为99.5％，工作压力为0.6～0.7MPa；乙炔的纯度宜为98.0％，工作压力为0.06MPa。流量计用来控制氧和乙炔的输入量，焊接不同直径的钢筋要求不同的流量。加热器用来将氧和乙炔混合后，从喷火嘴喷出火焰加热钢筋，要求火焰能均匀加热钢筋，有足够的温度和功率并安全可靠。

加压系统中的压力源为电动油泵(亦有手揿油泵)，使加压顶锻时压力平稳。压接器是气压焊的主要设备之一，要求它能准确、方便地将两根钢筋固定在同一轴线上，并将油泵产生的压力均匀地传递给钢筋达到焊接的目的。施工时压接器需反复装拆，要求它质量轻、构造简单和装拆方便。

气压焊接的钢筋要用砂轮切割机断料，不能用钢筋切断机切断，要求端面与钢筋轴线垂直。焊接前应打磨钢筋端面，清除氧化层和污物，使之现出金属光泽，并即喷涂一薄层焊接活化剂保护端面不再氧化。

钢筋加热前先对钢筋施加 30~40MPa 的初始压力，使钢筋端面贴合。当加热到缝隙密合后，上下摆动加热器适当增大钢筋加热范围，促使钢筋端面金属原子互相渗透可便于加压顶锻。加压顶锻时的压应力为 34~40MPa，使焊接部位产生塑性变形。直径小于 22mm 的钢筋可一次顶锻成形，大直径钢筋可进行二次顶锻。

2. 钢筋机械连接

钢筋机械连接包括套筒挤压连接和螺纹套管连接，是近年来大直径钢筋现场连接的主要方法。这种方法不受钢筋化学成分、可焊性及气候等影响，具有质量稳定、操作简便、施工速度快、无明火等特点。

(1) 钢筋套筒挤压连接

钢筋套筒挤压连接是将需连接的变形钢筋插入特制钢套筒内，利用液压驱动的挤压机进行径向或轴向挤压，使钢套筒产生塑性变形，使套筒内壁紧紧咬住变形钢筋实现连接(图 4.39)。它适用于竖向、横向及其他方向的较大直径变形钢筋的连接。

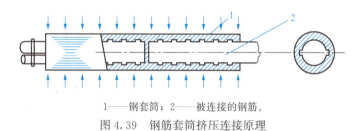

1——钢套筒；2——被连接的钢筋。

图 4.39 钢筋套筒挤压连接原理

钢筋套筒挤压连接的工艺参数包括压接顺序、压接力和压接道数。压接顺序应从中间逐道向两端压接。压接力要能保证套筒与钢筋紧密咬合，压接力和压接道数取决于钢筋直径、套筒型号和挤压机型号。

钢筋套筒挤压连接接头，按验收批进行外观质量和单向拉伸试验检验。

锥螺纹套筒连接由于钢筋的端头需在套丝机上加工螺纹，截面有所削弱，有时达不到与母材等级强度要求。为确保达到与母材等级强度，可先把钢筋端部镦粗，然后切削直螺纹，用套筒连接便形成直螺纹套筒连接；或者用冷轧方法在钢筋端部轧制出螺纹，由于冷强作用亦可达到与母材等级强度，此种连接目前应用较少。

(2) 钢筋直螺纹套筒连接

钢筋直螺纹套筒连接是在锥螺纹连接的基础上发展起来的一种钢筋连接形式，它与锥螺纹连接的施工工艺基本相似，但克服了锥螺纹连接接头处钢筋断面削弱的缺点，在现浇结构施工中逐步取代了锥螺纹连接。

钢筋直螺纹套筒连接施工工艺 钢筋直螺纹连接接头制作工艺一般分为三个阶段，即钢筋端部镦粗，切削直螺纹，用连接套筒对接钢筋。

钢筋镦粗用镦头机，质量约 380kg，便于运至现场加工，能自动实现对中、夹紧、镦头等工序。每次镦头所需时间为 30~40s，每台班可镦头 500~600 个。

直螺纹套螺纹用直螺纹套丝机，能保证螺纹直径和螺纹精度的稳定性，保证与套筒良好的配合和互换性。

现场连接钢筋利用普通扳手拧紧即可，无需控制力矩，方便快捷。

直螺纹接头类型 直螺纹接头形式主要有标准型、加长型、扩口型、异径型、反螺纹型、加锁母型六种。

标准型用于正常情况下连接钢筋；加长型用于转运钢筋较困难的场合，通过转运套筒连接钢筋；扩口型用于钢筋较难对中的场合；异径型用于连接不同直径的钢筋；正反螺纹型用于两端钢筋均不能运转而要求调节轴向长度的场合；加锁母型用于钢筋完全不能运转，通过运转套筒连接钢筋，用锁母锁定套筒。

钢筋在现场安装时，受力钢筋的品种、级别、规格和数量都必须符合设计要求。钢筋安装位置的允许偏差应参照《混凝土结构工程施工质量验收规范》(GB 50204—2015)中的相关规定。

3. 绑扎连接

钢筋搭接处，应在中心及两端用 20～22 号铁丝扎牢。受拉钢筋绑扎连接的搭接长度，应符合表 4.13 的规定。

表 4.13 受拉钢筋绑扎接头的搭接长度

项次	钢筋类型	混凝土强度等级		
		C20	C25	≥C30
1	HPB300 级钢筋	$35d$	$30d$	$25d$
2	HRB335 级钢筋	$45d$	$40d$	$35d$
3	HRB400 级钢筋	$55d$	$50d$	$45d$
4	低碳冷拔钢丝	300mm		

注：1) HRB400 级钢筋直径 $d>25$mm 时，其受拉钢筋的搭接长度应按表中数值增加 $5d$ 取用。

2) 当螺纹钢筋直径 $d\leqslant 25$mm 时，其受拉钢筋的搭接长度应按表中数值减少 $5d$ 取用。

3) 当混凝土在凝固过程中易受扰动时（如滑模施工），受力钢筋的搭接长度宜适当增加。

4) 在任何情况下，纵向受拉钢筋的搭接长度不应小于 300mm，受压钢筋的搭接长度不应小于 200mm。

5) 轻骨料混凝土的钢筋绑扎接头搭接长度应按普通混凝土搭接长度增加 $5d$（低碳冷拔钢丝增加 50mm）。

6) 当混凝土强度等级低于 C20 时，HRB400 级钢筋的最小搭接长度应按表中 C20 的相应数值增加 $10d$。

1) 两根直径不同钢筋的搭接长度，以较细钢筋的直径计算。

2) 当纵向受拉钢筋搭接接头面积百分率>25%，且<50%时，其最小搭接长度应按表 4.13 中的数值乘以 1.2 取用；当接头面积百分率>50%时，应按表 4.13 中的数值乘以 1.35 取用。

3) 当带肋钢筋的直径大于 25mm 时，其最小搭接长度按表 4.13 中的相应数值乘以系数 1.1 取用。

4) 对于环氧树脂涂层的带肋钢筋，其最小搭接长度按表 4.13 中的相应数值乘以系数 1.25 取用。

5) 当在混凝土凝固过程中受力钢筋易受扰动时（如滑模施工），其最小搭接长度应按相应数值乘以系数 1.1 取用。

6) 当带肋钢筋的混凝土保护层厚度大于搭接钢筋直径的3倍且配有箍筋时,其最小搭接长度可按相应数值乘以系数0.8取用。

7) 对末端采用机械锚固措施的带肋钢筋,其最小搭接长度按相应的数值乘以系数0.7取用。

8) 对于有抗震设防要求的结构构件,其受力钢筋的最小搭接长度:对于一、二级抗震等级的,应按相应数值乘以系数1.15取用;对于三级抗震等级的,应按相应数值乘以系数1.05取用。

9) 在任何情况下,受拉钢筋的搭接长度不应小于300mm;受压钢筋的搭接长度不应小于200mm。

4. 钢筋焊接网

(1) 技术内容

钢筋焊接网是将具有相同或不同直径的纵向和横向钢筋分别以一定间距垂直排列,全部交叉点均用电阻点焊焊在一起的钢筋网,分为定型、定制和开口钢筋焊接网三种。钢筋焊接网生产主要采用钢筋焊接网生产线,并采用计算机自动控制的多头焊网机焊接成型,焊接前后钢筋的力学性能几乎没有变化,其优点是钢筋网成型速度快、网片质量稳定、横纵向钢筋间距均匀、交叉点处连接牢固。

钢筋焊接网生产线是将盘条或直条钢筋通过电阻焊方式自动焊接成型为钢筋焊接网的设备,按上料方式主要分为盘条上料、直条上料、混合上料(纵筋盘条上料、横筋直条上料)三种生产线;按横筋落料方式分为人工落料和自动化落料;按焊接网片制品分类,主要分为标准网焊接生产线和柔性网焊接生产线,柔性网焊接生产线不仅可以生产标准网,还可以生产带门窗孔洞的定制网片。钢筋焊接网生产线可用于建筑、公路、防护、隔离等网片生产,还可以用于PC构件厂内墙、外墙、叠合板等网片的生产。

目前,主要采用CRB550、CRB600H级冷轧带肋钢筋和HRB400、HRB500级热轧钢筋制作焊接网。钢筋焊接网工程应用较多、技术成熟。钢筋焊接网技术包括钢筋调直切断技术、钢筋网制作配送技术、布网设计及施工安装技术等。

(2) 技术要求

钢筋焊接网技术指标应符合国家标准《钢筋混凝土用钢 第3部分:钢筋焊接网》(GB/T 1499.3—2010)和行业标准《钢筋焊接网混凝土结构技术规程》(JGJ 114—2014)的规定。冷轧带肋钢筋的直径宜采用5～12mm,CRB550、CRB600H的强度标准值分别为500N/mm^2、520N/mm^2,强度设计值分别为400N/mm^2、415N/mm^2;热轧钢筋的直径宜为6～18mm,HRB400、HRB500屈服强度标准值分别为400N/mm^2、500N/mm^2,强度设计值分别为360N/mm^2、435N/mm^2。焊接网制作方向的钢筋间距宜为100mm、150mm、200mm,也可采用125mm或175mm;与制作方向垂直的钢筋间距宜为100～400mm,且宜为10mm的整倍数,焊接网的最大长度不宜超过12m,最大宽度不宜超过3.3m。焊点抗剪力不应小于试件受拉钢筋规定屈服力值的0.3倍。

(3) 适用范围

应用钢筋焊接网可显著提高钢筋工程质量和施工速度,增强混凝土抗裂能力,具有很好的综合经济效益。钢筋焊接网广泛适用于现浇钢筋混凝土结构和预制构件的配筋,特别适用于房屋的楼板、屋面板、地坪、墙体、梁柱箍筋笼与预制构件的配筋,以及桥梁的桥面铺装和桥墩防裂网,高速铁路中的无砟轨道底座配筋、轨道板底座及箱梁顶面铺装层配筋。

HRB400级钢筋焊接网由于钢筋延性较好,除用于一般钢结构外,更适于抗震设防要求较高的构件,如剪力墙底部加强区等的配筋。

4.2.4 钢筋配料

钢筋弯曲成型(视频)

钢筋配料就是根据结构施工图,分别计算构件各钢筋的直线下料长度、根数及质量,编制钢筋配料单作为备料、加工和结算的依据。钢筋配料是钢筋工程施工的重要一环,应由识图能力强,同时熟悉钢筋加工工艺的人员进行。钢筋加工前应根据设计图样和会审记录按不同构件先编制配料单,见表4.14,然后进行备料加工。

表4.14 钢筋配料单

项次	构件名称	钢筋编号	简图(单位:mm)	直径/mm	钢筋符号	下料长度/mm	单位钢筋数量/根	合计钢筋数量/根	质量合计/kg
1	L₁梁计5种	①	4190	10	Φ	4315	2	10	26.62
2		②	265 494 2960 494 265 150 150	20	Φ	4658	1	5	57.43
3		③	100 4190 100	18	Φ	4543	2	10	90.77
4		④	162 362	6	Φ	1108	22	110	27.05

结构施工图中所指钢筋长度是钢筋外边缘至外边缘之间的长度,即外包尺寸,这是施工中度量钢筋长度的基本依据。钢筋加工前按直线下料,经弯曲后,外边缘伸长,内边缘缩短,而中心线不变。这样,钢筋弯曲后的外包尺寸和中心线长度之间存在一个差值,这个差值称为"量度差值"。量度差值在计算下料长度时必须加以扣除,否则势必造成下料太长,钢筋浪费;或弯曲成型后钢筋尺寸大于要求,造成保护层不够;甚至钢筋尺寸大于模板尺寸而造成返工。因此,钢筋下料长度应为各段外包尺寸之和减去各弯曲处的量度差值,再加上端部弯钩的增加值。

1. 钢筋弯曲处量度差值

钢筋弯曲处的量度差值与钢筋弯心直径及弯曲角度有关。

若钢筋直径为d,90°弯曲时按施工规范有两种情况,即HPB300钢筋其弯心直径$D=2.5d$,如图4.40所示,其每个90°弯曲的量度差值为

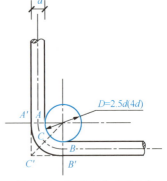

图4.40 钢筋弯曲90°尺寸

$$A'C' + C'B' - \widehat{ACB} = 2\left(\frac{D}{2} + d\right) - \frac{1}{4}\pi(D+d) = 0.215D + 1.215d$$

当弯心直径$D=2.5d$时,代入上式,得量度差值为$1.75d$;

当弯心直径 $D=4d$ 时，代入上式，得量度差值为 $2.07d$。

为了计算方便，两者都近似取 $2d$。

同理可得，$45°$弯曲时的量度差值为 $0.5d$；$60°$弯曲时的量度差值为 $0.85d$；$135°$弯曲时的量度差值为 $2.5d$。

2. 钢筋弯钩(曲)增加长度

根据规范规定，HPB300 钢筋两端应做 $180°$ 弯钩，其弯心直径 $D=2.5d$，平直部分长度为 $3d$，如图 4.41 所示。量度方法以外包尺寸度量，其每个弯钩增加长度为

$$E'F = \overset{\frown}{ACE} + EC - AF = 1/2\pi(D+d) + 3d - (D/2+d)$$
$$= 1/2\pi(2.5d+d) + 3d - (2.5d/2+d) = 6.25d \quad \text{(已考虑量度差值)}$$

即

$$\text{弯钩增加长度} = 0.5\pi(D+d) - (0.5D+d) + \text{平直长度}$$

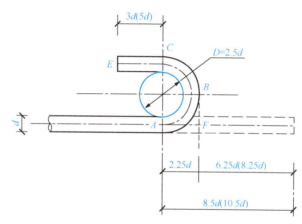

图 4.41　钢筋弯曲 180° 尺寸

同理可得，钢筋末端弯曲为 $135°$ 及 $90°$ 时，其末端弯曲增长值可按下式分别计算。

当弯曲 $135°$ 时，弯曲增加长度 $=0.37\pi(D+d)-(0.5D+d)+$ 平直长度；

当弯曲 $90°$ 时，弯曲增加长度 $=0.25\pi(D+d)-(0.5D+d)+$ 平直长度。

1) HPB300 钢筋末端需做 $180°$ 弯钩，普通混凝土中取 $D=2.5d$，平直段长度为 $3d$，故每弯钩增长值为 $6.25d$。

2) HRB400 钢筋末端做 $135°$ 弯曲，其弯曲直径至少是钢筋直径的 4 倍。其末端弯钩增长值，当弯曲 $90°$ 时，HRB400 钢筋均取 $d+$ 平直段长；当弯曲 $135°$ 时，HRB400 钢筋取 $3.5d+$ 平直段长。

3) 箍筋用 HPB300 钢筋或冷拔低碳钢丝制作时，其末端需做弯钩，有抗震要求的结构应做 $135°$ 弯钩，无抗震要求的结构可做 $90°$ 或 $180°$ 弯钩，弯钩的弯曲直径 D 应大于受力钢筋的直径，且不小于箍筋直径的 2.5 倍。弯钩末端平直长度，在一般结构中不宜小于箍筋直径的 5 倍；在有抗震要求的结构中不小于箍筋直径的 10 倍。其末端弯曲增长仍可按上式进行计算。

【例 4.1】　某实验楼第一层共有 5 根 L_1 梁，梁的配筋如图 4.42 所示，试计算各钢筋下料长度。

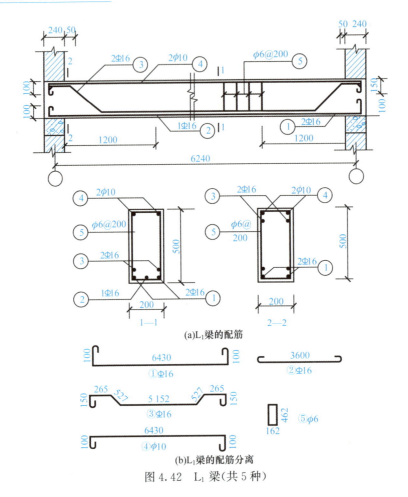

图 4.42 L_1 梁(共 5 种)

解 1)根据图 4.42(a)L_1 梁的配筋图可知,该梁共配有 5 种钢筋,钢筋分离图如图 4.42(b)所示。

2)各钢筋下料长度计算如下:

①号钢筋为下部受拉钢筋,端部保护层厚度为 25mm,其下料长度为

$$l_1 = (6240+240-2\times25+2\times100+2\times6.25d-2\times2d)\text{mm}$$
$$= (6240+240-2\times25+2\times100+2\times6.25\times16-2\times2\times16)\text{mm}$$
$$= 6766\text{mm}$$

②号钢筋为跨中直钢筋,其下料长度为

$$l_2 = (6240-240-2\times1200+2\times6.25d)\text{mm}$$
$$= (6240-240-2\times1200+2\times6.25\times16)\text{mm}$$
$$= 3800\text{mm}$$

③号钢筋为弯起钢筋,其下料长度分段计算为

两端水平段长度 $=(240+50-25)\text{mm}=265\text{mm}$

斜段长度 $=(500-2\times25-16-10-2\times25)\times1.41\text{mm}=374\times1.41\text{mm}=527\text{mm}$

中间直段长度 $=(6240+240-2\times25-2\times265-2\times374)\text{mm}=5152\text{mm}$

④号钢筋下料长度为两外包长度＋弯钩增加长度－弯曲调整值，即

$$l_3 = [2\times(150+265+527)+5152+2\times 6.25d-4\times 0.5d-2\times 2d]\text{mm}$$
$$= [2\times(150+265+527)+5152+2\times 6.25\times 16-4\times 0.5\times 16-2\times 2\times 16]\text{mm}$$
$$= 7140\text{mm}$$

⑤号钢筋为上部架立钢筋，其下料长度为

$$l_4 = [6240+240-2\times 25+2\times 100+2\times 6.25d-2\times 2d]\text{mm}$$
$$= [6240+240-2\times 25+2\times 100+2\times 6.25\times 10-2\times 2\times 10]\text{mm}$$
$$= 6715\text{mm}$$

⑤号钢筋为箍筋，其下料长度计算为

$$\text{箍筋内周长度} = 2\times(150+450)\text{mm} = 1200\text{mm}$$
$$l_5 = (1200+100)\text{mm} = 1300\text{mm}$$

箍筋根数为

$$n = \frac{6240+240-2\times 25-100}{200}+1 = 33 \text{ 根}$$

3）钢筋的配料单。

表4.15为本例中L_1梁的钢筋配料单。钢筋配料单是钢筋加工的依据，根据配料单合理进行配料，可简化施工操作。钢筋配料单也是提出材料供应计划、签发任务单和限额领料单的依据。

表4.15 L_1梁的钢筋配料单

项次	构件名称	钢筋编号	简图（单位：mm）	直径/mm	符号	下料长度/mm	单位钢筋数量/根	合计钢筋数量/根	质量合计/kg
1	L_1梁 计5种	①	100 ─ 6430 ─ 100	16	Φ	6766	2	10	106
2		②	3600	16	Φ	3800	1	5	30
3		③	150 265 5152 265 150	16	Φ	7140	2	10	112
4		④	100 ─ 6430 ─ 100	10	φ	6715	2	10	42
5		⑤	462 × 162	6	φ	1300	33	165	48

在钢筋施工过程中除应编制钢筋配料单外，还要根据配料单将每一编号的钢筋制作一块料牌。料牌可用100mm×70mm的薄木板、（竹片）或纤维板等制成。料牌随钢筋加工工艺传送，最后系在加工好的钢筋上作为标志，因此料牌必须严格校核，准确无误，以免返工浪费。

3. 配料计算注意事项

1）在设计图样中，钢筋配置的细节问题没有注明时，一般可按构造要求处理。

2)配料计算时,要考虑钢筋的形状和尺寸在满足设计要求的前提下有利于加工安装。
3)配料时,还要考虑施工需要的附加钢筋。

4.2.5 钢筋代换

1. 代换原则

当施工中遇有钢筋品种或规格与设计要求不符时,可参照以下原则进行钢筋代换:
1)等强度代换。不同种类的钢筋代换,按钢筋抗拉设计值相等的原则进行代换。
2)等面积代换。相同种类和级别的钢筋代换,应按钢筋等面积原则进行代换。

2. 代换方法

(1)等强度代换

如设计图中所用的钢筋设计强度为 f_{y1},钢筋总面积为 A_{s1},代换后的钢筋设计强度为 f_{y2},钢筋总面积为 A_{s2},则应使

$$A_{s1} \cdot f_{y1} \leqslant A_{s2} \cdot f_{y2} \tag{4.3}$$

$$n_1 \cdot \pi d_1^2 / 4 \cdot f_{y1} \leqslant n_2 \cdot \pi d_2^2 / 4 \cdot f_{y2} \tag{4.4}$$

$$n_2 \geqslant n_1 d_1^2 \cdot f_{y1} / d_2^2 \cdot f_{y2} \tag{4.5}$$

式中:n_1——原设计钢筋根数;
  n_2——代换钢筋根数;
  d_1——原设计钢筋直径;
  d_2——代换钢筋直径。

(2)等面积代换

$$A_{s1} \leqslant A_{s2} \tag{4.6}$$

则

$$n_2 \geqslant n_1 d_1^2 / d_2^2 \tag{4.7}$$

式中符号意义同上。

钢筋代换后,有时由于受力钢筋直径加大或根数增多而需要增加排数,则构件截面的有效高度 h_0 减少,截面强度降低。通常对这种影响可凭经验适当增加钢筋面积,然后再做截面强度复核。

3. 钢筋代换注意事项

钢筋代换时,应征得设计单位同意,并应符合下列规定:
1)对重要受力构件,不宜用 HPB300 光面钢筋代换变形钢筋,以免裂缝开展过大,如吊车梁、薄腹梁、桁架下弦等。
2)钢筋代换后,应满足《混凝土结构设计规范(2015 年版)》(GB 50010—2010)中所规定的钢筋间距、锚固长度、最小钢筋直径、根数等要求。
3)梁的纵向受力钢筋与弯曲钢筋应分别代换,以保证正截面与斜截面强度。偏心受压构件或偏心受拉构件进行钢筋代换时,不取整个截面配筋量计算,应按受力面(受拉或受压)分别代换。
4)当构件受裂缝宽度或挠度控制时,钢筋代换后应进行刚度、裂缝验算。
5)有抗震要求的梁、柱和框架,不宜以强度等级较高的钢筋代换原设计中的钢筋。

如必须代换时，其代换的钢筋检验所得的实际强度，尚应符合抗震钢筋的要求。

6) 预制构件的吊环，必须采用未经冷拉的 HPB300 钢筋制作，严禁以其他钢筋代换。

4.2.6 钢筋加工与安装方法

1. 钢筋加工

钢筋的加工包括调直、除锈、切断、接长与弯曲等工作。

(1) 钢筋调直

钢筋调直可利用冷拉进行。采用冷拉方法调直钢筋时，HPB300 钢筋的冷拉率不宜大于 4%；HRB400 钢筋的冷拉率不宜大于 1%。除利用冷拉调直钢筋外，粗钢筋还可采用锤直和拔直的方法；直径为 4～14mm 的钢筋可采用调直机进行调直。调直机具有使钢筋调直、除锈和切断三项功能。

盘圆钢筋调直截断(视频)

(2) 钢筋的除锈

钢筋的表面应洁净，油渍、漆污和用锤敲击时剥落的浮皮、铁锈等应在使用前清除干净。在焊接前，焊点处的水锈应清除干净。钢筋的除锈宜在钢筋冷拉或钢丝调直过程中进行。

(3) 钢筋的切断

钢筋切断可采用钢筋切断机或手动切断器。手动切断器一般只用于小于 $\phi 12$ 的钢筋；钢筋切断机可切断小于 $\phi 40$ 的钢筋。切断时，根据下料长度统一排料；先断长料，后断短料；减少短头，减少损耗。

(4) 钢筋的接长与弯曲

钢筋下料之后，应按钢筋配料单进行划线，以便将钢筋准确地加工成所规定的尺寸。当弯曲形状比较复杂的钢筋时，可先放出实样，再进行弯曲。钢筋弯曲宜采用弯曲机，弯曲机可弯 $\phi 6 \sim \phi 40$ 的钢筋，对于小于 $\phi 25$ 的钢筋，当无弯曲机时，也可采用板钩弯曲。

加工钢筋的允许偏差：受力钢筋顺长度方向全长的净尺寸偏差不应超过 ±10mm；弯起筋的弯折位置偏差不应超过 ±20m。

2. 钢筋的安装

钢筋安装或现场绑扎应与模板安装相配合。柱钢筋现场绑扎时，一般在模板安装前进行，柱钢筋采用预制安装时，可先安装钢筋骨架，然后安装柱模板，或先安装三面模板，待钢筋骨架安装后，再钉第四面模板。梁的钢筋一般在梁模板安装后，再安装或绑扎；断面高度较大(>600mm)，或跨度较大、钢筋较密的大梁，可留一面侧模，待钢筋安装或绑扎完后再钉。楼板钢筋绑扎应在楼板模板安装后进行，并应按设计先划线，然后摆料、绑扎。

钢筋保护层应按设计或规范的要求正确确定。工地常用预制水泥垫块垫在钢筋与模板之间，以控制保护层厚度。垫块应布置成梅花形，其相互间距不大于 1m。上下双层钢筋之间的尺寸，可绑扎短钢筋或设置撑脚来控制。

4.2.7 钢筋工程施工质量检查验收方法

钢筋工程属于隐蔽工程，在浇筑混凝土前应对钢筋及预埋件进行隐蔽工程验收，并按规定记好隐蔽工程记录，以便查验。其内容包括：纵向受力钢筋的品种、规格、数量、位置是否正确，特别是要注意检查负筋的位置；钢筋的连接方式、接头位置、接头数量、接头面积百分率是否符合规定；箍筋、横向钢筋的品种、规格、数量、间距等；预埋件的规格、数量、位置等。检查钢筋绑扎是否牢固，有无变形、松脱和开焊。

钢筋工程的施工质量检验应按主控项目、一般项目规定的检验方法进行检验。检验批合格质量应符合下列规定：主控项目的质量经抽样检验合格；一般项目的质量经抽样检验合格；当采用计数检验时，除有专门要求外，一般项目的合格点率应达到80％及以上，且不得有严重缺陷；具有完整的施工操作依据和质量验收记录。

1. 主控项目

1) 进场的钢筋应按规定抽取试件作力学性能和重量偏差检验，其质量必须符合相关标准的规定。

  检查数量：按进场的批次和产品的抽样检验方案确定。

  检验方法：检查产品合格证、出厂检验报告和进场复检报告。

2) 对于有抗震设防要求的框架结构，其纵向受力钢筋的强度应满足设计要求；当设计无具体要求时，对于一、二级抗震等级，检验所得的强度实测值应符合下列规定：

① 钢筋的抗拉强度实测值与屈服强度实测值的比值不应小于1.25。

② 钢筋的屈服强度实测值与强度标准值的比值不应大于1.3。

③ 钢筋的最大力下总伸长率不应小于9％。

  检查数量：按进场的批次和产品的抽样检查方案确定。

  检验方法：检查进场复验报告。

3) 受力钢筋的弯钩和弯折应符合下列规定：HPB300级钢筋末端应做180°弯钩，其弯弧内直径不应小于钢筋直径的2.5倍，弯钩的弯后平直部分长度不应小于钢筋直径的3倍；当设计要求钢筋末端需做135°弯钩时，HRB400级钢筋的弯弧内直径不应小于钢筋直径4倍，弯钩的弯后平直部分长度应符合设计要求；钢筋做不大于90°的弯折时，弯折处的弯弧内直径不应小于钢筋直径的5倍。

除焊接封闭环式箍筋外，箍筋的末端应作弯钩。弯钩形式应符合设计要求。当设计无具体要求时，应符合下列规定：箍筋弯钩的弯弧内直径除应满足本条前述的规定外，尚应不小于受力钢筋直径。箍筋弯钩的弯折角度：对一般结构，不应小于90°；对有抗震要求的结构，应为135°。箍筋弯后平直部分长度：对一般结构，不宜小于箍筋直径的5倍；对有抗震等要求的结构，不应小于箍筋直径的10倍。

  检查数量：每工作班同一类型钢筋、同一加工设备抽查不应少于3件。

  检验方法：金属直尺检查。

4) 纵向受力钢筋的连接方式检查应符合设计要求。

  检查数量：全数检查。

检验方法：观察。

5)钢筋机械连接接头、焊接接头应按国家现行标准的规定抽取试件进行力学性能检验，其质量应符合有关规范(程)的规定。

  检查数量：按有关规范(程)确定。

  检验方法：检查产品合格证、接头力学性能试验报告。

6)钢筋安装时，受力钢筋的品种、级别、规格和数量必须符合设计要求。

  检查数量：全数检查。

  检查方法：观察，金属直尺检查。

2. 一般项目

1)钢筋应平直、无损伤，表面不得有裂纹、油污、颗粒状或片状老锈。

  检查数量：进场时和使用前全数检查。

  检验方法：观察。

2)钢筋调直宜采用机械方法；当采用冷拉方法调直钢筋时，钢筋的冷拉率应符合规范要求。

  检查数量：按每工作班同一类型钢筋、同一加工设备抽查不应少于3件。

  检验方法：观察，金属直尺检查。

3)钢筋加工的形状、尺寸应符合设计要求，其偏差应符合表4.16的规定。

  检查数量：按每工作班同一类型钢筋、同一加工设备抽查不应少于3件。

  检验方法：金属直尺检查。

表 4.16 钢筋加工的允许偏差

项目	允许偏差/mm
受力钢筋顺长度方向全长的净尺寸	±10
弯起钢筋的弯折位置	±20
箍筋内净尺寸	±5

4)钢筋的接头宜设置在受力较小处。同一纵向受力钢筋不宜设置两个或两个以上接头。接头末端至钢筋弯起点的距离不应小于钢筋直径的10倍。

  检查数量：全数检查。

  检验方法：观察，金属直尺检查。

5)施工现场应按国家现行标准《钢筋机械连接技术规程》(JGJ 107—2016)、《钢筋焊接及验收规程》(JGJ 18—2012)的规定对钢筋机械连接接头、焊接接头的外观进行检查，其质量应符合有关规范的规定。

  检查数量：全数检查。

  检验方法：观察。

6)当受力钢筋采用机械连接接头或焊接接头时，设置在同一构件内的接头宜相互错开。纵向受力钢筋机械连接接头及焊接接头连接区段的长度为$35d$(d为纵向受力钢筋的较大直径)且不小于500mm，凡接头中点位于该连接区段长度内的接头均属于同一连接区段。同一连接区段内,纵向受力钢筋的接头面积百分率应符合设计要求;当设计无具体要求时,在受拉区不宜大于50%;接头不宜设置在有抗震设防要求的框架梁端、柱端的箍筋加密区;当无法避开箍筋加密区时,对于等强度高质量机械连接接头,不应大于50%;直接承受动力荷载的结构构件中,不宜采用焊接接头;当采用机械连接接头时,不应大于50%。

同一构件中相邻纵向受力钢筋的绑扎搭接接头宜相互错开。绑扎搭接接头中钢筋的横向净距不应小于钢筋直径,且不应小于25mm。钢筋绑扎搭接接头连接区段的长度为$1.3l_1$;凡搭接接头中点位于该连接区段长度内的搭接接头均属于同一连接区段。同一连接区段内,纵向钢筋搭接接头面积百分率应符合设计要求;当设计无具体要求时,对于梁类、板类及墙类构件,不宜大于25%;对于柱类构件,不宜大于50%;当工程中确有必要增大接头面积百分率时,对梁类构件不应大于50%;对于其他构件,可根据实际情况放宽。

检查数量:在同一检验批内,对于梁、柱和独立基础,应抽查构件数量的10%,且不少于3件;对于墙和板,应按有代表性的自然间抽查10%,且不少于3间;对于大空间结构,墙可按相邻轴线间高度5m左右划分检查面,板可按纵横轴线划分检查面,抽查10%,且均不少于3面。

检验方法:观察,金属直尺检查。

7) 在梁、柱类构件的纵向受力钢筋搭接长度范围内,应按设计要求配置箍筋。当设计无具体要求时,箍筋直径不应小于搭接钢筋较大直径的25%;受拉搭接区段的箍筋间距不应大于搭接钢筋较小直径的5倍,且不应大于100mm;受压搭接区段的箍筋间距不应大于搭接钢筋较小直径的10倍,且不应大于200mm;当柱中纵向受力钢筋直径大于25mm时,应在搭接接头两个端面外100mm范围内各设置两个箍筋,其间距宜为50mm。

检查数量:在同一检验批内,对于梁、柱和独立基础,应抽查构件数量的10%,且不少于3件;对于墙和板,应按有代表性的自然间抽查10%,且不少于3间;对于大空间结构,墙可按相邻轴线间高度5m左右划分检查面,板可按纵、横轴线划分检查面,抽查10%,且均不少于3面。

检验方法:金属直尺检查。

8) 钢筋安装位置的偏差应符合表4.17的规定。

表4.17 钢筋安装位置的允许偏差和检验方法

项目		允许偏差/mm	检验方法
绑扎钢筋网	长、宽	±10	金属直尺检查
	网眼尺寸	±20	金属直尺量连续三挡,取其最大值
绑扎钢筋骨架	长	±10	金属直尺检查
	宽、高	±5	金属直尺检查

续表

项目			允许偏差/mm	检验方法
受力钢筋	间距		±10	金属直尺量两端、中间各一点取其最大值
	排距		±5	
	保护层厚度	基础	±10	金属直尺检查
		梁柱	±5	金属直尺检查
		墙、板、壳	±3	金属直尺检查
绑扎箍筋、横向钢筋间距			±20	金属直尺量连续三挡,取其最大值
钢筋弯起点位置			±20	金属直尺检查
预埋件	中心线位置		5	金属直尺检查
	水平高差		+3,0	金属直尺和塞尺检查

注:1)检查中心线位置时,应沿纵、横两个方向测量,并取其中的较大值。
2)表中梁、板类构件上部纵向受力钢筋保护层厚度的合格点率应达到90%及以上,且不得超过表中数值1.5倍的尺寸偏差。

检查数量:在同一检验批内,对于梁、柱和独立基础,应抽查构件数量的10%,且不少于3件;对于墙和板,应按有代表性的自然间抽查10%,且不少于3间;对于大空间结构,墙可按相邻轴线间高度5m左右划分检查面,板可按纵、横轴线划分检查面,抽查10%,且均不少于3面。

检验方法:见表4.17。

4.3 混凝土工程

混凝土工程施工包括混凝土制备、运输、浇筑、养护等施工过程。各施工过程既紧密联系又相互影响,任何一个施工过程处理不当都会影响混凝土的最终质量。因此,要求混凝土构件不但要有正确的外形,而且要获得良好的强度、密实性和整体性。

4.3.1 混凝土制备

混凝土由水泥、粗骨料、细骨料和水组成,有时掺加外加剂、矿物掺和料。保证原材料的质量是保证混凝土质量的前提。

1.混凝土施工配制强度的确定

混凝土配合比应根据混凝土强度等级、耐久性和工作性能等执行国家现行标准《普通混凝土配合比设计规程》(JGJ 55—2019),必要时,还需满足抗渗性、抗冻性、水化热低等要求。

混凝土的强度等级按规范规定为14个,即C15、C20、C25、C30、C35、C40、C45、C50、C55、C60、C65、C70、C75、C80。C50及其以下为普通混凝土;C60~

C80 为高强混凝土。混凝土制备之前，按下式确定混凝土的施工配制强度，以达到 95% 的保证率：

$$f_{cu,0} \geqslant f_{cu,k} + 1.645\sigma \tag{4.8}$$

式中：$f_{cu,0}$——混凝土的施工配制强度（N/mm^2）；

$f_{cu,k}$——设计的混凝土强度标准值（N/mm^2）；

σ——混凝土强度标准差（N/mm^2）。

当施工单位具有近期的同一品种混凝土强度的统计资料时，σ 可按下式计算：

$$\sigma = \sqrt{\frac{\sum\limits_{i=1}^{n} f_{cu,i}^2 - n m_{fcu}^2}{n-1}} \tag{4.9}$$

式中：$f_{cu,i}$——第 i 组混凝土试件强度（MPa）；

m_{fcu}——n 组混凝土试件强度为平均值（MPa）；

n——统计周期内相同混凝土强度等级的试件组数，$n \geqslant 30$。

按式（4.9）计算混凝土强度标准差时：强度等级不高于 C30 的混凝土，计算得到的 $\sigma \geqslant 3.0$MPa 时，应该按计算结果取值；计算得到的 $\sigma < 3.0$MPa 时，取 $\sigma = 3.0$MPa。强度等级高于 C30 且低于 C60 的混凝土，计算得到的 $\sigma \geqslant 4.0$MPa 时，按计算结果取值；计算得到的 $\sigma < 4.0$MPa 时，取 $\sigma = 4.0$MPa。

当没有近期的同品种混凝土强度资料时，其混凝土强度标准差 σ 可按表 4.18 取用。

表 4.18 混凝土强度标准差 σ

混凝土强度等级	低于 C20	C25～C45	C50～C55
σ	4.0	5.0	6.0

当设计强度等级不低于 C60 时，配制强度按下式计算：

$$f_{cu,0} \geqslant 1.15 f_{cu,k} \tag{4.10}$$

2. 混凝土的施工配料

影响混凝土质量的因素主要有两个方面：一是称量不准；二是未按砂、石骨料实际含水率的变化进行施工配合比的换算。这样必然会改变原理论配合比的水灰比、砂石比（含砂率）及浆骨比。当水灰比增大时，混凝土黏聚性、保水性差，而且硬化后多余的水分残留在混凝土中形成水泡，或水分蒸发留下气孔，使混凝土密实性差，强度低。水灰比减少时，则混凝土流动性差，甚至影响成型后的密实，造成混凝土结构内部松散，表面产生蜂窝、麻面现象。同样，含砂率减少时，则砂浆量不足，不仅会降低混凝土流动性，更严重的是将影响其黏聚性及保水性，产生粗骨料离析、水泥浆流失，甚至溃散等不良现象。浆骨比是反映混凝土中水泥浆的用量多少（即每立方米混凝土的用水量和水泥用量），如控制不准，将直接影响混凝土的水灰比和流动性。所以，为了确保混凝土的质量，在施工中必须及时进行施工配合比的换算和严格控制称量。

(1) 施工配合比换算

混凝土实验室配合比是根据完全干燥的砂、石骨料制定的,但实际使用的砂、石骨料一般都含有一些水分,而且含水量又会随气候条件发生变化。所以,施工时应及时测定现场砂、石骨料的含水量,并将混凝土的实验室配合比换算成在实际含水量情况下的施工配合比。

设实验室配合比为水泥:砂:石=1:x:y,水灰比为W/C,并测得砂的含水量为W_x,石的含水量为W_y,则施工配合比应为 $1:x(1+W_x):y(1+W_y)$。

按实验室配合比 $1m^3$ 混凝土水泥用量为 C(kg),计算时确保混凝土水灰比不变(W 为用水量),则换算后材料用量为

水泥:
$$C'=C$$

砂:
$$G'_{砂}=C_x(1+W_x)$$

石:
$$G'_{石}=C_y(1+W_y)$$

水:
$$W'=W-C_xW_x-C_yW_y$$

【例 4.2】 设混凝土实验室配合比为 1:2.56:5.55,水灰比为 0.65,$1m^3$ 混凝土的水泥用量为 275kg,测得砂含水量为 3%,石含水量为 1%,则水泥、砂、石、水的用量分别是多少?

解 $1:2.56(1+3\%):5.55(1+1\%)=1:2.64:5.60$

$1m^3$ 混凝土材料用量为

水泥:275kg

砂:275×2.64kg=726kg

石:275×5.60kg=1540kg

水:$(275×0.65-275×2.56×3\%-275×5.55×1\%)$kg=142.4kg

(2) 施工配料

求出 $1m^3$ 混凝土材料用量后,还必须根据工地现有搅拌机出料容量确定每次需用多少整袋水泥,然后按水泥用量来计算砂石的每次拌用量。如采用 JZ250 型搅拌机,出料容量为 $0.25m^3$,则上例每搅拌一次的装料数量为

水泥:275×0.25kg=68.75kg(取用一袋半水泥,即 75kg)

砂:726×75/275kg=198kg

石:1540×75/275kg=420kg

水:142.4×75/275kg=38.8kg

为严格控制混凝土的配合比,原材料的数量应采用质量计量,必须准确。其质量偏差不得超过以下规定:水泥、混合材料为±2%;细骨料为±3%;水、外加剂溶液±2%。各种衡量器应定期校验,长期保持准确。骨料含水量应经常测定,雨天施工时,应增加测定次数。

4.3.2 混凝土运输

1. 运输的基本要求

对混凝土拌和物运输的基本要求如下：
1)不产生离析现象。
2)保证混凝土浇筑时具有设计规定的坍落度。
3)在混凝土初凝之前能有充分时间进行浇筑和捣实。
4)保证混凝土浇筑能连续进行。

2. 运输的时间

混凝土运输时间有一定限制。混凝土应以最少的转运次数和最短的运输时间，从搅拌地点运至浇筑地点，并在初凝之前浇筑完毕。普通混凝土从搅拌机中卸出后到浇筑完毕的延续时间不宜超过表4.19的规定。如需进行长距离运输可选用混凝土搅拌运输车。

表4.19 混凝土从搅拌机中卸出到浇筑完毕的延续时间　　　（单位：min）

混凝土强度等级	延续时间	
	≤25℃	>25℃
≤C30	120	90
>C30	90	60

3. 混凝土运输工具

运输混凝土的工具要具有不吸水、不漏浆，方便快捷的特点。混凝土运输分为地面运输、垂直运输和楼面运输三种情况。

混凝土地面运输工具有双轮手推车、机动翻斗车、混凝土搅拌运输车和自卸汽车。预拌(商品)混凝土采用混凝土搅拌运输车和自卸汽车。混凝土如来自工地搅拌站，则多用载重约1t的小型机动翻斗车，近距离亦用双轮手推车，有时还用带式运输机和窄轨翻斗车。

混凝土搅拌运输车(图4.43)为长距离运输混凝土的有效工具，搅拌筒斜放在汽车底盘上，在预制搅拌站装入混凝土，在运输过程中搅拌筒可进行慢速转动进行拌和，以防止混凝土离析，运至浇筑地点，搅拌筒反转即可迅速卸出混凝土。搅拌筒的容量可为$2\sim10m^3$，搅拌筒的结构形状和其轴线与水平的夹角以及螺旋叶片的形状和它与铅垂线的夹角，都直接影响混凝土搅拌运输质量和卸料速度。搅拌筒可用单独发动机驱动，亦可用汽车的发动机驱动，通常以液压传动者为佳。

混凝土垂直运输设备包括多用塔式起重机加料斗、混凝土泵、快速提升斗和井架。

混凝土泵是一种有效的混凝土运输和浇筑工具，可一次完成水平及垂直运输，将混凝土直接输送到浇筑地点。

活塞泵(图4.44)多用液压驱动，它主要由料斗、液压缸和活塞、混凝土缸、分配阀、Y形输送管、冲洗设备、液压系统和动力系统等组成。不同型号的混凝土泵，其排

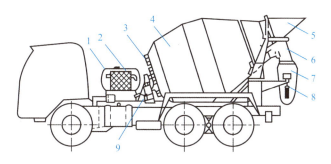

1——水箱；2——外加剂箱；3——大链条齿轮；4——搅拌筒；5——进料斗；6——固定卸料溜槽；
7——活动卸料溜槽；8——活动卸料调节机构；9——传动系统。

图 4.43 混凝土搅拌运输车

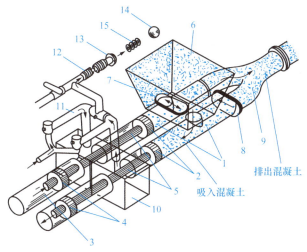

1——混凝土缸；2——推压混凝土活塞；3——液压缸；4——液压活塞；5——活塞杆；6——料斗；
7——控制吸入的水平分配阀；8——控制排出的竖向分配阀；9——Y 形输送管；10——水箱；
11——水洗装置换向阀；12——水洗用高压软管；13——水洗用法兰；14——海绵球；15——清洗活塞。

图 4.44 液压活塞式混凝土泵

量不同，水平运距和垂直运距亦不同，一般混凝土泵排量为 30～90m³/h，水平运距为 200～900m，垂直运距为 50～400m。

常用的混凝土输送管为钢管，也有橡胶和塑料软管，通常直径为 75～200mm，每段长约 3m，还配有 45°、90°等弯管和锥形管。弯管、锥形管和软管的流动阻力大，计算输送距离时要换算成水平长度。垂直输送时，在立管的底部要增设逆流阀，以防止停泵时立管中的混凝土反压回流。

泵送混凝土工艺对泵送材料的要求是：碎石最大粒径与输送管内径之比宜为 1∶3，卵石可为 1∶2.5，泵送高度在 50～100m 时宜为(1∶3)～(1∶4)，泵送高度在 100m 以上时宜为(1∶4)～(1∶5)，以免堵塞。如用轻骨料则以吸水率小者为宜，并用水预湿，以免在压力作用下强烈吸水，使坍落度降低而在管道中形成阻塞。砂宜用中砂，通过 0.315mm 筛孔的砂应不少于 15%。砂率宜控制在 38%～45%，如粗骨料为轻骨料还可适当提高砂率。水泥用量不宜过少，否则泵送阻力增大，最小水泥用量为 300kg/m³。水灰比宜为 0.4~0.6。泵送混凝土的坍落度对不同泵送高度要求不同，入泵时混凝土的坍落度可参考表 4.20 选用。如泵送高强混凝土，其混凝土配合比宜适当调整。

表 4.20　不同泵送高度入泵时混凝土坍落度选用值

泵送高度/m	30 以下	30~60	60~100	100 以上
坍落度/mm	100~140	140~160	160~180	180~200

混凝土泵宜与混凝土搅拌运输车配套使用，且应使混凝土搅拌站的供应能力和混凝土搅拌运输车的运输能力大于混凝土泵的泵送能力，以保证混凝土泵能连续工作。进行输送管线布置时，应尽可能使管线平直，转弯要缓，管段接头要严；少用锥形管，以减少压力损失。如输送管向下倾斜，要防止因自重流动使管内混凝土中断，混入空气而引起混凝土离析，产生阻塞。为减小泵送阻力，使用前先泵送适量的水泥浆或水泥砂浆以润滑输送管内壁，然后进行正常的泵送。在泵送过程中，泵的受料斗内应充满混凝土，防止吸入空气形成阻塞。混凝土泵排量大，在浇筑大面积建筑物时，最好用布料机进行布料。

泵送结束后应及时清洗泵体和管道，用水清洗时将管道与 Y 形输送管拆开，放入海绵球及清洗活塞，再通过法兰使高压水软管与管道连接，高压水推动活塞和海绵球，将残余的混凝土压出并清洗管道。

用混凝土泵浇筑的结构物，要加强养护，防止因水泥用量较大而引起龟裂。如混凝土浇筑速度快，对模板的侧压力大，模板和支撑应保证稳定和有足够的强度。

4.3.3　混凝土浇筑与捣实

混凝土的浇筑与捣实工作包括布料摊平、捣实和抹面修整等工序。它对混凝土的密实性和耐久性、结构的整体性和外形准确性等都有重要影响。

混凝土浇筑前应做好必要的准备工作，对模板及其支架、钢筋和预埋件、预埋管线等必须进行检查，并做好隐蔽工程的验收，符合设计要求后方能浇筑混凝土。

1. 混凝土的浇筑

（1）混凝土浇筑的一般规定

1）混凝土浇筑前不应发生初凝和离析现象，如果已经发生，可进行重新搅拌，使混凝土恢复流动性和黏聚性后再进行浇筑。混凝土运至现场后，其坍落度应满足表 4.21 的要求。

表 4.21　混凝土浇筑时的坍落度

项次	结构种类	坍落度/mm
1	基础或地面等的垫层，无配筋的厚大结构（挡土墙、基础或厚大块体等）或配筋稀疏的结构	10~30

续表

项次	结构种类	坍落度/mm
2	板、梁和大型及中型截面的柱子等	30～50
3	配筋密集的结构(薄壁、斗仓、筒仓、细柱等)	50～70
4	配筋特密的结构	70～90

注：1)本表系指采用机械振捣的坍落度；采用人工捣实时可适当增大。
2)需要配制大坍落度混凝土时，应掺用外加剂。
3)曲面或斜面结构混凝土，其坍落度值，应根据实际需要另行选定。
4)轻骨料混凝土的坍落度，宜比表中数值减少 10～20mm。

2)为了保证混凝土浇筑时不产生离析现象，混凝土自高处倾落时的自由倾落高度不宜超过 2m。若混凝土自由下落高度超过 2m(竖向结构 3m)，要沿溜槽或串筒下落，当混凝土浇筑深度超过 8m 时，则应采用带节管的振动串筒，即在串筒上每隔 2～3 节管安装一台振动器，如图 4.45 所示。

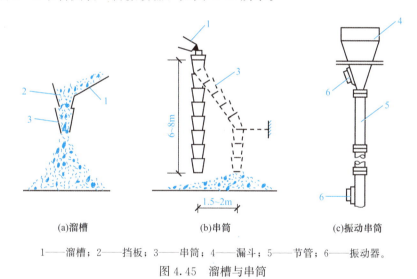

(a)溜槽　　　　　(b)串筒　　　　　(c)振动串筒

1——溜槽；2——挡板；3——串筒；4——漏斗；5——节管；6——振动器。
图 4.45　溜槽与串筒

3)为了使混凝土振捣密实，必须分层浇筑，每层浇筑厚度及捣实方法与结构的配筋情况有关，应符合表 4.22 的规定。

表 4.22　混凝土浇筑层厚度

项次	捣实混凝土的方法		浇筑厚度/mm
1	插入式振动		振动器作用部分长度的 1.25 倍
2	表面振动		200
3	人工捣实	①在基础或无筋混凝土和配筋稀疏的结构中	250
		②在梁、墙、板、柱结构中	200
		③在配筋密集的结构中	150

续表

项次	捣实混凝土的方法		浇筑厚度/mm
4	轻骨料混凝土	插入式振动	300
		表面振动(振动时需加荷)	200

4)混凝土的浇筑工作应尽可能连续,如上下层或前后层混凝土浇筑必须间歇,其间歇时间应尽量缩短,并要在前层(下层)混凝土凝结(终凝)前,将次层混凝土浇筑完毕。间歇的最长时间应按所用水泥品种及混凝土凝结条件确定。混凝土从搅拌机中卸出,经运输、浇筑及间歇的全部延续时间不得超过表4.19的规定,当超过时,应按留置施工缝处理。

5)浇筑竖向结构混凝土前,应先在底部填筑一层厚度为50~100mm,与混凝土内砂浆成分相同的水泥砂浆,然后再浇筑混凝土。这样既能使新旧混凝土结合良好,又可避免蜂窝、麻面现象。混凝土的水灰比和坍落度,宜随浇筑高度的上升相应递减。

混凝土施工缝

6)施工缝的留设与处理。如果因技术上的原因或设备、人力的限制,混凝土不能连续浇筑,中间的间歇时间超过混凝土的凝结时间,则应留置施工缝。由于该处新旧混凝土的结合力较差,施工缝宜留在结构受剪力较小且便于施工的部位。柱应留水平缝,梁、板应留垂直缝。

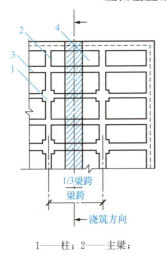

1——柱;2——主梁;
3——次梁;4——板。
图4.46 有梁板的施工缝位置

根据施工缝设置的原则,柱的施工缝宜留在基础与柱交接处的水平面上,或梁的下面,或吊车梁牛腿的下面,或吊车梁的上面,或无梁楼盖柱帽的下面。框架结构中,如果梁的负筋向下弯入柱内,施工缝也可设置在这些钢筋的下端,以便于绑扎。高度大于1m的混凝土梁的水平施工缝,应留在楼板底面以下20~30mm处,当板下有梁托时,留在梁托下部;单向平板的施工缝,可留在平行于短边的任何位置处;对于有主次梁的楼板结构,宜顺着次梁方向浇筑,施工缝应留在次梁跨度的中间1/3范围内,如图4.46所示。

施工缝的处理方法。在施工缝处继续浇筑混凝土时,应除去表面的水泥薄膜、松动的石子和软弱的混凝土层。并加以充分湿润和冲洗干净,不得积水。浇筑时,施工缝处宜先铺水泥浆或与混凝土成分相同的水泥砂浆一层,厚度为10~15mm,以保证接缝的质量。待已浇筑的混凝土的强度不低于1.2MPa时才允许继续浇筑。

(2)框架结构混凝土的浇筑

框架结构一般按结构层划分施工层和在各层划分施工段分别浇筑,一个施工段内的每排柱的浇筑应从两端同时开始向中间推进,不可从一端开始向另一端推进,预防柱模板逐渐受推倾斜使误差积累难以纠正。每一施工层的梁、板、柱结构,先浇筑柱和墙,并连续浇筑到顶。停歇一段时间(1~1.5h)后,柱和墙混凝土有一定强度后再浇筑梁板混凝土。梁板混凝土应同时浇筑,只有当梁高大于1m时,才允许将梁单独浇筑。梁与柱的整体连接应从梁的一端开始浇筑,快到另一端时,反过来先浇另一端,然后两段在凝结前合龙。

2. 混凝土的密实成型

混凝土拌和物浇筑后,需经密实成型才能赋予混凝土制品或结构一定的外形和内部结构。强度、抗冻性、抗渗性、耐久性等皆与密实成型的好坏有关。

(1)混凝土振动密实的途径

混凝土密实成型的途径有三种:一是利用机械外力(如机械振动)来克服拌和物的黏聚力和内摩擦力而使之液化、沉实;二是在拌和物中适当增加用水量以提高其流动性,使之便于成型,然后用离心法、真空作业法等将多余的水分和空气排出;三是在拌和物中掺入高效能减水剂,使其坍落度大大增加,可自流成型。

(2)机械振捣密实成型

振动机械按其工作方式分为内部振动器、表面振动器、外部振动器和振动台(图4.47)。

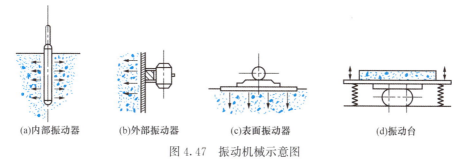

图4.47 振动机械示意图

内部振动器 又称为插入式振动器。其工作部分是一棒状空心圆柱体,内部装有偏心振子,在电动机带动下高速转动而产生高频微幅的振动。它多用于振实梁、柱、墙、厚板和大体积混凝土等厚大结构。

用插入式振动器振动混凝土时,应垂直插入,并插入至下层混凝土50mm,以促使上下层混凝土结合成整体。每一振点的振捣延续时间,应使混凝土捣实(即表面呈现浮浆和不再沉落为限)。采用插入式振动器捣实普通混凝土的移动间距,不宜大于作用半径的1.5倍。捣实轻骨料混凝土的间距,不宜大于作用半径的1倍;振动器与模板的距离不应大于振动器作用半径的1/2,并应尽量避免碰撞钢筋、模板、预埋件等。插点的分布有行列式和交错式两种,如图4.48所示。

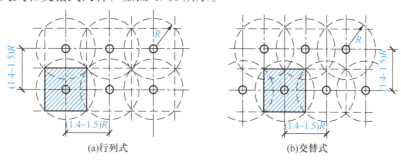

图4.48 插点的分布

表面振动器 又称为平板振动器,由带偏心块的电动机和平板(木板或钢板)等组成。在混凝土表面进行振捣,适用于楼板、地面等薄型构件。

这种振动器在无筋或单层钢筋结构中,每次振实的厚度不大于250mm;在双层钢筋的结构中,每次振实厚度不大于120mm。表面振动器的移动跳高应保证振动器的平板覆盖已振实部分的边缘,以使该处的混凝土振实出浆为准。也可进行两遍振实,第一遍和第二遍的方向要互相垂直,第一遍主要使混凝土密实,第二遍则使表面平整。

外部振动器 又称为附着式振动器,它通过螺栓或夹钳等固定在模板外部,并通过模板将振动传给混凝土拌和物,因而要求模板应有足够的刚度。这种振动器宜用于振捣断面小且钢筋布置密的构件。对于小截面直立构件,插入式振动器的振动棒很难插入,可使用附着式振动器,附着式振动器的设置间距应通过试验确定,在一般情况下,可每隔1~1.5m设置一个。

振动台 它是混凝土制品厂中的固定生产设备,用于振捣预制构件。

(3)离心法成型

离心法是将装有混凝土的模板放在离心机上,使模板以一定转速绕自身的纵轴线旋转,模板内的混凝土由于离心力作用而远离纵轴,均匀分布于模板内壁,并将混凝土中的部分水分挤出,使混凝土密实。此法一般用于管道、电杆、桩等具有圆形空腔构件的制作。

离心机有滚轮式和车床式两大类,都具有多级变速装置。离心成型过程分为两个阶段:第一阶段是使混凝土沿模板内壁分布均匀,形成空腔,此时转速不宜太高,以免造成混凝土离析现象;第二阶段是使混凝土密实的阶段,此时可提高转速,增大离心力,压实混凝土。

(4)真空作业法成型

真空作业法是借助于真空负压,将水从刚成型的混凝土拌和物中排出,同时使混凝土密实的一种成型方法。它可分为表面真空作业与内部真空作业两种。此法适用预制平板、楼板、道路、机场跑道、薄壳、隧道顶板以及墙壁、水池、桥墩等混凝土成型。

3. 水下浇筑混凝土

深基础、沉井、沉箱的封底、钻孔灌注桩和地下连续墙等,常在水下或泥浆中浇筑混凝土,常用导管法,如图4.49所示。

通常导管直径为250~300mm(至少为最大骨料粒径的8倍),每节长3m,用法兰密封连接,顶部有漏斗。导管用起重设备吊住,可升降。

浇筑前,导管下口先用隔水塞(木、橡胶等)堵塞,隔水塞用钢丝绳吊住。在导管内灌注一定数量的混凝土,将导管插入水下,使其下口距地基面的距离 h_1 约300mm进行浇筑。当导管内混凝土的体积及高度满足上述要求后,剪断吊住隔水塞的绳子进行

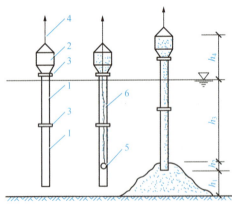

(a)下导管 (b)浇混凝土 (c)边浇混凝土边拔管

1—钢导管;2—漏斗;3—密封接头;
4—吊索;5—球塞;6—铁丝绳。

图4.49 导管法水下浇筑混凝土

开管,使混凝土在自重作用下迅速排出隔水塞进入水中。然后一边均衡地浇筑混凝土,一边慢慢提起导管,导管下口必须始终保持在混凝土表面下一定高度。下口埋得越深,则混凝土顶面越平,也越难浇筑。

在整个浇筑过程中,应避免水平方向移动导管,直到混凝土顶面接近设计高程时,才可将导管提起、换插到另一浇筑点。一旦发生堵管现象,若半小时内不能排除,应立即换插备用导管。浇筑完毕,应清除顶面与水接触的厚度约为 200mm 的一层松软部分。

如水下结构物面积大,可用几根导管同时浇筑。导管的有效作用半径 R 取决于最大扩散半径 R_{max},而最大扩散半径可用下述经验公式计算,即

$$R_{max} = \frac{kQ}{i} \tag{4.11}$$

式中:k——保持流动系数,即维持坍落度为 150mm 时的最小时间(h);

Q——混凝土浇筑强度$[m^3/(m^2 \cdot h)]$;

i——混凝土面的平均坡度,当导管插入深度为 1~1.5m 时,取 1/7。

$$R = 0.85 R_{max}$$

导管的作用半径亦与导管的出水高度有关,出水高度应满足下式,即

$$P = 0.05 h_4 + 0.015 h_3 \tag{4.12}$$

式中:P——导管下口处混凝土的超压力(MPa),不得小于表 4.23 中的数值;

h_4——导管出水高度(m);

h_3——导管下口至水面高度(m)。

表 4.23 超压力最小值

导管作用半径/m	超压力值/MPa
4.0	0.25
3.5	0.15
3.0	0.10

如水下浇筑的混凝土体积较大,将导管法与混凝土泵结合使用可取得较好的效果。

4.3.4 混凝土养护

混凝土浇筑捣实后,逐渐凝固硬化,这个过程主要由水泥的水化作用来实现,而水化作用必须在适当的温度和湿度条件下才能完成。因此,为了保证混凝土有适宜的硬化条件,使其强度不断增长,必须对混凝土进行养护。

混凝土浇筑后,如气候炎热、空气干燥,不及时进行养护,混凝土中的水分蒸发过快易出现脱水现象,使已形成凝胶体的水泥颗粒不能充分水化,不能转化为稳定的结晶,缺乏足够的黏结力,从而会在混凝土表面出现片状或粉状剥落,影响混凝土的强度。此外,在混凝土尚未具备足够的强度时,水分过早地蒸发,还会产生较大的变形,出现干缩裂缝,影响混凝土的整体性和耐久性。因此,混凝土养护是一个重要的环节,应按照要求进行。

混凝土养护方法分为自然养护和蒸汽养护。

1. 自然养护

自然养护是指利用平均气温高于 5℃的自然条件,用保水材料或草帘等对混凝土加

以覆盖后适当浇水，使混凝土在一定的时间内在湿润状态下硬化。

开始养护时间　当最高气温低于25℃时，混凝土浇筑完后应在12h以内加以覆盖和浇水；最高气温高于25℃时，应在6h以内开始养护。

养护天数　浇水养护时间的长短视水泥品种而定。硅酸盐水泥、普通硅酸盐水泥和矿渣硅酸盐水泥拌制的混凝土，不得少于7d；火山灰质硅酸盐水泥和粉煤灰硅酸盐水泥拌制的混凝土或有抗渗性要求的混凝土，不得少于14d。混凝土必须养护至其强度达到1.2MPa后，方准在其上踩踏和安装模板及支架。

浇水次数　应使混凝土保持具有足够的湿润状态。养护初期，水泥的水化反应较快，需水也较多，因此要特别注意浇筑后前几天的养护工作。此外，在气温高、湿度低时，也应增加洒水的次数。

喷洒塑料溶液养护　将过氯乙烯树脂塑料溶液用喷枪喷洒在混凝土表面，溶液挥发后在混凝土表面形成一层塑料薄膜（该薄膜在养护完成后能自行脱落），将混凝土与空气隔绝，阻止其水分的蒸发，以保证水化作用正常进行。此方法适用于不易洒水养护的高耸构筑物和大面积混凝土结构的混凝土养护。

2. 蒸汽养护

蒸汽养护就是将构件放置在有饱和蒸汽或蒸汽、空气混合的养护室内，在较高的温度和相对湿度的环境中进行养护，以加速混凝土的硬化，使混凝土在较短的时间内达到规定的强度标准值。蒸汽养护过程分为静停、升温、恒温、降温四个阶段。

静停阶段　混凝土构件成型后在室温下停放养护，时间为2~6h，以防止构件表面产生裂缝和疏松现象。

升温阶段　该阶段是构件的吸热阶段。升温速度不宜过快，以免构件表面和内部产生过大温差而出现裂纹。对于薄壁构件（如多肋楼板、多孔楼板等）每小时升温不得超过25℃；对于其他构件，每小时升温不得超过20℃；对于用干硬性混凝土制作的构件，每小时升温不得超过40℃。

恒温阶段　即升温后温度保持不变的阶段。此时强度增长最快，这个阶段应保持90%~100%的相对湿度；最高温度不得大于95℃，时间为3~8h。

降温阶段　是构件散热过程。降温速度不宜过快，每小时降温不得超过10℃。构件出池后，表面与外界温差不得大于20℃。

4.3.5　大体积混凝土施工

一般认为，最小断面任何一个方向尺寸大于0.8m的混凝土结构，必须按大体积混凝土要求进行施工，应采取相应的技术措施降低其温度，控制温度应力与裂缝产生。高层建筑的箱形基础、筏板基础或桩基承台等结构，其特点是量大、坑深、块体厚、钢筋密，大多属大体积混凝土结构范畴。如何控制裂缝问题是大体积混凝土施工技术的关键。

(1) 大体积混凝土结构裂缝的主要成因

大体积混凝土浇筑初期，水泥水化热大量产生，使混凝土的温度迅速上升。但由于混凝土表面散热条件较好，热量可向大气中散发，其温度上升较少；而混凝土内部由于散热条件较差,热量不易散发,其温度上升较高。混凝土内部温度高、表面温度低,则形成温度梯度,使混凝土内部产生压应力,表面产生拉应力,当拉应力超过混凝土的极限抗拉强度时,混凝土表面便产生裂缝。

凝土浇筑一定时间后,混凝土温度逐渐下降,引起混凝土收缩,但受到地基和结构边界条件的约束,不能自由变形,导致产生拉应力,当该拉应力超过混凝土极限抗拉强度时,混凝土整个截面就会产生贯穿裂缝。贯穿裂缝切断结构断面,破坏结构整体性、稳定性、耐久性、防水性等,影响正常使用。

总之,大体积混凝土施工阶段产生的温度裂缝,是其内部矛盾发展的结果:一方面是混凝土因内外温差产生应力和应变;另一方面是结构物的外约束和混凝土各质点的约束阻止了这种应变,一旦因温度变化产生的应力超过混凝土能承受的极限抗拉强度,就会产生不同程度的裂缝。由于贯穿性裂缝危害很大,所以在大体积混凝土施工中,重点是控制混凝土贯穿裂缝的开展。

(2)大体积混凝土结构浇筑方案

为保证结构的整体性,混凝土应连续浇筑,根据结构大小及特点的不同,有全面分层、分段分层和斜面分层等施工方法,如图4.50所示。

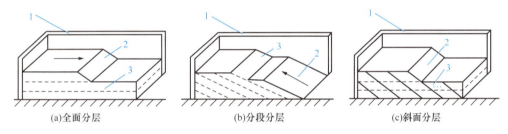

1——模板;2——新浇筑混凝土;3——已浇筑混凝土。

图4.50 大体积混凝土结构浇筑方案

全面分层 即在第一层浇筑完毕后,再浇筑第二层,如此逐层浇筑,直至完工为止。全面分层适用于结构平面面积不大的情况。

分段分层 混凝土从底层开始浇筑,浇筑2~3m后再浇第二层,同样依次浇筑各层。分段分层适用于结构平面面积不大的情况。

斜面分层 要求斜坡坡度不大于1/3,适用于结构长度超过厚度3倍的情况。

(3)防止大体积混凝土温度裂缝的技术措施

1)优先选用中低热的水泥品种,如矿渣硅酸盐水泥。

2)降低水泥用量。可掺加磨细的粉煤灰,改善混凝土的黏聚性。

3)掺加外加料。如掺用JM-Ⅵ缓凝减水剂等,能使混凝土的和易性有明显的改善,节约水泥10%,从而可降低水化热。

4)选择适宜的骨料。严格控制施工配合比,保证骨料的级配良好,可适量投入毛石,石子的含泥量控制在不大于1%,砂的含泥量控制在不大于2%。

5)控制混凝土的出机温度和浇筑温度。拌和前用冷水冲洗粗骨料,在储料仓中通冷风预冷,使用冷水搅拌,在气温高于35℃时最好不要浇筑。

6) 预埋水管，通水冷却，降低混凝土的最高温升。
7) 加强养护，延缓混凝土降温速率。在混凝土浇筑完毕后及时洒水养护，一般应在完成浇筑混凝土后的 12~18h 洒水，养护时间为 14~21d。
8) 采取防止混凝土裂缝的结构措施等。

以上这些措施不是孤立的，而是相互联系、相互制约的，施工中必须结合实际、全面考虑、合理采用，才能收到良好的效果。

4.3.6 超高泵送混凝土技术

商品混凝土采用泵送施工已广泛用于建筑工程中，但对于高度大于 300m 的超高层建筑，因泵送压力过高，所用混凝土强度高、黏度大，泵送困难，给泵送施工带来一系列有待探讨的技术难题。随着泵送混凝土的普及推广和快速发展，不断研究出高强混凝土的超高层泵送技术，对于提高超高层建筑施工质量及施工效率具有较大的实用价值和经济意义。

超高层建筑混凝土泵送施工存在诸多技术问题，应从以下几个方面采取措施。

(1) 泵送设备

泵送混凝土离不开混凝土输送泵，因此高压力、大排量、耐磨损、适应性强的泵送设备也是必不可少的。

设备的泵送能力 设备最大泵送能力应有一定的储备，以保证输送顺利，避免堵管。所选择的混凝土泵的液压系统工作压力为 24~25MPa，且混凝土出口压力都应该满足泵送高度的要求。如 HBT90CH 超高压混凝土泵的液压系统工作压力可达 35MPa，混凝土出口最高压力可达 22MPa，这也是超高层泵送的至关因素。

设备配置的可靠性 设备的配置应以可靠性为首要原则，应采用两台或两台以上的超高压混凝土输送泵，同时布置多套管道，可多台泵同时泵送。一旦因设备故障而中止泵送 2h 以上时，混凝土在输送管内会出现泌水、离析，将使整个管道系统内混凝土作废而严重影响施工质量。采用多台混凝土高压泵，既可同时工作以提高工作效率，也可单独作业，即使一台发生故障仍有备用的泵继续工作，大大提高了施工过程的可靠性。此外，两套独立的泵和管道系统也是保证施工顺利的强有力的保障。

(2) 管道系统

合理布管 布管应根据混凝土的浇筑方案设置并少用弯管和软管，尽可能缩短管线长度。管道可沿楼地面或墙面铺设，在混凝土地面或墙面上用膨胀螺栓安装一系列支座，每根管道均由两个支座固定。为了减少管道内混凝土反压力，需在泵的出口布置一定距离的水平管及若干弯管。

耐超高压的管道系统 在进行超高压泵送时，管道内压力很大，必须采用耐超高压的管道系统。此外，常规的连接与密封方式也不能满足要求，可采取下述解决方案：
① 采用壁厚为 9.5mm 以上的超高压管道，保障管道的抗爆能力。
② 管道间的连接用螺杆强度级别保证，纵向拉力由螺杆承受，使接头处得到可靠保障。
③ 带骨架的超高压混凝土密封圈能防止混凝土在 22MPa 的高压下从管夹间隙中挤出，确保密封长久可靠。

④ 输送管管径越小则输送阻力越大，但管径过大其抗爆能力变差，而且混凝土在管道内流速慢、停留时间长，影响混凝土的性能，宜选用直径为125mm的输送管。

(3) 合理适用的混凝土配合比

配合比设计的原则是既满足强度、耐久性要求，又要经济合理、具有良好的可泵性，因此除通常须考虑的因素外，必须处理好如下几个方面。

水泥用量　适用于超高层泵送混凝土的水泥用量选择必须同时考虑强度与可泵性，水泥用量少则强度达不到要求，用量过大则混凝土的黏性大，泵送阻力增大增加泵送难度，同时降低吸入效率。

粗骨料　常规的泵送作业要求最大骨料粒径与管径之比不大于1∶3；在超高层泵送中因管道内压力大易出现离析，此比例宜小于1∶5，而其中尖锐扁平的石子要少，以免增加水泥用量。

坍落度　普通的泵送作业中混凝土的坍落度在160mm左右最利于泵送，坍落度偏高易离析、低则流动性差。在超高层泵送中为减小泵送阻力，坍落度宜控制在180～200mm，同时为防止混凝土离析可掺入沸石粉以减少泌水。

粉煤灰及外加剂　粉煤灰和外加剂复合使用可显著减少用水量，改善混凝土拌和物的和易性。但由于外加剂品种较多，对粉煤灰的适应性也各不相同，其最佳用量应通过试验来确定。

(4) 混凝土泵送的施工要点

① 针对混凝土黏性好、凝结快的特性，为保证混凝土的均质性，搅拌车在向泵机填料前，反向高速转动20～30s，泵送过程应迅速连续进行并不停地搅拌，避免因混凝土在泵送过程中滞留时间过长而造成凝结堵管现象。

② 压送前应用水湿润泵的料斗、泵室及输送管道与混凝土接触的部分，检查管路无异常后方可采用水泥砂浆润滑压送。

③ 开始泵送时泵机应处于低速运转状态，注意观察泵的压力和各部分工作情况，待顺利泵送后方可提高到正常运输速度。

④ 当混凝土泵送困难、泵的压力突然升高时，管路会产生振动，可用槌敲击管路，找出堵塞的管段，采用正反泵点动处理或拆卸清理，经检查确认无堵塞后继续泵送，以免损坏泵机。

⑤ 施工时采用由远至近的退管法与二次布管法。

(5) 其他注意事项

① 不得使用产生裂缝和表面凹陷的管道，管箍必须紧牢，防止爆管伤人。

② 及时进行故障处理和更换必要的易损件。

③ 停机后应及时清洗并注意泵机的保养。

混凝土常见外观
质量缺陷及
修补措施

4.3.7 混凝土质量缺陷的修补

混凝土质量问题主要有蜂窝、麻面、露筋、孔洞等。蜂窝是指混凝土表面无水泥浆，露出石子深度大于5mm，但小于保护层厚度的缺陷；露筋是指主筋没有被混凝土包裹而外露的缺陷，但梁端主筋锚固区内不允许有露筋；孔洞是深度超过保护层厚度，但不超过截面面积的 1/3 的缺陷。混凝土质量缺陷的修补方法主要有以下几种。

1. 表面抹浆修补

对于数量不多的小蜂窝、麻面、露筋、露石的混凝土表面，主要是保护钢筋和混凝土不受侵蚀，可用(1∶2)～(1∶2.5)水泥砂浆抹面修整。在抹砂浆前，须用钢丝刷或加压力的水清洗润湿，抹浆初凝后要加强养护工作。

对于对结构构件承载能力无影响的细小裂缝，可将裂缝处加以冲洗，用水泥浆补抹。如果裂缝开裂较大较深时，应将裂缝附近的混凝土表面凿毛，或沿裂缝方向凿成深为15～20mm、宽为100～200mm 的 V 形凹槽，清理干净并洒水湿润，先刷水泥净浆一层，然后用(1∶2)～(1∶2.5)水泥砂浆分 2～3 层涂抹，总厚度控制在 10～20mm，并压实抹光。

2. 细石混凝土填补

当蜂窝比较严重或露筋较深时，应除掉附近不密实的混凝土和突出的骨料颗粒，用清水洗刷干净并充分润湿后，再用比原强度等级高一级的细石混凝土填补并仔细捣实。对孔洞质量缺陷的处理，可在旧混凝土表面采用处理施工缝的方法处理，将孔洞处疏松的混凝土和突出的石子剔凿掉，孔洞顶部要凿成斜面，避免形成死角，然后用水刷洗干净，保持湿润72h 后，用比原混凝土强度等级高一级的细石混凝土填筑捣实。混凝土的水灰比宜控制在 0.5 以内，并掺相对水泥用量万分之一的铝粉，分层捣实，以免新旧混凝土接触面上出现裂缝。

3. 水泥灌浆与化学灌浆

对于影响结构承载力或者防水、防渗性能的裂缝，为恢复结构的整体性和抗渗性，应根据裂缝的宽度、性质和施工条件等，采用水泥灌浆或化学灌浆的方法予以修补。一般对宽度大于 0.5mm 的裂缝，可采用水泥灌浆；宽度小于 0.5mm 的裂缝，宜采用化学灌浆。化学灌浆所用的灌浆材料，应根据裂缝性质、缝宽和干燥情况选用。作为补强用的灌浆材料，常用的有环氧树脂浆液(能修补缝宽 0.2mm 以上的干燥裂缝)和甲凝(能修补 0.05mm 以上的干燥细微裂缝)等。作为防渗堵漏用的灌浆材料，常用的有丙凝(能灌入 0.01mm 以上的裂缝)和聚氨酯(能灌入 0.015mm 以上的裂缝)等。

4.3.8　混凝土工程施工质量检查与评定方法

1. 混凝土质量的检查内容和要求

混凝土工程的施工质量检验应按主控项目、一般项目规定的检验方法进行检验。检验批合格质量应符合下列规定：主控项目的质量经抽样检验合格；一般项目的质量经抽样检验合格；当采用计数检验时，除有专门要求外，一般项目的合格点率应达到 80%及以上，且不得有严重缺陷；具有完整的施工操作依据和质量验收记录。

（1）主控项目

1) 水泥进场时应对其品种、级别、包装或散装仓号、出厂日期等进行检查，并应对其强度、安定性及其他必要的性能指标进行复验，其质量必须符合现行国家标准的要求。当在使用中对水泥质量有怀疑或水泥出厂超过三个月(快硬硅酸盐水泥超过一个月)时，应进行复验，并按复验结果使用。

钢筋混凝土结构、预应力混凝土结构中，严禁使用含氯化物的水泥。

检查数量：按同一生产厂家、同一等级、同一品种、同一批号且连续进场的水泥，袋装不超过200t为一批，散装不超过500t为一批，每批抽样不少于一次。

检验方法：检查产品合格证、出厂检验报告和进场复验报告。

2) 混凝土中掺用外加剂的质量及应用技术应符合现行国家标准和有关环境保护的规定。预应力混凝土结构中，严禁使用含氯化物的外加剂。钢筋混凝土结构中，当使用含氯化物的外加剂时，混凝土中氯化物的总含量应符合现行国家标准的规定。

检查数量：按进场的批次和产品的抽样检验方案确定。

检验方法：检查产品合格证、出厂检验报告和进场复验报告。

3) 混凝土强度等级、耐久性和工作性等应按《普通混凝土配合比设计规程》(JGJ 55—2011)的有关规定进行配合比设计。对于有特殊要求的混凝土，其配合比设计尚应符合国家现行有关标准的专门规定。

检验方法：检查配合比设计资料。

4) 结构混凝土的强度等级必须符合设计要求。用于检查结构构件混凝土强度的试件，应在混凝土的浇筑地点随机抽取。取样与试件留置应符合下列规定：

每拌制100盘且不超过$100m^3$的同配合比的混凝土，取样不得少于一次；每工作班拌制的同一配合比的混凝土不足100盘时，取样不得少于一次；当一次连续浇筑超过$1000m^3$时，同一配合比的混凝土每$200m^3$取样不得少于一次；每一楼层、同一配合比的混凝土，取样不得少于一次；每次取样应至少留置一组标准养护试件，同条件养护试件的留置组数应根据实际需要确定。

检验方法：检查施工记录及试件强度试验报告。

5) 对于有抗渗要求的混凝土结构，其混凝土试件应在浇筑地点随机取样。同一工程、同一配合比的混凝土，取样不应少于一次，留置组数可根据实际需要确定。

检验方法：检查试件抗渗试验报告。

6) 混凝土原材料每盘称量的偏差应符合的规定：水泥、掺和料，偏差控制在±5%；粗、细骨料±3%；水、外加剂，偏差控制在±2%。

检查数量：每工作班抽查不应少于一次。当遇雨天或含水率有显著变化时，应增加含水率检测次数，并及时调整水和骨料的用量。

检验方法：复称。

7) 混凝土运输、浇筑及间歇的全部时间不应超过混凝土的初凝时间。同一施工段的混凝土应连续浇筑，并应在底层混凝土初凝之前将上一层混凝土浇筑完毕。

当底层混凝土初凝后浇筑上一层混凝土时，应按施工技术方案中对施工缝的要求进行处理。

检查数量：全数检查。

检验方法：观察，检查施工记录。

8) 现浇结构的外观质量不应有严重缺陷，对已经出现的严重缺陷，应由施工单位提出技术处理方案，并经监理（建设）单位认可后进行处理。对经处理的部位，重新检查验收。

检查数量：全数检查。

检查方法：观察，检查技术处理方案。

9)现浇结构不应有影响结构性能和使用功能的尺寸偏差。对于超过尺寸允许偏差且影响结构性能和安装、使用功能的部位，应由施工单位提出技术处理方案，并经监理(建设)单位认可后进行处理。对于经处理的部位，应重新检查验收。

检查数量：全数检查。

检验方法：量测，检查技术处理方案。

(2)一般项目

1)混凝土中掺用矿物掺和料，粗、细骨料及拌制混凝土用水的质量应符合现行国家标准的规定。

检查数量：按进场的批次和产品的抽样检验方案确定。

检验方法：检查出厂合格证和进场复验报告，粗、细骨料检查进场复验报告，拌制混凝土用水检查水质试验报告。

2)首次使用的混凝土配合比应进行开盘鉴定，其工作性应满足设计配合比的要求。开始生产时应至少留置一组标准养护试件，作为验证配合比的依据。

检验方法：检查开盘鉴定资料和试件强度试验报告。

3)混凝土拌制前，应测定砂、石含水率，并根据测试结果调整材料用量，提出施工配合比。

检查数量：每工作班检查一次。

检验方法：检查含水率测试结果和施工配合比通知单。

4)施工缝、后浇带的位置应在混凝土浇筑前按设计要求和施工技术方案确定。施工缝处理、后浇带混凝土浇筑的应按施工技术方案执行。

检查数量：全数检查。

检验方法：观察，检查施工记录。

5)现浇结构和混凝土设备基础拆模后的尺寸偏差应符合表4.24和表4.25的规定。

检查数量：按楼层、结构缝或施工段划分检验批。在同一检验批内，对于梁、柱、独立基础，应抽查构件数量的10%，且不少于3件；对于墙和板，应按有代表性的自然间抽查10%，且不少于3间；对于大空间结构，墙可按相邻轴线间高度5m左右划分检查面，板可按纵、横轴线划分检查面，抽查10%，且均不少3面；对电梯井，应全数检查，对于设备基础，应全数检查。

表4.24 现浇结构尺寸的允许偏差和检验方法

项目		允许偏差/mm	检验方法
轴线位置	基础	15	钢尺检查
	独立基础	10	
	墙、柱、梁	8	
	剪力墙	5	

续表

项目			允许偏差/mm	检验方法
垂直度	层高	≤5m	8	经纬仪或吊线、钢尺检查
		>5m	10	
	全高(H)		$H/1000$ 且 ≤30	经纬仪、钢尺检查
高程	层高		±10	水准仪或拉线、钢尺检查
	全高		±30	
电梯井	截面尺寸		+8, -5	钢尺检查
	井筒长、宽对定位中心线		+25, 0	钢尺检查
	井筒全高(H)垂直线		$H/1000$ 且 ≤30	经纬仪、钢尺检查
表面平整度			8	2m靠尺和塞尺检查
预埋设施中心线位置	预埋件		10	钢尺检查
	预埋螺栓		5	
	预埋管		5	
预埋洞中心线位置			15	钢尺检查

注：检查轴线、中心线位置时，应沿纵、横两个方向量测，并取其中的较大值。

表4.25 混凝土设备基础的允许偏差和检验方法

项目		允许偏差/mm	检验方法
坐标位置		20	金属直尺检查
不同平面的高程		0, -20	水准仪或拉线、金属直尺检查
平面外形尺寸		+20	金属直尺检查
凸台上平面外形尺寸		0, -20	
凹穴尺寸		+20, 0	
平面水平度	每米	5	水平尺、塞尺检查
	全长	10	水准仪或拉线、金属直尺检查
垂直度	每米	5	经纬仪或吊线
	全高	10	
预埋地脚螺栓	高程(预高)	+20, 0	水准仪或拉线、金属直尺检查
	中心距	±2	金属直尺检查
预埋地脚螺栓孔	中心线位置	10	金属直尺检查
	深度尺寸	+20, 0	金属直尺检查
	孔垂直度	10	吊线、金属直尺检查

续表

项目		允许偏差/mm	检验方法
预埋活动地脚螺栓锚板	高程	+20, 0	水准仪或拉线,金属直尺检查
	中心线位置	5	金属直尺检查
	带槽锚板平整度	5	金属直尺、塞尺检查
	带螺纹孔锚板平整度	2	

注：检查坐标、中心线位置时，应沿纵、横两个方向量测，并取其中的较大值。

2. 混凝土强度的评定方法

评定混凝土强度的试块，必须按《混凝土强度检验评定标准》(GB/T 50107—2010)的规定取样、制作、养护和试验，其强度必须符合下列规定：

1)用统计方法评定混凝土强度时，其强度应同时符合下列两式的规定：

$$m_{f_{cu}} - \lambda_1 s_{f_{cu}} \geq 0.9 f_{cu,k} \tag{4.13}$$

$$f_{cu,min} \geq \lambda_2 f_{cu,k} \tag{4.14}$$

2)用非统计方法评定混凝土强度时，其强度应同时符合下列两式的规定：

$$m_{f_{cu}} \geq 1.15 f_{cu,k} \tag{4.15}$$

$$f_{fcu,min} \geq 0.95 f_{cu,k} \tag{4.16}$$

式中：$m_{f_{cu}}$——同一验收批混凝土立方体抗压强度的平均值(N/mm²)；

$s_{f_{cu}}$——同一验收批混凝土强度的标准差(N/mm²)，当 s_{fcu} 的计算值小于 $0.06 f_{cu,k}$ 时，取 $s_{fcu} = 0.06 f_{cu,k}$；

$f_{cu,k}$——设计的混凝土立方体抗压强度标准(N/mm²)；

$f_{cu,min}$——同一验收批混凝土立方体抗压强度的最小值(N/mm²)；

λ_1、λ_2——合格评定系数，按表 4.26 取用。

表 4.26 混凝土强度的合格评定系数

合格评定系数	试块组数		
	10～14	15～24	≥25
λ_1	1.70	1.65	1.60
λ_2	0.90	0.85	0.85

注：混凝土强度按单位工程内强度等级、龄期相同及生产工艺条件、配合比基本相同的混凝土为同一验收批评定；但单位工程中仅有一组试块时，其强度不应低于 $1.15 f_{cu,k}$。

湿式喷射混凝土是用泵式喷射机，将水灰比为 0.45～0.50 的混凝土拌和物输送至喷嘴处，然后在此加入速凝剂，在压缩空气助推下喷出。其工艺流程如图 4.51 所示。湿式喷射粉尘少，回弹量可减少到 5%～10%，施工质量易保证；但施工设备复杂、输送管易堵塞、不宜远距离压送、不易加入速凝剂和有脉动现象。

喷射混凝土宜用细度模数(M_K)大于 2.5 的坚硬的中、粗砂，或者用平均粒径为 0.35～0.50mm 的中砂。将砂加入搅拌机时，砂的含水率宜控制在 6%～8%，呈微湿状态。喷射混凝土用的石子，一般多使用卵石和碎石，但以卵石为优。石的最大粒径应小于喷射机输送管道最小直径的1/3~2/5，一般以15mm作为喷射混凝土石子的最大粒径。石子含水率宜控制在3%~6%。

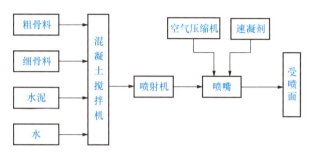

图4.51 湿式喷射工艺流程

3. 耐酸混凝土施工

在建筑工程中常用的耐酸混凝土有水玻璃混凝土、硫黄混凝土和沥青混凝土等。下面主要介绍水玻璃混凝土的施工。

(1)水玻璃混凝土的组成及应用

水玻璃混凝土的主要组成材料有水玻璃，耐酸粉，耐酸粗、细骨料，氟硅酸钠。

水玻璃混凝土常用于浇筑地面整体面层、设备基础及化工、冶金等工业中的大型设备和建筑物的外壳及内衬等防腐蚀工程。

(2)水玻璃混凝土的制备

1)采用机械搅拌时，将细骨料、粉料、氟硅酸钠、粗骨料依次加入搅拌机内，干拌均匀，然后加入水玻璃湿拌1min以上，直至均匀为止。

2)水玻璃混凝土要严格按确定的配合比计量，每次拌和量不宜太多。配制好的混凝土不允许再加入水玻璃或粉料。

3)水玻璃混凝土的坍落度，采用机械振捣时不大于10mm；采用人工捣固时为10~20mm。

(3)水玻璃混凝土的施工要点

1)水玻璃材料不耐碱，在呈碱性的水泥砂浆或混凝土基层上铺设水玻璃混凝土时，应设置油毡、沥青涂料等隔离层。施工时，应先在隔离层或金属基层上涂刷两道稀胶泥(水玻璃：氟硅酸钠：粉料=1：0.15：1)，两道之间的间隔时间为6~12h。

2)混凝土应分层进行浇筑，采用插入式振动器振捣时，每层浇筑厚度不大于200mm；采用平板振动器或人工捣实时，每层浇筑厚度不大于100mm。并应在初凝前振捣密实。

3)混凝土浇筑后，在10~15℃时经5d、18~20℃时经3d、21~30℃时经2d、31~35℃时经1d即可拆模。水玻璃混凝土宜在15~30℃的干燥环境中施工和养护，切忌浇水。温度低于10℃时应采取冬期施工措施。养护期间应防暴晒，以免脱水快而产生龟裂，并严禁与水接触或采用蒸汽养护，同时也要防止冲击和振动。水玻璃混凝土在不同养护温度下的养护期为：在10~20℃时不少于12d；在21~30℃时不少于6d；在31～35℃时不少于3d。

4）水玻璃混凝土经养护硬化后，须进行酸化处理，使表面形成硅胶层，以增强抗酸能力。一般用浓度为40%～60%的硫酸，或浓度为15%～25%的盐酸[或(1:2)～(1:3)的盐酸酒精溶液]，或40%的硝酸均匀涂刷于表面，应不少于4次，每次间隔时间为8～10h，每次处理前应清除表面析出的白色结晶物。

(4) 耐热混凝土施工

耐热混凝土是指能长期承受200～900℃高温作用，并在高温下保持所需的物理力学性能的特种混凝土。它主要用于工业窑炉基础、高炉外壳及烟囱等工程。

耐热混凝土分类 耐热混凝土是由适当的胶凝材料，耐热的粗、细骨料及水配制而成。常用的耐热混凝土有以下几种：

1）掺有磨细掺和料的硅酸盐水泥耐热混凝土。它是由普通水泥或矿渣水泥、磨细掺和料、耐热骨料和水配制而成。磨细掺和料主要有黏土熟料、磨细石英砂、砖瓦粉末等，主要成分为氧化硅及氧化铝，它们在高温时能与氧化钙作用，生成稳定的无水硅酸钙及铝酸钙，从而提高混凝土的耐热性。耐热骨料则采用耐火砖块、安山岩、玄武岩、重矿渣、镁矿砂及铬铁矿等。耐热温度一般为900～1200℃。

2）铝酸盐水泥耐热混凝土。它由高铝水泥、磨细掺和料、耐热骨料和水配制而成。这种混凝土在300～400℃时强度会剧烈降低，但在1100～1200℃时，结构水全部脱出而烧成陶瓷材料，其强度重新提高。耐热温度可达1400℃。

3）水玻璃耐热混凝土。它是以水玻璃为胶凝材料，以氟硅酸钠为促凝剂，并与磨细掺和料和耐热骨料配制而成。水玻璃硬化后形成硅酸凝胶，在高温下强烈干燥，强度不降低。耐热温度最高为1200℃。

水泥耐热混凝土施工 其施工要点如下：

1）水泥耐热混凝土宜用机械拌制。拌制时，先将水泥、混合材料、骨料搅拌2min，再按配合比加入水，然后搅拌2～3min，直到颜色均匀为止。耐热混凝土用水量（或水玻璃用量）在满足施工要求的条件下应尽量减少。混凝土坍落度在采用机械振捣时不大于20mm，采用人工捣固时不大于40mm。

2）水泥耐热混凝土浇捣后，宜在15～25℃的潮湿环境中养护，其中：普通水泥耐热混凝土养护不少于7d，矿渣水泥混凝土养护不少于14d，矾土水泥（即铝酸盐水泥）耐热混凝土养护不少于3d。

3）水泥耐热混凝土在气温低于7℃时，应按冬期施工处理。耐热混凝土中不应掺用促凝剂。水玻璃耐热混凝土的施工与耐酸混凝土相同。

(5) 高性能混凝土

高性能混凝土是具有高强度、高工作性、高耐久性的一种混凝土。这种混凝土的拌和物具有较大流动性和可泵性，不分层、不离析，保塑时间可根据工程需要进行调整，便于浇筑密实。在硬化过程中，水化热低，不易产生缺陷；硬化后，体积收缩变形小，构件密实，且抗渗、抗冻、抗碳化性能高。现已广泛应用于大跨度桥梁、海底隧道、地下建筑、机场飞机跑道、高速公路路面、高层建筑、港口堤坝、核电站等建筑物和构筑物。高性能混凝土对所组成材料的要求如下：

水泥 宜选用标准稠度用水量少、水化热小、放热速度慢的水泥,粒子最好为球状、水泥粒子表面积宜大、级配密实,其强度不低于 42.5MPa。

超细矿物粉 改善混凝土的和易性。要求活性的 SiO_2 含量要大,主要有硅粉、磨细矿渣、优质粉煤灰、超细沸石粉等。

粗骨料 选择硬质砂岩、石灰岩、玄武岩等立方体颗粒状碎石,其 $D_{max} \leqslant 20mm$。

细骨料 选用石英含量高、颗粒滚圆、洁净的中砂或粗砂。

新型高效减水剂 其减水率为 20%~30%,常有萘系、三聚氰胺系、多羟类和氨基酸酯类。

4.4 混凝土结构工程施工安全技术

钢筋混凝土工程在建筑施工中,工程量大、工期较长,且需要的设备、工具多,施工中稍有不慎,就会造成质量安全事故。因此必须根据工程的建筑特征、场地条件、施工条件、技术要求和安全生产的需要,拟定施工安全的技术措施。明确施工的技术要求和制定安全技术措施,预防可能发生的质量安全事故。

4.4.1 钢筋加工安全技术

1. 夹具、台座、机械的安全要求

1)机械的安装必须坚实稳固,保持水平位置。固定式机械应有可靠的基础,移动式机械作业时应揿紧行走轮。

2)外作业应设置机棚,机棚旁应有堆放原料、半成品的场地。

3)加工较长的钢筋时,应有专人帮扶,并听从操作人员指挥,不得随意推拉。

4)加工作业后,应堆放好成品、清理场地、切断电源、锁好电闸。钢筋进行冷拉、冷拔及预应力筋加工,还应严格遵守有关规定。

2. 焊接必须遵循的规定

1)焊机必须接地,以保证操作人员安全,对于焊接导线及焊钳接导处,都应可靠地绝缘。

2)大量焊接时,焊接变压器不得超负荷,变压器升温不得超过 60℃。

3)点焊、对焊时,必须开放冷却水,焊机出水温度不得超过 40℃,排水量应符合要求。温度低时应放尽焊机内存水,以免冻塞。

4)对焊机闪光区域,须设铁皮隔挡。焊接时,禁止其他人员停留在闪光区范围内,以防火花烫伤。焊机工作范围内严禁堆放易燃物品,以免引起火灾。

5)室内电弧焊时,应有排气装置。焊工操作地点相互之间应设挡板,以防电弧光灼伤眼睛。

4.4.2 模板施工安全技术

1)进入施工现场人员必须戴好安全帽,高空作业人员必须配戴安全带,并应系牢。

2)经医生检查认为不适宜高空作业的人员,不得进行高空作业。

3）工作前应先检查使用的工具是否牢固，扳手等工具必须用绳链系挂在身上，以免掉落伤人。工作时要注意力集中，防止钉子扎伤和空中滑落。

4）安装与拆除 5m 以上的模板，应搭脚手架，并设防护栏，防止上下在同一垂直面操作。

5）高空、复杂结构模板的安装与拆除，事先应有切实的安全措施。

6）遇六级以上大风时，应暂停室外的高空作业，雪、霜、雨后应先清扫施工现场，略干后不滑时再进行工作。

7）两人抬运模板时要互相配合、协同工作。传递模板、工具应用运输工具或绳子系牢后升降，不得乱扔。装拆时，上下应有接应，钢模板及配件应随装随拆运送，严禁从高处掷下。高空拆模时，应有专人指挥，并在下面标出工作区，用绳子和红白旗标加以围护，暂停人员过往。

8）不得在脚手架上堆放大批模板等材料。

9）支撑、牵杠等不得搭在门框架和脚手架上。通路中间的斜撑、拉杠等应设高度在 1.8m 以上。

10）支模过程中，如需中途停歇，应将支撑、搭头、柱头板等钉牢。拆模间歇时应将已活动的模板、牵杠等运走或妥善堆放，防止因扶空、踏空而坠落。

11）模板上有预留洞者，应在安装后将空洞口盖好。混凝土板上的预留洞，应在模板拆除后随即将洞口盖好。

12）拆除模板一般使用长撬棍，人不许站在正在拆除的模板上。在拆除楼板模板时，要注意整块模板掉下，尤其是用定型模板做平台模板时，拆模人员要站在门窗洞口外拉支撑，防止模板突然整块掉落伤人。

13）在组合钢模板上架设的电线和使用电动工具，应用 36V 低压电源或采取其他有效措施。

4.4.3 混凝土施工安全技术

1. 垂直运输设备

1）垂直运输设备应有完善可靠的安全保护装置（如起重量及提升高度的限制、制动、防滑、信号等装置及紧急开关等），严禁使用安全保护装置不完善的垂直运输设备。

2）垂直运输设备安装完毕后，应按出厂说明书要求进行无负荷、静负荷、动负荷试验及安全保护装置的中可靠性试验。

3）对垂直运输设备应建立定期检修和保养责任制。

4）操作垂直运输设备的司机必须通过专业培训。考核合格后持证上岗，严禁无证人员操作垂直运输设备。

2. 混凝土机械

(1) 混凝土搅拌机的安全规定

1）进料时，严禁将头或手伸入料斗与机架之间查看或探摸进料情况，运转中不得用手或工具等物伸入搅拌筒内扒料。

2)料斗升起时，严禁在其下方工作或穿行。料坑底部要设料枕垫，清理料坑时必须将料斗用链条扣牢。

3)向搅拌筒内加料应在运转中进行；添加新料必须先将搅拌机内原有的混凝土全部卸清。不得中途停机或在满载荷时启动搅拌机，反转出料者除外。

4)作业中，如机械发生故障不能继续运转时，应立即切断电源，将筒内的混凝土清除干净，然后进行检修。

(2)混凝土喷射机作业安全注意事项

1)机械操作和喷射操作人员应密切联系，送风、加料、停机以及发生堵塞等应相互协调配合。

2)在喷嘴的前方或左右 5m 范围内不得站人，工作停歇时，喷嘴不准对向有人方向。

3)作业时，若暂停时间超过 1h，必须将仓内及输料管内干混合料(不加水)全部喷出。

4)如输料软管发生堵塞时，可用木棍轻轻敲打外壁，如敲打无效，可将胶管拆卸用压缩空气吹通。

5)转移作业面时，供风、供水系统也随之移动，输料管不得随地拖拉和折弯。

6)作业时，必须将仓内和输料软管内的干混合料(不加水)全部喷出，再将喷嘴拆下清洗干净，并清除喷射机黏附的混凝土。

(3)混凝土泵送设备作业的安全要求

1)支腿应全部伸出并支固，未支固前不得启动布料杆。布料杆升离支架后方可回转。布料杆伸出时应按顺序进行；严禁用布料杆起吊或拖拉物件。

2)当布料杆处于全伸状态时，严禁移动车身。作业中需要移动时，应将上段布料杆折叠固定，移动速度不超过 10km/h。布料杆不得使用超过规定直径的配管，装接的软管应系防脱安全绳带。

3)应随时监视各种仪表和指示灯，发现不正常应及时调整或处理。如出现输送管道堵塞时，应进行逆向运转使混凝土返回料斗，必要时需拆管排除堵塞。

4)泵送工作应连续进行，必须暂停时应每隔 5～10min(冬季 3～5min)泵送一次。若停止较长时间后进行泵送，应逆向运转一二个行程，然后顺向泵送。泵送时料斗内应保持一定量的混凝土，不得吸空。

5)应确保水箱内储满清水，发现水质浑浊并有较多砂粒时应及时检查处理。

6)泵送系统受压力时，不得开启任何输送管道和液压管道。液压系统的安全阀不得任意调整，蓄能器只能充入氮气。

(4)混凝土振捣器的使用规定

1)使用前应检查各部件是否连接牢固，旋转方向是否正确。

2)振捣器不得放在初凝的混凝土、地板、脚手架、道路和干硬的地面上进行试振。维修或作业间断时，应切断电源。

3)插入式振捣器软轴的弯曲半径不得小于 50cm，并不多于两个弯；操作时振动棒应自然垂直地沉入混凝土，不得用力硬插、斜推或使钢筋夹住棒头，也不得全部插入混凝土中。

4)振捣器应保持清洁，不得有混凝土黏结在电动机外壳上妨碍散热。
5)作业转移时，电动机的导线应保持有足够的长度和松度。严禁用电源线拖拉振捣器。
6)用绳拉平板振捣器时，绳应干燥绝缘，移动或转向时不得用脚踢电动机。
7)振捣器与平板应保持紧固，电源线必须固定在平板上，电器开关应装在手把上。
8)在一个构件上同时使用几台附着式振捣器工作台时，所有振捣器的频率必须相同。
9)操作人员必须穿戴绝缘手套。
10)作业后，必须对场地做好清理工作，对混凝土做好保养工作。振捣器要放在干燥处。

4.5 混凝土工程施工实例

4.5.1 工程概况

某车间，跨度18m，长60m，柱距6m，共10个节间，现浇杯形基础。主要承重结构采用装配式钢筋混凝土工字形柱，预应力混凝土折线形屋架，1.5m×6m大型屋面板，T形吊车梁。试确定单层工业厂房杯形基础施工方案。

4.5.2 施工方案

(1)施工程序

杯形基础的施工程序是：放线→支下阶模板→安放钢筋网片→支上阶模板及杯口模→浇捣混凝土→修整→养护等。

(2)施工方法

1)放线、支模、绑扎钢筋按常规方法施工。

2)浇捣混凝土施工方法如下：

① 整个杯形基础要一次浇捣完成，不允许留设施工缝。混凝土分层浇筑厚度一般为25~30cm。每层混凝土要一次卸足，用拉耙、铁锹配合拉平，顺序是先边角后中间。下料时，锹背应朝向模板，使模板侧面砂浆充足；浇筑至表面时锹背应向上。

② 混凝土振捣应用插入式振动器，每一插点振捣时间一般为20~30s。插点布置宜为行列式。当浇捣到斜坡位置时，为减少或避免下阶混凝土落入基坑，四周20cm范围内可不必摊铺，振捣时如有不足可随时补加。

③ 为防止台阶交角处出现"吊脚"现象(上阶与下阶混凝土脱空)，应采取相应技术措施。

在下阶混凝土浇捣下沉2~3cm后暂不填平，继续浇捣上阶。先用铁锹沿上阶侧模底圈做混凝土内、外坡，然后再浇筑上阶，外坡混凝土在上阶振捣过程中自动摊平，待上阶混凝土浇捣后，再将下阶混凝土侧模上口拍实抹平。

捣完下阶混凝土后拍平表面,在下阶侧模外先压上 20cm×10cm 的压角混凝土并加以捣实,再继续浇捣上阶,待压角混凝土接近初凝时,将其铲掉重新搅拌利用。

④ 为了保证杯形基础杯口底高程的正确,宜先将杯口底混凝土振实,再振捣杯口模四周外的混凝土,振捣时间尽可能缩短,并应两侧对称浇捣,以免杯口模挤向一侧或由于混凝土泛起而使杯口模上升。

本工程中的高杯口基础可采用后安装杯口模的方法,即当混凝土浇捣到接近杯口底时,再安装杯口模后继续浇捣。

⑤ 基础混凝土浇捣完毕后,还要进行铲填、抹光工作。铲填由低处向高处、铲高填低,并用直尺检验斜坡是否准确,坡面如有不平,应加以修整,直到外形符合要求为止。接着用铁抹子拍抹表面,把凸起的石子拍平,然后由高处向低处加以压光。拍一段,抹一段,随拍随抹。局部砂浆不足,应随时补浆。

为了提高杯口模的周转率,可在混凝土初凝后终凝前将杯口模拆除。混凝土强度达到设计标号 25% 时,即可拆除侧模。

⑥ 本基础工程采用自然养护方法,严格执行硅酸盐水泥拌制的混凝土的养护洒水规定。

小　　结

混凝土结构是我国应用最多的一种结构形式,本项目重点内容如下:

1. 模板工程。工地上用的模板种类很多,有木模板、钢木模板、胶合板模板、钢竹模板、组合钢模板、塑料模板、玻璃钢模板、铝合金模板等,组合钢模板的构造原理是学习模板的基础,应以掌握组合钢模板的构造原理为基础,全面学习其他模板的构造。运用已学过的材料力学、结构力学知识,通过对例题的学习,较好地掌握模板设计的方法。

2. 钢筋工程。钢筋的级别和品种很多,但施工中最常用的是 HPB300 和 HRB400 级钢筋。因此,对这些钢筋的力学性能、冷拉控制指标等应重点掌握。

钢筋配料计算原理及方法是本项目学习重点。应首先弄清楚钢筋弯曲 45°、90°、180°时量度差值的几何学原理,再掌握具体计算公式。在计算钢筋下料长度时,首先算出钢筋各直线段长度,然后再整合量度差值,其中 45°、90°弯曲应减去量度差值,而只有 180°弯钩(注意:只有 HPB300 级钢筋才允许有 180°弯钩)才加上量度差值。此外,还应注意由于各种级别钢筋的物理力学性能不同,其弯心直径也不相同。

钢筋的连接应以机械连接为重点学习,钢筋焊接中的对焊和电弧焊在工程中应用较广,也应作为学习的主要内容。

此外,钢筋冷拉原理、控制方法及有关的计算方法也应注意掌握。

3. 混凝土工程。现场用混凝土配合比应根据各工地实际的砂、石含水率进行调整,重要工程部位应事先做试块预压强度指标。

了解自落式和强制式搅拌机的搅拌原理对正确选择和使用搅拌机很重要。另外,控制搅拌时间的合理控制是保证混凝土质量的关键,新搅拌工艺能促进提高混凝土质量和节约水泥。

泵送混凝土法已广泛应用,对混凝土配料有特殊要求。故应掌握正确使用混凝土泵的方法及影响其输送能力的各种因素,但用吊斗加起重机、手推车加井架的常规运输方案目前仍是主要的运输方式,因此不能忽视。

当浇筑有次梁、主梁的楼层时,一般应沿次梁方向浇筑(即施工缝留在次梁上)。只有在特殊情况下,施工缝才留在主梁上,这个原则不能忽视。

4. 对钢筋混凝土结构工程的施工,应注意:

1)施工人员应高度重视混凝土中所用的水泥技术指标,不要只考虑其强度的高低,更重要的是水泥体积的安定性是否合格。如果不合格,绝对不能使用。

2)对所使用的钢材,除检查出厂"三证"以外,还应抽样进行试验,以杜绝不合格钢材用在工程上。

3)对混凝土工程,除预防质量事故外,还应开发高性能、高强度的混凝土,并在工程上广泛使用。

思考与训练

一、思考题

1. 对模板及其支架的基本要求有哪些?模板的种类有哪些?各种模板有何特点?
2. 基础、柱、梁、楼板结构的模板构造及安装要求有哪些?
3. 定型组合钢模板由哪些部件组成?如何进行定型组合钢模板的配板?
4. 什么是钢筋冷拉?冷拉的作用和目的有哪些?影响冷拉质量的主要因素是什么?
5. 钢筋冷拉控制方法有几种?各用于何种情况?采用控制应力方法冷拉时,冷拉应力怎样取值?冷拉率有何限制?采用控制冷拉率方法时,其控制冷拉率怎样确定?
6. 钢筋接头连接方式有哪些?各有什么特点?
7. 钢筋在什么情况下可代换?钢筋代换应注意哪些问题?
8. 何谓"量度差值"?如何计算?
9. 为什么要进行施工配合比换算?如何进行换算?
10. 什么是一次投料、二次投料?各有何特点?二次投料对混凝土强度为什么会提高?
11. 试述混凝土结构施工缝的留设原则、留设位置和处理方法。
12. 混凝土运输有哪些要求?有哪些运输工具机械?各适用于何种情况?
13. 混凝土泵有几类?采用泵送时,对混凝土有哪些要求?
14. 混凝土振捣机械按其工作方式分为哪几种?各适用于振捣哪些构件?
15. 厚大体积混凝土施工特点有哪些?如何确定浇筑方案?其温度裂缝有几种类型?防止开裂有哪些措施?
16. 什么是混凝土的自然养护?自然养护有哪些方法?具体做法怎样?混凝土拆模

强度具有怎样的要求?

17. 如何进行混凝土工程的质量检查?

18. 混凝土工程中常见的质量事故,主要有哪些现象?如何防治?

二、练习题

(一)选择题

1. 当混凝土凝固的强度达到设计强度的( )时,跨度小于 2m 的板底模板即可拆除。

   A. 50%　　　　B. 75%　　　　C. 85%　　　　D. 95%

2. 按混凝土的强度等级分,( )及其以下为普通混凝土。

   A. C40　　　　B. C60　　　　C. C50　　　　D. C70

3. 浇筑混凝土的施工缝应留在结构( )且施工方便的部位。

   A. 受力较小　　B. 受力偏大　　C. 受剪力较小　　D. 受弯矩较小

4. 送检的混凝土试块应采用( )养护。

   A. 蒸汽养护　　B. 自然养护　　C. 标准条件养护　　D. 都不对

5. 对钢筋的冷拉,其变形为( )。

   A. 弹性变形　　B. 塑性变形　　C. 弹塑性变形　　D. 都不对

(二)计算题

1. 某同炉批 HRB400 级 $\phi22$ 钢筋采用控制冷拉率方法进行冷拉。现取 4 根试件测定冷拉率,试件长 600mm,标距 $i=10d$(钢筋直径),当试件达到控制应力时,其标距 i_1 分别为 230.1mm、234.0mm、230.0mm、230.5mm。

   试求:1)测定时钢筋的拉力应为多少?

   2)冷拉时控制冷拉率取值应为多少?

2. 某同炉批 HRB400 级 $\phi32$ 钢筋,采用控制应力的方法进行冷拉,钢筋长度为 24m,其中有一根钢筋达到冷拉控制应力 500MPa 时,其总长达 25.32m(已超过规定的冷拉率,经检验该钢筋的屈服点为 510MPa,抗拉强度为 585MPa,伸长率 σ_{10} 为 8%,冷弯合格)。问:这根钢筋是否合格?又若测得合格的 σ_{10} 为 7%,这根钢筋是否合格?

3. 计算图 4.52 所示的钢筋的下料长度。

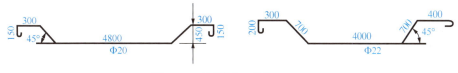

图 4.52　计算题 3(单位:mm)

4. 某梁设计主筋为 3 根 HRB400 级 $\phi20$ 钢筋($f_{y1}=335$MPa),但现场无 HRB400 级钢筋,拟用 $\phi24$ 钢筋($f_{y2}=335$MPa)代换。试计算:需几根钢筋?若用 $\phi20$ 钢筋代换,当梁宽为 250mm 时,钢筋按一排布置能否排下?

5. 某混凝土实验室配合比为 1:2.14:4.35,$W/C=0.61$,每 $1m^3$ 混凝土水泥用量为 300kg,实测现场砂含水率 3%,石含水率 1%。试求:施工配合比。

6. 某建筑基础钢筋混凝土底板：长×宽×高＝25m×14m×1.2m，要求连续浇筑混凝土，不留施工缝；搅拌站设三台 250L 搅拌机，每台实际生产率为 5m³/h；混凝土运输时间为 25min，气温为 25℃；混凝土强度为 C20，浇筑分层厚度为 300mm。

试完成：1)混凝土浇筑方案。

2)计算浇筑工作所需时间。

三、技能训练系

在实训场地完成梁的模板支设与钢筋安装。

练习题库

项目 5 预应力混凝土工程施工

知识目标：
1. 熟悉预应力张拉方法中的先张法、后张法预应力混凝土施工工艺。
2. 掌握预应力张拉力的控制和放张。
3. 掌握后张法中预应力筋的制作。
4. 掌握无黏结预应力筋的敷设和张拉锚固工艺。

能力目标：
1. 能组织先张法和后张法预应力混凝土施工。
2. 会编制预应力混凝土工程施工方案。

思政目标：
养成张弛有度、自律自强的学习作风。

预应力混凝土是在结构构件承受外荷载之前，预先对其在外荷载作用下的受拉区用某种方法施加预压力，促使其产生预压应力，这样当结构在使用荷载作用下产生拉应力时，必须先抵消事先施加的这一预压应力，然后才能随着荷载的增加，使受拉区的混凝土受拉开裂。这种预先施加预压应力的钢筋混凝土就称为预应力混凝土。

预应力混凝土与普通钢筋混凝土比较，具有构件截面小、自重轻、刚度大、抗裂度高、耐久性好、节省材料等优点。在大开间、大跨度与重荷载的结构中，采用预应力混凝土结构可减少材料用量，扩大使用功能，综合经济效益好，在现代建筑结构中具有广阔的发展前景。缺点是构件制作过程增加了张拉工序，技术要求高，并需要专用的张拉设备、锚具、夹具和台座等。

在预应力混凝土结构中，混凝土强度等级不宜低于C30；当用消除应力的钢丝、钢绞线、热处理钢筋做预应力筋时，混凝土强度等级不宜低于C40，所用水泥强度等级宜比配制的混凝土强度等级高C10。预应力混凝土结构的钢筋有非预应力筋和预应力筋。预应力筋宜采用预应力钢绞线、钢丝以及热处理钢筋等；非预应力筋可采用HRB400级、HPB300级钢筋和乙级冷拔低碳钢丝。

预应力混凝土按预加应力的方法不同可分为先张法和后张法。

5.1 先 张 法

先张法是在浇筑混凝土构件之前张拉预应力筋,将其临时锚固在台座或钢模上,然后浇筑混凝土构件,待混凝土达到一定强度(一般不低于混凝土强度标准值的75%),并使预应力筋与混凝土之间有足够黏结力时,放松预应力,预应力筋弹性回缩,借助于混凝土与预应力筋间的黏结,对混凝土产生预压应力。先张法多用于预制构件厂生产定型的中小型构件。

5.1.1 台座

台座是先张法工艺的主要设备之一,它承受预应力筋的全部张拉力。因此,台座应有足够的强度、刚度和稳定性。台座按构造形式分墩式和槽式两大类。

台座的长度以100m为宜,一般应每隔10~15m设置一道伸缩缝,最好按几种主要产品宽度组合模数考虑,缝宽3~5cm;宽度主要取决于构件的布筋宽度、张拉与浇筑混凝土是否方便,一般不大于2m。

1. 墩式台座

墩式台座由台座、台面与横梁等组成,如图5.1所示。目前,常用的是台墩与台面共同受力的墩式台座。

(1)台座

设计墩式台座时,应进行台座的稳定性和强度验算。稳定性是指台座的抗倾覆能力。抗倾覆验算的计算简图如图5.2所示,台座的抗倾覆稳定性按下式验算:

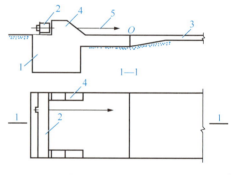

1——钢筋混凝土墩式台座;2——横梁;
3——混凝土台面;4——牛腿;5——预应力筋。

图5.1 墩式台座

$$K = \frac{M_1}{M} = \frac{GL + E_p e_2}{Ne_1} \geqslant 1.50 \quad (5.1)$$

式中:K——抗倾覆安全系数,一般不小于1.50;

M——倾覆力矩,由预应力筋的张拉力产生;

Ne_1——张拉力合力;

M_1——抗倾覆力矩,由台座自重力和土压力等产生;

G——台墩的自重力;

L——台墩重心至倾覆点的力臂;

E_p——台墩后面的被动土压力合力,当台墩埋置深度较浅时,可忽略不计;

e_1——张拉力合力作用点至倾覆点的力臂;

e_2——被动土压力合力作用点至倾覆点的力臂。

台墩倾覆点的位置,对于与台面共同工作的台墩,按理论计算,倾覆点应在混凝土台面的表面处,但考虑台墩的倾覆趋势使得台面端部顶点出现局部应力集中和混凝土面抹面层的施工质量问题,因此倾覆点的位置宜取在混凝土台面向下40~50mm处。

台墩的抗滑移验算,可按下式进行:

$$K_e = \frac{N_1}{N} \geqslant 1.3 \quad (5.2)$$

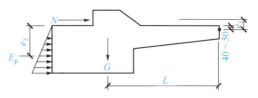

图5.2 墩式台座的稳定型验算简图

式中:K_e——抗滑移安全系数,一般不小于1.30;

N——张拉力合力;

N_1——抗滑移力,对于独立的台墩,其由侧壁土压力和底部摩阻力等产生。

台墩与台面共同工作时,可不进行抗滑移计算,而应验算台面的承载力。为了增加台墩的稳定性,减小台墩的自重,可采用锚杆式台墩。

台墩的牛腿和延伸部分,分别按钢筋混凝土结构的牛腿和偏心受压构件计算。

台墩横梁的挠度不应大于2mm,并不得产生翘曲。预应力筋的定位板必须安装准确,其挠度不大于1mm。

(2)台面

台面一般是在夯实的碎石垫层上浇筑一层厚度为6~10cm的混凝土而成,其水平承载力P可按下式计算,即

$$P = \frac{\varphi A f_c}{K_1 K_2} \quad (5.3)$$

式中:φ——轴心受压纵向弯曲系数,取$\varphi=1$;

A——台面截面面积;

f_c——混凝土轴心抗压强度设计值;

K_1——超载系数,取1.25;

K_2——考虑台面截面不均匀和其他影响因素的附加安全系数,$K_2=1.50$。

台面伸缩缝可根据当地温差和经验设置,一般每10m设置一条,也可采用预应力混凝土滑动台面,不留施工缝。

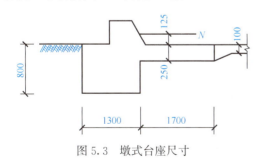

图5.3 墩式台座尺寸

【例5.1】 某墩式钢筋混凝土台座,截面如图5.3所示,台面宽4m,预应力张拉力共1000kN,台面混凝土C20厚度10cm,验算其稳定性及台面承载能力。

解 1)根据式(5.1)验算抗倾覆稳定性。由于埋深仅0.8m,可忽略土压力作用,只考虑混凝土墩自重及悬臂部分自重(牛腿部分较小可忽略)。

$$G_1 \times l_1 + G_2 \times l_2 = \left[1.3 \times 0.8 \times 4 \times 25\,000 \times \left(1.7 + \frac{1.3}{2}\right)\right.$$
$$\left. + 0.25 \times 4 \times 1.7 \times 25\,000 \times \frac{1.7}{2}\right] \text{N} \cdot \text{m}$$

$$= (244\,400 + 36\,125)\text{N} \cdot \text{m}$$
$$= 280.525\text{kN} \cdot \text{m}$$
$$M = 1000 \times (0.125 + 0.05)\text{N} \cdot \text{m}$$
$$= 175.00\text{kN} \cdot \text{m}$$
$$K = \frac{280.525}{175.00} = 1.60 > 1.5$$

2）抗滑移稳定性。因台座是整体式，故不会产生滑移，不必验算。

3）台面承载能力验算。根据式(5.3)计算台面承载力，$f_c = 10\text{MPa}$。

$$p = \frac{1.0 \times 1000 \times 4000 \times 10}{1.25 \times 1.5}\text{N} = 2133\text{kN} > 1000\text{kN}$$

则本台座稳定性与台面承载力均满足。

2. 槽式台座

槽式台座由端柱、传力柱、柱垫、横梁和台面等组成，如图 5.4 所示，它既可承受张拉力，又可作为蒸汽养护槽，适用于张拉吨位较高的大型构件。

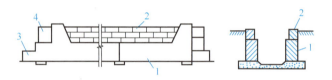

1——混凝土压杆；2——砖墙；3——下横梁；4——上横梁。

图 5.4 槽式台座

(1) 槽式台座规格要求

台座的长度一般为 45m（可生产 6 根 6m 吊车梁）～76m（可生产 10 根 6m 吊车梁，或 3 榀 24m 屋架，或 4 榀 18m 屋架），宽度随构件外形及制作方式而定，一般不小于 1m。槽式台座一般与地面相平，以便运送混凝土和构件蒸汽养护，但需考虑地下水位和排水等问题。端柱、传力柱的端面必须平整，对接接头必须紧密，柱与柱垫连接必须牢靠。

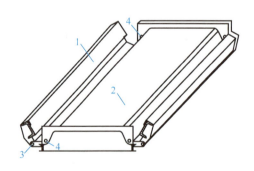

1——侧模；2——底模；
3——活动铰；4——预应力筋锚固孔。

图 5.5 钢模台座

(2) 槽式台座计算要点

槽式台座亦需进行强度和稳定性计算。端柱和传力柱的强度按钢筋混凝土结构偏心受压构件计算。槽式台座端柱抗倾覆力矩由端柱、横梁自重力及部分张拉力组成。

(3) 钢模台座

钢模台座是将制作构件的模板作为预应力筋的锚固支座的一种台座，如图 5.5 所示。将钢模板做成具有一定刚度的结构，将钢筋直接放置在模板上进行张拉。这种台座主要在流水线构件生产中应用。

5.1.2 夹具

夹具是用以临时锚固预应力筋，待混凝土构件制作完毕后，可取下重复使用的工具。按其作用分为固定用夹具和张拉用夹具。夹具必须安全可靠，加工尺寸准确；使用中不应发生变形或滑移，且预应力损失要小，构造要简单，省材料，成本低，拆卸方便，张拉迅速，适应性、通用性强。

1. 钢丝的锚固、张拉夹具

圆锥形槽式及齿板式夹具是常用的两种单根钢丝锚固夹具，适用于锚固直径为3～5mm的冷拔低碳钢丝，也适用于锚固直径为5mm的碳素(刻痕)钢丝。这两种形式的夹具均由套筒与销子组成，如图5.6(a)和(b)所示。

套筒为圆形，中开圆锥形孔。销有两种形式：一种是在圆锥形销子上切去一部分，在切削面上刻有细齿，即为圆锥形齿板式夹具；另一种是在圆锥形销子上留有1～3个凹槽，在凹槽内刻有细齿，即为圆锥形槽式夹具。

楔形锚固夹具由锚板与楔块两个部分组成，楔块的坡度为1/20～1/15，两侧面刻倒齿，如图5.6(c)所示。每个楔块可锚1～2根钢丝，适用于锚固直径为3～5mm的冷拔低碳钢丝及碳素钢丝。

另外，钢丝的锚固除可采用锚固夹具外，还可采用镦头锚具。

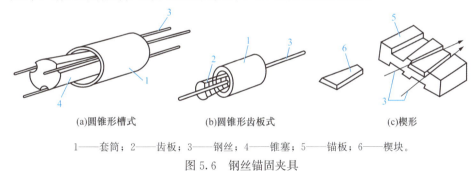

(a)圆锥形槽式　　(b)圆锥形齿板式　　(c)楔形

1——套筒；2——齿板；3——钢丝；4——锥塞；5——锚板；6——楔块。

图5.6　钢丝锚固夹具

钢丝的张拉夹具主要有钳式、偏心式、楔形等，如图5.7所示。

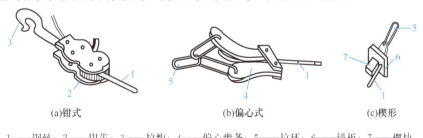

(a)钳式　　(b)偏心式　　(c)楔形

1——钢丝；2——钳齿；3——拉钩；4——偏心齿条；5——拉环；6——锚板；7——楔块。

图5.7　钢丝的张拉夹具

2. 钢筋的锚固、张拉夹具

张拉钢筋时，其临时锚固可采用穿心式(圆锥形二片式)夹具或镦头式夹具等。

(1)圆锥形二片式夹具

圆锥形二片式夹具由圆形套筒与圆锥形夹片组成,如图5.8所示。圆形套筒内壁呈圆锥形,与夹片锥度吻合,圆锥形夹片为两个半圆片,半圆片的圆心部分开呈半圆形凹槽,并刻有细齿,钢筋夹紧在夹片中的凹槽内。

这种夹具适用于锚固直径为12~16mm的单根冷拉钢筋。使用时两夹片要同时打入,为了拆卸方便,可在套筒内壁及夹片外壁涂以润滑油。

(2)镦头式夹具

镦头夹具是对钢筋端部进行镦头处理,镦头固定端可利用边角余料加工成槽口或钻孔,穿筋后卡住镦头,作为镦头夹具,如图5.9所示。这种夹具成本低,拆装方便,省工省料。

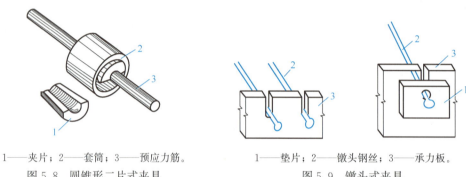

1——夹片;2——套筒;3——预应力筋。

图5.8 圆锥形二片式夹具

1——垫片;2——镦头钢丝;3——承力板。

图5.9 镦头式夹具

钢筋的张拉夹具主要有压销式张拉夹具(图5.10),钳式、偏心式、楔形夹具(图5.7),以及单根镦粗头钢筋夹具(图5.11)等。

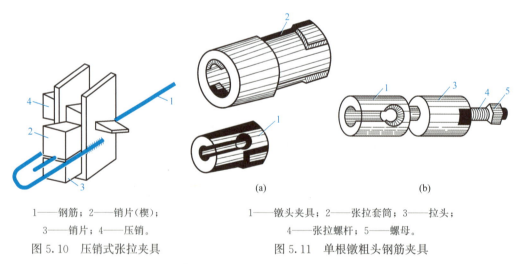

1——钢筋;2——销片(楔);
3——销片;4——压销。

图5.10 压销式张拉夹具

1——镦头夹具;2——张拉套筒;3——拉头;
4——张拉螺杆;5——螺母。

图5.11 单根镦粗头钢筋夹具

5.1.3 张拉设备

1. 钢丝的张拉设备

用钢台模以机组流水法或传送带法生产构件一般进行多根张拉,图5.12为油压千斤顶张拉装置,张拉时要求钢丝的长度相等,事先需调整初应力。

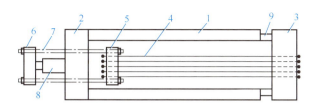

1——台座；2——前横梁；3——后横梁；4——预应力筋；5、6——拉力架横梁；
7——大螺栓杆；8——油压千斤顶；9——放张装置。

图 5.12　四横梁油压千斤顶张拉装置

在台座上生产构件多进行单根张拉，由于张拉力小，一般用小型卷扬机张拉，以弹簧测力计、杠杆等简易设备测力。用弹簧测力计测力时宜设置行程开关，以便拉到规定的拉力时能自行停止。图 5.13 所示为电动卷扬机张拉长线台座上的钢丝。

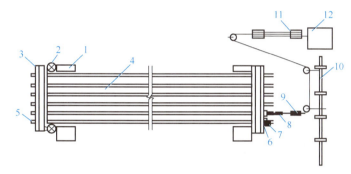

1——台座；2——放松装置；3——横梁；4——钢筋；5——镦头；6——垫块；7——穿心式夹具；
8——张拉机具；9——弹簧测力计；10——固定梁；11——滑轮组；12——卷扬机。

图 5.13　电动卷扬机张拉设备

选择张拉机具时，为了保证设备、人身安全和张拉力准确，张拉机具的张拉力应不小于预应力筋张拉力的 1.5 倍，张拉机具的行程应不小于预应力筋张拉伸长值的 1.1～1.3 倍。

目前，有些预制厂已采用电阻应变式传感器控制张拉力，可达到很高的精度。

2. 钢筋的张拉设备

先张法粗钢筋的张拉，分单根钢筋和多根钢筋成组张拉。由于在长线台座上预应力筋张拉的伸长值较大，一般千斤顶行程多不能满足，张拉较小直径钢筋可用卷扬机。弹簧测力计采用行程开关控制，当张拉力达到设计要求的拉力值时，卷扬机可自动断电停止。

穿心式千斤顶
工作过程（动画）

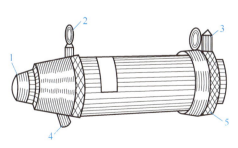

1——撑头；2——吊环；3——后油嘴；
4——前油嘴；5——端盖。

图 5.14　YC-20 型穿心式千斤顶

张拉直径 12～20 mm 的单根钢筋、钢绞线或小型钢丝束，可用 YC-20 型穿心式千斤顶（图 5.14）。张拉时，前油嘴回油、后油嘴进油，被偏心夹具夹紧的钢筋随着油缸的伸出而被拉长。如油缸已接近最大行程而钢筋尚未达到控制应力时，可使千斤顶卸载、油缸复位，然后继续张拉。

另外，还可采用电动螺杆张拉机，如图 5.15 所示。此类张拉机是根据工具螺旋推动原理制成的，即将螺母的位置固定，由电动机通过变速箱变速后，使设置在大齿轮或蜗轮内的螺母旋转，迫使螺杆在水平方向产生移动，从而使与螺杆相连的预应力筋受到张拉。拉力控制一般采用弹簧测力计，弹簧测力计上面设有行程开关，当张拉到规定的拉力时能自行停止。

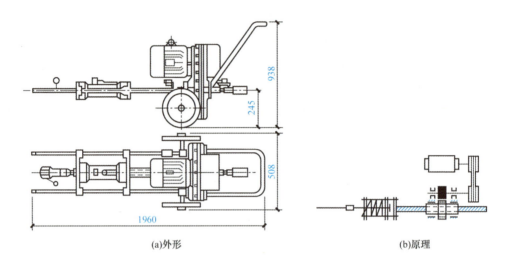

图 5.15　电动螺杆张拉机

5.1.4　先张法施工工艺

先张法施工工艺流程如图 5.16 所示。

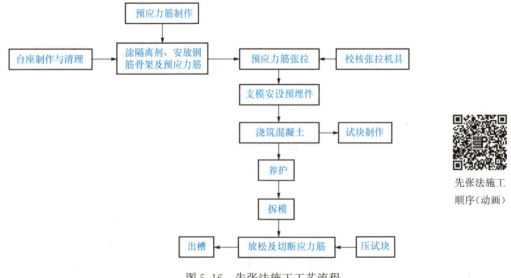

图 5.16　先张法施工工艺流程

先张法施工示意图如图 5.17 所示。

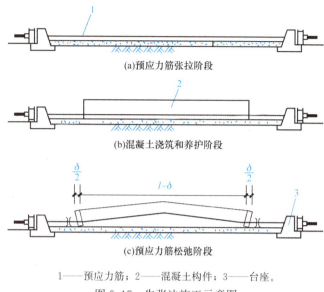

1——预应力筋；2——混凝土构件；3——台座。

图 5.17 先张法施工示意图

1. 预应力筋张拉

预应力筋张拉有单根张拉和多根成组张拉两种。预应力筋的张拉工作是预应力施工的关键工序。为了确保施工质量，预应力筋的张拉程序应严格按设计要求进行。

(1)张拉程序

预应力筋张拉可按下列程序之一进行：

1) $0 \longrightarrow 105\%\sigma_{con} \xrightarrow{持荷 2min} \sigma_{con}$；

2) $0 \longrightarrow 103\%\sigma_{con}$。

建立上述张拉程序的目的是为了减少预应力的应力松弛损失。所谓应力松弛，即钢筋受到一定张拉力后，在恒定变形条件下，钢筋的应力随时间的增加而降低的现象。应力松弛的数值与控制应力和延续时间有关，控制应力大，松弛也相应大。超张拉 $3\%\sigma_{con}$ 亦是为了弥补设计中不可预见的预应力损失。

(2)张拉控制应力

张拉时的控制应力应按设计规定及专项施工方案的要求。控制应力的数值影响预应力的效果，控制应力高，建立的预应力值则大。但控制应力过高，预应力筋处于高应力状态，这是不允许的。张拉后实际预应力值的偏差不得大于或小于规定值的 6%。

预应力筋的张拉力 P 可按下式计算，即

$$P = \sigma_{con} \cdot A_p \quad (kN) \tag{5.4}$$

式中：σ_{con}——预应力筋的张拉控制应力；

A_p——预应力筋截面面积(mm^2)。

预应力筋的张拉控制应力 σ_{con} 不宜超过表 5.1 规定的数值。

表 5.1　张拉控制应力 σ_{con} 的允许值

项次	预应力筋种类	σ_{con} 的允许值	
		先张法	后张法
1	消除应力钢丝、钢绞线	$0.80 f_{ptk}$	$0.75 f_{ptk}$
2	中强度预应力钢丝	$0.75 f_{ptk}$	$0.70 f_{ptk}$
3	预应力螺纹钢筋	$0.90 f_{pyk}$	$0.85 f_{pyk}$

注：f_{ptk} 为预应力筋极限抗拉强度标准值；f_{pyk} 为预应力筋屈服强度标准值。

预应力控制张拉时，为了校核预应力值，在张拉过程中应测出预应力筋的实际伸长值。如实际伸长值大于计算伸长值的 10% 或小于计算伸长值的 5%，应暂停张拉，查明原因并采取措施予以调整后，方可继续张拉。

台座法张拉中，为避免台座承受过大的偏心压力，应先张拉靠近台座截面重心处的预应力筋。

多根预应力筋同时张拉时，必须事先调整初应力，使相互间的应力一致。初应力值一般为张拉应力值的 10%，预应力筋相互间的应力差控制在 5% 以内。

张拉过程中，应抽查预应力值，其偏差不得大于或小于按同一构件全部钢筋预应力总值的 5%，其断丝或滑丝的量不得大于钢丝总数的 3%。

张拉完毕，锚固时，张拉端的预应力筋回缩量不得大于设计规定值；锚固后，预应力筋对设计位置的偏差不得大于 5mm，或不大于构件截面短边长度的 4%。

另外，施工中必须注意安全，严禁正对钢筋张拉的两端站立人员，防止断筋回弹伤人。冬季张拉预应力筋，环境温度不宜低于-15℃。

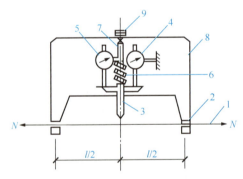

1—钢丝旋钮；2—测定仪挂钩；3—测头；
4—测挠度百分表；5—测力百分表；6—弹簧；
7—推杆；8—表架；9—螺钉。
图 5.18　2CN-1 型钢丝内力测定仪（钢丝测力计）

（3）预应力值校核

预应力钢绞线的张拉力一般采用伸长值校核。张拉时预应力筋的理论伸长值与实际伸长值的允许偏差为±6%。钢丝张拉锚固后，应采用钢丝内力测定仪检查钢丝的预应力值。其偏差不得大于或小于设计规定相应阶段预应力值的 5%。

使用 2CN-1 型钢丝内力测定仪（图 5.18）时先将测定仪挂钩钩住钢丝，旋转螺钉使测头与钢丝旋钮接触，此时测挠度百分表和测力百分表读数均为零。继续旋转螺钉，使测挠度百分表的读数达到试验确定的某一常数时，从测力百分表的读数便可知钢丝的拉力 N。这种测定仪的测力误差为±2.5%，使用前应先经过标定。

2. 混凝土浇筑与养护

预应力筋张拉完成后，进行钢筋绑扎、模板拼装和混凝土浇筑等工作。混凝土浇筑时，振动器不得碰撞预应力筋。混凝土未达到要求强度前,也不允许碰撞或踩动预应力筋。

采用重叠法生产构件时,应待下层构件的混凝土强度达到 5.0MPa 后,方可浇筑上层构件的混凝土。

混凝土可采用自然养护或蒸汽养护。但必须注意,当预应力混凝土构件进行蒸汽养护时,应采取正确的养护方法以减少由于温差变化引起的预应力损失。预应力筋张拉后锚固在台座上,随着温度升高预应力筋膨胀伸长,使预应力筋的应力减小。在这种情况下,混凝土逐渐硬结,而预应力筋由于温度升高而引起的应力减小则永远不能恢复。因此,先张法在台座上生产预应力混凝土构件,其最高允许的养护温度应根据设计规定的允许温差(张拉钢筋时的温度与台座养护温度之差)计算确定。当混凝土强度达到 7.5MPa(粗钢筋配筋)或 10MPa(钢丝、钢绞线配筋)以上时,则可不受设计规定的温差限制。通过机组流水法或传送带法使用钢模制作预应力构件,湿热养护时钢模与预应力筋同步伸缩,故不引起温差预应力损失。

3. 预应力筋的放张与截断

预应力筋放张时,混凝土的强度应符合设计要求;如设计无规定,不应低于设计的混凝土强度标准值的 75%。

(1) 放张顺序

预应力筋的放张顺序如设计无规定,可按下列要求进行:

1) 轴心受预压的构件(如拉杆、桩等),所有预应力筋应同时放张。
2) 偏心受预压的构件(如梁等),应先同时放张预压力较小区域的预应力筋,再同时放张预压力较大区域的预应力筋。
3) 如不能满足 1) 和 2) 两项要求时,应分阶段对称、交错地放张,以防止在放张过程中构件产生弯曲、裂纹和预应力筋断裂。

(2) 放张方法

预应力筋的放张工作应缓慢进行,防止冲击。常用的放张方法如下:

千斤顶放张 用千斤顶拉动单根钢筋,松开螺母。放张时由于混凝土与预应力筋已结成整体,松开螺母所需的间隙只能是最前端构件外露钢筋的伸长,因此,所施加的应力往往超过控制应力约 10%,比较费力。

采用两台台座式千斤顶整体缓慢放松,应力均匀,安全可靠。放张用台座式千斤顶可专用或与张拉合用。为防止台座式千斤顶长期受力,可采用垫块顶紧。

砂箱放张 砂箱装置由钢制的套箱和活塞组成,如图 5.19 所示,内装石英砂或铁砂,装砂量宜为砂箱长度的 1/3~2/5。砂箱放置在台座与横梁之间。预应力筋张拉时,箱内砂被压实,承受横梁的反力。预应力筋放张时,将出砂口打开,砂慢慢流出,从而使整批预应力筋徐徐放张。砂箱中的砂应采用干砂,选用适宜的级配,防止砂被压碎难以流出或增加砂的孔隙率,使预应力损失增大。施加

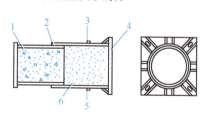

1——活塞;2——钢套箱;3——进砂口;
4——钢套箱底板;5——出砂口;6——砂。
图 5.19 砂箱装置构造

预应力后,砂箱的压缩值不大于 0.5mm,预应力损失可略去不计。采用两台砂箱时,

放张速度应力求一致,以免构件受扭损伤。采用砂箱放张,能控制放张速度,工作可靠,施工方便,可用于张拉力大于1000kN的情况。

楔块放张 楔块装置放置在台座与横梁之间,如图5.20所示。预应力筋放张时,旋转螺母使螺杆转动,带动楔块向上移动,钢块间距变小,横梁向台座方向移动,同时放张预应力筋。

楔块坡角α应选择恰当。α过大,则张拉时楔块容易滑出;α过小,则放张时楔块不易拔出。α的正切应略小于楔块与钢块之间的摩擦因数μ,即

$$\tan\alpha \leqslant \mu \tag{5.5}$$

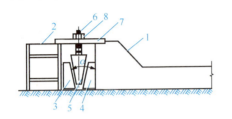

1——台座;2——横梁;3、4——钢块;5——钢楔块;
6——螺杆;7——承力板;8——螺母。
图5.20 楔块放张

式中:μ——摩擦因数,取0.15~0.20。

楔块放张,一般用于张拉力不大于300kN的情况,楔块装置经专门设计,也可用于张拉力较大处。

此外,还可采用预热熔割和钢丝钳或氧炔焰切割放张的方法。

放张完后预制构件便可出槽,按构件的制作时间、构件的种类和规格堆放,并注意成品保护。

5.2 后 张 法

后张法是在构件制作时,在设计放置预应力筋的部位预留孔道,待混凝土达到规定强度后在孔道内穿入预应力筋,并用张拉机具夹持预应力筋将其张拉至设计规定的控制应力,然后借助锚具将预应力筋锚固在预制构件的端部,最后进行孔道灌浆(无黏结预应力构件不需要灌浆),这种施工方法称为后张法。

后张法的特点是直接在构件上张拉预应力筋,构件在张拉过程中完成混凝土的弹性压缩,因此不直接影响预应力筋有效预应力值的建立。锚具是预应力构件的一个组成部分,永久留在构件上,不能重复使用。

后张法施工分为有黏结后张法预应力施工和无黏结后张法预应力施工。

5.2.1 锚具与张拉机械

在后张法预应力施工中,预应力筋、锚具和张拉机具是配套的。

在后张法预应力混凝土结构中,钢筋(或钢丝)张拉后,需采取一定措施锚固在构件的两端,以维持其预加应力。这种用于锚固预应力筋的工具称为锚具。它与先张法预应力施工中使用的夹具不同,使用后将永远保留在构件上不再取下,故后张法构件上使用的锚具又称为工作锚。按锚具的工作特点,其可分为张拉锚具和固定端锚具。

后张法预应力施工构件中所使用的预应力筋,可分为单根粗钢筋、钢筋束(或钢绞线束)和钢丝三大类。

1. 单根粗钢筋的锚具

根据构件的长度和张拉工艺的要求,单根预应力钢筋可在一端或两端张拉。一般张拉端均采用螺丝端杆锚具;而固定端除了采用螺丝端杆锚具,还可采用帮条锚具或镦头锚具。

(1)螺丝端杆锚具

螺丝端杆锚具是由螺丝端杆、螺母及垫板三个部分组成。型号有 LM18～LM36,适用于直径为 18～36mm 的 HRB400 级预应力钢筋,如图 5.21 所示。使用时将螺丝端杆与预应力筋对焊连接为一整体,用张拉设备张拉螺丝端杆,用螺母锚固预应力筋,预应力筋的对焊长度以及其与螺丝端杆的对焊均应在冷拉前完成。经冷拉后,螺丝端杆不得发生塑性变形。

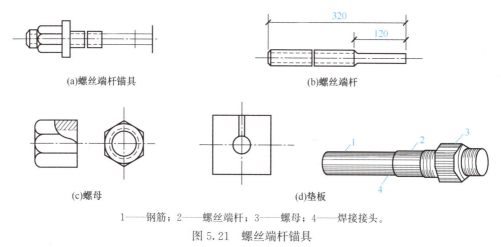

1——钢筋;2——螺丝端杆;3——螺母;4——焊接接头。

图 5.21 螺丝端杆锚具

锚具的长度一般为 320mm,当为一端张拉或预应力筋的长度较长时,螺杆的长度应增加 30～50mm。

(2)帮条锚具

帮条锚具由帮条和衬板组成。帮条采用与预应筋同级别的钢筋,衬板采用普通低碳钢的钢板。帮条锚具的 3 根帮条应呈 120°均匀布置,并垂直于衬板与预应力筋焊接牢固,如图 5.22 所示。

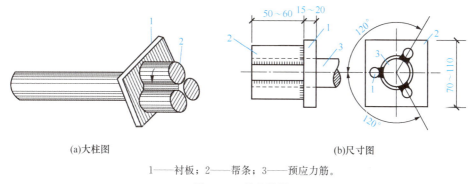

1——衬板;2——帮条;3——预应力筋。

图 5.22 帮条锚具

（3）镦头锚具

用于单根粗钢筋的镦头锚具一般直接在预应力筋端部热镦、冷镦或锻打成型。镦头锚具也适用于锚固多根钢丝束。钢丝束镦头锚具分为 A 型与 B 型。A 型由锚环与螺母组成，可用于张拉端；B 型为锚板，用于固定端，其构造如图 5.23 所示。

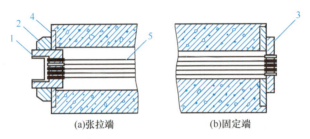

(a)张拉端　　　　　(b)固定端

1——锚环；2——螺母；3——锚板；4——垫板；5——镦头预应力钢筋。

图 5.23　钢丝镦头锚断面图

镦头锚具的工作原理是将预应力筋穿过锚环的蜂窝眼后，用专门的镦头机将钢筋或钢丝的端头镦粗，将端头镦粗的预应力束直接锚固在锚环上，待千斤顶拉杆旋入锚环内螺纹后即可进行张拉，锚环带动钢筋或螺纹旋紧顶在构件表面，于是锚环通过支承垫板将预应力传到混凝土上。

镦头锚具用 YC-60 千斤顶（穿心式千斤顶）或拉杆式千斤顶张拉。

2. 张拉设备

（1）拉杆式千斤顶

拉杆式千斤顶工作过程(动画)

拉杆式千斤顶用于螺母锚具、锥形螺杆锚具、钢丝镦头锚具等。它由主油缸、主缸活塞、回油缸、回油活塞、连接器、传力架、活塞拉杆等组成。图 5.24 所示为拉杆式千斤顶张拉的工作示意图。张拉前，先将连接器旋在预应力的螺丝端杆上，相互连接牢固。千斤顶由传力架支承在构件端部的钢板上。张拉时，高压油进入主油缸推动主缸活塞及拉杆，通过连接器和螺丝端杆，预应力筋被拉伸。千斤顶拉力的大小可由油泵压力表的读数直接显示。当张拉力达到规定值时，拧紧螺丝端杆上的螺母，此时张拉完成的预应力筋被锚固在构件的端部。锚固后回油缸进油，推动回油活塞工作，千

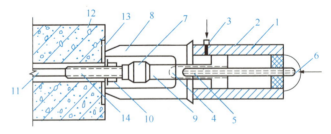

1——主油缸；2——主缸活塞；3——进油孔；4——回油缸；5——回油活塞；6——回油孔；7——连接器；8——传力架；9——拉杆；10——螺母；11——预应力筋；12——混凝土构件；13——预埋铁板；14——螺丝端杆。

图 5.24　拉杆式千斤顶张拉工作示意图

斤顶脱离构件，主缸活塞、拉杆和连接器回到初始位置。最后将连接器从螺丝端杆上卸下，再卸下千斤顶，张拉结束。

目前，常用的千斤顶是YL60型拉杆式千斤顶。另外，还有YL400型和YL500型千斤顶，其张拉力分别为4000kN和5000kN，主要用于对张拉力较大钢筋的张拉。

（2）穿心式千斤顶

穿心式千斤顶是中空通过钢筋束的千斤顶，适应性较强，如图5.14所示。穿心式千斤顶是利用双液压缸张拉预应力筋和顶压锚具的双作用千斤顶。它可张拉带有夹片锚具或夹具的钢筋束和钢绞线束。穿心式千斤顶配上撑脚、拉杆等附件后，也可作为拉杆式千斤顶用。根据使用功能的不同，又可分为YC型、YCD型、YCQ型、YCW型等系列产品。

穿心式千斤顶工作过程（动画）

（3）普通液压千斤顶

后张法张拉时要求钢筋的长度基本相等，以保证张拉后各钢筋的预应力相同，为此，应事先调整钢筋的初应力。图5.25是用普通液压千斤顶进行成组钢筋张拉的示意图。后张法中较少应用普通液压千斤顶。

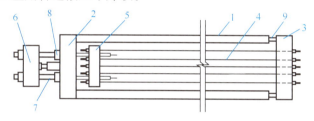

1——台模；2、3——前后横梁；4——钢筋；5、6——拉力架横梁；7——大螺丝杆；8——油压千斤顶；9——放松装置。

图5.25 普通液压千斤顶成组张拉示意图

3. 预应力钢筋束和钢绞线束

钢筋束和钢绞线束具有强度高、柔性好的优点，目前常用的锚具有JM12型、精铸JM12型、KT-Z型（可锻铸铁锥形）、XM型锚具以及握裹式锚具。

JM型锚具工作过程（动画）

（1）JM12型锚具

JM12型锚具的构造如图5.26所示。

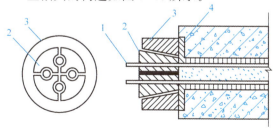

1——预应力筋；2——夹片；3——锚环；4——垫板。

图5.26 JM12型锚具

夹片（动画）

JM12型锚具有光JM12-3～JM12-6、螺JM12-3～JM12-6、绞JM12-5和JM12-6等

十种，分别用来锚固 3～6 根 Ⅳ 级 $\phi^l 12$ 螺纹钢筋和 5～6 束 $\phi^j 12$ 钢绞线。JM12 型锚具由锚环和夹片组成。

JM12 型锚具性能好，锚固时钢筋束或钢绞线束被单根夹紧，不受直径误差的影响，且预应力筋是在呈直线状态下被张拉和锚固，受力性能好。近年来，为适应小吨位高强钢丝束的锚固，还发展了可以锚固 6～7 根 ϕ^b 碳素钢丝的 JM5-6 和 JM5-7 型锚具，其原理完全相同。

为降低锚具成本，还有精铸 JM12 型锚具，已定型的型号有 ZJM12-4、ZJM12-5 和 ZJM12-6。精铸 JM12 型锚具用于锚固钢筋束时的滑移值不应大于 3mm；用于锚固钢绞线时的滑移值不应大于 5mm。

精铸 JM12 型锚具是一种利用楔块原理锚固多根预应力筋的锚具，它既可作为张拉端的锚具，亦可作为固定端的锚具，或作为重复使用的工具锚。

(2) KT-Z 型锚具

KT-Z 型锚具是一种可锻铸锥形锚具，其构造如图 5.27 所示。它可用于锚固钢筋束和钢绞线束，并可用于锚固 3～6 根 Ⅲ 级和 Ⅳ 级钢丝束的螺 KT-Z-3～KT-Z-6 以及锚固 3～6 根 (7ϕ4) 钢绞线束的绞 KT-Z-3～KT-Z-6。KT-Z 型锚具由锚塞和锚环组成，均用 KTH370-12 或 KTH350-10 可锻铸铁成型。该锚具为半埋式，使用时先将锚环小头嵌入承压钢板中，并

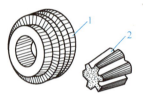

1——锚环；2——锚塞。
图 5.27 KT-Z 型锚具

用断续焊缝焊牢，然后共同预埋在构件端部。

使用该锚具时，预应力筋在锚环小口处形成弯折，因而产生摩擦损失，该损失值对钢丝束约为控制应力 σ_{con} 的 4%，对于钢绞线束则约为控制应力 σ_{con} 的 2%。

(3) XM 型锚具

XM 型锚具是一种新型锚具，由锚板与三片夹片组成，如图 5.28 所示。它既适用于锚固钢绞线束，又适用于锚固钢丝束；既可锚固单根预应力筋，又可锚固多根预应力筋。近年来，随着预应力混凝土结构和无黏结预应力混凝土结构的发展，XM 型锚具已得到广泛应用。实践证明，XM 型锚具具有通用性强、性能可靠、施工方便、便于高空作业等特点。

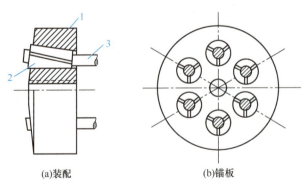

(a) 装配　　(b) 锚板

1——锚板；2——夹片(三片)；3——钢绞线。
图 5.28 XM 型锚具

XM 型锚具锚板上的锚孔沿圆周排列，间距不小于 36mm，锚孔中心线的倾角为 1∶20。锚板顶面应垂直于锚孔中心线，以利夹片均匀塞入。夹片采用三片式，按 120°均分开缝并沿轴向有倾斜偏转角，倾斜偏转角的方向与钢绞线的扭角相反，以确保夹片能夹紧钢绞线束或钢丝束的每一根外围钢丝，形成可靠的锚固。

(4) 握裹式锚具

钢筋束或钢绞线束的固定端的锚具除了可采用与张拉端相同的锚具，还可选用握裹式锚具。握裹式锚具包括挤压锚具与压花锚具两类。

挤压锚具　是利用液压压头机将套筒挤紧在钢绞线端头上的一种锚具，如图 5.29 所示。套筒内衬有硬钢丝螺旋圈，在挤压后硬钢丝全部脆断，一半嵌入外钢套，一半压入钢绞线，从而增加钢套筒与钢绞线之间的摩阻力。锚具下设钢垫板与螺旋筋。这种锚具适用于构件端部的设计力大或端部尺寸受到限制的情况。

压花锚具　是利用液压压花机将钢绞线端头压成梨形散花状的一种锚具，如图 5.30 所示。梨形头的尺寸对于 $\phi15$ 钢绞线不小于 $\phi95×150$mm。多根钢绞线梨形头应分排埋置在混凝土内。为提高压花锚具梨形散花头根部混凝土抗裂强度，在散花头的头部配置构造筋，在散花头的根部配置螺旋筋，压花锚跨构件截面边缘不小于 30cm。第一排压花锚的锚固长度，对于 $\phi15$ 钢绞线不小于 95cm，每排相隔至少 30cm。

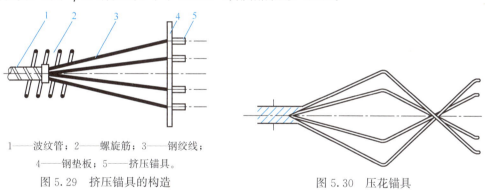

1——波纹管；2——螺旋筋；3——钢绞线；
4——钢垫板；5——挤压锚具。

图 5.29　挤压锚具的构造　　　　图 5.30　压花锚具

4. 预应力钢筋束和钢绞线束的张拉设备

JM12 型锚具宜选用相应的 YC-60 型穿心式千斤顶来张拉预应力筋(图 5.31)。

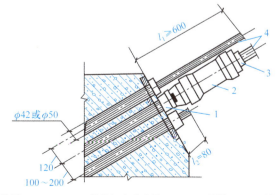

1——工作锚；2——YC-60 型穿心式千斤顶；3——工具锚；4——预应力筋束。

图 5.31　JM12 型锚具和 YC-60 型穿心式千斤顶的安装示意图

KT-Z 型锚具用于螺纹钢筋束时，宜用锥锚式双作用千斤顶张拉(图 5.32)；用于钢绞线束时，则宜用 YC-60 型双作用千斤顶张拉。

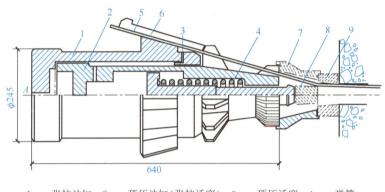

1——张拉油缸；2——顶压油缸(张拉活塞)；3——顶压活塞；4——弹簧；
5——预应力筋；6——楔块；7——对中套；8——锚塞；9——锚环。

图 5.32 锥锚式双作用千斤顶

钢质锥形锚具用锥锚式双作用千斤顶进行张拉。镦头锚具用 YC-60 型穿心式千斤顶或拉杆式千斤顶张拉。大跨度结构、长钢丝束等引伸量较大者，用穿心式千斤顶为宜。锥形螺杆锚具宜用拉杆式千斤顶或穿心式千斤顶张拉。

5. 钢丝束锚具和张拉设备

钢丝束一般由几根到几十根直径为 3～5mm 平行的碳素钢丝组成。目前，常用的锚具有钢质锥形锚具、钢丝束镦头锚具和锥形螺杆锚具。

(1)钢质锥形锚具

钢质锥形锚具由锚环和锚塞组成(图 5.33)，用于锚固以锥锚式双作用千斤顶张拉的钢丝束。锚环内孔的锥度应与锚塞的锥度一致。锚塞上刻有细齿槽，夹紧钢丝防止滑动。

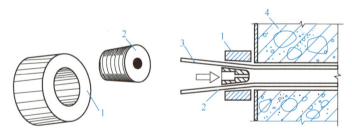

1——锚环；2——锚塞；3——钢丝束；4——构件。
图 5.33 钢质锥形锚具安装示意图

锥形锚具的主要缺点是当钢丝直径误差较大时，易产生单根滑丝现象，且滑丝后很难补救，如用加大顶锚力的办法来防止滑丝，过大的顶锚力易使钢丝损伤。

(2)钢丝束镦头锚具

钢丝束镦头锚具用于锚固 12～54 根直径为 5mm 碳素钢丝的钢丝束，分为 DM5A 型和 DM5B 型两种，DM5A 型用于张拉端，DM5B 型用于固定端(图 5.34)。镦头锚具的滑移值不应大于 1mm。镦头锚具的镦头强度不得低于钢丝规定抗拉强度的 98％。

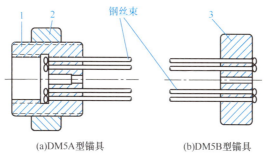

(a) DM5A型锚具　　　　(b) DM5B型锚具

1——锚环；2——螺母；3——锚板。

图5.34　钢丝束镦头锚具

锚环的内外壁均有螺纹，内螺纹用于连接张拉螺丝端杆，外螺纹用于拧紧螺母锚固钢丝束。锚环和锚板四周钻孔，以固定镦头的钢丝，孔数和间距由钢丝根数而定。钢丝用 LD-10 型液压冷镦器进行镦头。钢丝束一端可在制束时将头镦好，另一端则穿束后镦头，故构件孔道端部要设置扩孔。

张拉时，张拉螺丝端杆一端与锚环内螺纹连接，另一端与拉杆式千斤顶的拉头连接；当张拉到控制应力时，锚环被拉出，则拧紧锚环外螺纹上的螺母加以锚固。

(3) 锥形螺杆锚具

锥形螺杆锚具用于锚固 14 根、16 根、20 根、24 根和 28 根直径为 5mm 的钢丝束。它由锥形螺杆、套筒、垫板、螺母等组成(图5.35)。锥形螺杆锚具与 YL-60、YL-90 拉杆式千斤顶配套使用，也可与 YC-60、YC-90 穿心式千斤顶配合使用。在与拉杆式千斤顶共同使用时的安装方法如图 5.36 所示。

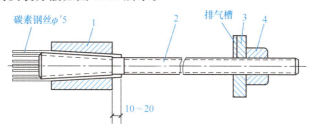

1——套筒；2——锥形螺杆；3——垫板；4——螺母。

图5.35　锥形螺杆锚具

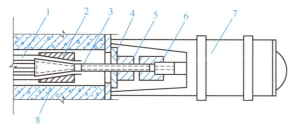

1——钢丝束；2——套筒；3——锥形螺杆；4——垫板；5——螺母；
6——千斤顶连接螺母；7——拉杆式千斤顶；8——预应力混凝土构件。

图5.36　锥形螺杆锚具与拉杆式千斤顶的安装示意图

6. 钢丝束的张拉设备

钢质锥形锚具用锥锚式双作用千斤顶进行张拉；镦头锚具用 YC-60 型穿心式千斤顶或拉杆式千斤顶张拉。

5.2.2 预应力筋的制作

1. 单根粗预应力钢筋的制作

单根粗预应力钢筋的制作，包括配料、对焊等工序。

螺丝端杆外露在构件孔道外的长度，根据垫板厚度、螺母高度和拉伸机与螺丝端杆连接所需长度确定，一般为 120~150mm。固定端用帮条锚具和镦头锚具时，其长度视锚具尺寸而定。

预应力钢筋下料长度的计算有以下两种情况。

两端采用螺丝端杆锚具的预应力筋 预应力筋的成品长度如图 5.37(a)所示，计算公式为

$$L_1 = l + 2l_2 \tag{5.6}$$

预应力筋钢筋部分的成品长度为

$$L_0 = L_1 - 2l_1 \tag{5.7}$$

预应力筋钢筋部分的下料长度为

$$L = \frac{L_0}{1 + \delta - \delta_1} + nl_0 \tag{5.8}$$

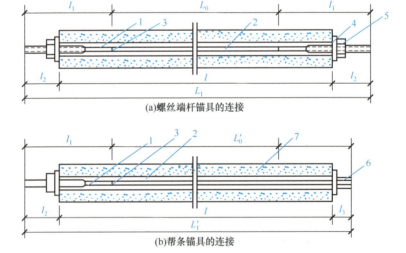

1——螺丝端杆；2——粗钢筋；3——对焊接头；4——垫板；5——螺母；6——帮条锚具；7——混凝土构件。

图 5.37 粗钢筋与锚具连接图及下料长度计算示意图

一端用螺丝端杆另一端用帮条锚具 预应力筋的成品长度如图 5.37(b)所示，计算公式为

$$L_1 = l + l_2 + l_3 \tag{5.9}$$

$$L_0 = L_1 - l_1 \tag{5.10}$$

$$L = \frac{L_0}{1+\delta-\delta_1} + nl_0 \tag{5.11}$$

式中：L_1——预应力筋的成品长度；

L_0——预应力筋钢筋部分的成品长度；

L——预应力筋钢筋部分的下料长度；

l——构件的孔道长度或台座长度（包括横梁在内）；

l_1——螺丝端杆长度；

l_2——螺丝端杆伸出构件外的长度；

l_3——帮条或镦头锚具长度（包括垫板厚度 h）；

l_0——每个对焊接头的压缩长度（约等于钢筋直径 d）；

n——对焊接头数量；

δ——钢筋的冷拉率；

δ_1——钢筋冷拉后的弹性回缩率。

在不同场合下，用拉伸机张拉时，l_2 的计算取值如下：

张拉端：

$$l_2 = 2H(\text{螺母高度}) + h + 5 \tag{5.12}$$

锚固端：

$$l_2 = H(\text{螺母高度}) + h + 10 \tag{5.13}$$

2. 钢筋束、热处理钢筋和钢绞线的制作

钢筋束、热处理钢筋和钢绞线呈盘状供应，长度较长，不需要对焊接长。其制作工序是：开盘→下料→编束。

下料时，宜采用切断机或砂轮切割机，不得采用电弧切割。钢绞线在切断前，在切口两侧各 50mm 处，应用铅丝绑扎，以免钢绞线松散。编束是将钢绞线理顺后，用铅丝每隔 1.0m 左右绑扎成束，在穿筋时应注意防止扭结。

预应力筋的下料长度，主要与张拉设备和选用的锚具有关。

1）当采用夹片式锚具（JM 型、XM 型）、穿心式千斤顶张拉时，钢绞线或钢筋束的下料长度如图 5.38(a)所示，用下列公式计算：

① 当两端张拉时：

$$L = l + 2(l_1 + l_2 + l_3 + 100) \tag{5.14}$$

② 当一端张拉时：

$$L = l + 2(l_1 + 100) + l_2 + l_3 \tag{5.15}$$

式中：l——孔道长度；

l_1——夹片式工作锚厚度；

l_2——穿心式千斤顶长度；

l_3——夹片式工具锚厚度。

2）当采用 KT-Z 型锚具、锥锚式双作用千斤顶张拉时，预应力筋或钢绞线的下料长度如图 5.38(b)所示，用下列公式计算：

① 当两端张拉时:
$$L = l + 2(l_1 + l_2) \tag{5.16}$$

② 当一端张拉时:
$$L = l + l_1 + l_2 + l_3 \tag{5.17}$$

式中：l——孔道长度；

l_1——张拉端预应力钢筋束预留长度，视张拉设备类型而定；

l_2——锚具外露长度，$l_2 = 40\mathrm{mm}$；

l_3——非张拉端预应力钢筋束预留长度，$l_3 = 80\mathrm{mm}$。

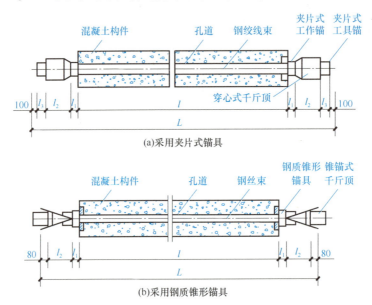

图5.38 钢绞线或钢丝束下料计算简图

预应力筋的下料、编束(视频)

3. 钢丝束的制作

根据锚具形式不同，钢丝束的制作方式也有差异，一般包括调直、下料、编束和安装锚具等工序。

用钢质锥形锚具锚固的钢丝束，其制作和下料长度计算基本上同钢筋束。

用镦头锚具锚固的钢丝束，其下料长度应力求精确，对于直的或一般曲率的钢丝束，下料长度的相对误差要控制在$L/5000$以内，并且不大于5mm。为此，要求钢丝在应力状态下切断下料，下料的控制应力为300MPa。钢丝下料长度，取决于是A型还是B型锚具，以及是一端张拉还是两端张拉。

用锥形螺杆锚固的钢丝束，经过矫直的钢丝可在非应力状态下下料。

为防止钢丝扭结，必须进行编束。在平整场地上先将钢丝理顺平放，然后在每隔1m左右用22号铅丝编成帘子状(图5.39)，再每隔1m放一

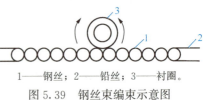

1——钢丝；2——铅丝；3——衬圈。

图5.39 钢丝束编束示意图

个按螺丝端杆直径制成的螺纹衬圈,并将编好的钢丝帘绕衬圈围成束绑扎牢固。

锥形螺杆锚具的安装需经过预紧,即先把钢丝均匀地分布在锥形螺杆的周围,套上套筒,通过工具将套筒压紧,再用千斤顶和工具预紧器以110%~130%的张拉控制应力预紧,将钢丝束牢固地锚固在锚具内。

5.2.3 后张法施工工艺

后张法施工步骤是先制作混凝土构件,预留孔道;待混凝土达到规定强度后,在孔道内穿放预应力筋,预应力筋张拉和锚固后进行孔道灌浆。其制作的工艺流程图如图5.40所示。

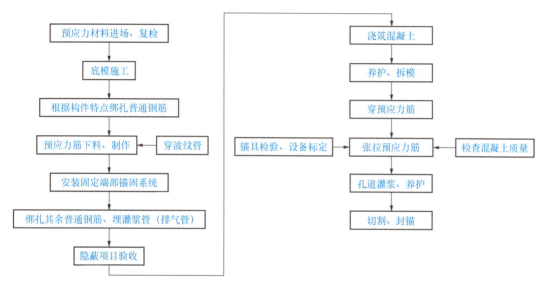

图5.40 后张法生产工艺流程

有黏结后张法施工示意图如图5.41所示。

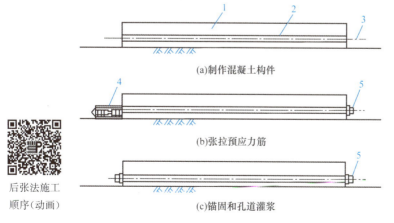

1——混凝土构件;2——预留孔道;3——预应力筋;4——张拉千斤顶;5——锚具。

图5.41 有黏结后张法施工示意图

1. 孔道留设

孔道留设是后张法构件制作中的关键工作。预应力筋的孔道形状有直线、曲线和折线三种。孔道直径取决于预应力筋和锚具，如用螺丝端杆的粗钢筋，孔道直径应比螺丝端杆的螺纹直径大 10～15mm；用 JM12 型锚具的钢丝束或钢绞线束，对于 JM12-3、JM12-4 孔道，直径为 42mm；对于 JM12-5、JM12-6 孔道，直径为 50mm。孔道留设方法有钢管抽芯法、胶管抽芯法和预埋波纹管法。

（1）钢管抽芯法

钢管抽芯法是指在后张法制作预应力混凝土构件时，在预应力筋位置预先埋设钢管，待混凝土初凝后再将钢管旋转抽出的留孔方法。钢管接头处可用长度为 30～40cm 的铁皮套管连接，如图 5.42 所示。在混凝土浇筑后，每隔一定时间慢慢转动钢管，使之不与混凝土黏结；待混凝土初凝后、终凝前抽出钢管，即形成孔道。钢管抽芯法仅适用于留设直线的孔道。

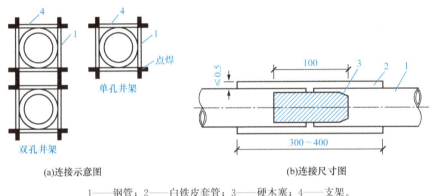

1——钢管；2——白铁皮套管；3——硬木塞；4——支架。

图 5.42 钢管连接方法

预埋的钢管要求平直，表面要光滑，安放位置要准确。一般用间距不大于 1m 的钢筋井字架固定钢管位置。每根钢管的长度最好不超过 15m，较长构件则用两根钢管，中间用套筒连接。钢管的旋转方向两端要相反。掌握好抽管时间，过早会造成混凝土塌孔，太晚则抽管困难，施工现场一般以手指按压混凝土不黏浆又无明显印痕时则可抽管，通常为混凝土浇筑后 3～6h。为保证顺利抽管，混凝土的浇筑顺序要密切配合。抽管顺序宜先上后下，抽管可用人工或卷扬机，抽管要边抽边转，速度均匀，与孔道呈一直线。

在留设孔道的同时，还要在设计规定位置留设灌浆孔。一般在构件两端和中间每隔 12m 留一个直径为 20mm 的灌浆孔，并在构件两端各设一个排气孔。

（2）胶管抽芯法

胶管抽芯法是指后张法制作预应力混凝土构件时，在预应力筋的位置处预先埋设胶管，待混凝土凝结后再将胶管抽出的留孔方法。胶管有五层或七层夹布胶管和钢丝网胶管两种。夹布胶管质软，施工时，为防止在浇筑混凝土时胶管产生位移，直线段每隔 60cm 用钢筋井字架固定牢靠，曲线段应适当加密。胶管两端应有密封装置，如图 5.43

和图 5.44 所示。在浇筑混凝土前，胶管内充入压力为 0.6～0.8MPa 的压缩空气或压力水，管径增大约 3mm。待浇筑的混凝土初凝后，放出压缩空气或压力水，管径缩小，混凝土脱开，随即拔出胶管。钢丝网胶管质硬，具有一定弹性，留孔方法与钢管抽芯法相同，只是浇筑混凝土后不需要转动，由于具有一定的弹性，抽管时在拉力作用下断面缩小易于拔出。胶管抽芯法适用于留设直线与曲线孔道。抽管时间一般可参照气温和浇筑后小时数的乘积达 200℃·h 左右后，可进行抽管。例如，构件周围气温为 25℃，则经 8h 左右即可抽管。

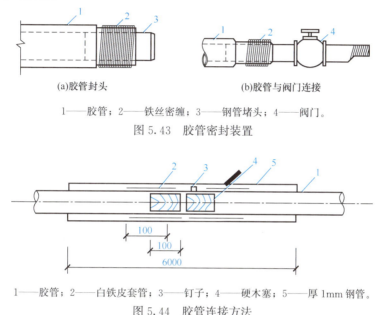

(a) 胶管封头　　　　　　(b) 胶管与阀门连接

1——胶管；2——铁丝密缠；3——钢管堵头；4——阀门。

图 5.43　胶管密封装置

1——胶管；2——白铁皮套管；3——钉子；4——硬木塞；5——厚 1mm 钢管。

图 5.44　胶管连接方法

（3）预埋波纹管法

预埋波纹管法是将与预留孔道直径相同的波纹管埋在构件中，无须抽出。一般采用的波纹管有金属管和塑料管，金属管是近几年从国外引进的，而塑料管国内已有生产厂家。预埋波纹管法因省去抽管工作，且孔道留设的位置、形状易保证，故目前应用较为普遍。金属波纹管质量轻、刚度好、弯折方便且与混凝土黏结好。

金属波纹管的连接，采用大一号同型波纹管。接头管的长度为 200～300mm，其两端用密封胶带或塑料热缩管封裹，如图 5.45 所示。

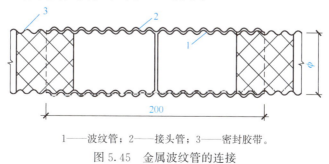

1——波纹管；2——接头管；3——密封胶带。

图 5.45　金属波纹管的连接

预埋波纹管法
（视频）

金属波纹管的固定采用钢筋支托,间距不大于 0.8m,曲线孔应加密,并用铁线绑牢,如图 5.46 所示。

(4)灌浆孔、排气孔和泌水管

在预应力筋孔道两端,应设置灌浆孔和排气孔。灌浆孔可设置在锚垫板上或利用灌浆管引至构件外,其间距对抽芯成型孔道不宜大于 12m,孔径应能保证浆液畅通,一般不宜小于 20mm。

预应力筋的张拉与灌浆(视频)

曲线预应力筋孔道的每个波峰处,应设置泌水管。泌水管伸出梁面的高度不宜小于 0.5m,泌水管也可兼作灌浆孔使用。灌浆孔的做法为:对一般预制构件,可采用木塞留孔;木塞应抵紧钢管、塑料管或螺旋管,并应固定,严防混凝土振捣时脱开,如图 5.47 所示。对现浇预应力结构金属螺旋管留孔,其作法是在螺旋管上开口,用带嘴的塑料弧形压板与海绵垫片覆盖并用铁丝扎牢,再接增强塑料管(外径为 20mm,内径为 16mm),如图 5.48 所示。为保证留孔质量,金属螺旋管上可先不开孔,在外接增强塑料管内插一根钢筋;待孔道灌浆前,再用钢筋打穿螺旋管。

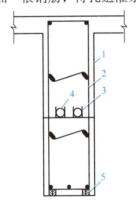

1——梁侧模;2——箍筋;3——钢筋支托;
4——波纹管;5——垫块。

图 5.46 金属波纹管的固定

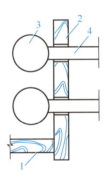

1——底模;2——侧模;
3——抽芯管;4——木塞。

图 5.47 用木塞留灌浆口

2. 穿预应力筋

穿筋前,应检查钢筋(或束)的规格、总长是否符合要求。同时要考虑钢筋接头位置是否符合规范的规定。

穿筋时,带有螺丝端杆的预应力筋应将螺纹保护好,以免损坏。钢筋束或钢丝束应将钢筋或钢丝按顺序编号,并套上穿束器。先把钢筋或穿束器的引线由一端穿入孔道,在另一端穿出,然后逐渐将钢筋或钢丝束拉出到另一端。穿完后要将预应力筋的螺纹保护好。

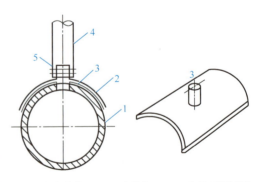

1——金属螺旋管;2——海绵垫;3——塑料弧形压板;
4——增强塑料管;5——铁丝扎紧。

图 5.48 螺旋管上留灌浆口

3. 预应力筋张拉

张拉预应力筋时，构件混凝土强度应按设计规定，如设计无规定则不宜低于混凝土标准强度的75%。因此，一般情况下，在浇筑混凝土时除了按常规留置试块，还应该留置同条件养护试块和用于判定混凝土是否可张拉的试块。用块体拼装的预应力构件，其拼装立缝处混凝土或砂浆的强度，如设计无规定则不宜低于混凝土标准强度的40%，且不低于15MPa。

（1）张拉顺序和张拉要求

预应力筋的张拉顺序，应使混凝土不产生超应力、构件不扭转与侧弯、结构不变位等，因此，对称张拉是一条重要原则。图5.49所示为预应力混凝土屋架下弦杆与吊车梁的预应力筋张拉顺序。

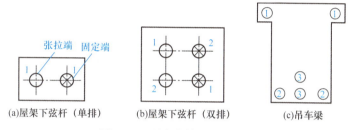

图5.49 预应力筋的张拉顺序

对于配有多根预应力筋的预应力混凝土构件，由于不可能同时一次张拉完预应力筋，应分批、对称地进行张拉。分批张拉时，要考虑后批预应力筋张拉时对混凝土产生的弹性压缩，从而引起前批张拉的预应力筋应力值降低，因此对前批张拉的预应力筋的张拉应力应增加$\Delta\sigma$，即

$$\Delta\sigma = \frac{E_s(\sigma_{con}-\sigma_1)A_p}{E_c A_n} \tag{5.18}$$

式中：$\Delta\sigma$——前批张拉钢筋应增加的应力；

σ_{con}——张拉控制应力；

E_s——钢筋的弹性模量(GPa)；

E_c——混凝土的弹性模量(GPa)；

σ_1——预应力筋第一批的应力损失值(GPa)；

A_p——后批张拉的预应力筋截面积(mm^2)；

A_n——混凝土构件的净截面面积(包括构造钢筋的折算面积)(mm^2)。

对称张拉是为了避免张拉时构件截面呈现过大的偏心受压状态。

分批张拉的损失也可采用对前批预应力筋逐根复拉补足的办法处理。

（2）张拉方法

为了减少预应力筋与预留孔道摩擦引起的应力损失，对于抽芯法成型孔道，曲线形预应力筋和长度大于24m的直线形预应力筋，应采取两端同时张拉的方法。长度小于或等于24m的直线形预应力筋，可一端张拉。对于预埋波纹管孔道，曲线形预应力筋和长度大于30m的直线形预应力筋，宜采取两端同时张拉的方法。长度小于或等于30m的直线形预应力筋,可一端张拉。同一截面中有多根一端张拉的预应力筋时,张拉端宜分别设置在构件的两端,当两端同时张拉同一根预应力筋时,为减少预应力损失,施工时宜采用先张拉一端,锚固后,再在另一端补足张拉力后进行锚固。

(3)张拉伸长值校核

预应力筋张拉时,通过对伸长值的校核,可综合反映张拉力是否足够,孔道摩阻应力损失是否偏大,以及预应力筋是否有异常现象等。因此,对张拉伸长值的校核,要引起重视。

预应力筋张拉伸长值的量测,应在建立初应力之后进行。其实际伸长值 ΔL 应为

$$\Delta L = \Delta L_1 + \Delta L_2 - A - B - C \tag{5.19}$$

式中:ΔL_1——从初应力至最大张拉力之间的实测伸长值;

ΔL_2——初应力以下的推算伸长值;

A——张拉过程中锚具楔紧引起的预应力筋内缩值,包括工具锚、远端工作锚、远端补张拉工具锚等回缩值;

B——千斤顶内预应力筋的张拉伸长值;

C——施加预应力时,后张法混凝土构件的弹性压缩值(其值微小时可略去不计)。

关于推算伸长值,初应力以下的推算伸长值 ΔL_2,可根据弹性范围内张拉力与伸长值成正比的关系用计算法或图解法确定。

采用图解法时,如图 5.50 所示,以伸长值为横坐标,张拉力为纵坐标,将各级张拉力的实测伸长值标在图上,绘成张拉力与伸长值关系线 CAB,然后延长此线与横坐标交于 O' 点,则 OO' 段即为推算伸长值。

此外,在锚固时应检查张拉端预应力筋的内缩值,以免由于锚固引起的预应力损失超过设计值,如实测的预应力筋内缩量大于规定值,则应改善操作工艺,更换限位板或采取超张拉办法弥补。

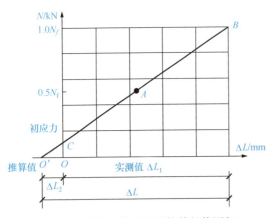

图 5.50 预应力筋实际张拉伸长值图解

4. 孔道灌浆

预应力筋张拉锚固后,孔道应及时灌浆以防止预应力筋锈蚀,增加结构的整体性和耐久性。但采用电热法时,孔道灌浆应在钢筋冷却后进行。

孔道灌浆应采用强度等级不低于 32.5MPa 普通硅酸盐水泥或矿渣硅酸盐水泥配制的水泥浆。对于孔隙大的孔道,水泥浆中可掺适量的细砂,但水泥浆和水泥砂浆强度均不应低于 20MPa,且应有较大的流动性和较小的干缩性、泌水性,搅拌后 3h 泌水率宜控制在 2%,最大不超过 3%;纯水泥浆的收缩性较大,为了增加孔道灌浆

的密实性，在水泥浆中可掺入水泥用量 0.2%的木质素磺酸钙或其他减水剂，但不得掺入氯化物或其他对预应力筋有腐蚀作用的外加剂，灌浆用水泥浆的水灰比宜为 0.40～0.45。

灌浆前，混凝土孔道应用压力水冲刷干净并润湿孔壁。灌浆顺序应先下后上，以避免上层孔道漏浆而把下层孔道堵塞。孔道灌浆可采用电动灰浆泵，灌浆应缓慢均匀地进行，不得中断，灌满孔道并封闭排气孔后，宜再继续加压至 0.5～0.6MPa，并稳压一定时间，以确保孔道灌浆的密实性。对于不掺外加剂的水泥浆可采用二次灌浆法，以提高孔道灌浆的密实性。灌浆后，孔道内水泥浆及砂浆强度达到 15MPa 时，预应力混凝土构件即可进行起吊运输或安装。最后，将露在构件端部外面的预应力筋及锚具用封端混凝土保护起来。

5.3 无黏结预应力混凝土施工

无黏结预应力筋由单根钢绞线涂抹防腐涂料外包塑料套管组成，它可像普通钢筋一样配置于混凝土结构内，待混凝土硬化达到一定强度后，通过张拉预应力筋并采用专用锚具将张拉力永久锚固在结构中。其技术内容主要包括材料及设计技术、预应力筋安装及单根钢绞线张拉锚固技术、锚头保护技术等。

无黏结预应力工艺的优点是不需要预留孔道和灌浆，施工简单，张拉摩阻力小，预应力筋易弯成曲线形状，适用于曲线配筋的结构。在双向连续平板和密肋板中应用无黏结预应力束比较经济合理，在多跨连续梁中也得到发展。

5.3.1 无黏结预应力筋的制作

1. 原材料的准备

无黏结预应力筋是一种在施加预应力后沿全长与周围混凝土不黏结的预应力筋，它由预应力钢材、涂料层和包裹层组成(图 5.51)。无黏结预应力筋的高强度钢材和有黏结的要求完全一样，常用的钢材为 7 根直径为 5mm 的碳素钢丝制成的钢丝束及 7 根直径为 5mm 或 4mm 的钢丝绞合而成的钢绞线。无黏结预应力筋的制作，通常采用挤压涂塑工艺，外包聚乙烯或聚丙烯套管，套管内涂防腐建筑油膏，经挤压成型，塑料包裹层裹覆在钢绞线或钢丝束上。

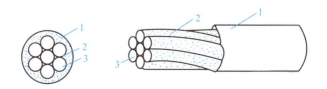

1——塑料外包层；2——防腐润滑脂；3——钢绞线(或碳素钢丝束)。
图 5.51 无黏结预应力筋

无黏结预应力束表面涂料　长期保护预应力束不受腐蚀，其性能应符合下列要求：

① 在-20～+70℃温度范围内，低温不脆化，高温化学稳定性好。

② 必须具有足够的韧性、抗破损性。

③ 对周围材料（如混凝土、钢材）无侵蚀作用。

④ 防水性好。

无黏结预应力筋涂料层　应采用专用防腐油脂，其性能应符合下列要求：

① 在-20～+70℃温度范围内，不流淌、不裂缝、不变脆，并有一定韧性。

② 使用期内，化学稳定性好。

③ 对周围材料（如混凝土、钢材和外包材料）无侵蚀作用。

④ 不透水，不吸湿，防水性好。

⑤ 防腐性能好。

⑥ 润滑性能好，摩擦阻力小。

无黏结预应力筋外包层套管，应采用高密度聚乙烯套管，严禁使用聚氯乙烯套管。

2. 无黏结预应力束的制作

无黏结预应力束一般有缠制工艺、挤压涂层工艺两种制作方法。

无黏结预应力束制作的缠制工艺是在缠制机上连续作业，完成编束、涂油、镦头、缠塑料布和切断等工序。挤压涂层工艺主要是钢丝通过涂油装置涂油，涂油后的钢丝束通过塑料挤压机涂刷塑料薄膜，再经冷却筒槽成型塑料套管，如图5.52和图5.53所示。这种无黏结束挤压涂层工艺与电线、电缆包裹塑料套管的工艺相似，并具有效率高、质量好、设备性能稳定等特点。

(a) 有黏结型

1——钢绞线；2——环氧树脂涂层；
3——聚乙烯护套；4——油脂。

图5.52　环氧涂层钢绞线

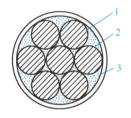

(b) 无黏结型

1——钢绞线；2——油脂；
3——塑料护套。

图5.53　无黏结钢绞线

3. 锚具

无黏结预应力构件中，锚具是把预应力束的张拉力传递给混凝土的工具，外荷载引起预应力束内力的变化全部由锚具承担。无黏结预应力束的锚具不仅受力比有黏结预应力筋的锚具大，而且承受的是重复荷载。因此无黏结预应力束的锚具应有更高的要求，必须采用I类锚具。一般要求无黏结预应力束的锚具至少应能承受预应力束最小规定极限强度的95%，而不超过预期的滑动值。钢丝束作为无黏结预应力筋时，可使用镦头锚具；钢绞线作为无黏结预应力筋时，可使用XM型、JM型锚具。

5.3.2 无黏结预应力筋的敷设

敷设之前，仔细检查钢丝束或钢绞线的规格，若外层有轻微破损，则用塑料胶带修补好；若外包层破损严重，则不能使用。敷设时，应符合下列要求。

(1)预应力筋的绑扎

与其他普通钢筋一样，用铁丝绑扎牢固。

(2)双向预应力筋的敷设

对各个交叉点要比较其高程，先敷设下面的预应力筋，再敷设上面的预应力筋。总之，不要使两个方向的预应力筋相互穿插编结。

(3)控制预应力筋的位置

在控制预应力筋位置时，为使位置准确，不要单根配置，而要成束或先拧成钢绞线再敷设；预应力筋的垂直位置由固定架控制，水平位置应保持顺直。

5.3.3 预应力筋的张拉

无黏结预应力筋张拉前，应清理锚垫板表面，并检查锚垫板后面的混凝土质量。如有空鼓现象，应在无黏结预应力筋张拉前修补。

无黏结预应力混凝土楼盖结构的张拉顺序，宜先张拉楼板，后张拉楼面梁。板中的无黏结预应力筋，可依次张拉。梁中的无黏结预应力筋宜对称张拉。板中的无黏结预应力筋一般采用前卡式千斤顶单根张拉，并用单孔夹片锚具锚固。无黏结曲线预应力筋的长度超过35m时，宜采取两端张拉。当无黏结预应力筋长超过70m时，宜采取分段张拉。如遇到摩擦应力损失较大，宜先松动一次再张拉。在梁、板、顶面或墙壁侧面的斜槽内张拉无黏结预应力筋时，宜采用变角张拉装置。

无黏结预应力筋张拉伸长值校核与有黏结预应力筋相同；对超长无黏结预应力筋由于张拉初期的阻力大，初拉力以下的伸长值比常规推算伸长值小，应通过试验修正。张拉时，无黏结预应力筋的实际伸长值宜在初应力为张拉控制应力10%左右时开始测量，量测得到的伸长值必须加上初应力以下的推算伸长值，并扣除混凝土构件在张拉过程中的弹性压缩值。

无黏结预应力筋的张拉与普通后张法带有螺丝端杆锚具的有黏结预应力钢丝束张拉方法相似。张拉程序一般采用 $0 \rightarrow 103\% \ \sigma_{con}$ 进行锚固。由于无黏结预应力筋一般为曲线配筋，应采用两端同时张拉。无黏结预应力筋的张拉顺序，应根据其铺设顺序，先铺设的先张拉，后铺设的后张拉。

无黏结预应力筋一般长度大，有时又呈曲线形布置，如何减少其摩阻损失值是一个重要的问题。影响摩阻损失值的主要因素是润滑介质、外包层和预应力筋截面形式。摩阻损失值，可用标准测力计或传感器等测力装置进行测定。施工时，为降低摩阻损失值，宜采用多次重复张拉工艺。

5.4 电热张拉法

电热张拉法是利用钢筋热胀冷缩的原理,对预应力钢筋通以低电压的强电流,由于钢筋电阻较大,致使钢筋遇热伸长,待其伸长到一定长度,立即进行锚固并切断电源,断电后钢筋降温而冷却回缩,则使混凝土建立预压应力。

电热张拉法施工的主要优点是:操作简便,劳动强度低,设备简单,工作效率高;在电热张拉过程中对冷拉钢筋起到电热实效作用,还可消除钢筋在轧制过程中所产生的内应力,故对提高钢筋的强度有利。它不仅可应用于一般直线配筋的预应力混凝土构件,而且更适用于生产曲线配筋及高空作业的预应力混凝土构件。但由于电热张拉法是以控制预应力筋伸长而建立预应力值,若钢筋材质不均匀将严重影响预应力值建立的准确性,因此在成批施工前,应用千斤顶对电热张拉后的预应力筋校核其应力,找出钢筋伸长与应力间的规律,作为电热张拉时的依据。

电热张拉法适用于冷拉 HRB400、RRB400 钢筋的构件,可用于先张,也可用于后张。当用于后张时,可预留孔道,也可不预留孔道。不预留孔道的做法是:在预应力筋表面涂上一层热塑性冷凝材料(如沥青、硫黄砂浆),当钢筋通电加热时,热塑涂料遇热熔化,钢筋可自由伸长;而当断电锚固后,涂料也随之降温冷凝,使预应力筋与构件形成整体。

5.4.1 预应力筋伸长值计算

伸长值的计算是电热张拉法的关键,构件按电热张拉法设计,在设计中已经考虑了由于预应力筋放张而产生的混凝土弹性压缩对预应力筋有效应力值的影响,故在计算钢筋伸长时,只需考虑电热张拉工艺特点。电热张拉时,由于预应力筋不直以及钢筋在高温和应力状态下的塑性变形,将产生应力损失。因此,预应力筋伸长值按下式计算,即

$$\Delta L = \frac{\sigma_{con} + 30}{E_s} \cdot l \qquad (5.20)$$

式中:σ_{con}——设计张拉控制应力;

30——由于预应力筋不直、热塑变形而产生的附加预应力损失值(MPa);

E_s——电热后预应力筋弹性模量,当条件允许时,可由试验确定;

l——电热前预应力筋总长度。

对于抗裂要求较高的构件,在成批生产前,根据实际建立的预应力值的复核结果,对伸长值进行必要的调整。

5.4.2 电热设备选择

电热设备的选择包括预应力筋电热温度的计算、变压器功率计算与选择,以及导线与夹具选择。

1. 预应力筋电热温度计算

预应力筋通电后,随着温度升高而伸长,当其伸长值为 ΔL 时,其电热后温度为

$$T = T_0 + \frac{\Delta L}{\alpha \cdot l} \tag{5.21}$$

式中：T——预应力筋电热后温度(℃)；

T_0——预应力筋初始温度(一般为环境温度)(℃)；

α——预应力筋线膨胀系数(1.2×10^{-5})；

l——电热前预应力筋全长(mm)。

对预应力筋的电热温度应加以限制，温度太低，伸长变形缓慢，功效低。若温度过高，对冷拉预应力筋起退火作用，影响预应力筋强度，因此，限制预应力筋电热温度不超过350℃。

2. 变压器功率计算

变压器功率应根据电热时间、预应力筋质量、伸长值与热工指标等因素确定，按下式计算，即

$$P = \frac{GC}{380t} \cdot \frac{\Delta L}{\alpha l} \tag{5.22}$$

式中：L——变压器功率(kW)；

G——预应力筋质量(同时电热)(kg)；

C——预应力筋热容量[0.46kJ/(kg·℃)]；

t——通电时间(h)；

其他意义同式(5.21)。

根据计算功率选择变压器，考虑不可避免的损耗，则选择变压器容量应比计算值稍大些。

变压器应符合下列要求：一次电压为220～380V，二次电压为30～65V。电压降应在2～3V。二次额定电流值，冷拉HRB400钢筋不应小于150A/cm²；冷拉RRB400钢筋不应小于200A/cm²。

3. 导线和夹具的选择

从电源接至变压器的导线称为一次导线，一般采用绝缘硬铜线；从变压器接至预应力筋的导线称为二次导线。导线选择是指二次导线的选择。导线不应过长，一般不应超过30m。导线的截面积由二次电流的大小确定，铜线的控制电流密度不超过5A/cm²；铝线不超过3A/cm²，以控制导线温度不超过50℃。

夹具是供二次导线与预应力筋连接用的工具。对夹具的要求是：导电性能好，接头电阻小，与预应力筋接触紧密，接触面积不小于预应力筋截面积的1.2倍，且构造简单，便于装拆。夹具用纯铜制作，如图5.54所示。

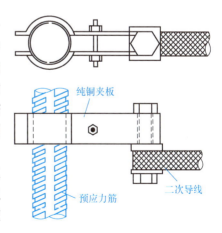

图5.54 纯铜夹具

5.4.3 电热张拉法施工工艺

电热张拉法施工工艺流程如图 5.55 所示。

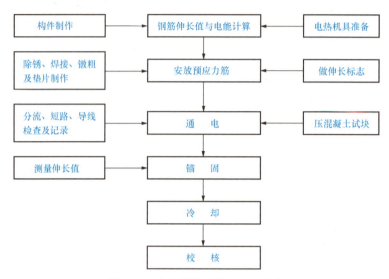

图 5.55 电热张拉法施工工艺流程

电热张拉的预应力筋锚具，一般采用螺丝端杆锚具、帮条锚具或镦头锚具，并配合 U 形垫板使用。

预应力筋应作绝缘处理，以防止通电时电流的分流与短路。分流是指电流不能集中在预应力筋上，而分流到构件的其他部分；短路是指电流未通过预应力筋全长而半途折回的现象。因此，预留孔道应保证质量，不允许有非预应力筋与其他铁件外露。通电前应用绝缘纸垫在预应力筋与铁件之间做好绝缘处理，不得使用预埋金属波纹管预留孔道。

预应力筋穿入孔道并做好绝缘处理后，必须拧紧螺母，以减小垫板松动和钢筋不直的影响。拧紧螺母后，量出螺丝端杆在螺母外的外露长度，作为测定伸长的基数。当达到伸长控制值后，切断电源，拧紧螺帽，取下电夹具，电热张拉即完成。待钢筋冷却后再进行孔道灌浆。

预应力筋电热张拉过程中，应随时检查预应力筋的温度，并做好记录，用电流表测定电流。冷拉钢筋作预应力筋，其反复通电次数不得超过三次，否则会影响预应力筋的强度。为保证电热张拉应力的准确性，应在预应力筋冷却后，用千斤顶校核应力值。校核时预应力值偏差不应大于相应阶段预应力值的 −5%～+10%。

5.5 预应力混凝土工程施工实例

5.5.1 工程概况

某预应力混凝土屋架长度为 24m，后张法施工，下弦截面如图 5.56 所示，预留孔道长度为23 800mm，预应力筋为 4 根冷拉 HRB400 级钢筋，直径为 25mm，冷拉采用应力控制法，实测冷拉率为 4.2%，弹性回缩率为 0.4%，两端张拉，螺丝端杆锚具，混凝土强度为 C40。

若采用电热张拉工艺施工，张拉控制应力 σ_{con} 取 $0.85f_{pyk}$，预应力筋弹性模量 E_s 为 1.8×10^5 MPa，预应力筋每米质量为 3.85kg，环境温度为 20℃，试计算电热张拉伸长值、预应力筋电热温度、变压器功率。

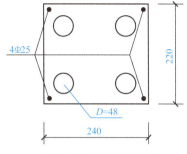

图 5.56 屋架下弦截面

5.5.2 施工计算

1. 后张法施工计算

(1) 预应力筋长度计算

预应力筋需对焊接长，每个接头压缩量取 25mm，螺丝端杆长度为 320mm，外露长度为 120mm，螺母高度为 45mm，垫板厚度为 16mm。即

$$L = \left(\frac{23\,800 + 4 \times 45 + 2 \times 16 - 2 \times 320}{1 + 4.2\% - 0.4\%} + 5 \times 25\right) \text{mm} = 22\,642 \text{mm}$$

(2) 钢筋冷拉计算

钢筋冷拉采用应力控制方法，冷拉控制应力为 550N/mm²，钢筋截面积为 495mm²，钢筋冷拉力 N 为

$$N = 500 \times 491 \text{N} = 245.5 \text{kN}$$

冷拉时钢筋应拉到下列长度（不包括螺丝端杆）：

$$L_1 = (22.64 - 0.125) \times (1 + 0.042) \text{m} = 23.46 \text{m}$$

(3) 预应力筋张拉计算

采用 YL-60 型千斤顶，对角对称分两批张拉，张拉程序为 $0 \to 1.03\sigma_{con}$。考虑第二批张拉受第一批预应力筋的影响，则第一批预应力筋张拉应力应增加 $\Delta\sigma$，即

$$\Delta\sigma = \frac{E_s}{E_c} \cdot \frac{(\sigma_{con} - \sigma_1) \cdot A_p}{A_n}$$

式中：钢筋弹性模量为 18 000N/mm²，混凝土弹性模量为 32 500N/mm²，控制应力 $\sigma_{con} = 0.85 f_{pyk} = 425$ N/mm²，第一批预应力 $\sigma_1 = 30.3$ N/mm²（计算略去），预应力筋截面积 $A_p = 491 \times 2$ mm² = 982mm²，混凝土折算面积 A_n 计算如下：

$$A_n = \left(240 \times 220 - 4 \times \frac{\pi \times 48^2}{4} + 4 \times 113 \times \frac{200\,000}{32\,500}\right) \text{mm}^2 = 48\,346 \text{mm}^2$$

将上述计算结果代入 $\Delta\sigma$ 计算公式得

$$\Delta\sigma = \left[\frac{180\,000}{32\,500} \times \frac{(425 - 30.3) \times 982}{48\,346}\right] \text{MPa} = 44.4 \text{MPa}$$

则第一批预应力筋张拉应力为

$$(425 + 44.4) \times 1.03 \text{MPa} = 483 \text{MPa} > 0.9 \cdot f_{pyk} \text{MPa} = 450 \text{MPa}$$

上述计算表明,分批张拉的影响若按计算补加到先批预应力筋张拉应力中,将使张拉应力过大,超过规范规定,故采取重复张拉补足的方法。

预应力筋张拉力 N 为

$$N = 1.03 \times 425 \times 491 \text{N} = 214.9 \text{kN}$$

油压表读数应为

$$P = \frac{214\ 900}{16\ 200} = 13.3 \text{N/mm}^2 \quad (\text{活塞面积为 } 16\ 200 \text{mm}^2)$$

张拉时伸长值应为

$$\Delta L = \frac{214\ 900 \times 24\ 000}{491 \times 1.8 \times 10^5} \text{mm} = 58.4 \text{mm}$$

2. 电热张拉工艺施工计算

(1) 计算电热张拉伸长值

根据式(5.20)得

$$\Delta L = \frac{0.85 \times 500 + 30}{1.8 \times 10^5} \times 24\ 000 \text{mm} = 60.6 \text{mm}$$

(2) 计算电热温度

根据式(5.21)得

$$T = 20 + \frac{60.6}{1.2 \times 10^{-5} \times 24\ 000} \text{℃} = 230 \text{℃} < 350 \text{℃}$$

(3) 计算变压器功率

每次进行对 1 根预应力筋通电,通电加热时间按 15min 考虑,则根据式(5.22)得

$$P = \left(\frac{3.85 \times 24 \times 0.46}{380 \times 0.25} \times \frac{0.0605}{0.000\ 012 \times 24} \right) \text{kW} = 94 \text{kW}$$

小 结

本项目包括先张法、后张法、无黏结预应力混凝土施工工艺、电热张拉法、质量检查与安全措施等内容。

先张法施工中,应了解台座类型及其作用、墩式台座的验算方法、夹具及张拉设备的正确选用。掌握先张法的工艺及特点,预应力值的建立和传递原理,预应力筋张拉后对张拉力进行检验的方法。

后张法施工中,锚具是预应力筋张拉后建立预应力值和确保结构安全的关键。应了解常用锚具的类型、性能、受力特点,正确分析锚具的可靠性和使用要求,注意要使锚具本身必须满足自锚和自锁的条件。

后张法用的预应力筋、锚具和张拉千斤顶是配套的。预应力筋的种类不同,采用的锚具类型不同,所用的张拉千斤顶也不同。

预应力筋张拉是预应力混凝土施工中的关键工作。张拉控制应力应严格按设计规定取值,同时,为减少预应力筋的应力松弛损失,一般多采用超张拉。

无黏结预应力混凝土可用于多、高层房屋建筑的楼盖结构、基础底板、地下室墙板等，以抵抗大跨度或超长度混凝土结构在荷载、温度或收缩等效应下产生的裂缝，提高结构、构件的性能，降低造价。

思考与训练

一、思考题

1. 名词解释：预应力混凝土、后张法、锚具、夹具、应力松弛。
2. 先张法的施工工艺主要包括哪些？如何保障各施工环节的质量？
3. 试述后张法的工艺流程、主要施工设备的组成。
4. 钢丝常用的张拉夹具和锚固夹具有哪些？
5. 钢筋常用的张拉夹具和锚固夹具有哪些？
6. 先张法构件生产中常用的张拉机具有哪些？各有什么特点？适用于张拉何种构件？
7. 后张法构件生产中使用的预应力筋主要分哪几类？与之配套使用的锚具有哪些？
8. 后张法常用的张拉设备有哪些？各适用于何种锚具和预应力筋？
9. 什么是超张拉？为什么要超张拉？
10. 后张法构件的预应力筋一般到何时才能放松？怎样放松？
11. 后张法构件施工时预留孔道的方法有哪些？简述其成孔的工艺过程？
12. 后张法构件的预应力筋什么时候才可以张拉？如何张拉？
13. 重叠法制作的后张法构件（如屋架）在张拉时可能会遇到什么问题？一般采取怎样的张拉方法？
14. 后张法预应力构件的孔道为什么要灌浆？一般应采用怎样的灌浆顺序？对灌浆材料有何要求？
15. 什么是无黏结预应力？无黏结预应力和有黏结预应力有哪些优缺点？其适用范围如何？
16. 无黏结预应力筋的张拉端和锚固端的构造如何？铺设无黏结预应力筋时应注意哪些问题？

二、练习题

1. 预应力混凝土屋架，孔道长度为 29.8m，预应力筋为冷拔低碳钢丝束，每束24ϕ^b5，按0→1.03σ_{con}张拉程序，$\sigma_{con}=0.65f_{ptk}(f_{ptk}=650N/mm^2)$。试计算其下料长度和最大张拉力。

2. 某预应力混凝土屋架采用后张法施工，孔道长度为 23.8m，3 榀屋架叠层生产，下弦截面为 220mm×240mm，预应力筋为冷拉 HRB400 级钢筋两根，直径为 25mm，实测第一榀屋架压缩变形 17mm，第二榀压缩变形 16mm，计算其摩阻力。

3. 某预应力屋架长度为 18m，后张法施工，混凝土为 C40，下弦截面如图 5.57 所示，预留孔道长度为 17 800mm，预应力筋为 4 根冷拉 HRB400 级钢

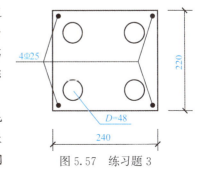

图 5.57 练习题 3

筋，其直径为25mm，每根钢筋长度为6m，按照0→1.03σ_{con}张拉程序分两批张拉，采用YL-60穿心式千斤顶，实测冷拉率为4%，弹性回缩率为0.4%，$\sigma_{con}=0.85f_{pyk}$，采用两端张拉方式，螺丝端杆锚具，计算分批张拉损失与压力表读数。

三、技能训练题

参加预应力混凝土工程施工现场。

练习题库

项目 6 结构安装工程施工

> **知识目标：**
> 1. 了解单层厂房，多层装配式框架结构安装程序。
> 2. 了解起重机械、索具、设备的性能。
> 3. 掌握工业厂房的结构安装工艺。
> 4. 了解结构安装的质量检查验收标准。
>
> **能力目标：**
> 1. 能够组织进行单层和多层结构安装。
> 2. 能够编制结构安装工程施工方案。
> 3. 懂得工业厂房的结构安装工艺和质量要求以及安全措施。
>
> **思政目标：**
> 形成安全第一、有条不紊的工作作风。

结构安装工程就是用起重机械将在现场（或预制厂）制作的钢构件或混凝土构件，按照设计图样的要求，安装成一幢建筑物或构筑物的整个施工过程，是装配式结构房屋施工的主导工程。

6.1 起重机具

6.1.1 索具设备

1. 钢丝绳

钢丝绳是吊装工艺中的主要绳索，具有强度高、韧性好、耐磨等特点。同时，钢丝绳被磨损后，外表面产生许多毛刺，易被发现，以防止事故的发生。

常用的钢丝绳是用直径相同的光面钢丝捻成股，再由 6 股芯捻成绳。在吊装结构中所用的钢丝绳，一般有 6×19+1、6×37+1、6×61+1 三种。前面的 6 表示 6 股，后边的数据表示每股分别由 19 根、37 根或 61 根钢丝捻成。

2. 滑轮组

所谓滑轮组，即由一定数量的定滑轮和动滑轮组成，并由绕过定滑轮和动滑轮的绳索联成整体，从而达到省力和改变力的方向的目的，如图 6.1 所示。

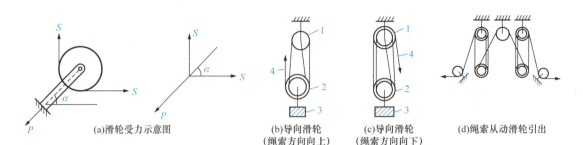

1—定滑轮；2—动滑轮；3—重物；4—绳索引出。

图 6.1 滑轮组及受力示意图

6.1.2 起重机械

1. 桅杆式起重机

桅杆式起重机又称为拔杆，是最简单的起重设备，有独脚拔杆、人字拔杆、悬臂拔杆和牵缆式桅杆起重机等。这类起重机具有制作简单、装拆方便，起重量大，受施工场地限制小的特点。但这类起重机需设较多的缆风绳，移动困难。另外，其起重半径小，灵活性差。因此，桅杆式起重机一般多用于构件较重、吊装工程比较集中、施工场地狭窄，而又缺乏其他合适的大型起重机械时。

（1）独脚拔杆

独脚拔杆由拔杆、起重滑轮组、卷扬机、缆风绳、拖子和锚碇等组成，如图 6.2 所示。其中缆风绳数量一般为 6～12 根，最少不得少于 4 根。使用时，拔杆应保持不大于 10°的倾角，以便吊装构件时不致撞击拔杆。拔杆底部要设置拖子以便移动。拔杆的稳定主要依靠缆风绳，绳的一端固定在拔杆顶端，另一端固定在锚碇上，缆风绳与地面的夹角一般取 30°～45°，角度过大对拔杆会产生较大的压力。

独脚拔杆施工
（动画）

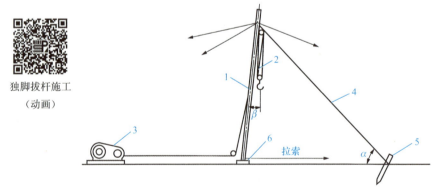

1—拔杆；2—起重滑轮组；3—卷扬机；4—缆风绳；5—锚碇；6—拖子。

图 6.2 独脚拔杆

（2）人字拔杆

人字拔杆一般是由两根圆木或两根钢管用钢丝绳绑扎或铁件铰接而成。人字拔杆底部设有拉杆或拉绳以平衡水平推力，两杆夹角一般为 30°左右。为保证起重时拔杆底部

项目6 结构安装工程施工

的稳固,在一根拔杆底部装一导向滑轮,起重索通过它连到卷扬机上,再用另一根钢丝绳连接到锚碇上(图6.3)。其优点是侧向稳定性比独脚拔杆好,所用缆风绳数量少,但构件起吊后活动范围小。

(3)悬臂拔杆

悬臂拔杆是在独脚拔杆中部或2/3高度处装一根起重臂而成(图6.4)。它的特点是起重高度和起重半径较大,起重臂摆动角度也大。但这种起重机的起重量较小,多用于轻型构件的吊装。起重臂亦可装在井架上,成为井架拔杆。

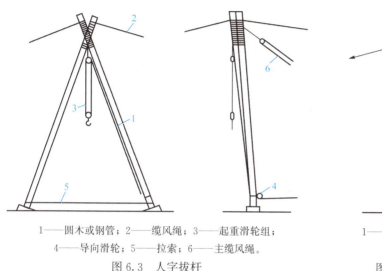

1——圆木或钢管;2——缆风绳;3——起重滑轮组;
4——导向滑轮;5——拉索;6——主缆风绳。

图6.3 人字拔杆

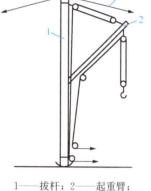

1——拔杆;2——起重臂;
3——缆风绳。

图6.4 悬臂拔杆

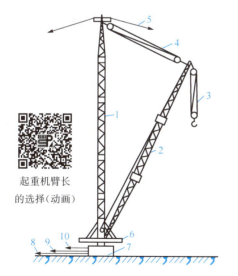

1——桅杆;2——起重臂;3——起重滑轮组;
4——变幅滑轮组;5——缆风绳;6——回转盘;
7——底座;8——回转索;9——起重索;10——变幅索。

图6.5 牵缆式桅杆起重机

(4)牵缆式桅杆起重机

牵缆式桅杆起重机是在独脚拔杆下部装一根起重臂而成(图6.5)。这种起重机的起重臂可起伏,机身可回转360°,可在起重半径范围内把构件吊到任何位置。用圆木制作的桅杆,高度可达25m,起重量10t左右;用角钢组成的格构式桅杆,高度可达80m,起重量可达600t。

牵缆式桅杆起重机施工过程(动画)

2. 自行式起重机

自行式起重机主要有履带式起重机、汽车式起重机与轮胎式起重机等。

(1)履带式起重机

履带式起重机的构造和特点 履带式起重机主要由行走装置、回转机构、机身及起重臂等部分组成,如图6.6所示。

263

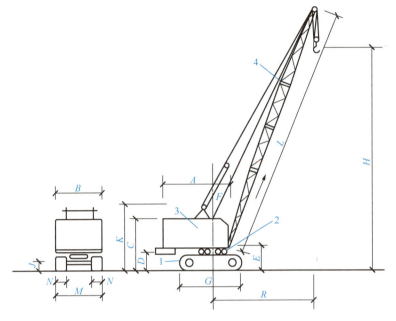

1——履带；2——回转机构；3——机身；4——起重臂；
A、B…——外形尺寸符号；L——起重臂长度；H——起升高度；R——工作半径。

图 6.6 履带式起重机

起重机开行路线、停机位置及构件平面布置（动画）

　　履带式起重机的特点是操纵灵活，能回转 360°，在平坦坚实的地面上能负荷行驶。由于履带的作用，可在松软、泥泞的地面上作业，也可在崎岖不平的场地行驶。履带式起重机的缺点是稳定性差，行驶速度慢且履带易损坏路面，在进行长距离转移时，需要拖车进行运输。

　　目前在结构安装工程中常用的履带式起重机主要有 W_1-50 型、W_1-100 型、W_1-200 型等。

　　履带式起重机的技术性能　履带式起重机主要技术性能参数包括三个，即起重量、起重半径、起重高度。其中，起重量是指起重机安全工作所允许的最大起重重物的质量；起重半径是指起重机回转轴线至吊钩中垂线的水平距离；起重高度是指起重吊钩中心至停机面的垂直距离。

　　履带式起重机主要技术性能可查阅起重机手册中的起重机性能表或性能曲线。

　　履带式起重机稳定性验算　起重机稳定性是指整个机身在起重作业时的稳定程度。起重机在正常条件下工作，一般可保持机身的稳定，但在超负荷吊装或由于施工需要接长起重臂时，需进行稳定性验算，以保证在吊装作业中不发生倾覆事故。

　　履带式起重机的稳定性应以起重机处于最不利工作状态，即机身与行驶方向垂直的位置进行验算，如图 6.7 所示。此时，应以履带中心 A 为倾覆中心验算起重机稳定性。当不考虑附加荷载（风荷、制动惯性力和回转离心力等）时，起重机的稳定条件应满足下式要求，即

稳定性安全系数 $K = \dfrac{稳定力矩}{倾覆力矩} \geqslant 1.40$ (6.1)

考虑附加荷载时，$K \geqslant 1.15$。为简化计算，验算起重机稳定性时，一般不考虑附加荷载，图 6.7 中，对 A 点取力矩，可得

$$K = \frac{G_1 l_1 + G_2 l_2 + G_0 l_0 - G_3 l_3}{Q(R - l_2)} \geqslant 1.40 \quad (6.2)$$

式中：G_0——起重机平衡重；

G_1——起重机可转动部分的重量；

G_2——起重机机身不转动部分的重量；

G_3——起重臂重量，为起重机重量的 4%～7%；

l_0、l_1、l_2、l_3——以上各部分的重心至倾覆中心的距离；

Q——吊装荷载；

R——起重半径。

验算时，如不满足要求应采取增加配重等措施。需增加的重量 G_0'，可按下式计算，即

$$G_0' = \frac{1.40 \times 倾覆力矩 - 稳定力矩}{l_0} \quad (6.3)$$

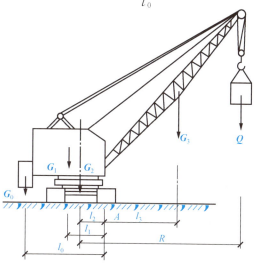

图 6.7 履带式起重机稳定性验算示意图

(2)汽车式起重机

汽车式起重机是把起重机构安装在普通载重汽车或专用汽车底盘上的一种自行杆式起重机。汽车式起重机的优点是行驶速度快，转移迅速，对地面破坏小。因此，它特别适用于流动性大，经常变换地点的作业。其缺点是不能负荷行驶，行驶时的转弯半径大。安装作业时稳定性差，为增加其稳定性，设有可伸缩的支腿，起重时支腿落地。

目前，常用的汽车式起重机多为液压伸缩臂汽车起重机，液压伸缩臂一般有 2～4 节，最下(最外)一节为基本臂，吊臂内装有液压伸缩机构控制其伸缩。图 6.8 所示为 QY-8 型汽车式起重机的外形，该起重机由起升、变幅、回转、吊臂伸缩和支腿机构等组成，全为液压传动。

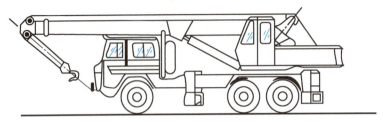

图 6.8　QY-8 型汽车式起重机

(3)轮胎式起重机

轮胎式起重机(图 6.9)是把起重机构安装在加重型轮胎和轮轴组成的特制底盘上的一种全回转式起重机,其上部构造与履带式起重机基本相同。为了保证安装作业时机身的稳定性,起重机设有四个可伸缩的支腿。在平坦的地面上可不用支腿进行小起重量作业,低速行驶。

与汽车式起重机相比,其优点有:轮距较宽,稳定性好,车身短,转弯半径小,可在 360°范围内工作。但其行驶时对路面要求较高,行驶速度较汽车式慢;不适于在松软泥泞的地面上工作。

3. 塔式起重机

塔式起重机具有竖直的塔身,其起重臂安装在塔身顶部与塔身组成Γ形,使塔

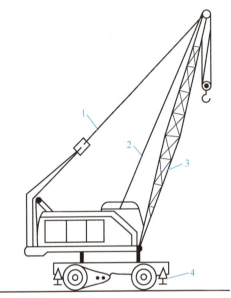

1——变幅索;2——起重索;3——起重臂;4——支腿。
图 6.9　轮胎式起重机

式起重机具有较大的工作空间。它的安装位置能靠近施工的建筑物,有效工作幅度较其他类型起重机大。塔式起重机种类繁多,广泛应用于多层及高层建筑工程施工中。

塔式起重机按起重能力可分为:

1)轻型塔式起重机。起重量为 0.5～3t,一般用于六层以下民用建筑施工。

2)中型塔式起重机。起重量为 3～15t,适用于一般工业建筑与高层民用建筑施工。

3)重型塔式起重机。起重量为 20～40t,一般用于大型工业厂房的施工和高炉等设备的吊装。

塔式起重机按构造性能可分为轨道式、爬升式、附着式、动臂式四种。

(1)轨道式塔式起重机

轨道式塔式起重机是一种在轨道上行驶的自行式起重机,有的只能在直线轨道上行驶,有的可沿 L 形或 U 形轨道行驶。作业范围在其两倍幅度的宽度和走行线长度的矩形面积内,并可负荷行驶。

(2)爬升式塔式起重机

爬升式塔式起重机是自升式塔式起重机的一种,它由底座、套架、塔身、塔顶、行车式起重臂、平衡臂等部分组成。它安装在高层装配式结构的框架梁或电梯间结构上,每安

装1~2层楼的构件,便用一套爬升设备使塔身沿建筑物向上爬升一次。这类起重机主要用于高层(10层)框架结构安装及高层建筑施工。其特点是机身小,重量轻,安装简单,不占用建筑物外围空间;适用于现场狭窄的高层建筑结构安装。但是,采用这种起重机施工,将增加建筑物的造价,影响驾驶员的视野,需要一套辅助设备用于起重机拆卸。

爬升式塔式起重机(动画)

(3)附着式塔式起重机

附着式塔式起重机是固定在建筑物近旁钢筋混凝土基础上的自升式塔式起重机。随建筑物的升高,利用液压自升系统逐步将塔顶顶升、塔身接高。为了保证塔身的稳定,每隔一定高度将塔身与建筑物用锚固装置水平联结起来,使起重机依附在建筑物上。锚固装置由套装在塔身上的锚固环、附着杆及固定在建筑结构上的锚固支座构成。这种塔式起重机适用于高层建筑施工。

(4)动臂式塔式起重机

动臂式塔式起重机主要用于钢结构和钢筋混凝土结构吊装。现代城市高楼密布,大型建筑工地塔机林立,塔机臂架互相干扰问题明显。由于塔机覆盖面积大,转动时掠过其他建筑物或道路,造成安全事故的概率大大增加,这使得有固定臂长的小车变幅塔机受到了很大的限制。与小车变幅塔机不同,动臂塔式起重机主要通过调整臂架的倾角来变化幅度,从而控制吊装重量,在施工作业时吊臂可以不超出施工现场围栏,也可以避免多台塔机作业的干扰。这种起重机具有大起重量、大起升高度、快起升速度、起重臂起伏角度大、占地空间小、安装幅度范围大等特点。因此,在市区工地或者高层建筑工地上,动臂式塔式起重机应用越来越多。不过,动臂式塔式起重机也有租赁费用高、安拆难度大、爬升难度高等缺点。

1)动臂式塔式起重机的爬升体系及安全装置。动臂式塔式起重机的爬升体系由三道爬升系统组成,第一道爬升系统是整个塔式起重机主要承力基座;第二道爬升系统是对塔身固定作用及爬升时的受力点;第三道爬升系统供爬升时交替使用。它的爬升原理主要是通过自带的液压爬升装置与安装在上下爬升框架之间的爬升梯两者之间的相对运动来实现。在爬升过程中,塔式起重机的重量通过爬升节上的液压油缸伸缩,使爬爪的力由爬升梯、C型梁、支撑梁逐步传递至构筑物。

2)动臂式塔式起重机的安装形式。动臂式塔式起重机有两种安装形式:一种是混凝土承台式,即浇灌底板混凝土前,将基础预埋件进行定位并固定,与底板混凝土一起浇筑;另一种是钢结构支撑式,即在塔楼核心筒一定楼层内侧或外侧安装三套钢结构支撑系统作为塔式起重机的钢支撑基础。

动臂塔式起重机的安全装置除了安装力矩限制器、起重量限制器、幅度限位器、起升高度限位器、回转限位器、电子式角度显示器、风速仪、障碍灯等常规起重机的装置外,还应安装防臂架反弹后倾装置、机械式角度显示器等特殊装置。

6.2 单层工业厂房结构安装

单层工业厂房的主要承重构件除杯形基础采用现浇方法施工外,其余构件,包括柱、基础梁、吊车梁、屋架、屋面板以及天窗构件等,都采用钢筋混凝土预制构件。其中，大型构件(如排架柱、抗风柱，后张法制作的预应力屋架、屋面梁等)一般在现场就地预制；中型、小型构件则集中在预制厂预制，然后运输至现场吊装。

6.2.1 安装准备工作

构件安装前的准备工作包括：场地清理与平整，修建临时道路，基础的准备，构件的运输、就位、堆放，构件的拼装与加固，构件的检查、清理、弹线、编号，以及起重机械的安装等。准备工作是否充分将直接影响整个结构安装工程的施工进度、安装质量、安全生产和文明施工。

(1)场地清理平整与道路铺设

起重机进场前，根据施工平面布置图，标出起重机的开行路线，构件运输及堆放位置，清理好场地，修筑运输构件的道路，敷设水电管线，并制定雨季排水措施。

(2)构件质量检查

为保证工程质量，对所有构件安装前均需进行全面质量检查，主要内容包括：

1)构件不应低于设计规定的强度，当设计无要求时，一般不低于设计强度等级的75%。对于后张法预应力混凝土构件，孔道灌浆的砂浆强度等级不低于15MPa；对于大型构件，混凝土强度则应达到100%设计强度等级方可安装。

2)构件的外形尺寸、钢筋的搭接、预埋件的位置等是否满足设计要求。

3)构件的外观有无缺陷、损伤、变形、裂缝等，不合格构件不允许使用。

(3)基础准备

钢筋混凝土柱一般为杯形基础。考虑预制钢筋混凝土柱长度的预制存在误差，浇筑基础时，杯底高程一般比设计高程降低50mm，使柱的长度误差在安装时能够调整。杯形基础在现场浇筑时应保证定位轴线及杯口尺寸准确。柱子安装之前，对杯底高程要抄平，以保证柱子牛腿面及柱顶面高程符合要求。测量杯底高程时，先在杯口内弹出比杯口顶面设计高程低100mm的水平线，然后用金属直尺对杯底高程进行测量(小柱测中间一点，大柱测四个角点)，得出杯底实际高程，再量出柱底面至牛腿的实际高度。根据制作长度的误差，计算出杯底高程调整值，在杯口内做出标志，用水泥砂浆或细石混凝土将杯底垫平至标志处。高程的允许误差为±5mm。

为便于柱的安装与校正，在杯形基础顶面应弹出建筑物的纵横轴线和柱的吊装准线，作为柱在平面位置安装时对位及校正的依据。

钢柱在安装前，应保证基础顶面与锚栓位置准确，其误差在±2mm以内；基础顶面要垂直，倾斜度小于1/1000；锚栓在支座范围内的误差为±5mm时，施工过程中锚栓应安设在固定架上，以保证其位置准确。

(4)构件的弹线与编号

构件经过检查，质量合格后，可在构件表面弹出安装中心线，作为构件安装、对位、校正的依据。对于形状复杂的构件，要标出其重心的绑扎点位置。

柱子弹线 在柱身的三面弹出安装中心线(两个小面，一个大面)。矩形截面柱，按几何中心弹线；工字形截面柱，除在矩形截面部位弹出中心线外，还应在工字形柱的两翼缘部位各弹出一条与中心线平行的线，以便于观测及避免误差。在柱顶与牛腿面上还要弹出屋架及吊车梁的安装中心线。

屋架弹线 屋架上弦顶面应弹出几何中心线，并从跨中向两端分别弹出天窗架、屋面板的安装中心线，在屋架的两端弹出安装准线。

梁弹线 梁的两端及顶面应弹出安装中心线。

(5)构件的制作、运输与堆放

构件的制作和运输 预制构件如柱、屋架、梁、桥面板等一般在现场预制或工厂预制。在许可的条件下，预制时尽可能采用叠浇法，重叠层数由地基承载能力和施工条件确定，一般不超过4层，上下层间应做好隔离层，上层构件的浇筑应等到下层构件混凝土达到设计强度的30%以后才可进行，整个预制场地应平整夯实，不可因受荷载、浸水等而产生不均匀沉陷。

对构件运输时的混凝土强度要求是：如设计无规定时，不应低于设计的混凝土强度标准值的75%。在运输过程中构件的支承位置和方法，应根据设计的吊(垫)点设置确定，不应引起应力过超和使构件损伤。叠放构件运输时，构件间必须用隔板或垫木隔开，上、下垫木应保持在同一垂直线上，支垫数量要符合设计要求以免构件受折；运输道路要有足够的宽度和转弯半径。

构件堆放 预制构件的堆放应考虑便于吊升及吊升后的就位，特别是大型构件，如房屋建筑中的柱、屋架等，应做好构件堆放的布置图，以便一次吊升就位，减少起重设备重复开行。对于小型构件，则可考虑布置在大型构件之间，也应以"便于吊装，减少二次搬运"为原则。但小型构件常采用随吊随运的方法，以便减少对施工场地占用。

小型构件运至现场后，按平面布置图，依编号、吊装顺序进行就位和集中堆放。小型构件就位位置，一般在其安装位置附近，有时也可从运输车上直接起吊。采用叠放的构件，如屋面板等，可多块为一叠，以减少堆场用地。

6.2.2 构件吊装工艺

单层工业厂房结构的主要构件有柱、吊车梁、屋架、天窗架、屋面板、连系梁等。其吊装过程包括绑扎、吊升、就位、临时固定、校正及最后固定等工序。

1. 柱的吊装

(1)柱的绑扎

柱一般在现场预制，用砖或土作底模平卧生产，侧模可用木模或组合钢模。在制作底模和浇筑混凝土之前，就要确定绑扎方法、绑扎点数目和位置，并在绑扎点预埋吊环或预留孔洞，以便在绑扎时穿钢丝绳。柱的绑扎方法、绑扎点数目和位置，要根据柱的形状、断面、长度、配筋以及起重机的起重性能确定。

绑扎点数目与位置 柱的绑扎点数目与位置应按起吊时由自重产生的正负弯矩绝对值基本相等且不超过允许值的原则确定，以保证柱在吊装过程中不折断、不产生过大的变形。中、小型柱大多可绑扎一点，对于有牛腿的柱，吊点一般在牛腿下200mm处。重型柱或配筋少而细长的柱(如抗风柱)，为防止起吊过程中柱身断裂，需绑扎两点，且吊索的合力点应偏向柱重心上部。必要时，需在验算吊装应力和裂缝宽度后确定绑扎点数目与位置。工字形截面柱和双肢柱的绑扎点应选在实心处，否则应在绑扎位置用方木垫平。

绑扎方法 有以下几种：

① 一点绑扎斜吊法。当柱平卧起吊的抗弯强度满足要求时，可采用一点绑扎斜吊法（图 6.10）。此方法起吊柱子时不需翻身直接从底模上起吊；起吊后，柱呈倾斜状态，吊索在柱宽面一侧，起重钩可低于柱顶，这样起重高度减小，起重机的起重臂缩短；但对位不方便，要求宽面要有足够的抗弯能力。

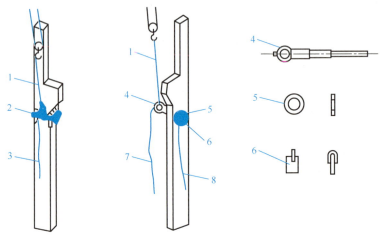

1——吊索；2——卡环；3——卡环插销拉绳；4——柱销；5——垫圈；
6——插销；7——柱销拉绳；8——插销拉绳。

图 6.10 一点绑扎斜吊法

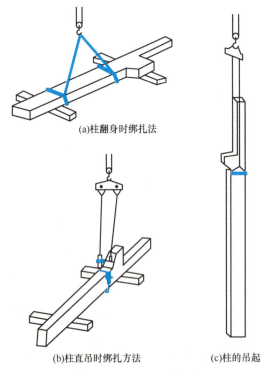

(a)柱翻身时绑扎法

(b)柱直吊时绑扎方法　(c)柱的吊起

图 6.11 一点绑扎直吊法

② 一点绑扎直吊法。当柱平卧起吊的抗弯强度不足时，可在吊装前，先将柱翻转成侧立，然后起吊，柱翻转后刚度大，抗弯能力强，不易产生裂缝；起吊后柱身与基础杯口垂直，容易对位，但需用铁扁担（横吊梁），起重吊钩要超过柱顶，需要的起重高度比斜吊法大，起重臂比斜吊法长，如图 6.11 所示。

③ 两点绑扎斜吊法。当柱较长，一点绑扎抗弯强度不够时，可用两点绑扎。两点绑扎斜吊法，适用于两点绑扎平放起吊。绑扎点的位置应选在使下绑扎点距重心的距离小于上绑扎点距柱重心的距离处，以保证柱起吊后能自行回转直立，如图 6.12 所示。

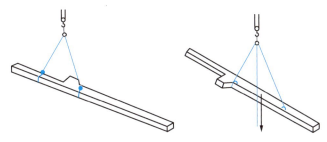

图 6.12 两点绑扎斜吊法

④ 两点绑扎直吊法。当柱较长，用两点绑扎斜吊法抗弯强度不足时，可先将柱翻转，然后起吊，如图 6.13 所示。

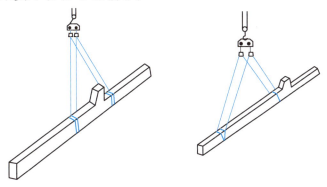

图 6.13 两点绑扎直吊法

⑤ 三面牛腿绑扎法。用两根吊索分别沿柱角直吊，如图 6.14 所示。

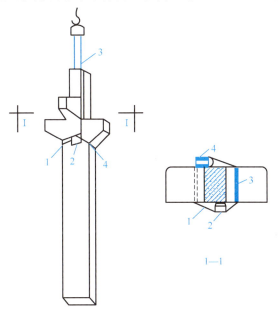

1——短吊绳；2——活络卡环；3——长吊绳；4——普通卡环。

图 6.14 三面牛腿绑扎法

(2) 柱的吊升

柱的吊升方法应根据柱的质量、长度、起重机的性能和现场条件确定。根据柱在吊升过程中运行的特点，吊升方法可分为旋转法和滑行法两种。根据起重机的数量可分为单机吊升和双机吊升两种。

单机旋转法起吊　如图 6.15 所示，柱吊升时，起重机边升钩边回转，使柱身绕柱脚（柱脚不动）旋转直到竖直，起重机将

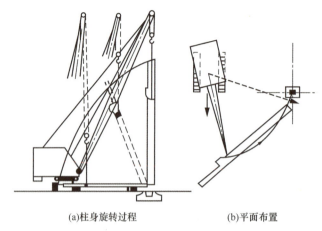

图 6.15　单机旋转法起吊

柱吊离地面后稍微旋转起重臂使柱处于基础正上方，然后将其插入基础杯口。为了操作方便和起重臂不变幅，柱在预制或排放时，应使柱基中心、柱脚中心和柱绑扎点均位于起重机的同一起重半径的圆弧上，该圆弧的圆心为起重机的回转中心，半径为圆心到绑扎点的距离，并应使柱脚尽量靠近基础，这种布置方法称为"三点共弧"。

若受施工现场条件限制，不能将柱的绑扎点、柱脚和柱基三者同时布置在起重机的同一起重半径的圆弧上时，可采用柱脚与基础中心两点共弧布置，但这种布置方式，柱在吊升过程中起重机要变幅，影响生产效率。

旋转法吊升柱受振动小，生产效率较高，但对平面布置要求高，对起重机的机动性要求高。当采用履带式、轮胎式、汽车式等起重机时，宜采用此法。

单机滑行法　柱吊升时，起重机只升钩不转臂，使柱脚沿地面滑行，柱逐渐直立，起重机将柱吊离地面后，稍微旋转起重臂使柱子处于基础正上方，然后将其插入基础杯口，如图 6.16 所示。

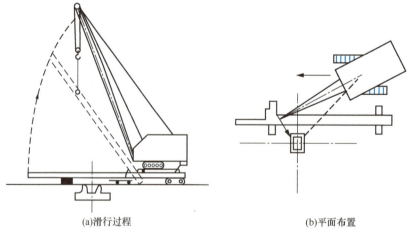

图 6.16　单机滑行法吊升

采用滑行法布置柱的预制或排放位置时，应使绑扎点靠近基础，绑扎点与杯口中心均位于起重机的同一起重半径的圆弧上。

滑行法吊升柱受振动大，但对平面布置要求低，对起重机的机动性要求低。滑行法一般用于柱较重、较长而起重机在安全荷载下回转半径不够，或现场狭窄无法按旋转法排放布置以及采用桅杆式起重机吊装柱等情况。为了减小柱脚与地面的摩阻力，宜在柱脚处设置托木、滚筒等。

双机抬吊旋转法 对于重型柱，一台起重机较难吊起，可采用两台起重机抬吊。采用双机抬吊旋转法时，应两点绑扎，一台起重机起吊上吊点，另一台起重机起吊下吊点。当双机将柱子吊至离地面一定距离(为下吊点到柱脚距离 $D+300\text{mm}$)时，上吊点的起重机将柱上部逐渐提升，下吊点不需再提升，使柱子呈直立状态后旋转起重臂使柱脚插入杯口，如图 6.17 所示。

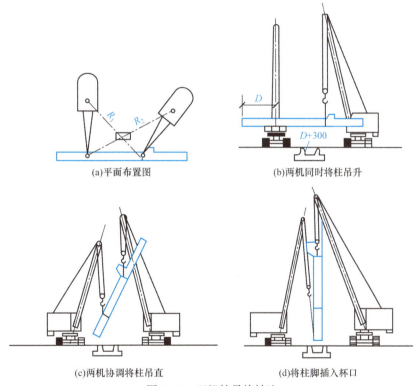

图 6.17 双机抬吊旋转法

双机抬吊滑行法 柱为一点绑扎，且绑扎点靠近基础，起重机在柱的两侧，在柱的同一绑扎点起吊，使柱脚沿地面向基础滑行，呈直立状态后，将柱脚插入基础杯口内，如图 6.18 所示。

滑行法中，为了使柱身不受振动，又要避免在柱脚加设防护措施的烦琐，可在柱下端增设一台起重机，将柱脚递送到杯口上方，成为三机抬吊递送法。

(3)柱的就位、临时固定

如柱采用直吊法时，柱脚插入杯口后应悬离杯底适当距离进行就位。如用斜吊法，

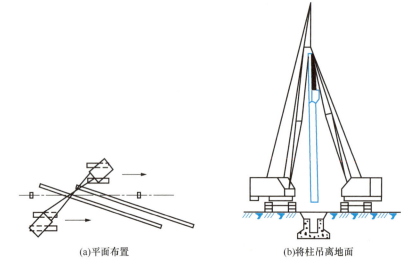

(a) 平面布置　　(b) 将柱吊离地面

图 6.18　双机抬吊滑行法

可在柱脚接近杯底时,在吊索一侧的杯口中插入 2 个楔块,再通过起重机回转进行就位。就位时应从柱四周向杯口放入 8 个楔块,并用撬棍拨动柱脚,使柱的吊装中心线对准杯口上的吊装准线,并使柱基本保持垂直。

柱就位后,应先把楔块略打紧,再放松吊钩,检查柱沉至杯底后的对中情况,若符合要求,即可将楔块打紧(两边对称进行,以免吊装准线偏移)作柱的临时固定,然后起重钩便可脱钩,如图 6.19 所示。

吊装重型柱或细长柱时除需按上述规定进行临时固定外,必要时应增设缆风绳拉锚。

(4) 柱的校正、最后固定

柱的校正包括平面位置、高程和垂直度的校正,因为柱的高程校正在基础杯底抄平时已进行,平面位置校正在临时固定时已完成,所以,柱的校正主要是垂直度校正。

柱的垂直度检查要用两台经纬仪从柱的相邻两面观察柱的安装中心线是否垂直。垂直偏差的允许值:柱高 $H \leqslant 5m$ 时,为 5mm;柱高 $H > 5m$ 时,为 10mm;柱高 $H \geqslant 10m$ 时,为 1/1000 柱高,且不大于 20mm。

柱的校正方法:当垂直偏差值较小时,可用敲打楔块的方法或用钢钎来校正;当垂直偏差值较大时,可用千斤顶校正法、钢管支撑斜顶法及缆风绳校正法等,如图 6.20 所示。

柱校正后应立即进行固定,其方法是在柱脚与杯口的空隙中浇筑比柱混凝土强度等级高一级的细石混凝

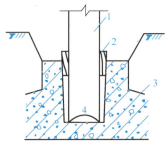

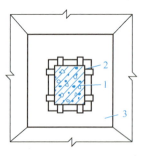

1——柱；2——楔块；
3——杯形基础；4——石子。

图 6.19　柱的临时固定

土。混凝土浇筑应分两次进行，第一次浇至楔块底面，待混凝土强度达 25% 时拔去楔块，再将混凝土浇满杯口，如图 6.21 所示。

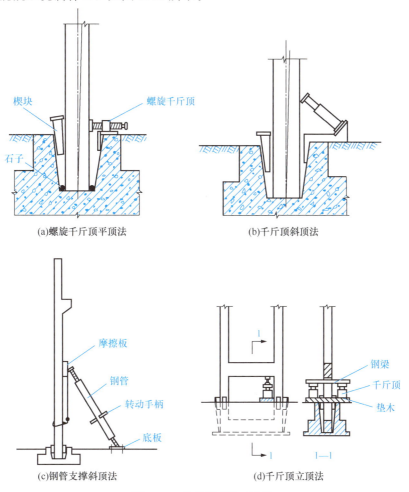

图 6.20　柱的垂直校正方法

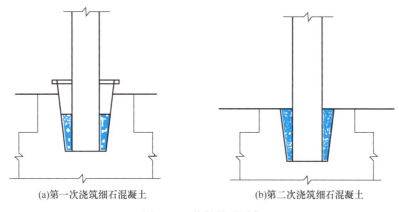

图 6.21　柱的最后固定

2. 吊车梁的吊装

吊车梁的吊装应在柱杯口第二次浇筑混凝土强度达到设计强度75%时方可进行。

(1) 绑扎、吊升、就位与临时固定

吊车梁吊装时应两点对称绑扎,吊钩垂线通过梁的重心,起吊后吊车梁保持水平状态。在梁的两端设溜绳控制,以防碰撞柱子。对位时应缓慢下降,将梁端吊装准线与牛腿顶面吊装准线对准。吊车梁的自身稳定性较好,用垫铁垫平后,起重机即可脱钩,一般不需采用临时固定措施。当梁高与底宽之比大于4时,为防止吊车梁倾倒,可用铁丝将梁临时绑在柱子上,如图6.22所示。

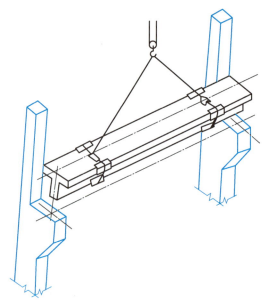

图 6.22 吊车梁的吊装

(2) 校正和最后固定

吊车梁的校正工作一般应在厂房结构校正和固定后进行,以免屋架安装时,引起柱子移位而使吊车梁产生新的误差。对于较重的吊车梁,由于脱钩后校正困难,可边吊边校正,但屋架固定后要复查一次。校正包括高程、垂直度和平面位置。高程的校正已在基础杯底调整时基本完成,如仍有误差,可在铺轨时,在吊车梁顶面抹一层砂浆来找平。平面位置的校正主要检查吊车梁纵轴线和跨距是否符合要求(纵向位置校正已在对位时完成)。垂直度用锤球检查,偏差应在5mm以内,可在支座处加铁片垫平。

吊车梁平面位置的校正方法,通常用拉通线法(拉钢丝法)或仪器放线法(平移轴线法)。

拉通线法 根据柱的定位轴线,在厂房两端地面定出吊车梁的安装轴线位置并打入木桩。用钢尺检查两列吊车梁的轨距是否符合要求,然后用经纬仪将厂房两端的四根吊车梁位置校正正确。在校正后的柱列两端吊车梁上设支架(高约200mm),拉钢丝通线并悬挂悬物拉紧。检查并拨正各吊车梁的中心线,如图6.23所示。

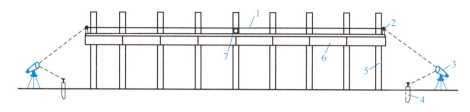

1——通线；2——支架；3——经纬仪；4——木桩；5——柱；6——吊车梁；7——圆钢。

图 6.23 通线法校正吊车梁示意图

仪器放线法 适用于当同一轴线上的吊车梁数量较多时，如仍采用通线法，使钢丝过长，不宜拉紧而产生较大偏差的情况。此法是在柱列外侧设置经纬仪，并将各柱杯口处的吊装准线投射到吊车梁顶面处的柱身上（或在各柱上放一条与吊车梁轴线等距离的校正基准线），并做出标志，如图 6.24 所示。若标志线至柱定位轴线的距离为 a，则标志到吊车梁安装轴线的距离应为 $\lambda-a$，依此逐根拨正吊车梁的中心线并检查两列吊车梁间的轨距是否符合要求。吊车梁校正后，立即电弧焊做最后固定，并在吊车梁与柱的空隙处浇筑细石混凝土。

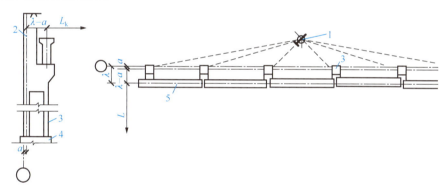

1——经纬仪；2——标志；3——柱；4——柱基础；5——吊车梁。

图 6.24 仪器放线法校正吊车梁

3. 屋架的吊装

钢筋混凝土屋架有三角形屋架、梯形屋架、拱形屋架、多腹杆折线形屋架、组合屋架等。中小型单层工业厂房屋架的跨度为 12～24m，质量为 3～10t。钢筋混凝土屋架如在施工现场浇筑，在屋架安装前尚应将屋架扶直、排放。屋架吊装的施工顺序是：绑扎→扶直与就位→吊升→对位→临时固定→校正→最后固定。

大型屋面板现场堆放（视频）

（1）屋架的绑扎

屋架的绑扎点应选在上弦节点处，左右对称，并高于屋架重心，使屋架吊升后基本保持水平、不晃动、不倾倒，如图 6.25 所示。吊升时，在屋架两端应加溜绳，以控制屋架转动。屋架吊点的数目及位置，与屋架的形式和跨度有关，一般由设计确定，其选择方式应符合设计要求。一般钢筋混凝土屋架跨度小于或等于 18m 时，两点绑扎；屋架跨度大于 18m 时，用两根吊索，四点绑扎；屋架的跨度大于或等于 30m 时，为了减少屋架的起吊高度，应采用横吊梁（又称为铁扁担），横吊梁应经过设计计算，以确保施工安全。减少吊索高度。绑扎时吊索与水平面的夹角不宜小于45°，以免屋架承受过大的横向压力。

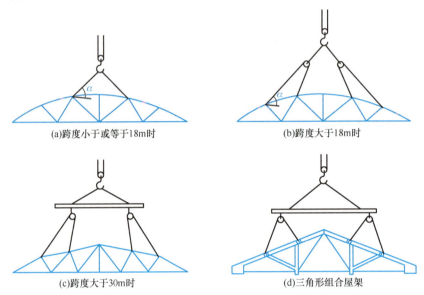

图 6.25 屋架绑扎方法

钢屋架的纵向刚度较差，在翻起扶直与安装时，应绑扎几道杉木杆，作为临时加固措施，防止侧向变形。

(2) 屋架的扶直与就位

扶直屋架时由于起重机与屋架相对位置不同，可分为正向扶直与反向扶直。

正向扶直 起重机位于屋架下弦杆一边，吊钩对准上弦中点，收紧吊钩后略起臂抬起使屋架脱模，接着升臂并同时升钩，使屋架以下弦为轴心缓缓转为直立状态，如图 6.26(a) 所示。

反向扶直 起重机位于屋架上弦杆一边，吊钩对准屋架上弦中点，然后升钩，降臂使屋架下弦转动而直立，如图 6.26(b) 所示。

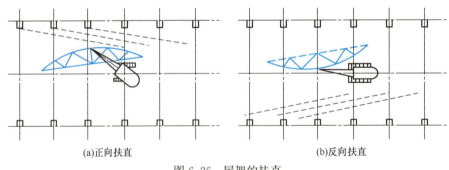

图 6.26 屋架的扶直

两种扶直方法的不同点在于，扶直过程中，前者边升钩边起臂，后者则边升钩边降臂。

由于升臂较降臂易操作，且较安全，在现场预制平面布置中应尽量采用正向扶直方法。

扶直时先将吊钩对准屋架平面中心，收紧吊钩后，起重臂稍抬起使屋架脱模。因为屋架的侧向刚度很差，若叠浇的屋架间有严重黏结时，应先用撬杠撬起或钢钎凿等方法，使其上下分开，不能硬拉，以免造成屋架损坏。另外，为防止屋架在扶直过程中突然下滑而损坏，需在屋架两端搭设井字架或枕木垛，以便在屋架由平卧转为竖立后将屋架搁置其上。

屋架扶直后应吊往柱边就位，用铁丝与已安装的柱子绑牢，以保持稳定。屋架就位位置应在预制时事先加以考虑，以便确定屋架的两端朝向及预埋件位置。当与屋架预制位置在起重机开行路线同一侧时，称为同侧就位[图 6.26(a)]；当与屋架预制位置分别在起重机开行路线各一侧时，称为异侧就位[图 6.26(b)]。采用哪种方法，应视施工现场条件而定。

(3)屋架的吊升、对位与临时固定

屋架的吊升方法有单机吊装和双机抬吊，双机抬吊仅在屋架质量较大，一台起重机的吊装能力不能满足吊装要求的情况下采用。

单机吊装屋架时，先将屋架吊离地面 300mm，然后将屋架吊至吊装位置的下方，升钩将屋架吊至超过柱顶 300mm，然后将屋架缓降至柱顶，进行对位。屋架对位应以建筑物的定位轴线为准，对位前应事先将建筑物轴线用经纬仪投放在柱顶面上。对位以后，立即临时固定，然后起重机脱钩。

双机抬吊时，应将屋架立于跨中。起吊时，一机在前，一机在后，两机共同将屋架吊离地面约 1.5m，后机将屋架从起重臂一侧转向另一侧（调挡），然后同时升钩将屋架吊起，并送到安装位置，如图 6.27 所示。

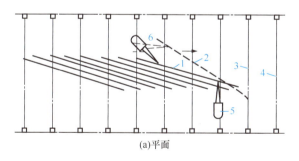
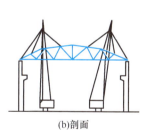

(a)平面　　　　　　　　　　　　(b)剖面

1——起吊时屋架位置；2——侧转后屋架位置；3、4——屋架就位；5、6——起重机。

图 6.27　双机抬吊安装屋架

屋架对位后属于单片结构，侧向刚度较差。第一榀屋架的临时固定，可用四根缆风绳从两边拉牢，如图 6.28 所示。若先吊装抗风柱，可将屋架与抗风柱连接。

第二榀屋架以及其后各榀屋架可用屋架校正器(工具式支撑，图 6.29)临时固定在前一榀屋架上。每榀屋架至少用两个屋架校正器。

(4)屋架的校正与最后固定

屋架的校正内容是检查并校正其垂直度，用经纬仪或垂球检查，用屋架校正器或缆风绳校正。

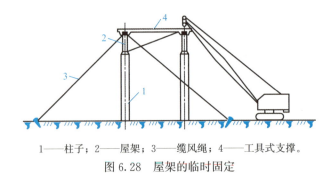

1——柱子；2——屋架；3——缆风绳；4——工具式支撑。

图 6.28　屋架的临时固定

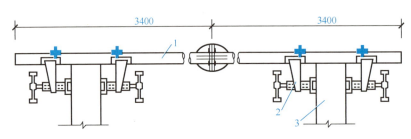

1——钢管；2——撑脚；3——屋架上弦。

图 6.29　屋架校正器

用经纬仪检查屋架垂直度时，在屋架上弦安装三个卡尺（一个安装在屋架中央，两个安装在屋架两端），自屋架上弦几何中心线量出 500mm，在卡尺上作出标志。然后，在距屋架中线 500mm 处的地面上，设一台经纬仪，用其检查三个卡尺上的标志是否在同一垂直面上，如图 6.30 所示。

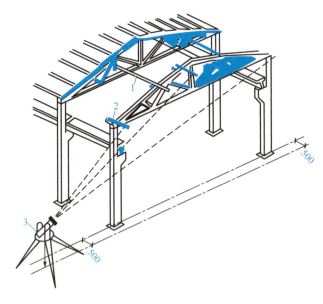

1——工具式支撑；2——卡尺；3——经纬仪。

图 6.30　屋架的校正

用垂球检查屋架垂直度时，卡尺标志的设置与经纬仪检查方法相同，标志距屋架几何中心线的距离取 300mm。在两端卡尺标志之间连一通线，从中央卡尺的标志处向下挂垂球，检查三个卡尺的标志是否在同一垂直面上。施工规范规定屋架上弦中部对通过两支座中心的垂直面偏差不得大于 $h/250$（h 为屋架高度）。如超过偏差允许值，应用工具式支撑加以纠正，并在屋架端部垫入薄钢片。

屋架校正完毕，立即用电弧焊固定。要求在屋架两端的不同侧面同时施焊，以防因焊缝收缩导致屋架倾斜。

4. 天窗架和屋面板的吊装

屋面板一般有预埋吊环，用带钩的吊索钩住吊环即可吊装。大型屋面板有四个吊环，起吊时，应使四根吊索拉力相等，屋面板保持水平。为充分利用起重机的起重能力，提高工效，也可采用一次吊升若干块屋面板的方法。

屋面板的安装应自两边檐口左右对称地逐块铺向屋脊，避免屋架受荷不均匀。屋面板对位后，应立即电弧焊固定，每块屋面板可焊三个点，最后一块只能焊两个点。

天窗架的吊装应在天窗架两侧的屋面板吊装后进行。其吊装方法与屋架基本相同。

6.2.3 结构安装方案

单层工业厂房结构的一般特点是平面尺寸大、承重结构的跨度与柱距大、构件类型少、质量大，厂房内还有各种设备基础（特别是重型厂房）等。因此，在拟订结构安装方案时，应根据厂房的规模、结构形式和跨度，构件尺寸和质量、构件安装高度、吊装工程量及工期的要求等，结合现场施工条件、现有运输设备和起重机械条件等因素综合考虑确定。

单层厂房结构安装工程施工方案包括以下内容。

1. 起重机的选择

起重机的选择是结构安装工程的重要内容，因为它涉及构件安装方法、起重机开行路线与停机位置、构件的平面布置等许多问题。起重机的选择包括起重机类型、型号和数量的选择。

(1) 起重机类型的选择

起重机的类型主要是根据厂房的结构特点、跨度、构件质量、吊装高度、吊装方法及现有起重设备条件等来确定。

1) 对于中小型厂房结构，采用自行式起重机安装。
2) 对于厂房结构高度和长度较大时，可选用塔式起重机安装屋盖结构。
3) 在缺乏自行式起重机的地方，可采用桅杆式起重机安装。
4) 大跨度的重型工业厂房，应结合设备安装来选择起重机类型。
5) 当一台起重机无法吊装时，可选用两台起重机抬吊。

(2) 起重机型号的选择

确定起重机的类型以后，要根据构件的尺寸、质量及安装高度来确定起重机型号。所选定起重机的三个工作参数，即起重量 Q、起重高度 H、起重半径 R，要满足构件吊装的要求。

起重量 起重机的起重量必须大于或等于所安装构件的质量与索具质量之和,即

$$Q \geqslant Q_1 + Q_2 \tag{6.4}$$

式中:Q——起重机的起重量(t);

Q_1——构件的质量(t);

Q_2——索具的质量(包括临时加固件质量)(t)。

起重高度 起重机的起重高度必须满足所吊装的构件的安装高度要求,如图6.31所示,即

$$H \geqslant h_1 + h_2 + h_3 + h_4 \tag{6.5}$$

式中:H——起重机的起重高度(从停机面算起至吊钩)(m);

h_1——安装支座顶面高度(从停机面算起)(m);

h_2——安装间隙,视具体情况而定,但不小于0.3m;

h_3——绑扎点至起吊后构件底面的距离(m);

h_4——索具高度(从绑扎点到吊钩中心距离)(m)。

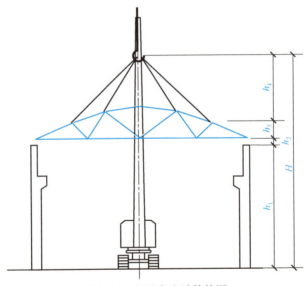

图6.31 起重高度计算简图

起重半径 分为以下两种情况:

① 当起重机可不受限制地开到吊装位置附近时,对起重机的起重半径没有要求。

② 对起重机的起重半径有要求的情况有:起重机需要跨越地面上某些障碍物吊装构件时,如跨过地面上已预制好或就位好的屋架吊装吊车梁的情况;吊柱子等构件时,开行路线已定的情况;吊装屋架等构件时,开行路线及构件就位位置已定的情况。

最小臂长 下述情况下对起重机有最小臂长的要求:吊装平面尺寸较大的构件时,应使构件不与起重臂相碰撞(如吊屋面板);跨越较高的障碍物吊装构件时,应使起重臂不碰到障碍物,如跨过已安装好的屋架或天窗架;吊装屋面板、支撑等构件时,应使起

重臂不碰到已安装好的结构。最小臂长要求的实质是对一定的起重高度下的起重半径要求。

确定起重机的最小臂长，可用数解法，也可用图解法，如图 6.32 所示。

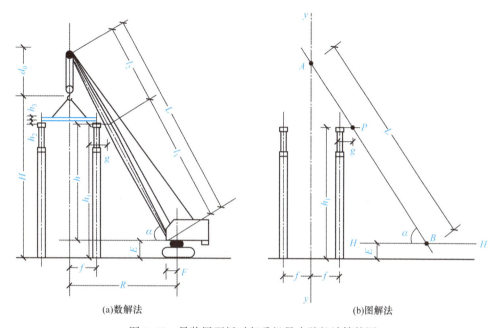

(a)数解法   (b)图解法

图 6.32　吊装屋面板时起重机最小臂长计算简图

① 数解法。由图 6.32(a)所示的几何关系，起重臂长 L 可表示为其仰角 α 的函数，即

$$L = l_1 + l_2 = \frac{h}{\sin\alpha} + \frac{f+g}{\cos\alpha} \tag{6.6}$$

$$\alpha \geqslant \alpha_0 = \arctan\frac{H - h_1 + d_0}{f + g} \tag{6.7}$$

式中：h——起重臂下铰点至吊装构件支座顶面的高度(m)，$h = h_1 - E$；

h_1——支座高度(m)；

E——初步选定的起重机臂下铰点至停机面的距离(m)；

f——起重钩需跨过已安装好的构件的水平距离(m)；

g——起重臂轴线与已安装好构件间的水平距离(至少 1m)(m)；

H——起重高度(m)；

d_0——吊钩中心至定滑轮中心的最小距离，视起重机型号而定，一般为 2.5~3.5m；

α_0——满足起重高度等要求的起重臂最小仰角。

确定最小起重臂长度，就是求式(6.6)中 L 的极小值，令 $dL/d\alpha = 0$，得

$$\alpha = \arctan\sqrt[3]{\frac{h}{f+g}} \tag{6.8}$$

将 α 值代入式(6.6)，即得最小起重臂长。

为了使所求得的最小臂长顶端至停机面的距离不小于满足吊装高度要求的臂顶至停机面的最小距离，要求 $\alpha \geqslant \alpha_0$；若 $\alpha < \alpha_0$，则取 $\alpha = \alpha_0$。

② 图解法。如图 6.32(b)所示，可按以下步骤求最小臂长：

a. 按一定比例绘出欲安装厂房一个节间的纵剖面图，并画出起重机安装屋面板时吊钩需伸到吊点位置的垂线 y-y。

b. 按地面实际情况确定停机面，画一条水平线。

c. 根据初步选用的起重机型号，查阅起重机外形尺寸表，可查得起重臂底铰至停机面的距离 E 值，于是可画出水平线 $H—H$。

d. 自屋架顶面向起重机方向水平量出一距离($g \geqslant 1m$)，可得 P 点。

e. 过 P 点画若干条斜直线，被 $y—y$ 及 $H—H$ 两线所截，得线段 A_1B_1、A_2B_2、A_3B_3 等。这些线段即起重机吊屋面板时起重臂的轴线长度。取其中最短的一根，即所求的最小起重臂长度。

f. 量出相应线段的夹角 α，即所求起重臂仰角。

2. 起重机型号、臂长的选择

(1)吊一种构件时

起重机臂长的选择(动画)

起重半径 R 无要求时　根据起重量 Q 及起重高度 H，查阅起重机性能曲线或性能表，选择起重机型号和起重机臂长 L，并可查得在选择的起重量和起重高度下相应的起重半径，即为起吊该构件时的最大起重半径，同时可作为确定吊装该构件时起重机开行路线及停机点的依据。

起重半径 R 有要求时　根据起重量 Q、起重高度 H 及起重半径 R 三个参数查阅起重机性能曲线或性能表，来选择起重机型号和起重机臂长 L，并确定吊装该构件时的起重半径，作为确定吊装该构件时起重机开行路线及停机点的依据。

最小臂长 L_{min} 有要求时　根据起重量 Q 及起重高度 H 初步选定起重机型号，并根据由数解法或图解法所求得的最小起重臂长的理论值 L_{min} 查阅起重机性能曲线或性能表，从规定的几种臂长中选择一种臂长 $L > L_{min}$，即为吊装构件时所选的起重臂长度。

根据实际选用的起重臂长 L 及相应的 α 值，可求出起重半径，即

$$R = F + L\cos\alpha \tag{6.9}$$

然后按 R 和 L 值查起重机性能曲线或性能表，复核起重量 Q 及起重高度 H，如能满足要求，即可按 R 值确定起重机吊装构件时的停机位置。

吊装屋面板时，一般是按上述方法首先确定吊装跨中屋面板所需臂长及起重半径，然后复核最边缘一块屋面板是否满足要求。

(2)吊多个构件时

构件全无起重半径 R 要求时　首先列出所有构件的起重量 Q 及起重高度 H 要求，找出最大值 Q_{max}、H_{max}，根据最大值 Q_{max}、H_{max} 查阅起重机性能曲线或性能表，选择起重机型号和起重机臂长 L，然后确定吊装各构件时的起重半径，作为吊装该构件时起重机开行路线及停机点的依据。

部分构件有起重半径 R（或最小臂长 L_{min}）要求时　在根据最大值 Q_{max}、H_{max} 选择起

重机型号和起重机臂长时,尽可能地考虑有起重半径 R(或最小臂长 L_{min})要求的构件的情况,然后对有起重半径 R(或最小臂长 L_{min})要求的构件逐一进行复核。起重机型号和臂长选定后,根据各构件的吊装要求,确定其吊装时采用的起重半径,作为确定吊装该构件时起重机开行路线及停机点的依据。

(3)起重机数量的确定

所需起重机数量,根据工程量、工期及起重机台班产量定额而定,可用下式计算,即

$$N = \frac{1}{TCK} \sum \frac{Q_i}{P_i} \tag{6.10}$$

式中:N——起重机台数;

T——工期(d);

C——每天工作班数;

K——时间利用系数,取 0.8~0.9;

Q_i——每种构件的安装工程量(件);

P_i——起重机相应的台班产量定额(件/台班)。

此外,在决定起重机数量时,还应考虑构件装卸、拼装和排放的工作量。当起重机数量已定,也可用式(6.10)来计算工期或每天应工作班数。

3. 结构安装方法

单层厂房结构吊装方法有分件吊装法和综合吊装法。

(1)分件吊装法

起重机每开行一次,仅吊装一种或几种构件。通常分四次开行安装全部构件,如图 6.33所示。

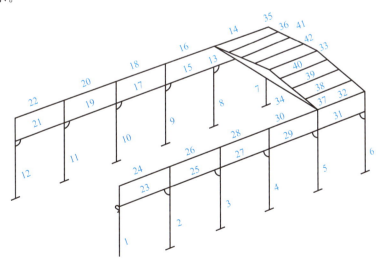

1~12 为柱;13~32 中单数为吊车梁,双数为连系梁;
33、34 为屋架;35~42 为屋面板。

图 6.33 分件吊装时的构件吊装顺序

第一次开行——安装全部柱，并对柱进行校正和最后固定；

第二次开行——屋架扶直与排放；

第三次开行——安装吊车梁、连系梁和柱间支撑等；

第四次开行——分节间安装屋架、天窗架、屋面板及屋面支撑等。

此外，在屋架安装之前还要进行屋架的扶直排放，屋面板的运输堆放，以及起重臂必要时的接长等工作。

分件吊装法起重机每开行一次基本上吊装一种或一类构件，起重机可根据构件的重量及安装高度来选择，不同构件选用不同型号起重机，能够充分发挥起重机的工作性能。分件吊装法在吊装过程中，吊具不需要经常更换，易于熟练操作，吊装速度快；还能给构件临时固定、校正及最后固定等工序提供充裕的时间；构件的供应及平面布置比较简单。目前，一般单层厂房结构吊装多采用此法。但分件吊装法由于起重机开行路线长，形成结构空间的时间长，在安装阶段稳定性较差。

(2) 综合吊装法

起重机一次开行，以节间为单位安装所有的结构构件。具体做法是：先吊装 4~6 根柱，随即进行校正和最后固定；然后吊装该节间的吊车梁、连系梁、屋架、天窗架、屋面板等构件。这种吊装方法具有起重机开行路线短，停机次数少，能及早交出工作面，为下一工序创造施工条件等优点。但由于同时吊装各类型的构件，起重机的能力不能充分发挥；索具更换频繁，操作多变，影响生产效率；校正及固定工作时间紧张；构件供应复杂，平面布置拥挤。所以，在一般情况下，不宜采用这种吊装方法，只有使用移动困难的桅杆式起重机吊装时才采用此法。

起重机开行路线、停机位置及构件平面布置(动画)

4. 起重机开行路线、停机位置

起重机开行路线及构件平面布置与结构吊装方法、构件吊装工艺、构件尺寸及质量、构件的供应方式等因素有关。构件的平面布置不仅要考虑吊装阶段，而且要考虑其预制阶段。一般柱的预制位置即为其吊装前的就位位置；而屋架则要考虑预制和吊装两个阶段的平面布置；吊车梁、屋面板等构件则要按供应方式确定其就位堆放位置。

起重机的开行路线与起重机的性能、柱的尺寸和质量、构件的平面布置、构件的供应方式、安装方法等因素有关。

采用分件安装时 柱子吊装时应视跨度大小、柱的尺寸、质量及起重机性能而确定起重机的开机路线和停机位置。起重机开行路线有跨中开行、跨边开行及跨外开行三种，如图 6.34 所示。

① 跨中开行。要求 $R \geqslant L/2$（L 为厂房跨度），每个停机点可吊 2 根柱子，停机点在以基础中心为圆心、R 为半径的圆弧与跨中开行路线的交点处，如图 6.34(a)所示；特别当 $R \geqslant \sqrt{\left(\dfrac{L}{2}\right)^2 + \left(\dfrac{b}{2}\right)^2}$ 时（b 为厂房柱距），则一个停机点可吊装 4 根柱子，停机点在该柱网对角线交点处，如图 6.34(b)所示。

② 跨边开行。起重机在跨内沿跨边开行，开行路线至柱基中心距离为 a，$a \leqslant R$ 且 $a < L/2$（a 为开行路线到跨边距离），每个停机点吊 1 根柱子，如图 6.34(c)所

示;特别地,当 $R \geqslant \sqrt{a^2+\left(\dfrac{b}{2}\right)^2}$ 时,则一个停机点可吊 2 根柱子,如图 6.34(d)所示。

③跨外开行。起重机在跨外沿跨边开行,开行路线至柱基中心距离为 $a \leqslant R$,每个停机点吊 1 根柱子,如图 6.34(e)所示;特别地,当 $R \geqslant \sqrt{a^2+\left(\dfrac{b}{2}\right)^2}$ 时,则一个停机点可吊 2 根柱子,如图 6.34(f)所示。

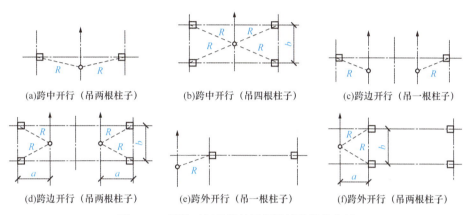

图 6.34 吊装时起重机的开行路线及停机位置

屋架扶直就位及屋盖系统吊装时 起重机在跨中开行。图 6.35 所示是单跨厂房采用分件安装法时起重机开行路线及停机位置。起重机从 A 轴线进场,沿跨外开行吊装 A 列柱,再沿 B 轴线跨内开行吊装 B 轴列柱,然后转到 A 轴线扶直屋架并将其就位,再转到 B 轴线吊装 B 列吊车梁、连系梁,随后转到 A 轴线吊装 A 列吊车梁、连系梁,最后转到跨中吊装屋盖系统。

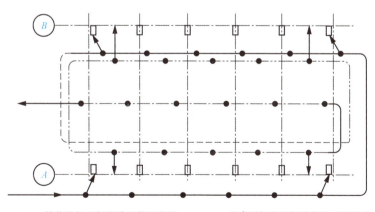

——● 吊装柱的开行路线及停机位置;---- 扶直屋架及屋架就位的开行路线;
—·●— 吊装吊车梁及连系梁的开行路线及停机位置; —●— 吊装屋盖系统(屋架及屋面板)的开行路线及停机位置。

图 6.35 起重机的开行路线及停机位置

当单层厂房面积大或者具有多跨结构时,为加快进度,可将建筑物划分为若干段,选用多台起重机同时作业。每台起重机可独立作业完成一个区段的全部吊装工作,也可选用不同性能的起重机协同作业,有的专门吊柱,有的专门吊屋盖系统结构,组织大流水施工。

5. 构件平面布置

(1)构件的平面布置原则

1)每跨构件尽可能布置在本跨内,如确有困难也可布置在跨外而便于吊装处。

2)构件布置方式应满足吊装工艺要求,尽可能布置在起重机的起重半径内,尽量减少起重机在吊装时的运行、回转及起重臂的起伏次数。

3)按"重近轻远"的原则,首先考虑重型构件的布置。

4)构件的布置应便于支模、绑扎钢筋及混凝土的浇筑,若为预应力构件,要考虑有足够的抽管、穿筋和张拉的操作场地等。

5)所有构件均应布置在坚实的地基上,以免构件变形。

6)构件的布置应考虑起重机的开行与回转,保证路线畅通,起重机回转时不与构件相碰。

7)构件的平面布置分预制阶段构件的平面布置和安装阶段构件的平面布置。布置时两种情况要综合加以考虑,做到相互协调,有利于吊装。

(2)预制阶段构件的平面布置

柱的平面布置 柱的现场预制位置即为吊装阶段的就位位置,有斜向布置和纵向布置两种方式。采用旋转法吊装时,一般按斜向布置。采用滑行法吊装时,可纵向布置,也可斜向布置。

1)柱的斜向布置。采用旋转法吊装时,可按三点共弧斜向布置。其预制位置可采用作图法(图6.36)。其作图步骤如下:

① 确定起重机开行路线到柱基中线的距离 L。L、R(起重半径)、R_{min}(最小起重半径)的关系:$R_{min} < L \leqslant R$。同时,开行路线不要通过回填土地段,不要过分靠近构件,防止起重机回转时碰撞构件。

② 确定起重机的停机位置。以柱基中心点 M 为圆心,所选的起重半径 R 为半径,画弧与开行路线交于 O 点,O 点即为安装该柱的停机点。

③ 确定柱预制位置。以停机点 O 为圆心,OM 为半径画弧,在靠近柱基的弧上选点 K 作为柱脚中心点,现以 K 点为圆心,柱脚到吊点的长度为半径画弧,与半径 OM 所画的弧相交于 S,连接 KS 线。得出柱中心线,即可画出柱的排列图。同时量出柱顶、柱脚中心点到柱列纵横轴线的距离 A、B、C、D,作为支模时的参考。

柱的布置应注意牛腿的朝向,避免安装时在空中旋转,当柱布置在跨内时,牛腿应面向起重机;布置在跨外时,牛腿应背向起重机。

若场地限制或柱过长,难于做三点共弧时,可按两点共弧布置。一种是将柱脚与柱基中心点共弧,吊点放在起重半径 R 之外,如图6.37(a)所示。安装时,先用较大的工作半径 R' 吊起柱,并抬升起重臂,当工作半径变为 R 后,停止升臂,随后用旋转法吊装。另一种是将吊点与柱基中心共弧,柱脚可斜向任意方向,如图 6.37(b)所示。吊装时,可用旋转法,也可用滑行法。

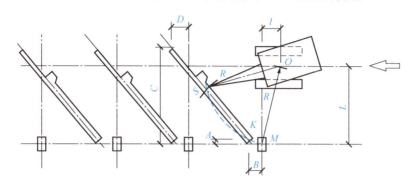

图 6.36 柱子的斜向布置

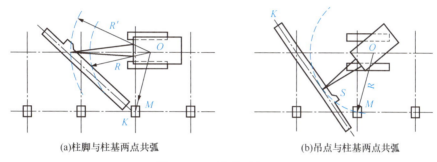

(a)柱脚与柱基两点共弧　　　　(b)吊点与柱基两点共弧

图 6.37 两点共弧布置法

2)柱的纵向布置。对于一些重量较轻的柱,起重机能力有富余,考虑节约场地,方便构件制作,可顺柱列纵向布置,如图 6.38 所示。

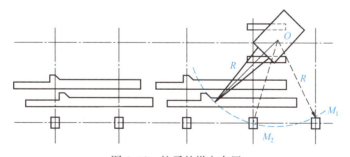

图 6.38 柱子的纵向布置

柱纵向布置时,起重机的停机点应安排在两柱基的中点,使 $OM_1=OM_2$,这样每停机点可吊两根柱。

柱可两根叠浇生产,层间应涂刷隔离剂,上层柱在吊点处需预埋吊环;下层柱则在底模预留砂孔,便于起吊时穿钢丝绳。

吊车梁吊装起重机开行路线及构件平面布置　吊车梁吊装起重机开行路线一般是在跨内靠边开行,开行路线至吊车梁中心线距离为 $a \leqslant R$。若在跨中开行,一个停机点可吊两边的吊车梁。吊车梁一般在场外预制，有时也在现场预制；吊装前，就位堆放在柱列附近，或者随吊随运。

屋架预制位置与屋架扶直就位起重机开行路线 屋架一般在跨内平卧叠浇预制，每叠3～4榀。布置方式有正面斜向、正反斜向、正反纵向布置三种，如图6.39所示。其中优先采用正面斜向布置，这种布置方式便与屋架扶直就位，只有当场地限制时，才采用其他方式。

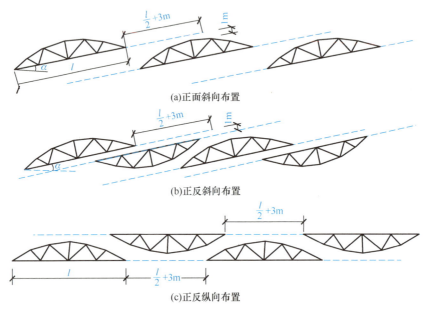

图 6.39 屋架现场预制布置方式

图6.39中虚线表示预应力屋架抽芯钢管及穿筋所需留设的距离，相邻两叠屋架间应留1m间距，以便支模及浇筑混凝土。屋架正面斜向布置时，下弦与厂房纵轴线的夹角 $\alpha = 10° \sim 20°$；预应力屋架的两端应留出 $\frac{l}{2} + 3m$ 长度，屋架预制位置的确定应与柱的平面布置及起重机开行路线和停机点综合考虑。

屋架吊装前应先扶直，并排放到吊装前就位位置准备吊装。屋架扶直就位时，起重机跨内开行，必要时需负荷行走。

(3)安装阶段构件的就位布置与运输堆放

安装阶段的就位布置，是指柱安装完毕后其他构件的就位位置，包括屋架扶直就位，吊车梁、屋面板的运输就位等。

屋架的扶直就位 屋架吊装前先扶直就位再吊装，可提高起重机的吊装效率并适应吊装工艺的要求。屋架的就位排放位置有靠柱边斜向就位和靠柱边成组纵向就位两种。吊装屋架及屋盖结构中其他构件时，起重机均跨中开行。

1)屋架的斜向布置方式，用于质量较大的屋架，起重机定点吊装。具体布置方式如下：

①确定起重机开行路线及停机点。起重机跨中开行，在开行路线上定出吊装每

榀屋架的停机点，即以屋架轴线中点 M 为圆心，以 R（$R \geqslant \dfrac{l}{4} + \dfrac{A-B}{2} +$ 150mm，A 为起重机机尾长，B 为柱宽）为半径画弧与开行路线交于 O 点，即为停机点。

② 确定屋架排放范围（图6.40）。确定就位范围的外边界线 P—P 线，该线距柱边缘不小于 200mm；再确定屋架就位内边线 Q—Q 线，该线距开行路线不小于 $A+0.5$m；在 P—P 线与 Q—Q 线之间定出中线 H—H 线；屋架在 P—P、Q—Q 线之间排放，其中排放点均应在 H—H 线上。

③ 确定屋架排放位置。一般从第二榀开始，以停机点 O_2 为圆心，以吊装屋架时起重半径 R 为半径画弧交 H—H 于 G，G 即为屋架就位中心点。再以 G 为圆心，以 1/2 屋架跨度为半径画弧交 P—P、Q—Q 于 E、F，连接 E、F 即为屋架就位位置，依此类推。第一榀因有抗风柱，可灵活布置，如图6.40所示。

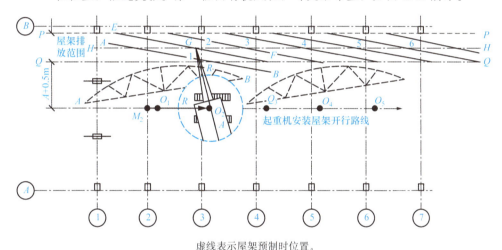

虚线表示屋架预制时位置。

图 6.40 屋架的斜向排放

2) 屋架的纵向排放方式用于质量较轻的屋架，允许起重机吊装时负荷行驶。纵向排放一般以 4 榀为一组，靠柱边顺轴线排放，屋架之间的净距离不小于 200mm，相互之间用铁丝及支撑拉紧撑牢。每组屋架之间预留约 3m 间距作为横向通道。为防止在吊装过程与已安装屋架相碰，每组屋架的跨中要安排在该组屋架倒数第二榀安装轴线之后约 2m 处，如图 6.41 所示。

吊车梁、连系梁、屋面板的运输、就位堆放　单层工业厂房除了柱和屋架一般在施工现场制作，其他构件（如吊车梁、连系梁、屋面板等）均可在预制厂或附近的露天预制场制作，然后运至施工现场进行安装。

构件运输至现场后，应根据施工组织设计所规定的位置，按编号及构件安装顺序进行排放或集中堆放。

吊车梁、连系梁的排放位置一般在其吊装位置的柱列附近，跨内跨外均可。

屋面板的就位位置跨内跨外开行均可，根据起重机吊装屋面板时的起重半径确定。一般情况下，当布置在跨内时，后退 3~4 个节间开始堆放；当布置在跨外时，应后退

1~2个节间开始堆放,如图6.42所示。

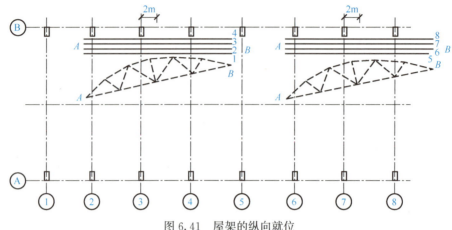

图6.41 屋架的纵向就位

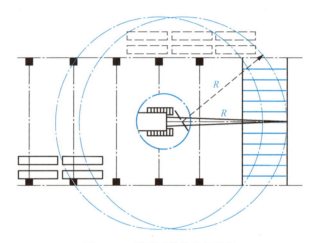

图6.42 屋面板就位堆放位置

以上所介绍的构件预制位置和排放位置是通过作图确定的。但构件的平面布置因受很多因素影响,制定时要密切联系现场实际,确定出切实可靠的构件平面布置图。排放构件时,可按比例将各类构件的外形用硬纸片剪成小模型,在同样比例的平面图上进行布置。经研究可行后,给出构件平面布置图。

6.3 多层房屋结构安装

多层装配式框架结构可分为梁板式结构和无梁板式结构。梁板式结构由柱、主梁、次梁和楼板组成;无梁板式结构由柱、柱帽、柱间板和跨间板组成。在拟订多层房屋结构安装方案时,应着重解决起重机的选择及布置、结构吊装方法与顺序、构件的平面布置及构件的吊装工艺等问题。

6.3.1 起重机械的选择及布置

1. 起重机械的选择

多层房屋结构常用的吊装机械有履带式起重机、汽车式起重机、轮胎式起重机及塔式起重机等。

5 层以下的民用建筑及高度在 18m 以下的工业厂房或外形不规则的多层厂房,选用履带式起重机、汽车式起重机或轮胎式起重机较适合。

多层房屋总高度在 25m 以下,宽度在 15m 以内,构件质量在 2~3t 以下,一般可选用 QT1-6 型塔式起重机(起重力矩为 40~45kN·m)或具有相同性能的其他轻型塔式起重机。

10 层以上的高层装配式结构,由于高度大,普通塔式起重机的安装高度不能满足要求,需采用爬升式塔式起重机或附着式塔式起重机。

选择塔式起重机型号时,首先应分析工程结构情况,并绘制剖面图,在图上标明各主要构件的重量 Q_i、吊装时所需的起重半径 R_i,然后根据现有起重机性能,验算其起重量、起重高度和起重半径是否满足要求,如图 6.43 所示。

当塔式起重机的起重能力用起重力矩表达时,应分别算出主要构件所需的起重力矩 $M_i = Q_i \cdot R_i (kN \cdot m)$,取其最大值 M_{max} 作为选择的依据。

2. 起重机械平面布置

塔式起重机的布置方案主要应根据建筑物的平面形状、构件质量、起重机性能及施工现场地形等条件确定。通常有以下两种布置方案。

(1)单侧布置

单侧布置[图 6.44(a)]是常用的布置方案。当建筑物宽度较小、构件质量较轻时采用单侧布置较适合。此时,其起重半径应满足:

$$R \geqslant b + a \qquad (6.11)$$

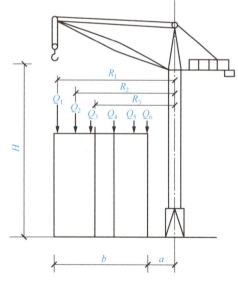

图 6.43 塔式起重机工作参数计算简图

式中:R——起重机吊装最远构件时的起重半径(m);

b——建筑物宽度(m);

a——建筑物外侧至塔轨中心距离(3~5m)。

此种布置方案的优点是轨道长度较短,并在起重机的外侧有较宽的构件堆放场地。

(2)双侧(或环形)布置

双侧(或环形)布置[图 6.44(b)]适用于建筑物宽度较大($b>17m$)或构件质量较重,单侧布置的起重力矩不能满足最远构件的吊装要求的情况下。此时起重半径应满足:

$$R \geqslant \frac{b}{2} + a \tag{6.12}$$

若建筑物周围场地狭窄,起重机不能布置在建筑物外侧,或者由于构件较重而建筑物宽度又较大,塔式起重机在建筑物外侧布置不能满足构件吊装要求时,可将起重机布置在跨内。其布置方式有跨内单行布置[图6.44(c)]和跨内环形布置两种[图6.44(d)]。

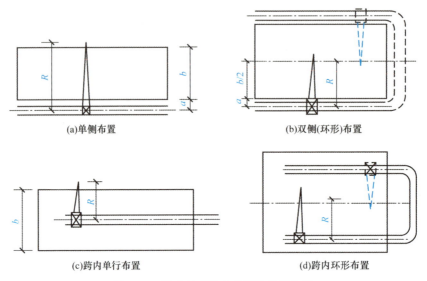

图6.44 塔式起重机在建筑物外侧布置

塔式起重机跨内布置只能采用竖向综合吊装,结构稳定性差;同时,构件多布置在起重机回转半径之外,须增加二次搬运;对建筑物外侧围护结构吊装也较困难。因此,应尽可能不采用跨内布置方案,尤其是环形布置。

6.3.2 构件平面布置

多层装配式结构构件,除质量较大的柱在现场就地预制外,其余构件一般在预制厂制作,运至工地安装。因此,构件平面布置要着重解决柱在现场预制布置问题。多层装配式房屋布置方式与房屋结构特点、所选用起重机型号及起重机的布置方式有关。

构件平面布置方案一般有下列三种(图6.45)。

平行布置 即柱身与场地平行,是常用的布置方案,如图6.45(a)所示。由于柱可叠浇,可将几层高的柱通长预制,能减少柱接头偏差。

斜向布置 即柱身与场地成一定角度,如图6.45(b)所示。柱吊装时,可用旋转法起吊,适用于较长柱身。

垂直布置 即柱身与场地垂直,如图6.45(c)所示,适用于起重机在跨中开行,柱吊点在起重机起重半径之内。

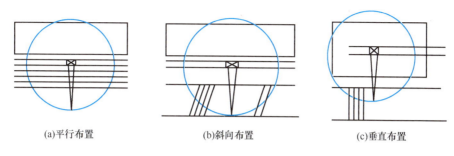

图 6.45 使用塔式起重机吊装时柱的布置方案

6.3.3 结构吊装方法

多层装配式结构吊装方法有分件吊装法和综合吊装法两种(图 6.46)。

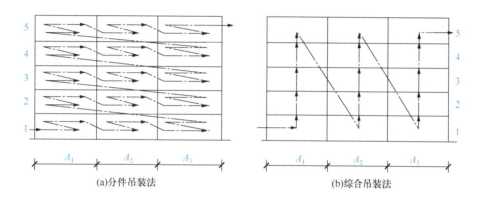

图 6.46 多层房屋结构吊装方法

1. 分件吊装法

按流水方式不同,分件吊装法可分为分层分段流水吊装法和分层大流水吊装法两种。

(1)分层分段流水吊装法

分层分段流水吊装法是将多层房屋划分为若干施工层,每一个施工层再划分为若干吊装段。

起重机在每一个吊装段内按照柱、梁、板的顺序分次进行吊装,每次开行吊装一种构件,直至该段的构件全部吊装完毕,再转移到另一段,待每一施工层各吊装段构件全部吊装完毕并最后固定后,再吊装上一施工层构件。

施工层的划分与预制柱的长度有关。当柱的长度为一个楼层高时,以一个楼层为一个施工层;如果柱是两个楼层一节,则以两个楼层为一个施工层。施工层的数目愈多,则柱的接头数目愈多,吊装速度就愈慢,施工也愈麻烦,因此,在起重机的起重能力允许范围内,应加大柱的预制长度,减少施工层数。

吊装段的划分主要取决于建筑物的平面形状和尺寸、起重机的性能及其开行路线、完成各个工序所需的时间和临时固定设备的数量,应使吊装、校正、焊接各工序相互协调,同时要保证结构安装时的稳定性。因此,吊装段的大小,对于框架结构,一般以4~8个节间为宜;对于大型墙板房屋,一般以1~2个居住单元为宜。

图 6.47 所示为采用 QT1-6 型塔式起重机吊装示例。起重机在建筑物外侧环形布置。每一楼层分为四个吊装段,每一吊装段先吊柱、后吊梁形成框架,再吊装楼板。

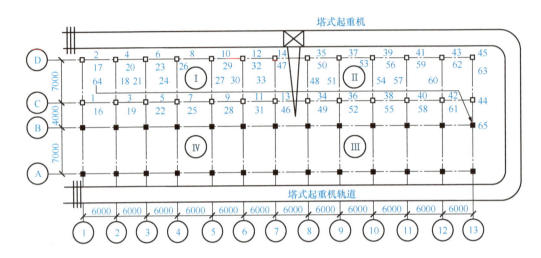

Ⅰ、Ⅱ、Ⅲ、Ⅳ为吊装段编号;1、2、3…为构件吊装顺序。

图 6.47 塔式起重机跨外环形布置,用分层分段流水吊装法吊装梁板式结构一个楼层的顺序

(2)分层大流水吊装法

分层大流水吊装法是每个施工层不再划分吊装段,而按一个楼层组织各工序的流水。这种方法需要的临时固定支撑较多,适用于房屋面积不大的工程。

分件吊装法是装配式框架结构最常用的方法。其优点是:容易组织吊装、校正、焊接、灌浆等工序的流水作业;容易安排构件供应和现场布置工作;每次安装同类型构件,可减少起重机变幅和索具更换次数,从而提高安装效率。

2. 综合吊装法

综合吊装法是以一个柱网(节间)或若干个柱网(节间)为一个吊装段,以房屋全高为一个施工层组织各工序流水。起重机把一个吊装段的构件吊装至房屋全高,然后转入下一吊装段。综合吊装法适用于下列情况:采用履带式(或轮胎式)起重机跨内开行安装框架结构时;采用塔式起重机而不能布置在房屋外侧进行吊装时;房屋宽度大、构件重时。只有把起重机布置在跨内才能满足吊装要求时,可采用综合吊装法。

图 6.48 所示是采用履带式起重机跨内开行用综合吊装法吊装两层装配式框架结构的顺序。

综合吊装法的优点是结构整体稳定性好,起重机的开行路线短。缺点是吊装过程中吊具更换频繁,构件校正工作时间短,组织施工较麻烦。

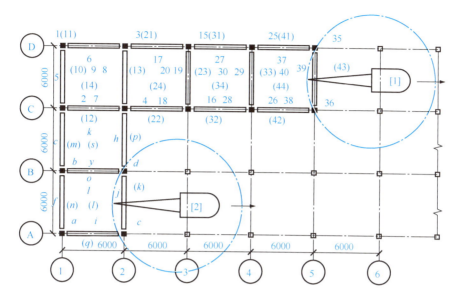

1、2、3、4…为[1]号起重机吊装顺序；
a、b、c、d…为[2]号起重机吊装顺序。

图 6.48 用综合吊装法吊装框架结构构件的顺序

6.3.4 结构构件吊装

多层装配式框架结构的结构形式有梁板式结构和无梁楼盖结构两类。梁板式结构是由柱、主梁、次梁、楼板组成。

1. 柱的吊装

为了便于预制和吊装，各层柱截面应尽量保持不变，而以改变配筋或混凝土强度等级来适应荷载的变化。柱长度一般1～2层楼高为一节，也可以3～4层为一节，视起重机性能而定。当采用塔式起重机进行吊装时，以1～2层楼高为宜；对于4～5层框架结构，采用履带式起重机进行吊装时，柱长可采用一节到顶的方案。柱与柱的接头宜设在弯矩较小位置或梁柱节点位置，同时要方便施工。每层楼的柱接头宜布置在同一高度，便于统一构件规格，减少构件型号。

(1)绑扎

多层框架柱，由于长度比较大，吊装时必须合理选择吊点位置和吊装方法，必要时应对吊点进行吊装应力和抗裂度验算。一般情况下，当柱长在12m以内时可采用一点绑扎，旋转法起吊；对于14～20m的长柱，则应采用两点绑扎起吊。应尽量避免采用多点绑扎，以防止在吊装过程中构件受力不均而产生裂缝或断裂。

(2)吊升

柱的起吊方法与单层厂房柱吊装相同。上柱的底部都有外伸钢筋，吊装时必须采取保护措施，防止钢筋碰弯。外伸钢筋的保护方法有用钢管保护及用垫木栓保护方法。

(3) 柱的临时固定与校正

框架底柱与基础杯口的连接与单层厂房相同。上下两节柱的连接是多层框架结构安装的关键。其临时固定可用管式支撑。柱的校正需要进行 2～3 次：首先在脱钩后进行电弧焊前进行初校；然后在电弧焊后进行二校，观测钢筋因电弧焊受热收缩不均而引起的偏差；在梁和楼板吊装后进行最后一次校正，消除梁柱接头电弧焊产生的偏差。

在柱校正过程中，当垂直度和水平位移均有偏差时，如垂直度偏差较大，则应先校正垂直度，然后校正水平位移，以减少柱倾覆的可能性。柱的垂直度偏差容许值为 $H/1000$（H 为柱高），且不大于 15mm。水平位移容许偏差值应控制在 ±5mm 以内。

多层框架长柱，由于阳光照射的温差对垂直度有影响，柱产生弯曲变形。因此，在校正中须采取适当措施。例如，可在无强烈阳光（阴天、早晨、晚间）环境进行校正；同一轴线上的柱可选择第一根柱在无温差影响下校正，其余柱均以此柱为标准。

2. 构件接头

在多层装配式框架结构中，构件接头形式和施工质量直接影响整个结构的稳定性和刚度。因此，要选好柱与柱、柱与梁的接头形式。在接头施工时，应保证钢筋焊接和二次灌浆质量。

(1) 柱与柱接头

柱的接头应能可靠地传递轴向压力、弯矩和剪力。柱接头及其附近区段的混凝土等级强度不应低于构件强度等级。柱接头形式有榫式接头、浆锚式接头和插入式接头三种，如图 6.49 所示。

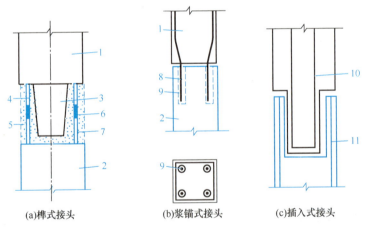

(a) 榫式接头　　(b) 浆锚式接头　　(c) 插入式接头

1——上柱；2——下柱；3——上柱榫头；4——上柱外伸钢筋；5——后浇混凝土接头；6——坡口焊；7——下柱外伸钢筋；8——上柱外伸锚固钢筋；9——浆锚孔；10——榫头纵向钢筋；11——下柱钢筋。

图 6.49　柱接头形式

榫式接头　图 6.49(a) 所示为榫式接头，其应用最广。做法是将上节柱的下端做成榫头状以承受施工荷载，同时上下柱各伸出一定长度的钢筋（宜大于纵向钢筋直径的 25 倍）。安装时将钢筋对齐并开坡口焊接；然后支模板，用比柱混凝土强度高 25% 的细石混凝土灌筑，使上下柱连接成整体。

这种接头的整体性好，安装、校正方便，耗钢量少，施工质量有保证。但钢筋容易错位；钢筋电弧焊对柱的垂直度影响较大；二次灌浆所需混凝土量较大，混凝土收缩后在接缝处易形成收缩裂缝；若加大榫头尺寸，虽然二次灌浆所需混凝土量减少，但又易产生混凝土黏结不好，不能与榫头共同工作。

浆锚式接头 如图 6.49(b)所示，浆锚式接头做法是在上节柱底部伸出四根长 300～700mm 的锚固钢筋；下节柱顶部预留 4 个深 350～750mm、孔径为 2.5～4 倍锚固钢筋直径的浆锚孔。安装上节柱时，先把浆锚孔清洗干净，并灌入 M40 以上快凝砂浆；在下柱顶面铺 10～15mm 厚砂浆垫层，然后把上节柱的锚固钢筋插入孔内，使上下柱连接成整体。

浆锚式接头避免了焊接工作带来的不利因素，但接头质量较焊接接头差。这种接头适用于纵向钢筋不多于 4 根的柱。

插入式接头 如图 6.49(c)所示，插入式接头也是将上节柱下部做成榫头，下节柱顶部做成杯口，上节柱插入杯口后用水泥砂浆填实成整体。这种接头的优点是不用电弧焊，安装方便，造价低，使用在截面较大的小偏心受压柱中较合适。但在大偏心受压时，为防止受拉边产生裂缝，须采取相应构造措施。

(2)柱与梁接头

装配式框架结构中，柱与梁的接头可做成刚接，也可做成铰接。接头形式有明牛腿、暗牛腿、齿槽式和浇筑整体式等，如图 6.50 所示。

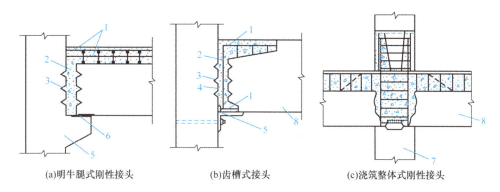

1——坡口焊钢筋；2——细石混凝土；3——齿槽；4——附加钢筋；5——牛腿；6——垫板；7——柱；8——梁。

图 6.50 梁与柱的接头

明牛腿式刚性接头在梁吊装时，只要将梁端预埋钢板和柱牛腿上预埋钢板焊接后起重机即可脱钩，然后进行梁与柱的钢筋焊接。这种接头安装方便，而且节点刚度大，受力可靠。但明牛腿占用了一部分空间，一般只用于多层工业厂房。

齿槽式接头是利用梁柱接头处设的齿槽来传递梁端剪力，所以取消了牛腿。梁柱接头处设角钢作为临时牛腿，以支承梁用。角钢支承面积小，安全性低，须将梁一端的上部接头钢筋焊好两根后方能脱钩。

浇筑整体式刚性接头应用广泛。其基本做法是：柱为每层一节，梁搁在柱上，梁底钢筋按锚固长度要求上弯或焊接。绑扎箍筋后，浇筑混凝土至楼板面，待强度达

10MPa即可安装上节柱。上节柱与榫接头柱相似,但上、下柱的钢筋用搭接而不用焊接,搭接长度大于20倍柱钢筋直径。然后,第二次浇筑混凝土到上柱的榫头上方并留35mm空隙,用1∶1∶1细石混凝土填缝,即形成梁柱刚性接头。这种接头整体性好,抗震性能高,制作简单,安装方便,但施工较复杂,工序较多。

6.4 结构安装的质量要求及安全措施

6.4.1 操作中的质量要求

1) 当混凝土的强度超过设计强度75%以上,以及预应力构件孔道灌浆的强度在15MPa以上时,才能进行安装。
2) 安装构件前,在构件上应弹出中心线或安装准线;用仪器校核结构及预制件的高程和平面位置。
3) 构件安装就位后,应先进行临时固定,使构件保持稳定。
4) 在安装装配式框架结构时,只有当接头和接缝的混凝土强度大于10MPa时,才能安装上一层结构的构件。
5) 在安装构件时,应力求准确,其偏差应控制在允许范围内。

6.4.2 操作中的安全要求

1) 根据工程特点,在施工前要对吊装用的机械设备和索具、工具进行检查,如不符合安全规定不得使用。
2) 现场用电必须严格执行《建设工程施工现场供用电安全规范》(GB 50194—2014)、《施工现场临时用电安全技术规范》(JGJ 46—2005)等的规定,电工须持证上岗。
3) 起重机的开行路面必须坚实可靠,起重机不得停置在斜坡上工作,也不允许两个履带板一高一低。
4) 严禁超载吊装、歪拉斜吊;要尽量避免满负荷行驶,构件摆动越大,超负荷就越多,就可能发生事故。双机抬吊各起重机荷载不允许大于额定起重能力的80%。
5) 进入施工现场必须戴安全帽,高空作业必须戴安全带、穿防滑鞋。
6) 吊装作业时必须统一号令,明确指挥,密切配合。
7) 高空操作人员使用的工具及安装用的零部件,应放入随身佩带的工具袋内,不可随便向下丢掷。
8) 钢构件应堆放整齐牢固,防止构件失稳伤人。
9) 要做好防火工作,氧气、乙炔要按规定存放使用。电弧焊、气割时要注意周围环境有无易燃物品后再进行工作,严防火灾发生。氧气瓶、乙炔瓶应分开存放,使用时要保持安全距离,安全距离应大于10m。
10) 在施工前应对高空作业人员进行身体检查,患有不宜高空作业疾病(心脏病、高血压、贫血等)的人员不得安排高空作业。
11) 做好防暑降温、防寒保暖和职工劳动保护工作,合理调整工作时间,合理发放劳动保护用品。
12) 雨雪天气尽量不要进行高空作业，如需高空作业则必须采取必要的防滑、防寒和防冻措施。如遇 6 级以上强风、浓雾等恶劣天气，不得进行露天攀登和悬空高处作业。
13) 施工前应与当地气象部门联系，了解施工期的气象资料，提前做好防台风、防雨、防冻、防寒、防高温等措施。
14) 基坑周边、无外脚手架的屋面、梁、吊车梁、拼装平台、柱顶工作平台等处应设置临时防护栏杆。
15) 对各种使人和物有坠落危险或危及人身安全的洞口，必须设置防护栏杆，必要时铺设安全网。
16) 施工时尽量避免交叉作业，如必须交叉作业时，不得在同一垂直方向上操作，下层作业的位置必须处于依上层高度确定的可能坠落范围之外，不符合上述条件的应设置安全防护层。

6.5 结构安装工程施工实例

6.5.1 工程概况

某厂金工车间，跨度为 18m，长度为 54m，柱距为 6m，共 9 个节间，建筑面积为 1022.36m²。主要承重结构采用装配式钢筋混凝土工字形柱，预应力混凝土折线形屋架，1.5m×6m 大型屋面板，T 形吊车梁，车间平面位置如图 6.51 所示。金工车间的结构平面图和剖面图如图 6.52 所示。

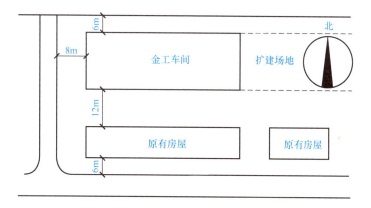

图 6.51　金工车间平面位置

6.5.2 结构安装施工方案

制定安装方案前，应先熟悉施工图，了解设计意图，将主要构件数量、质量、长度、安装高程分别算出，并列表以便计算时查阅，见表 6.1。

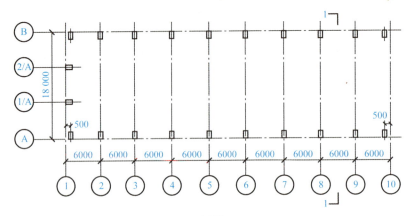

(a) 平面图

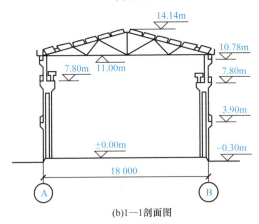

(b) 1—1剖面图

图6.52 某厂金工车间结构平面图及剖面图

表6.1 主要承重结构一览

项次	跨度	轴线	构件名称及编号	构件数量	构件质量/t	构件长度/m	安装高程/m
1	A—B	A, B	基础梁 YJL	18	1.13	5.97	
2	A—B	A, B 2~9 1~2 9~10	连系梁 YJL_1 YJL_2	42 12	0.79 0.73	5.97 5.97	+3.90 +7.80 +10.78
3	A—B	A, B 2~9 1, 10 1/A, 2/A	柱 Z_1 Z_2 Z_3	16 4 2	6.00 6.00 5.4	12.25 12.25 14.4	−1.25 −1.25
4	A—B		屋架 YWY_{18-1}	10	4.28	17.70	+11.00

续表

项次	跨度	轴线	构件名称及编号	构件数量	构件质量/t	构件长度/m	安装高程/m
5	A—B	A，B 2～9 1～2 9～10	吊车梁 $DCL_{6-4}Z$ $DCL_{6-4}B$	14 4	3.38 3.38	5.97 5.97	+7.80 +7.60
6	A—B		屋面板 YWB_1	108	1.10	5.97	+13.90
7	A—B	A，B	天沟	18	0.653	5.97	+11.60

1．起重机选择及工作参数计算

根据现有起重设备选择履带式起重机进行结构吊装，现将该工程各种构件所需的工作参数计算如下：

(1)柱安装

柱的安装采用斜吊绑扎法吊装(图 6.53)。

Z_1、Z_2 柱起重量 $Q_{\min}=Q_1+Q_2=(6.0+0.2)t=6.2t$

起重高度 $H_{\min}=h_1+h_2+h_3+h_4=(0+0.3+8.55+2.00)m=10.85m$

Z_3 柱起重量 $Q_{\min}=Q_1+Q_2=(5.4+0.2)t=5.6t$

起重高度 $H_{\min}=h_1+h_2+h_3+h_4=(0+0.3+11.00+2.00)m=13.30m$

(2)屋架安装

屋架安装如图 6.54 所示。

起重量 $Q_{\min}=Q_1+Q_2=(4.28+0.2)t=4.48t$

起重高度 $H_{\min}=(11.3+0.3+1.14+6.00)m=18.74m$

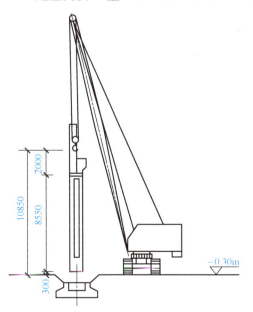

图 6.53 Z_1 柱起重高度计算简图

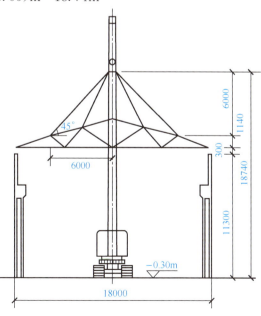

图 6.54 屋架起重高度计算简图

(3) 屋面板安装

起重量 $Q_{min}=Q_1+Q_2=(1.1+0.2)t=1.3t$

起重高度 $H_{min}=[(11.3+2.64)+0.3+0.24+2.50]m=16.98m$

安装屋面板时起重机吊钩需跨过已安装的屋架，且起重臂轴线与已安装的屋架上弦中线最少需保持一定的水平间隙。所需最小杆长的仰角，可按式(6.8)计算，即

$$\alpha = \arctan\sqrt[3]{\frac{h}{f+g}} = \arctan\sqrt[3]{\frac{11.30+2.64-1.70}{3+1}} = 55°25'$$

代入式(6.6)可得

$$L_{min} = \frac{h}{\sin\alpha} + \frac{f+g}{\cos\alpha} = \frac{12.24}{\sin 55°25'}m + \frac{4.00}{\cos 55°25'}m = 21.95m$$

选用 W1-100 型起重机，采用杆长 $L=23m$，设 $\alpha=55°$，再对起重机设计进行核算：

$$H = L\sin 55° + E - d = (23\sin 55° + 1.7 - 3.5)m = 17.04m > 16.98m$$

即 $d=(23\sin 55° + 1.7 - 16.98)m = 3.56m$，满足要求。

此时起重机吊板的起重半径为

$$R = F + L\cos\alpha = (1.3 + 23\cos 55°)m = 14.49m$$

再以选定的 23m 长起重臂及 $\alpha=55°$ 倾角用作图法来复核能否满足吊装最边缘一块屋面板的要求。

在图 6.55 中，以最边缘一块屋面板的中心 K 为圆心，以 $R=14.49m$ 为半径画弧，交起重机开行路线于 O_1 点，O_1 点即为起重机吊装边缘一块屋面板的停机位置。用比例尺量 $KQ=3.8m$。过 O_1K 按比例作 2—2 剖面图，从 2—2 剖面图可看出，所选起重臂及起重仰角可满足吊装要求。

屋面板吊装工作参数计算及屋面板的排放布置图如图 6.55 所示。

根据以上各种吊装工作参数计算，确定选用 23m 长的起重臂，并查阅 W1-100 型起重机性能曲线，列出结构吊装工作参数(表 6.2)，再根据合适的起重半径 R，作为制定构件平面布置图的依据。

2. 结构安装方法及起重机的开行路线

采用分件安装法进行安装。吊柱时采用 $R=7m$，故需跨边开行，每一停机点安装一根柱。屋盖吊装则沿跨中开行，具体的构件平面布置如图 6.56 所示。

起重机自Ⓐ轴线跨外进场，自西向东逐根安装Ⓐ轴柱列，开行路线距Ⓐ轴 6.5m，距原有房屋 5.5m，大于起重机回转中心至尾部距离 3.2m，回转时不会碰墙。Ⓐ轴柱列安装完毕后，转入跨内，自东向西安装Ⓑ轴柱列，由于柱子在跨内预制，场地狭窄，安装时应适当缩小回转半径，取 $R=6.5m$；开行路线距Ⓑ轴线 5m，距跨中 4m，均大于 3.2m，回转时起重机尾部不会碰撞叠浇的屋架；屋架的预制均布置在跨中轴线以南。吊装完Ⓑ轴柱列后，起重机自西向东扶直屋架及屋架就位；再转向安装Ⓑ轴吊车梁、连系梁，接着安装Ⓐ轴吊车梁、连系梁。

起重机自东向西沿跨中开行，安装屋架、屋面板及屋面支撑等。在安装①轴线的屋架前，应先安装西端头的两根抗风柱，再安装屋面板，然后起重机即可拆除起重杆退场。

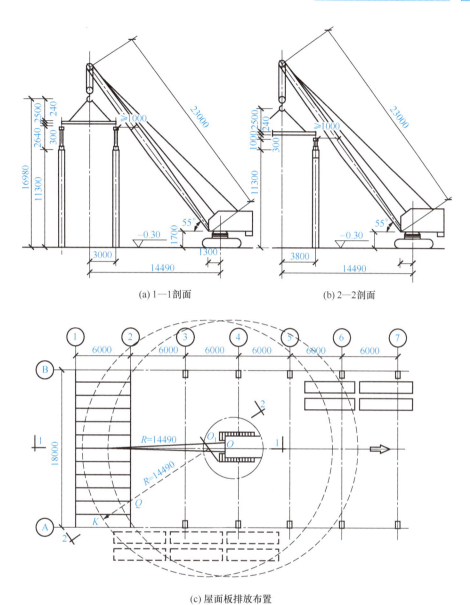

(a) 1—1剖面　　(b) 2—2剖面

(c) 屋面板排放布置

虚线表示当屋面板跨外布置时的位置。

图 6.55　屋面板吊装工作参数计算简图及屋面板的排放布置

表 6.2　结构吊装工作参数汇总

构件名称	z_1 柱			z_3 柱			屋架			屋面板		
吊装工作参数	Q/t	H/m	R/m	Q/t	H/m	R/m	Q/t	H/m	R/m	Q/t	H/m	R/m
计算所需工作参数	6.2	10.85	—	5.6	13.3	—	4.48	18.74	—	1.3	16.94	—
采用数值	7.2	19.0	7.0	6.0	19.0	8.0	4.9	19.0	9.0	2.3	17.30	14.49

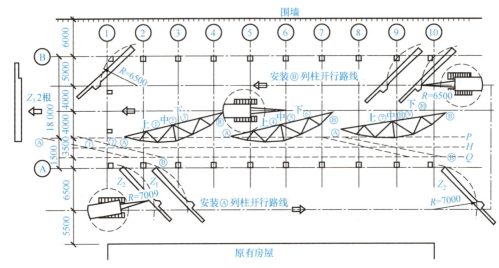

图 6.56 金工车间预制构件平面布置

3. 现场预制构件平面布置
1) Ⓐ轴柱列，由于跨外场地较宽，采取跨外预制，用三点共弧的安装方法布置。
2) Ⓑ轴柱列，距围墙较近，只能在跨内预制，因场地狭窄，不能用三点共弧斜向布置，用两点共弧的方法布置。
3) 屋架采用正面斜向布置，每3~4榀为一叠，靠Ⓐ轴线斜向就位。

小　结

本项目包括起重机械、结构安装工艺、结构安装的质量检查验收等内容。

结构安装施工前的准备工作是关系安装工作是否顺利进行的关键；熟悉常见构件的吊装工艺，会进行单层工业厂房结构安装方案设计是学习的基本要求。

结构安装过程中的质量标准和安全要求是工程施工中必须满足的，也是确保工程质量的基本保证。

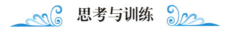

思考与训练

一、思考题
1. 起重机械的种类有哪些？试说明其优缺点及适用范围。
2. 试述履带式起重机的起重高度、起重半径与起重量之间的关系。
3. 在什么情况下需对履带式起重机进行稳定性验算？如何验算？
4. 柱吊装前应进行哪些准备工作？
5. 试述柱按三点共弧进行斜向布置的方法。
6. 试说明旋转法和滑行法吊装时的特点及适用范围。

7. 怎样进行柱的临时固定和最后固定？

8. 怎样校正吊车梁的安装位置？

9. 屋架的排放有哪些方法？要注意哪些问题？

10. 构件的平面布置应遵循哪些原则？

11. 分件安装法和综合安装法各有什么特点？

12. 预制阶段，柱的布置方式有几种？各有什么特点？

13. 屋架在预制阶段布置的方式有几种？

14. 屋架在安装阶段的扶直有几种方法？如何确定屋架就位范围和就位位置？

15. 多层装配式框架结构安装时，根据什么条件选择起重机型号？

16. 多层装配式框架结构安装时，塔式起重机布置形式主要有哪几种？

17. 试述装配式框架节点构造及施工要点。

18. 某单层工业厂房，跨度为24m，柱距为6m，采用W-100型履带式起重机吊装柱，起重半径为7.5m，起重机分别沿纵轴跨内和跨外开行，距离轴线为6m，试对柱做三点共弧斜向布置，并确定停机点位置。

19. 某单层工业厂房跨度为21m，柱距为6m，10个节间，选用W-100型履带式起重机进行结构安装，吊装屋架时起重机的起重半径为8m，试分别绘制屋架斜向就位图和纵向就位图。

二、技能训练题

参观结构吊装施工现场。

练习题库

项目 7 装配式混凝土结构施工

知识目标：
1. 了解装配式混凝土构件制作与运输要求。
2. 熟悉装配式混凝土结构工程构件安装施工工艺。
3. 掌握灌浆套筒连接、铝模连接等施工工艺。
4. 熟悉装配式混凝土结构工程产品保护措施。

能力目标：
1. 能够指导进行构件的制作与运输。
2. 能编制装配式混凝土结构工程构件安装施工的方案。

思政目标：
形成勇于创新、不断进取的思维。

装配化建筑助力火神山医院快速建成

装配化建筑助力火神山医院快速建成

2020年春节期间，突然爆发的新冠肺炎疫情让武汉陷入困境。为尽快让患者入院得到救治，武汉市政府决定尽快建设火神山医院。这种规模的医院建设，一般工期2年，但采用模块化装配施工，依靠人民的力量和精湛的技术、科学的调度，只用了10天便完成建设，充分显示出社会主义制度的优越性和大国力量。

（详细内容扫码查看）

装配式混凝土建筑结构体系是以混凝土预制构件（部件）为主构成的，其施工方式是将建筑物的可装配部分分解成为单个预制构件，利用工业化的生产方式在构件生产车间完成构件的制作，然后通过运输工具将成品构件运输至施工现场，再进行装配化施工。

装配式混凝土建筑有装配整体式剪力墙结构、装配式混凝土框架-剪力墙结构和装配式混凝土框架结构等多种常用结构体系。装配式建筑具有将设计先行转为设计集成，将现场现浇作业转为装配施工作业的特点；建筑设计以标准单元为基础，产品生产以工厂制作为条件，现场施工以建造工法为核心。

本项目主要围绕装配式构件制作与运输、吊装设备、装配式吊装施工、装配式节点连接施工等方面，阐述装配式混凝土结构工程施工过程。

7.1 构件制作与运输

7.1.1 构件制作准备

1. 技术准备

构件制作前，应组织设计、生产、监理、施工单位对其技术要求和质量标准进行技术交底，并应制定包括生产工艺、模具方案、生产计划、技术质量控制措施、成品保护、堆放及运输方案等内容的生产方案。如果预制构件制作详图无法满足生产要求，应进行深化设计和施工验算，完善预制构件制作详图和施工装配详图，避免在构件加工和施工过程中出现错、漏、碰、缺等问题。对应预留的孔洞及预埋部件，应在构件加工前进行认真核对，以免现场剔凿，造成损失。

2. 材料准备

按照相关规范、规程要求，根据预制构件的混凝土强度等级、生产工艺等，选择制备混凝土的原材料，并进行混凝土配合比设计。

构件生产前，对钢筋套筒除检验其外观质量、尺寸偏差、出厂提供的材质报告、接头形式检验报告等以外，还应按要求制作钢筋套筒灌浆连接接头试件，并进行验证性试验。

带饰面砖或饰面板的构件，制作前应绘制排砖图或排板图；对夹芯外墙板，应绘制内外叶墙板的拉结件布置图及保温板排板图，以利于工厂根据图纸要求对饰面材料、保温材料等进行裁切、制版等加工处理。

3. 模板准备

预制构件模具一般采用能多次重复使用的工具式模板，要求模板除应满足承载力、刚度和整体稳定性要求外，还应满足预制构件质量、生产工艺、模具组装与拆卸、周转次数等要求；满足预制构件预留孔洞、插筋、预埋件的安装定位要求。预应力构件跨度超过6m时，模具应根据设计要求起拱。

4. 模具尺寸允许偏差

模具尺寸允许偏差应符合规范要求，当设计有要求时按设计要求确定；当设计无要求时，其允许偏差和检验方法应符合表7.1的规定，预埋件加工的允许偏差应符合表7.2的规定，固定在模具上的预埋件、预留孔洞中心位置的允许偏差应符合表7.3的规定。

表7.1 预制构件模具尺寸的允许偏差和检验方法

项次	检验项目及内容		允许偏差/mm	检验方法
1	长度	≤6m	1, -2	用钢尺测量平行构件高度方向，取其中偏差绝对值较大处
		>6m且≤12m	2, 4	
		>12m	3, -5	

续表

项次	检验项目及内容		允许偏差/mm	检验方法
2	截面尺寸	墙板	1，−2	用钢尺测量两端或中部，取其中偏差绝对值较大处
3		其他构件	2，−4	
4	对角线差		3	用钢尺测量纵、横两个方向对角线
5	侧向弯曲		$L/1500$ 且 $\leqslant 5$	拉线，用钢尺测量侧向弯曲最大处
6	翘曲		$L/1500$	对角拉线，测量交点间距离值的2倍
7	底模表面平整度		2	用2m靠尺和塞尺检查
8	组装缝隙		1	用塞片或塞尺检查
9	端模与侧模高低差		1	用钢尺测量检查

注：L 为模具与混凝土接触面中最长边的尺寸。

表7.2 预埋件加工的允许偏差

项次	检验项目及内容		允许偏差/mm	检验方法
1	预埋件锚板的边长		0，−5	用钢尺测量
2	预埋件锚板的平整度		1	用直尺和塞尺检查
3	锚筋	长度	10，−5	用钢尺测量
		间距偏差	±10	用钢尺测量

表7.3 模具预留孔洞中心位置的允许偏差

项次	检验项目及内容	允许偏差/mm	检验方法
1	预埋件、插筋、吊环、预留孔洞中心线位置	3	用钢尺检查
2	预埋螺栓、螺母中心线位置	2	用钢尺检查
3	灌浆套筒中心线位置	1	用钢尺检查

注：检查中心线位置时，应按纵、横两个方向量测，并取其中的较大值。

7.1.2 构件制作

1. 隐蔽工程检查

为了保证预制构件满足质量控制要求，在混凝土构件浇筑前应进行预制构件隐蔽工程检查。检查内容包括：钢筋的牌号、规格、数量、位置、间距等；纵向受力钢筋的连接方式、接头位置、接头质量、接头面积百分率、搭接长度等；箍筋、横向钢筋的牌号、规格、数量、位置、间距，箍筋弯钩的弯折角度及平直段长度；预埋件、吊环、插筋的规格、数量、位置等；灌浆套筒、预留孔洞的规格、数量、位置等；钢筋的混凝土保护层厚度；夹芯外墙板的保温层位置、厚度；拉结件的规格、数量、位置等；预埋管线、线盒的规格、数量、位置及固定措施等。

2. 带饰面构件的制作

带饰面的构件，一般采用反打一次成型工艺制作。反打一次成型是指将饰面面层先铺放于模板内，然后直接在面砖上浇筑混凝土，再用振动器振捣成型的工艺。采用反打一次成型工艺，取消了砂浆层，使混凝土直接与面砖背面凹槽黏结，提高二者之间的黏结强度，避免面砖脱落，而且饰面平整、光洁，砖缝清晰、平直，整体效果较好。其施工工艺流程为：支模→安装饰面层→绑扎墙板筋→浇筑墙板混凝土层→养护→拆模→内层装饰。

当构件饰面层采用面砖时，在模具中铺设面砖前，应根据排砖图的要求进行配砖和加工，饰面砖应采用背面带有燕尾槽或黏结性能可靠的产品；当构件饰面层采用石材时，石材背面应做涂覆防水处理，并宜采用不锈钢卡件与混凝土进行机械连接。在模具中铺设石材前，应根据排板图的要求进行配板和加工并按设计要求在石材背面钻孔、安装不锈钢卡钩、涂覆隔离层。排砖（石材）时，应采用具有抗裂性和柔韧性、收缩小且不污染饰面的材料嵌填面砖或石材之间的接缝，并应采取措施防止面砖或石材在安装钢筋和浇筑混凝土等生产过程中发生位移。

3. 夹芯外墙板制作

（1）制作工艺

带保温材料的夹芯外墙板，生产工艺有平模和立模两种生产方法。其施工工艺流程如下：

平模生产工艺流程为：支模→安装外墙饰面层→绑扎外叶墙板钢筋→浇筑外叶墙板混凝土层→安装保温材料和拉结件→绑扎内叶墙板钢筋→浇筑内叶墙板混凝土层→养护→拆模→内层装饰。

不锈钢平板连接系统安装工艺

立模生产工艺流程为：外侧支模→安装外墙饰面层→绑扎外叶墙板钢筋→安装保温材料和拉结件→绑扎内叶墙板钢筋→同步浇筑内、外叶墙板混凝土层→养护→拆模→内层装饰。

夹芯外墙板制作时，应采取相应的措施固定保温材料，并保证拉结件的位置和间距满足要求，确保墙板的保温性能和结构性能满足设计要求。同时，还应加强生产过程的质量控制，特别是要保证墙板混凝土的均匀性、密实性。平模生产工艺较立模生产工艺容易控制质量，应优先采用。

采用夹芯保温的预制构件，需要采取可靠连接措施保证保温材料内外的两层混凝土可靠连接，一般宜采用专用连接件连接内外两层混凝土，以保证完全达到热工"断桥"的作用。连接件的数量和位置需要进行专项设计，必要时，在构件制作前进行专项试验，检验连接件的定位精度和锚固性能。

（2）构件养护

预制构件宜采用加热养护，这可以加速混凝土凝结硬化，缩短脱模时间，加快模板的周转，提高生产效率。

（3）构件脱模

预制构件脱模强度应满足设计要求，当设计无要求时，为防止过早脱模造成构件过大变形或开裂,脱模起吊时预制构件的混凝土立方体抗压强度不应小于15MPa。为了保证预制构件与后浇混凝土实现可靠连接,可以采用钢筋连接、键槽及粗糙面等方法。粗糙面可采用拉毛或凿毛处理方法,也可采用化学处理方法。采用化学方法处理时,可在模板上或需要露骨料的部位涂刷缓凝剂,脱模后用清水冲洗干净,避免残留物对混凝土及其结合面造成影响。

7.1.3 预制构件的检查

预制构件的检查包括以下内容:预制构件应按设计要求和现行国家标准的有关规定进行结构性能检验;陶瓷类装饰面砖与构件基面的黏结强度应符合《建筑工程饰面砖粘结强度检验标准》(JGJ/T 110—2017)和《外墙饰面砖工程施工及验收规程》(JGJ 126—2015)等的规定;夹芯外墙板的内外叶墙板之间的拉结件类别、数量及使用位置应符合设计要求。预制构件检查合格后,应在构件上设置表面标识,标识内容宜包括构件编号、制作日期、合格状态、生产单位等信息。

7.1.4 构件的运输

1) 制定运输方案,方案内容包括构件单元划分、运输时间、构件堆放等,对成品构件边角做好保护措施,并在每个送货车上标注构件的信息资料。
2) 根据施工现场的吊装计划,提前一天将所需各种类型构件发运至施工现场,并按清单仔细核对构件的型号、规格、数量是否相符。
3) 预制构件的运输线路应根据道路、桥梁的荷重限值及限高、限宽、转弯半径等条件确定,场内运输宜设置循环线路,同时,运输车辆应满足构件尺寸和载重要求。
4) 装卸构件过程中,应采取保证车体平衡、防止车体倾覆的措施;运输过程中,应采取防止构件移动、倾倒、变形等的固定措施;运输细长构件时,应根据需要设置水平支架;构件边角部位或运输捆绑链索接触处的混凝土,宜采用垫衬加以保护,防止构件损坏。
5) 如受运输路线等因素限制而无法直立运输时,也可平放运输,但需要放置使构件均匀受力的支撑保护措施。运输车辆可采用大吨位卡车或平板拖车,装车时,先在车厢底板上铺两根100mm×100mm的通长木方,木方上垫15mm以上的硬橡胶垫或其他柔性垫,根据预制板的尺寸合理放置预制板之间的支点方木上,同时应保证板与板之间接触面平整,受力均匀。

7.1.5 构件的堆放

预制构件的堆放场地应平整、坚实,并有良好的排水措施。具体堆放要求如下:

1) 重叠堆放时,应保证最下层构件垫实,预埋吊件宜朝上放置,标识宜朝向堆垛间的通道方向;垫木或垫块的垫放位置宜与脱模、吊装时的起吊位置一致,每层构件间的垫木或垫块应在同一垂直线上。
2) 堆垛层数应根据构件与垫木或垫块的承载力及堆垛的稳定性确定,必要时应设置防止构件倾覆的支架;施工现场堆放的构件,宜按安装顺序分类堆放,堆垛宜布置在吊车工作范围内且不受其他工序施工作业影响的区域。为了保证施工工序连续，根据施工进度，要求施工现场提前存放一定数量的构件，且构件存放应按照吊装顺序及流水段的划分配套堆放。

3) 墙板类构件应根据施工要求选择堆放方法，对外形复杂墙板宜采用插放架或靠放架直立堆放；插放架、靠放架应安全可靠，满足强度、刚度及稳定性的要求。当采用靠放架堆放构件时，直立堆放的墙板宜对称靠放、饰面朝外，靠放架与地面倾斜角度宜大于80°。

4) 预制柱(梁)应按照规格、品种、所用部位、吊装顺序分别堆放，预制框架柱(梁)堆放层数最高2层，垫木位于柱(梁)长度1/4位置处，如图7.1所示。

图7.1 预制柱的堆放

5) 预制叠合板的堆放要求如下：
① 预埋吊件应朝上，标识宜朝向堆垛间的通道。
② 构件支撑应坚实，垫块在构件下的位置与脱模、吊装时的起吊位置一致。
③ 重叠堆放时，构件间的垫块应上下对齐，堆垛层数应根据构件、垫块的承载力确定，最多不超过5层，如图7.2所示。

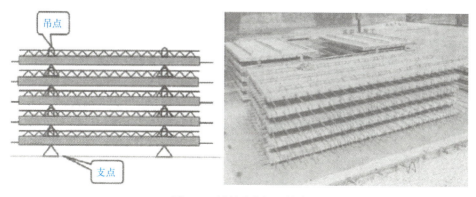

图7.2 预制叠合板的堆放

7.2 装配式混凝土结构工程构件安装

7.2.1 构件吊装设备

预制构(部)件吊装所用的机械和工具主要是起重设备和吊装索具。常用的起重设备有塔式起重机、履带式起重机、汽车式起重机等，相关内容详见项目6，这里仅介绍几种常用的吊装索具。

1. 吊钩

吊钩按照制造方法可分为锻造吊钩和片式吊钩。在装配式建筑工程施工中，常用锻造吊钩(分为单钩和双钩)，如图7.3(a)、(b)所示。单钩一般用于较小起重量，双钩多用于较大起重量。单钩吊钩形式多样，建筑工程中常选用有保险装置的旋转钩，如图7.3(c)所示。

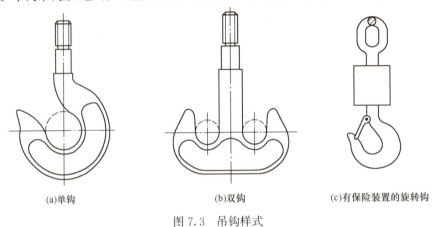

(a)单钩　　　　　(b)双钩　　　　　(c)有保险装置的旋转钩

图7.3　吊钩样式

2. 横吊梁

横吊梁俗称铁扁担、扁担梁，常用于梁、柱、墙板、叠合板等构件的吊装。用横吊梁吊运构件时，可以防止因起吊受力对构件造成破坏，便于施工现场构件的安装、校正。常用的横吊梁有框架吊梁、单根吊梁，如图7.4和图7.5所示。

图7.4　框架吊梁

图7.5　单根吊梁

3. 铁链

铁链用来起吊轻型构件，拉紧缆风绳及捆绑构件等，如图7.6所示。

4. 吊装带

常规吊装带(如合成纤维吊装带)一般采用高强度聚酯长丝制作。根据外观,分为环形穿芯、环形扁平、双眼穿芯、双眼扁平四类,吊装能力分别在 1～300t,如图 7.7 所示。

图 7.6 铁链

图 7.7 吊装带

一般采用国际色标来区分吊装带的吨位,如紫色为 1t,绿色为 2t,黄色为 3t,灰色为 4t,红色为 5t,橙色为 10t 等。对于吨位大于 12t 的均采用橘红色进行标识,同时吊装带体上均有荷载标识标牌。

5. 卡环

卡环用于吊索之间或吊索与构件吊环之间的连接,由弯环与销子两部分组成。按弯环形式分,有 D 形卡环和弓形卡环(图 7.8);按销子与弯环的连接形式分,有螺栓式卡环和活络式卡环。螺栓式卡环的销子和弯环采用螺纹连接;活络式卡环的孔眼无螺纹,可直接抽出。螺栓式卡环使用较多,但在柱子吊装中多采用活络式卡环。

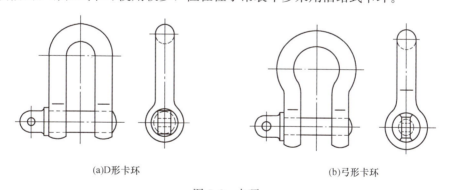

(a)D形卡环　　　　　　　　(b)弓形卡环

图 7.8 卡环

6. 接驳器

接驳器是一种专门用于连接新型吊点的连接吊钩,如圆形吊钩、鱼尾吊钩、螺纹吊钩,或者用于快速接驳传统吊钩。接驳器具有接驳快速、使用安全等特点。

7.2.2　框架结构预制构件安装

按照标准化进行设计,根据结构、建筑的特点将预制框架柱、叠合梁、SP 板、楼梯、墙体等构件进行拆分，并制定生产及吊装顺序，在工厂内进行标准化生产，现场采用汽车吊车及塔吊进行构件安装。框架结构预制构件安装流程如图7.9所示。

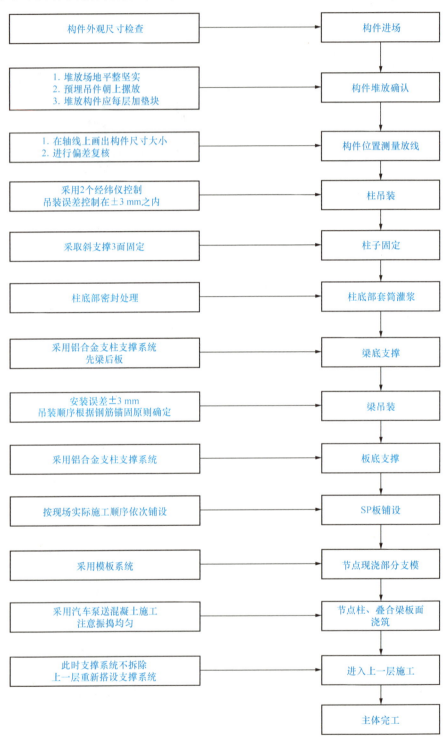

图7.9 框架结构预制构件安装流程

项目 7 装配式混凝土结构施工

预制框架柱纵向钢筋连接采用半灌浆套筒连接,预制框架柱钢筋定位通过自制的固定钢模具进行调整。

预制框架柱与预制框架预应力叠合梁节点采用现浇混凝土连接,模板采用铝模支护,钢筋采用锚固搭接。

1. 施工准备工作

(1) 技术准备工作要点

技术准备是施工准备工作的关键,其主要内容如下:

1) 根据工程项目的构件分布图,制定施工现场安装方案,确定吊装顺序及方法,合理选择吊机型号和机位。
2) 根据吊机的位置和临时堆场的设置,规划临时运输道路,道路及堆场应平整、坚实,并有排水措施。
3) 构件临时堆场应尽可能设置在吊机的辐射半径内,减少现场的二次搬运。
4) 预制楼板应考虑水电管线预留位置,线盒位置、尺寸,留槽位置等因素。

(2) 吊装前准备工作

1) 所有构件吊装前,必须在基层或者相关构件上将各个截面的控制线放好,利于提高吊装效率和控制质量。
2) 构件吊装前,应根据构件类型准备起重设备、吊具和吊索;加工模数化通用吊装梁需根据吊装时不同的起吊点位置,设置模数化吊点;确保预制构件在吊装时钢丝绳保持竖直,避免产生水平分力而导致构件旋转。
3) 根据施工进度计划在构件上标出吊装顺序号,且与图纸上序号一致;构件的进场顺序应根据现场安装顺序确定,严格检查进入现场构件的外观质量和型号规格、安装顺序等。
4) 所有预埋件必须埋设准确,预制构件连接面应清理干净。
5) 吊装设备应满足吊装重量、构件尺寸及作业半径等施工要求,并调试合格。

(3) 构件的验收

1) 根据结构图纸进行预制构件的尺寸复核,重点检查构件的尺寸是否与框架梁的位置、尺寸相符,楼梯段的加工尺寸是否与楼梯梁位置、尺寸相符。
2) 检查构件数量、质量证明文件和出厂标识,构件进入现场应有产品合格证、出厂检验报告,每个构件应有独立的构件编号,进场构件按进场的批次进行质量抽样检查,检验结果符合要求,预制构件方可使用。
3) 预制构件进场检查除了数量和质量证明文件外,还需对构件尺寸进行检查,尺寸允许偏差见表 7.4。

表 7.4 预制构件尺寸允许偏差

项目		允许偏差/mm	检查方法
预制柱	长度	±5	钢尺检查
	宽度	±5	钢尺检查
	弯曲	$L/750$ 且 $\leqslant 20$	拉线、钢尺量最大侧向弯曲处
	表面平整度	4	2m 靠尺和塞尺检查

续表

项目		允许偏差/mm	检查方法
预制梁	高度	±5	钢尺检查
	长度	±5	钢尺检查
	弯曲	$L/750$ 且 $\leqslant 20$	拉线、钢尺量最大侧向弯曲处
	表面平整度	4	2m 靠尺和塞尺检查

注：1. 检查数量：对同类构件，按同日进场数量的 5% 且不少于 5 件抽查，少于 5 件则全数检查。
  2. 检查方法：钢尺、拉线、靠尺、塞尺检查。
  3. L 为构件长度。

4) 预制构件还应进行外观质量检查，一般缺陷可以修补，严重缺陷不得使用，具体检查方法可参照表 7.5 要求。

表 7.5 预制构件外观质量缺陷

名称	现象	严重缺陷	一般缺陷
露筋	构件内钢筋未被混凝土包裹而外露	主筋有露筋	其他钢筋有少量露筋
蜂窝	混凝土表面缺少水泥砂浆面，形成石子外露	主筋部位和搁置点位置有蜂窝	其他部位有少量蜂窝
孔洞	混凝土中孔穴深度和长度均超过保护层厚度	构件主要受力部位有孔洞	不应有孔洞
夹渣	混凝土中夹有杂物且深度超过保护层厚度	构件主要受力部位有夹渣	其他部位有少量夹渣
疏松	混凝土局部不密实	构件受力部位有疏松	其他部位有少量疏松
裂缝	缝隙从混凝土表面延伸至混凝土内部	构件主要受力部位有影响结构性能或使用功能的裂缝	其他部位有少量不影响结构性能或使用功能的裂缝
裂纹	构件表面的裂纹或者龟裂现象	预应力构件受拉侧有影响结构性能或使用功能的裂纹	非预应力构件有表面的裂纹或者龟裂现象
连接部位缺陷	构件连接处混凝土缺陷及连接钢筋、连接件松动，对灌浆套筒未形成保护	连接部位有影响结构传力性能的缺陷	连接部位有基本不影响结构传力性能的缺陷

项目 7 装配式混凝土结构施工

续表

名称	现象	严重缺陷	一般缺陷
外形缺陷	内表面缺棱掉角、棱角不直、翘曲不平等；外表面面砖黏结不牢、位置偏差、面砖嵌缝没有达到横平竖直、面砖表面翘曲不平	清水混凝土构件有影响使用功能或装饰效果的外形缺陷	其他混凝土构件有不影响使用功能的外形缺陷
外表缺陷	构件内表面出现麻面、掉皮、起砂、沾污等；外表面面砖污染、预埋门窗破坏	具有重要装饰效果的清水混凝土构件、门窗框有外表缺陷	其他混凝土构件有不影响使用功能的外表缺陷；门窗框不宜有外表缺陷

注：一般缺陷应由预制构件生产单位或施工单位进行修整处理，修整技术处理方案应经监理单位确认后进行实施，经修整处理后的预制构件应重新检查。

（4）施工组织准备

施工组织主要针对安装施工过程需要的人、工具、机械设备等进行的准备工作。

【例 7.1】 某工程项目 1～7 号楼，PC 板吊装单块板最重达 4.70t，且最重板材位于该楼的东西两侧。试拟订施工准备工作方案。

解 根据工程项目情况，主要施工组织准备包括以下内容：

（1）施工机具准备

考虑到工程现场 PC 板吊装单块板最重达 4.70t，1～7 号楼每幢单体设置一台塔吊，并都设置于每栋楼的中部位置，并将临时板材卸货点和堆场设置于以塔机为中心的位置，最重板材的位置设置于塔机服务半径的范围内。该塔吊布置方案可满足本工程板材卸货、吊装的使用要求。根据工程实际情况选择 60t 汽车吊，所需工具如表 7.6 和表 7.7 所示。

表 7.6 吊装所需工具

序号	名称	图片	序号	名称	图片
1	铁扁担		4	吊钩	
2	吊装带		5	靠尺	
3	铁链		6	电动扳手	

续表

序号	名称	图片	序号	名称	图片
7	撬棍		14	反光镜	
8	螺栓		15	对讲机	
9	膨胀螺丝		16	经纬仪	
10	专用千斤顶		17	水准仪	
11	可调节钢支撑		18	塔尺	
12	爬梯		19	小锤	
13	冲击钻		20	卷尺	

表 7.7　套筒灌浆所需用具

序号	名称	图片	序号	名称	图片
1	电动灌浆机		4	30L 不锈钢桶	
2	0.7L 手动灌浆枪	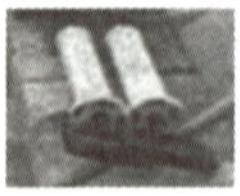	5	30L 塑料水桶	
3	冲击转式砂浆搅杆		6	测温仪	

续表

序号	名称	图片	序号	名称	图片
7	2L/5L 刻度杯		14	筛子	
8	50cm×50cm 玻璃板		15	螺丝刀	
9	电子秤		16	温度计	
10	40mm×40mm×160mm 三联模		17	灌浆料	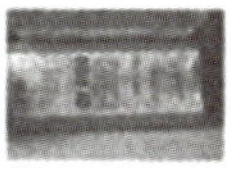
11	截圆型试模 $\phi70×\phi100×60$		18	封仓料	
12	专用橡胶塞	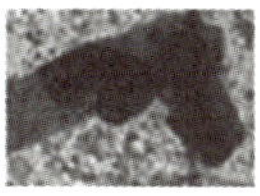	19	PVC 管	
13	海绵	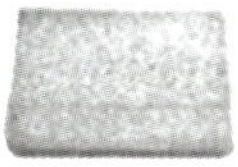			

(2)人员准备

根据公司实际，本工程选择技术成熟的操作人员和管理人员，具备全面的装配式混凝土工程施工知识。

2.预制框架柱安装施工

(1)预制框架柱安装施工操作流程

预制框架柱安装施工操作流程为：基层处理→测量→预制柱起吊→下层竖向钢筋对孔→预制柱就位→安装临时支撑→预制柱位置、标高调整→临时支撑固定→摘钩→堵缝、灌浆。

(2)预制框架柱吊装准备与吊装方案的确定

1)吊装前，应对预制框架柱的四个面进行定位放线，确定底面钢筋位置、规格与数量、几何形状和尺寸是否与定位钢模 SP 板一致，测量预制框架柱底面标高及控制件预埋螺丝的标高，并满足要求。

2) 预制框架柱应采用一点慢速起吊，这样在吊升过程中所受到的震动较小。

3) 对位与临时固定工作。预制框架柱起吊后，停在预留筋上 30～50mm 处进行对位，使预制框架柱的套筒与预留钢筋吻合，并采用提前预埋的螺栓控制 2cm 施工拼缝，调整垂直误差，误差控制在±2mm 之内，最后采用 3 面斜支撑将其固定。

4) 预制框架柱垂直偏差的检验。可用 2 台经纬仪检查预制框架柱吊装准线的垂直度。

5) 预制框架柱吊装顺序的确定。一般采用单元吊装模式并沿着长轴线方向进行。

6) 吊装完毕后对预制框架柱底部 2cm 缝隙进行封仓和灌浆处理。

(3) 吊装要点

1) 弹出构件轮廓控制线，并对连接钢筋进行位置再确认。具体做法是：对柱基层进行浮灰剔凿清理；钢筋除杂物；对同一层内的预制柱弹轮廓线，控制累计误差在±2mm 以内；采用钢模具对钢筋位置进行确认。

2) 预埋高度调节螺栓。具体做法是：吊装前用水冲洗构件，使基层构件线清晰；利用水准仪对 3 个预埋螺丝标高进行调节，达到标高要求；确认构件安装区域内没有高度超过 2cm 杂物。

3) 预制框架柱安装。具体做法是：吊机起吊下放时应平稳，并先对准引导钢筋；柱的四个面放置镜子，观察基层钢筋是否插入预制构件的套筒内；查看构件与基层是否满足 2cm 缝隙要求，如不满足继续调整。

4) 预制框架柱固定。具体做法是：采用斜支撑对柱子进行三面进行固定，如图 7.10 所示；三面支撑完成后，撤掉吊车吊钩。

图 7.10 预制框架柱的固定

5) 预制框架柱验收。具体做法是：采用2台经纬仪，通过基层轴线对构件的垂直度进行测设；通过斜支撑调节螺栓垂直度。

(4) 灌浆料制备及其施工

灌浆料制备及其施工流程如图7.11所示。

注浆工程

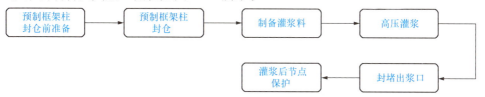

图7.11　灌浆料制备及其施工流程

1) 预制框架柱封仓前准备。具体做法是：用气泵压缩空气检查每个灌浆孔、出浆孔，确保无杂质并且保持畅通；用吹风机对柱基底进行二次清理；封仓前对封仓缝进行湿润。

2) 预制框架柱封仓。具体做法是：当隙缝小于2cm时，用专用的封浆料填抹，填抹深度为1.5~2cm，一段抹完后抽出内衬进行下一段填抹。段与段结合的部位，同一构件或同一仓要保证填抹密实，填抹完毕确认干硬强度达到要求（常温下24h，30MPa）后，才可进行其他作业；当隙缝大于2cm时，为确保不爆仓，先用封浆料封仓，待24h后，采用木模板加1cm泡沫板支护方式封堵，且模板与柱连接面采用软性连接。

3) 制备灌浆料。具体做法是：

① 灌浆料制备流程：检查材料是否受潮并称重；检查水温；确定用水量；第一次搅拌加70%料，第二次搅拌加30%料，静置2~3min；流动性检测；试块强度检测。

② 灌浆料的质量控制：严格按照出厂水料比制作，用电子秤计量灌浆料，刻度杯计量水；先放水再放70%的料进行搅拌，搅拌（1~2min）大致均匀后，再将剩余料加入，并搅拌（3~4min）彻底均匀；同时，确保灌浆料30min内使用完。

4) 预制框架柱孔道灌浆（图7.12）。

具体做法是：

① 灌浆泵（枪）使用前用清水清洗。

② 灌浆料数量的确定应满足以下要求：一桶在灌浆使用，一桶在静置排气泡，一桶在准备搅拌。

③ 灌浆料倒入机器，并用滤网过滤掉较大颗粒。

④ 从接头下方的灌浆孔处向套筒内压力灌浆。

图7.12　预制框架柱孔道灌浆

⑤ 只能选择一个灌浆孔灌浆，不能选择两个以上的孔；同一个仓位要连续灌浆，不得中途停顿。

5) 预制框架柱孔道封堵。具体做法是：

① 接头灌浆时，待上方的排气孔连续流出浆料后，用专用橡胶塞封堵。
② 按照浆料排出先后顺序，依次封堵灌排浆孔，封堵时灌浆泵(枪)要一直保持压力。
③ 直至所有灌排浆孔出浆并封堵牢固，停止灌浆。
④ 在浆料初凝前检查灌浆接头，对漏浆处进行及时处理。

6) 灌浆后的节点保护。具体做法是：灌浆料强度未达到 35MPa 时，不得受到冲击或振动，不得进入后续施工，灌浆后砂浆强度应满足表 7.8 的要求。

表 7.8 灌浆后砂浆强度要求

温度/℃	时间/h	强度/MPa
>15	<24	35
5~15	<48	
5℃以下，对构件接头部位采取加热保温措施	要保持5℃以上至少48h	

3. 预制叠合梁板安装

(1) 预制叠合梁板的吊装施工流程

预制叠合梁板的吊装施工流程如图 7.13 所示。

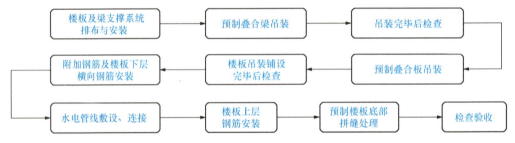

图 7.13 预制叠合梁板的施工流程

(2) 预制叠合梁板的施工准备与吊装方案的确定

1) 钢支撑施工准备：认真编制独立可调式钢支撑的施工方案，做好施工操作安全和技术交底工作；组织独立可调式钢支撑的材料进场。

2) 预制叠合梁的吊装准备：吊装前，在预制框架柱上弹出预制叠合梁控制边线；根据钢筋搭接的上下位置关系确定预制叠合梁吊装顺序。

3) 预制叠合板的吊装准备：按 SP 板吊装顺序依次铺开，不宜间隔吊装；根据施工图纸，检查叠合板构件类型，确定安装位置，并对叠合板吊装顺序进行编号；弹出叠合板水平及标高控制线，同时对控制线进行复核。

(3) 吊装要点

1) 支撑体系安装。

① 钢支撑体系安装流程：放置钢支柱→调整钢支柱上部支撑头高度→安装工字

梁→微调高度并固定。

支撑体系在预制框架柱安装完成后开始搭设。梁、楼板支撑体系，工字梁设置方向垂直于叠合楼板内格构梁的方向，梁底边支座不得大于500mm，间距不大于1200mm。根据叠合板与边支座的搭设长度决定起始支撑设置；当叠合板边与边支座的搭接长度大于或等于40mm时，楼板边支座附近1.5m内无须设置支撑；当叠合板与边支座的搭接长度小于35mm时，需在楼板边支座附近200～500mm范围内设置一道支撑体系。梁、楼板的支撑体系必须有足够的强度和刚度，楼板支撑体系的水平高度必须精准。为保证浇筑成型后楼板底面平整，跨度大于4m时，中间位置应适当起拱。

② 质量控制要点：楼层上下层钢支柱应在同一中心线上，独立钢支柱水平横纵向应与梁底脚手架承重支撑的水平横纵杆连接；调节钢支柱的高度时，应留出浇筑混凝土时荷载所形成的变形量；支架立杆应竖直设置，2m高度的垂直允许偏差为15mm；当梁支架立杆采用单根立杆时，立杆应设在梁模板中心线处，其偏心距不应大于15mm。

2）预制叠合梁吊装。

① 测量放线：根据引入的标高控制点，用水平仪测设出叠合梁安装位置处的水平控制线，水平线宜设在作业区1m处的外墙板上，根据水平控制线弹出叠合梁梁底位置线；根据轴线、外墙板线，将梁端控制线用线锤、靠尺、经纬仪等引至外墙板上。

② 梁底支撑搭设：根据构件位置及吊装方案，确定支撑位置及数量；对支撑高度进行调整；待叠合梁吊装完成后再放置三脚架固定。

③ 叠合梁吊运安装：整体吊装原则是先主梁再次梁，根据钢筋搭接关系，按照钢筋位于下方先吊装的顺序吊装，如图7.14所示。根据预埋件情况，确定叠合梁两点吊装方案，且两点吊装时吊索水平夹角不宜小于45°。叠合梁的安装过程中，可通过线坠及位置控制线调整高度及梁的位置，将梁放入已经支设好的支撑结构上，并微调梁的左右位置。梁安装完毕后再一次确认支撑与梁底是否牢固接触。

图7.14 叠合梁吊装

3) 预制叠合楼板吊装。

① 安装预制叠合板前应检查支座顶面标高及支撑面的平整度，并检查结合面粗糙度是否满足设计要求。

② 预制叠合板之间的接缝宽度应满足设计要求。吊装时，先吊铺边缘窄板，然后按照顺序吊装剩余板块。

③ 叠合板采用模数化吊装梁吊装，起吊时4个吊点应均匀受力，缓慢起吊，保证叠合板平稳；4个吊点的位置在格构梁上弦与腹筋交接处，距离板端长度为整个板长的1/5～1/4，如图7.15所示。

④ 叠合板吊装过程中，应在作业层上空300mm处略作停顿，根据叠合板位置调整叠合板方向，进行准确定位。吊装过程中，注意避免叠合板上的预留钢筋与框架柱上的竖向钢筋碰撞。作业时叠合板应停稳慢放，以免吊装放置时冲击力过大导致板面损坏。

⑤ 吊装就位后，应对板底接缝高差进行校核；当叠合板板底接缝高差不满足设计要求时，应将构件重新起吊，通过可调托座进行调节。

⑥ 叠合板就位校正时，采用楔形小木块嵌入调整，不得直接使用撬棍调整，以免出现板边损坏。每块叠合板吊装就位后偏差不得大于3mm，累计误差不得大于10mm。

⑦ 临时支撑应在后浇混凝土强度达到设计要求后方可拆除。

叠合板铺设完毕后，对于局部无法调整避免的支座处出现的空隙，应进行封堵处理，使用支撑可以做适当调整，使板的底面保持平整、无缝隙。预制楼板安装调平后，即可按照图纸进行附加钢筋及楼板下层横向钢筋的安装。

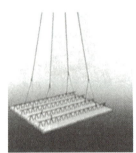

图7.15 叠合板起吊及吊点位置

(4) 水电管线敷设及预埋

① 根据深化设计要求，布设叠合板部位的机电线盒和管线。

② 楼板上层钢筋安装完成后，进行水电管线的敷设与连接工作，叠合板在工厂生产阶段已将相应的线盒及预留洞口等预埋在预制板中，施工过程中应做好成品保护工作。

③ 待水电管线铺设完毕并清理干净后，根据叠合板上方钢筋间距控制线进行钢筋绑扎，利用叠合板桁架钢筋作为上部钢筋的马凳，这样可以确保上部钢筋的保护层厚度。

(5)楼板上层钢筋安装

楼板上层钢筋安装要点如下:楼板上层钢筋应设置在格构梁上弦钢筋上,并绑扎固定,以防止偏移和混凝土浇筑时上浮。对于已经铺设好的钢筋、模板进行保护,禁止在底模上行走或踩踏;禁止随意扳动、切断格构钢筋。

(6)预制楼板底部接缝处理

预制楼板底部接缝如图 7.16 所示,在墙板和楼板混凝土浇筑之前,应对预制楼板底部拼缝及其与墙板之间的缝隙进行检查,对一些缝隙过大的部位进行支模封堵处理,以免影响混凝土的浇筑质量。

待钢筋隐蔽工程检验合格,叠合面清理干净后浇筑叠合板混凝土。

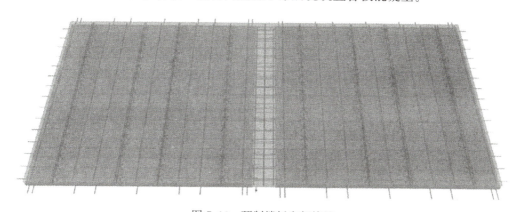

图 7.16 预制楼板底部接缝

4. 预制楼梯安装

(1)预制楼梯安装操作流程

预制楼梯安装操作流程为:测量放线→钢筋调直→垫垫片、找平→预制楼梯起吊→钢筋对孔校正→位置标高确认→摘钩→灌浆。

(2)施工准备

熟悉图纸,检查核对构件编号,确定安装位置,并对吊装顺序进行编号。

(3)吊装要点

1)安装前,应检查楼梯构件平面定位及标高,并应设置抄平垫块。

2)在楼梯段上下口梯梁处铺 15mm 厚水泥砂浆找平,上铺 5mm 厚聚乙烯板,砂浆找平层标高要控制准确。

3)预制楼梯段采用水平吊装。用螺栓将通用吊耳与楼梯段预埋吊装内螺母连接,起吊前检查卸扣卡环,确认牢固后方可继续缓慢起吊,如图 7.17 所示。

4)预制楼梯段的就位。待楼梯吊装至作业面上 400mm 处略作停顿,根据楼梯板方向进行调整,就位时要求缓慢操作,严禁快放。

5)楼梯板基本就位后,应立即根据控制线,利用撬棍微调、校正并固定,避免因人员走动造成的偏差及危险。

6)预制楼梯板与现浇部位连接灌浆。楼梯板安装完成,检查合格后,在预制楼梯板

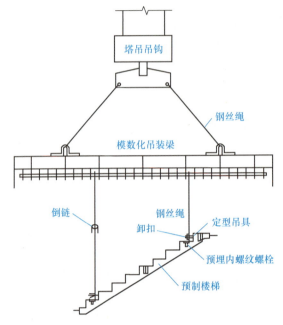

图 7.17 预制楼梯吊装

与休息平台连接部位采用灌浆料进行灌浆,灌浆要求从楼梯板的一侧向另外一侧灌注,待灌浆料从另一侧溢出后表示灌满,如图 7.18 所示。

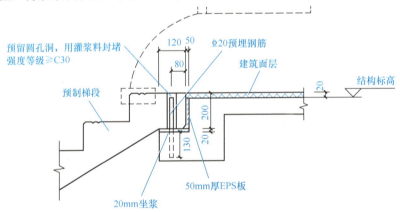

图 7.18 预制楼梯板与现浇部位连接灌浆

(4)预制楼梯施工注意事项

1)预制楼梯端部安装,应考虑建筑标高与结构标高的差异,确保踏步高度一致。

2)楼梯与梁板预埋件焊接或预留孔连接时,应先施工梁板,后放置楼梯段;采用预留钢筋连接时,应先放置楼梯段,后施工梁板。

(5)预制楼梯安装保护

预制楼梯板进场后,堆放不得超过四层,堆放时垫木必须垫放在楼梯吊装点下方;

在吊装前，预制楼梯板的成品面采用钉制废旧多层板钉成整体踏步台阶形状，以保护踏步面不被损坏，并且将楼梯两侧用多层板固定保护；同时，将楼梯预留灌浆圆孔处的砂浆、灰土等杂质清除干净，以确保预制楼梯灌浆质量。

7.2.3 预制实心剪力墙安装

预制实心剪力墙纵向钢筋连接采用半灌浆套筒连接，预制实心剪力墙钢筋定位通过自制的固定钢模具进行调整。预制实心剪力墙与预制叠合梁节点采用现浇混凝土浇筑。叠合楼板与叠合梁采用搭接的方式连接，各楼板间采用刀口设计并用防水砂浆找平。

1. 预制实心剪力墙安装操作流程

预制实心剪力墙安装施工操作流程：基层处理→测量→预制墙体起吊→下层竖向钢筋对孔→预制墙体就位→安装临时支撑→预制墙体校正→临时支撑固定→摘钩→堵缝、灌浆。

2. 预制实心剪力墙安装操作要点

预制实心剪力墙与现浇连接的墙板宜先行吊装，其他墙板先外后内吊装。其安装操作要点如下。

（1）吊装前准备

吊装前，应预先在墙板底部设置抄平垫块或标高调节装置，采用灌浆套筒连接、浆锚连接的夹芯保温外墙板应在外侧设置弹性密封封堵材料；多层剪力墙进行坐浆时，应均匀铺设坐浆料。

（2）弹出构件轮廓控制线，并对连接钢筋进行位置再确认

1）安装插筋钢模，放轴线控制线：对同一层预制实心墙弹轮廓线，控制累计误差在±2mm以内。

2）插筋位置通过钢模再确认，然后放构件轮廓线：采用钢模具对钢筋位置进行确认，按照图纸要求检查钢筋长度；放线包括轴线、轮廓线、分仓线等。

（3）预埋高度调节螺栓

预埋高度调节螺栓的做法：对实心墙板的基层，初凝时用钢钎做麻面处理，吊装前用风机清理浮灰；然后，通过水准仪对预埋螺栓标高进行调节，达到设计标高要求并使之满足2cm高差，如图7.19所示。

（4）预制实心剪力墙分仓

预制实心剪力墙分仓时应注意：采用电动灌浆泵灌浆时，一般单仓长度不超过1m；采用手动灌浆枪灌浆时，单仓长度不宜超过0.3m，如图7.20所示；对填充墙无灌浆处采用坐浆法密封。

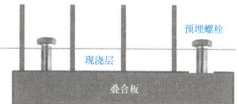

图7.19 预埋高度调节螺栓

(5)预制实心剪力墙安装

预制实心剪力墙安装操作要点如下：

1)吊机起吊和下放时应平稳，如图 7.21 所示。

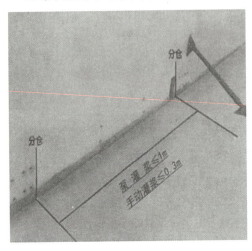

图 7.20　分仓缝设置　　　　图 7.21　吊机平稳起吊

2)预制实心墙两边放置反光镜，用于确认下方连接钢筋是否均准确插入构件的灌浆套筒内。

3)检查预制构件与基层预埋螺栓是否压实无缝隙，如不满足，需继续调整。

(6)预制实心剪力墙固定

1)安装就位后应设置可调斜撑作临时固定，然后测量预制墙板的水平位置、倾斜度、高度等，不符合要求的通过墙底垫片、临时斜支撑进行调整。斜撑底部与楼面用地脚螺栓锚固，其与楼面的水平夹角不应小于 60°，墙体构件用不少于 2 根斜支撑进行固定，如图 7.22 和图 7.23 所示。

2)垂直度的细部调整通过两个斜撑上的螺纹套管调整来实现，调整时两边应同时进行。

3)在确保两个墙板斜撑安装牢固后方可解除吊钩。

图 7.22　垂直度检查　　　　图 7.23　固定完成

(7)实心剪力墙与墙底连接部位的封堵

构件调整就位后,墙底部连接部位应采用相关措施进行封堵,具体做法是:

1)嵌缝前对基层与柱的接触面用专用吹风机清理,并做好润湿处理。
2)选择专用的封仓料和抹子,在缝隙内先压入 PVC 管或泡沫条,填抹大约 1.5~2cm 深(确保不堵套筒孔),将缝隙填塞密实后,抽出 PVC 管或泡沫条。封堵处理如图 7.24 所示。
3)填抹完毕,确认封仓强度达到要求(常温 24h,约 30MPa)后再灌浆。

(8)实心剪力墙灌浆

1)灌浆前逐个检查各接头灌浆孔和排浆孔,确保孔路畅通并进行仓体密封检查。
2)灌浆泵接头插入灌浆孔后,封堵其他灌浆孔及灌浆泵上的出浆口,待出浆孔连续流出浆体后,暂停灌浆泵,立即用专用橡胶塞封堵。
3)所有排浆孔出浆并封堵牢固后,将灌浆泵接头从灌浆孔拔出,并立刻用专用的橡胶塞封堵,然后插入排浆孔,继续灌浆,待其满浆后立刻拔出封堵。
4)正常灌浆浆料要在自加水搅拌开始 20~30min 内用完。

(9)后浇处钢筋安装

墙板安装就位后,进行后浇处钢筋安装,墙板预留钢筋应与后浇段钢筋网交叉点全部绑牢。

3. 灌浆后节点保护

灌浆料凝固后,将灌浆泵接头从排浆孔拔出,并用专用的橡胶塞封堵。检查孔内凝固的灌浆料上表面是否高于排浆孔下边缘 5mm 以上;灌浆料强度未达到 35MPa,不得扰动。灌浆检验如图 7.25 所示。

图 7.24 封堵处理

图 7.25 灌浆检验

7.3 连接部位施工

7.3.1 灌浆套筒连接

钢筋灌浆套筒连接技术是装配式混凝土结构关键技术之一,其连接质量的好坏直接关系到整个工程质量。

1. 灌浆套筒连接的特点

1) 接头采用直螺纹和水泥灌浆复合连接形式，缩短了接头长度，简化了预制构件的钢筋连接生产工艺。

2) 连接套筒采用优质钢或合金钢原材料机械加工而成，套筒的强度高、性能好。

3) 配套有接头专用灌浆材料，其流动度大、操作时间长、早强性能好、终期强度高。

2. 适用范围及工艺原理

灌浆套筒连接适合竖向钢筋连接，包括剪力墙、框架柱的连接。

连接套筒采用优质钢，两端均为空腔，通过灌注高强无收缩专用水泥灌浆料与螺纹钢筋连接，形成可靠的刚性连接。图 7.26 和图 7.27 分别为半套筒灌浆和全套筒灌浆的结构。

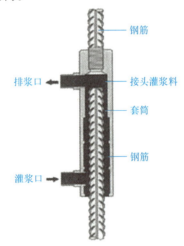
图 7.26　半套筒灌浆结构

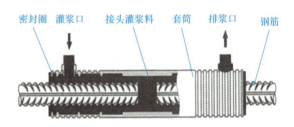
图 7.27　全套筒灌浆结构

3. 工艺流程及操作方法

(1) 制备灌浆料

打开包装袋检查灌浆料，无受潮结块或其他异常即为合格；同时，准备清洁水、施工器具；如果夏天温度过高，还应准备降温冰块，冬天还应准备热水。制备灌浆料流程如图 7.28 所示。

1) 称量灌浆料和水：严格按本批产品出厂检验报告要求的水料比（比如 11%，即为 11g 水，100g 干料）用电子秤分别称量灌浆料和水。

2) 第一次搅拌：先将水倒入搅拌桶，然后加入约 70% 的干料，用专用搅拌机搅拌 1~2min，使其大致均匀。

3) 第二次搅拌：再将剩余的干料全部加入，再搅拌 3~4min 至彻底均匀。

4) 搅拌均匀后，静置约 2~3min，使浆内气泡自然排出后再使用。

5) 流动性检验：每班灌浆施工前，进行灌浆料初始流动性检验，记录有关参数，流动性检验合格方可使用。检测流动性环境温度超过产品使用温度上限（35℃）时，需做实际可操作时间段的检验,保证灌浆施工时间在产品可操作时间内完成。

6)现场抗压强度检验:根据需要进行现场抗压强度检验,制作试块前,浆料也需要静置约2~3min,使浆内气泡自然排出。检验试块应密封,现场同条件养护。

(2)灌浆施工工艺

灌浆施工流程如图7.29所示。

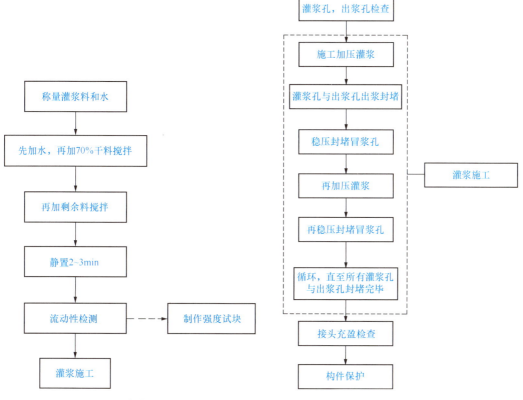

图7.28 制备灌浆料流程　　　　图7.29 灌浆施工流程

1)灌浆孔与出浆孔检查:在正式灌浆前,采用空气压缩机逐个检查各接头的灌浆孔和出浆孔内有无影响浆料流动的杂物,确保孔路畅通。

2)施工加压灌浆:

① 采用保压停顿灌浆法施工能有效节省灌浆料,减少施工浪费,保证工程施工质量。用灌浆泵(枪)从接头下方的灌浆孔处向套筒内压力灌浆,注意正常灌浆浆料要在自加水搅拌开始20~30min内灌完,以尽量留出一定的操作应急时间。

② 灌浆孔与出浆孔出浆封堵。采用与孔洞配套的专用塑料堵头进行封堵,封堵后用螺丝刀顶紧。在灌浆完成、浆料凝固前,应巡视检查已灌浆的接头,如有漏浆应及时处理。

3)接头充盈检查:灌浆料凝固后,取下灌、排浆孔封堵胶塞,检查孔内凝固的灌浆料,其上表面应高于排浆孔下缘5mm以上,如图7.30所示。

图 7.30 接头充盈检查

4. 机具设备

灌浆施工使用机具参照表 7.7 进行选取。

5. 质量检查与安全措施

(1) 质量检查数量

同一批号、同一类型、同一规格的灌浆套筒，检验批量不应大于 1000 个，每批随机抽取 3 个灌浆套筒制作对中接头。

(2) 安全措施

1) 对灌浆操作施工人员，必须进行专项技术培训和安全教育，使其了解新型材料的施工特点、熟悉规范有关条文和岗位的安全技术操作规程，并通过考核合格后方能上岗工作，且主要施工人员应相对稳定。

2) 灌浆施工中必须配备具有安全技术知识、熟悉规范的专职安全、质量检查人员。

3) 灌浆材料拆除时，确保材料无受潮起块现象，并达到操作规则要求值。

7.3.2 铝模连接施工

1. 铝模的特点

1) 铝模板由工厂按施工图进行深化设计后配板，采用铝板型材制作；铝板自重轻，模板受力条件好，不易变形走样，便于混凝土机械化、快速施工作业。

2) 铝模板以标准板加上局部非标准板配置，并在非标准板上编号，相同构件的标准板可以混用，拼装速度快。

3) 模板与模板之间采用定型销钉固定，拆装操作简便，拆卸安装速度快。

4) 铝模板拆除后混凝土表面质量好，混凝土表面能达到与混凝土构件相同的清水混凝土效果。

5) 铝模板技术含量高、实用性强、周转次数多(可达 300 次左右)，能显著降低工程模板费用，缩短工程施工工期。

具体详见项目 4 相关内容。

2. 工艺流程及操作方法

(1) 施工准备及铝模板安装条件

1) 预制混凝土结构墙板现浇节点钢筋绑扎完毕、各专项工程的预埋件已安装完毕并通过隐蔽验收。

2) 作业面各构件的安装工作已完成并已经复核。

3) 墙根部位的标高准确，高出的部分及时凿除并调整至设计标高。

4) 按照装配图检查施工区域的铝模板及配件是否齐全、编号是否完整。

5) 墙柱模板板面应清理干净，并均匀涂刷水性模板隔离剂。

(2) 安装工艺

通常按照"先内墙，后外墙""先非标准板，后标准板"的顺序进行安装作业。铝模板安装操作流程如图 7.31 所示。具体详见项目 4 相关内容。

1) 墙板节点铝模安装：按照编号将所需的模板刷水性模板隔离剂，然后摆放在墙板的相应位置，复核墙底脚的混凝土浇筑标高、穿套管及高强螺栓的位置，依次用销钉将墙模与踢脚板固定、墙模与墙模固定，如图 7.32 所示。

墙模板安装完成后，吊挂垂直线检测其垂直度，将其垂直度调整至规范要求范围内。图 7.33 所示为墙板节点铝模的安装。

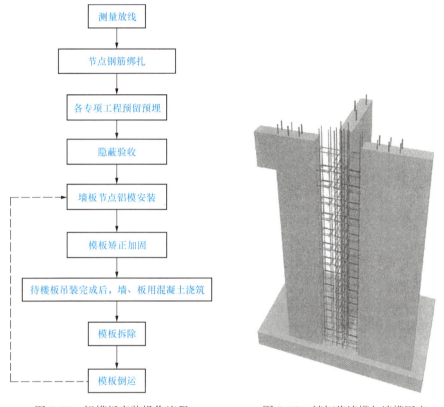

图 7.31　铝模板安装操作流程　　图 7.32　销钉将墙模与墙模固定

图 7.33　墙板节点铝模的安装

2)模板校正及固定:模板安装完毕后,对所有的节点铝模板进行平整度与垂直度的校核。校核完成后,在墙柱模板上加特制的双方钢背楞并用高强螺栓固定。

3)混凝土浇筑:模板校正固定后,检查接口缝隙情况,超过规定要求的必须粘贴泡沫塑料条防止漏浆。楼层混凝土浇筑时,应安排专门的模板工人在作业层下进行留守看模,以解决混凝土浇筑时出现模板下沉、爆模等突发问题。

因铝模是金属材质,夏天高温天气进行混凝土浇筑时,应在铝模板上多浇水,防止铝模温度过高,水泥浆快速干化,拆模后表面起皮。因混凝土中的气泡不易排出,为避免混凝土表面出现麻面,应在混凝土配合比方面进行优化,减少气泡的产生。另外,在混凝土浇筑时还应加强作业面混凝土工人的施工监督,避免出现漏振、振捣时间短而导致局部气泡未排尽的情况产生。

4)模板拆除:模板拆除时,要严格控制拆模时间,保证拆模后墙体不掉角、不起皮;必须以同条件试块试验为准,试块强度需达到3MPa(普通混凝土拆模强度为1MPa)方可拆模。

拆模时,要先均匀撬松再脱开;零件应集中堆放,防止散失,拆除的模板要及时清理干净和修整,拆除下来的模板必须按顺序平整地堆放好。

3. 双面叠合板式剪力墙结构铝模连接施工

与预制框架式结构、预制实心剪力墙结构不同,双面叠合板式剪力墙结构在吊装施工中不需要套筒灌浆连接,而是搭设铝模板现浇连接预制构件,施工安装操作工艺如下。

(1)模板检查清理,涂刷脱模剂

用铲刀铲除模板表面浮浆,直至表面光滑无粗糙感;在模板面均匀涂刷专用脱模剂(采用水性脱模剂)。铝模板制作允许偏差如表7.9所示。

表7.9 铝模板制作允许偏差

序号	检查项目	允许偏差/mm
1	外形尺寸	−2
2	对角线	3
3	相邻表面高低差	1
4	表面平整度(2m钢尺)	2

(2)标高引测及墙柱根部引平

将标高引测至楼层,通过引测的标高控制墙柱根部的标高及平整度,转角处用砂浆或者剔凿进行找平,其他处用4cm和5cm角铝调节,模板位置通过墙柱控制线确认。

(3)焊接定位钢筋

采用$\phi16$钢筋(端部平整)在墙柱根部离地约100mm,间距800mm焊接定位钢筋。

(4)模板安装

墙柱模板在钢筋及水电预埋完成后,从墙端开始逐块定位安装,每隔300mm安装一个墙柱销钉,墙柱顶标高按现场叠合墙板实际高度安装,实际标高比设计标高低

3～5mm，如图 7.34 所示。

图 7.34　双面叠合板式剪力墙结构铝模板安装

(5)模板固定

墙柱模板螺杆上预先外套壁厚为 2mm 的 PVC 套管，要求套管切割尺寸统一、偏差控制在 0～0.5mm，端部采用 PVC 扩大头套，防止加固螺杆过紧，螺杆间距小于 800mm。

模板采用四道背楞斜撑(外墙五道)，斜拉杆间距不大于 2m，上下支撑；墙模安装完调整好标高、垂直度，并保证斜向拉杆受力；然后再进行梁底模和楼面板安装模板，固定如图 7.35 所示。

4.安装尺寸允许偏差

安装尺寸允许偏差如表 7.10 所示。

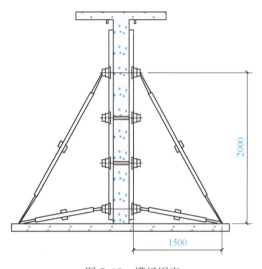

图 7.35　模板固定

表 7.10　安装尺寸允许偏差

项次	项目	允许偏差/mm	检验方法
1	模板表面平整	±2	用 2m 靠尺和楔尺检查
2	相邻两板接缝平整	1	用不锈钢靠尺检查，以及用手触摸检查
3	轴线位移	±2	用经纬仪和拉线检查
4	截面尺寸	+2，-3	用钢卷尺测量检查
5	垂直度	3	用线坠和经纬仪检查

5.安全措施

1)对铝模板工程施工人员，进行专项技术培训和安全教育，了解新型模板施工特点、熟悉规范有关条文和岗位的安全技术操作规程，通过考核合格后方能上岗工作，且主要施工人员应相对稳定。

2)铝模板施工中要配备具有安全技术知识、熟悉规范的专职安全、质量检查人员。

3)模板拆除时，混凝土强度必须达到规范规定的要求值。
4)安装模板时至少要两人一组进行安装。
5)模板在拆除时应轻放，堆叠整齐，以防止模板变形。
6)按规范要求对模板进行清理，变形严重的应及时修理或重新配板。

7.4　施工成品保护

7.4.1　总体要求

1)装配整体式混凝土结构施工完成以后，竖向构件阳角、楼梯踏步口宜采用木条（板)包角保护。
2)预制构件现场装配全过程施工中，宜对预制构件原有的门窗框、预埋件等产品进行保护，装配整体式混凝土结构质量验收前不得拆除或损坏。
3)预制外墙板饰面砖、石材、涂刷等装饰材料表面可用贴膜或其他专业材料保护。
4)预制楼梯饰面砖宜采用现场后贴法施工，采用先贴法时，应采用铺设木板或其他覆盖形式的成品保护措施。
5)预制构件暴露在空气中的预埋铁件应涂抹防锈漆。

7.4.2　预制剪力墙的成品保护

1)外墙板进场后，应放在插放架内。
2)运输、吊装操作过程中，应避免外墙板损坏，如有损坏应及时修补。
3)外墙板就位时做到尽量准确，安装时防止生拉硬撬。
4)安装外墙板时，不得碰撞已经安装好的楼板。
5)隔墙板堆放场地应平整、坚实，不得有积水或沉陷。隔墙板应在插放架内立放，下面垫木板或方木，防止折断或弯曲变形。
6)隔墙板运输和吊卸过程中，应采取防止折裂措施。
7)安装设备管道需要在板上打孔穿墙时，严禁用大锤猛击墙板，严重损坏的墙板不应使用。

7.4.3　叠合板的成品保护

1)叠合板的堆放及堆放场地应严格按规范要求执行。
2)现浇墙、梁安装叠合板时，其混凝土强度要达到 4MPa 时方能施工。
3)叠合板上的甩筋(锚固筋)在堆放、运输、吊装过程中要妥善保护，不得反复弯曲和折断。
4)吊装叠合板时，不得采用"兜底"、多块吊运。应按预留吊环位置，采用八个点同步单块起吊的方式。吊运中不得冲撞叠合板。
5)支模支架系统板的临时支撑应在吊装就位前完成。每块板沿长向，在板宽取中位置加设通长楞木作为临时支撑。所有支柱均应在下端铺垫通长脚手板，且脚手板下为基土时,要整平、夯实。

6)不得在板上随意凿洞,板上如需要打洞,应用机械钻孔,并按设计和图集要求做相应的加固处理。

7.4.4 楼梯的成品保护

1)楼梯段、休息平台板应采取正向吊装、运输和堆放。构件运输和堆放时,垫木应放在吊环附近,并高于吊环,上下对齐。
2)堆放场地应平整夯实,下面铺设垫板。楼梯段每垛的码放不宜超过6块,休息平台板每垛的码放不超过10块。
3)楼梯安装后,应及时将踏步面加以保护,避免施工中将踏步棱角损坏。
4)安装休息平台板及楼梯段时,不得碰撞两侧砖墙或混凝土墙体。

小 结

本项目包括装配式混凝土预制构件制作与运输、装配式混凝土结构构件安装施工、连接部位施工、施工成品保护等内容。

装配式混凝土建筑结构施工方式是将建筑物的各部分分解成为单个预制构件,并通过工业化的生产方式进行制作,通过运输工具将成品构件运输至施工现场,再进行装配化施工。装配式混凝土预制构件制作与运输工作十分关键,构件制作准备工作包括技术准备、材料准备、模板准备几个方面。构件制作中各种不同构件的制作工艺流程必须熟练掌握。带饰面构件制作质量控制较难,一般采用反打一次成型工艺制作,就是将饰面面层先铺放于模板内,然后直接在面砖上浇筑混凝土,再用振动器振捣成型的工艺。

预制构件的检查、运输、堆放应遵守相关规范要求的规定。

装配式混凝土结构构件安装施工是本项目的学习重点,必须掌握装配式混凝土结构构件吊装设备的性能和适用范围,合理选择吊装机具。框架结构预制构件安装工艺流程为:基层处理→测量→预制柱起吊→下层竖向钢筋对孔→预制柱就位→安装临时支撑→预制柱位置、标高调整→临时支撑固定→摘钩→堵缝、灌浆。

预制构件灌浆工作要求较高,操作时必须注意:灌浆泵(枪)使用前用水先清洗;灌浆料数量应充足;灌浆料倒入机器时用滤网过滤掉大颗粒;从接头下方的灌浆孔处向套筒内压力灌浆;只能选择一个灌浆孔连续灌浆,不能选择两个以上的孔。

预制叠合板吊装前支撑体系安装工艺流程为:放置钢支柱→调整钢支柱上部支撑头高度→安装工字梁→微调高度并固定。预制楼梯段单体体量较大,安装中注意质量控制。

钢筋套筒灌浆连接技术是装配式混凝土结构关键技术之一,其施工质量的好坏直接关系到整个工程质量。铝模板技术含量高、实用性强、周转次数多,能显著降低工程模板费用,缩短工程施工工期。铝模板安装通常按照"先内墙,后外墙""先非标准板,后标准板"的顺序进行安装作业。

思考与训练

一、思考题

1. 混凝土预制构件制作准备工作包括哪些内容?
2. 隐蔽工程检查验收的内容是什么?
3. 简述带饰面混凝土构件的制作工艺。
4. 简述夹芯外墙板的制作工艺。
5. 预制柱、梁进入施工现场的堆放要求如何?
6. 简要说明预制框架柱施工安装操作流程。
7. 预制框架柱灌浆的具体做法是什么?
8. 怎样进行预制叠合板的吊装?
9. 简述预制楼梯安装操作流程以及预制实心剪力墙安装操作流程。
10. 混凝土预制构件安装连接部位施工方式有哪两种?灌浆套筒连接的特点是什么?
11. 简述铝模板的施工工艺流程及操作方法。
12. 简述施工成品保护的总体要求。

二、技能训练题

在实训场地完成一个房间的装配式混凝土构件安装。

练习题库

项目 8 钢结构工程施工

知识目标：
1. 了解钢结构工程的特点及应用范围。
2. 熟悉钢结构工程的材料和构件。
3. 掌握钢结构的制作和安装工艺方法。
4. 掌握钢结构施工的质量检验和质量要求。

能力目标：
1. 能够编制简单钢结构工程施工方案。
2. 能够组织简单钢结构施工。

思政目标：
形成认真严谨、求真求美的思维。

北京大兴国际机场钢结构

钢结构工程最适合建设超典型公共建筑。北京大兴国际机场航站楼是世界上最大的单体航站楼工程，主体为现浇钢筋混凝土框架结构，局部为型钢混凝土结构，屋面及其支撑为钢结构，钢结构总重量约 13 万 t。屋面投影面积达 34 万 m^2，其中，核心区 18 万 m^2 屋面仅用 8 根 C 型柱支撑主体结构。本工程创造了 40 余项国际、国内第一，技术专利 103 项，新工法 65 项，国产化率达 98% 以上。这是全体大兴国际机场设计者、建设者、运营者的荣誉。

北京大兴国际机场钢结构

（详细内容扫码查看）

8.1 概 述

8.1.1 钢结构工程的特点

1. 强度高，质量轻

钢材与其他建筑材料如混凝土、砖石和木材相比，强度要高得多，弹性模量也高，因此结构构件质量轻且截面小，特别适用于跨度大、荷载大的构件和结构。

2. 材料均匀，塑性、韧性好，抗震性能优越

由于钢材组织均匀，接近各向同性。钢材塑性好、韧性好，钢结构较能适应振动荷载，地震区的钢结构比其他材料的工程结构抗震效果更好，钢结构一般是地震中损坏最少的结构。

3. 制造简单，工业化程度高，施工周期短

钢结构所用的材料多是成品或半成品材料，加工制作简单，钢构件一般在专业化的金属结构加工厂制作而成，精度高、质量稳定、劳动强度低。钢构件还可在地面拼装成较大的单元后再进行吊装，缩短施工工期。

4. 构件截面小，有效空间大

由于钢材的强度高，构件截面小，所占空间小，可有效增加房屋的层间净高。

5. 节能、环保

钢结构房屋的墙体多采用新型轻质复合墙板或轻质砌块、复合夹芯墙板、幕墙等；楼(屋)面多采用复合楼板，符合建筑节能和环保的要求。

6. 钢结构的密闭性能好

钢结构的钢材连接(如焊接)位置水密性和气密性较好，适宜于制作要求密闭性高的结构，如高压容器、油库、气柜、管道等。

7. 钢材耐火、耐腐蚀性差

钢材耐火性差，随着温度升高，其强度降低。对于有特殊防火要求的建筑，钢结构更需要用耐火材料围护；对于钢结构住宅或高层钢结构建筑，应根据建筑物的重要性等级和防火规范加以特别处理。钢材在潮湿环境中易锈蚀，处于有腐蚀性介质的环境中更易生锈。因此，钢结构必须进行防锈处理。

8.1.2 钢结构应用范围

1. 重型工业厂房

对使用大型起重机或工作较繁重的车间多采用钢骨架。如冶金厂房的平炉、转炉车间，混铁炉车间，初轧车间；重型机械厂的铸钢车间、水压机车间、锻压车间等。

2. 大跨度结构

如飞机装配车间、飞机库、干煤棚、体育馆、展览馆等皆需大跨度结构，其结构体系可采用网架、悬索、拱架以及框架等。

3. 高耸结构

高耸结构如电视塔、微波塔、输电线塔、钻井塔、环境大气监测塔、广播发射桅杆等。

4. 多层和高层建筑

钢结构在我国多层和高层建筑中的应用也得到了快速发展，如总高度约 420m 的上海金茂大厦，其钢结构安装总量约 1.8 万 t。

5. 承受振动荷载的结构

如设有较大锻锤的车间、对抗震要求较高的结构等宜采用钢结构。

6. 其他特种结构

其他特种结构如栈桥、管道支架、井架和海上采油平台等也常采用钢结构。

7. 可拆卸或移动的结构

钢结构通常也用于建筑工地的生产、生活辅助用房，临时展览馆等可拆迁结构，以

及塔式起重机、龙门起重机等移动结构。

8. 轻型钢结构

轻型钢结构如轻型门式刚架房屋钢结构、冷弯薄壁型钢结构以及钢管结构等，这些结构可用于荷载较轻或跨度较小的建筑，如仓库、办公室、工业厂房及体育设施等。

8.1.3 钢结构材料

1. 钢材

钢材的规格及截面类型均应按相应技术标准选用。钢结构常用板材、型材如下。

(1) 钢板(钢带)

钢结构使用的钢板(钢带)按轧制方法分有冷轧板和热轧板。钢板按其厚度分为薄钢板(厚度不大于4mm)和厚钢板(厚度大于4mm)。

(2) 普通型材

普通型材有工字钢、槽钢及角钢等。

(3) 热轧H型钢和焊接H型钢

H型钢由工字钢发展而来。

热轧H型钢分为三大类：宽翼缘H型钢(HW)、中翼缘H型钢(HM)、窄翼缘H型钢(HN)。

焊接H型钢是将钢板剪裁、组合并焊接而成H形的型钢，分为焊接H型钢(HA)、焊接H型钢桩(HGZ)、轻型焊接H型钢(HAQ)。

(4) 热轧剖分T型钢

热轧剖分T型钢由热轧H型钢剖分而成，分为三大类：宽翼缘剖分T型钢(TW)、中翼缘剖分T型钢(TM)、窄翼缘剖分T型钢(TN)。

(5) 冷弯型钢

冷弯型钢是用可加工变形的冷轧或热轧钢带在连续辊式冷弯机组上生产的冷加工型材，有通用冷弯开口型钢和结构用冷弯空心型钢两种。

通用冷弯开口型钢按其形状分为8种：冷弯等边角钢、冷弯不等边角钢、冷弯等边槽钢、冷弯不等边槽钢、冷弯内卷边槽钢、冷弯外卷边槽钢、冷弯Z型钢、冷弯卷边Z型钢。

结构用冷弯空心型钢按外形形状可分为方形空心型钢(F)和矩形空心型钢(J)。方形空心型钢的规格表示方法为：F边长×边长×壁厚；矩形空心型钢的规格表示方法为：J长边×短边×壁厚。

冷弯型钢截面如图8.1所示。

(6) 结构用钢管

结构用钢管有热轧无缝钢管和焊接钢管。结构用无缝钢管按《结构用无缝钢管》(GB/T 8162—2018)规定，分为热轧(挤压、扩)和冷拔(轧)两种。

2. 焊接材料

钢结构中焊接材料的选用，需适应焊接场地(工厂焊接或工地焊接)、焊接方法等，特别是要与焊件钢材的强度和材质要求相适应。

建筑钢结构中手工焊接时，使用的焊条分为碳钢焊条和低合金焊条。Q235钢的焊

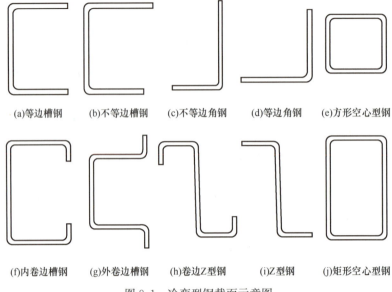

图 8.1 冷弯型钢截面示意图

接采用碳钢焊条 E43 系列，Q345 钢采用低合金钢焊条 E50 系列。焊条的类型根据熔渣的特性可分为酸性焊条及碱性焊条(低氢型焊条)。

焊条型号的表示方法由熔敷金属的抗拉强度、药皮类型、焊接位置和焊接电流种类组成。其完整的表示方法举例如下：表示方法中的第三位数字表示焊条的焊接位置，"0"及"1"表示焊条适用于全位置焊接(平焊、立焊、仰焊及横焊)，"2"表示适用于平焊及平角焊；第四位数字表示药皮类型及焊接电流种类。在低合金钢焊条表示方法中，后缀字母为熔敷金属的化学成分分类代号，并以短线"-"与前面数字分开。

碳钢焊条：

低合金钢焊条：

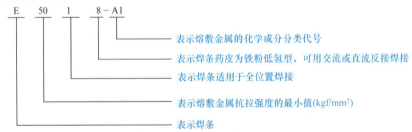

3. 普通螺栓

(1) 普通螺栓的牌号与规格

建筑钢结构中常用的普通螺栓牌号为 Q235，厂房钢栓栓脚预埋螺栓宜优先选 Q345 材质的锚栓。建筑钢结构中使用的普通螺栓，一般为六角头螺栓。螺栓的标记通常为 $Md \times l$，其中 d 为螺栓规格（即直径），l 为螺栓的公称长度。普通螺栓的通用规格为 M8、M10、M12、M16、M20、M24、M30、M36、M42、M48、M56 和 M64 等。

(2) 普通螺栓的质量等级

普通螺栓质量等级按螺栓加工制作的质量及精度公差分为 A、B、C 三个等级：A 级的加工精度最高，B 级次之，C 级最差。A、B 级螺栓为精制螺栓，C 级为粗制螺栓。A、B 级螺栓的应用与规格有关：A 级适用于小规格螺栓，直径 $d \leqslant M24$，长度 $l \leqslant 150mm$ 及 $l \leqslant 10d$；B 级适用于大规格螺栓，$d > M24$，长度 $l > 150mm$ 及 $l > 10d$。C 级螺栓：C 级螺栓是用未经加工的圆钢制成，杆身表面粗糙，加工精度低，尺寸不精确。C 级螺栓可用于承受静载结构中的次要连接，以及临时固定用的安装连接。

4. 高强度螺栓

高强度螺栓已广泛用于钢结构构件的连接，在高层建筑钢结构中已成为主要的连接件。

(1) 高强度螺栓的类型

高强度螺栓根据其受力特征可分为两种受力类型：摩擦型高强度螺栓和承压型高强度螺栓，承压型高强度螺栓宜用于承受静载的结构。常用的高强度螺栓有大六角头高强度螺栓和扭剪型高强度螺栓两种类型。

(2) 高强度螺栓的性能等级

高强度螺栓的螺杆、螺母和垫圈均采用高强度钢材制成，其成品应再经热处理，以进一步提高强度。常用的高强度螺栓性能等级有下列两种：

1) 8.8 级：用于大六角头高强度螺栓，其制作用的钢材牌号为 45、35。

2) 10.9 级：用于扭剪型高强度螺栓时，其钢材牌号为 20MnTiB。大六角头高强度螺栓也可达到 10.9 级，其制作的钢材牌号为 20MnTiB、40B 及 35VB。

5. 锚栓

锚栓主要用作钢柱脚与钢筋混凝土基础之间的锚拉连接件，宜采用 Q235 钢及 Q345 钢等塑性性能较好的钢材制作，不宜采用高强度钢材。锚栓是非标准件，又因其直径较大，类似 C 级螺栓采用未经加工的圆钢制成，不采用高精度的车床加工。外露柱脚的锚栓常采用双螺母，以防松动。

6. 圆柱头焊钉

圆柱头焊钉（带头栓钉）是高层建筑钢结构中用量较大的连接件，常作为钢构件与混凝土构件之间的抗剪连接件。圆柱头焊钉需采用专用焊机焊接，并配置焊接瓷环。圆柱头焊钉与钢梁焊接时，应在所焊的母材上设置焊接瓷环，以保证圆柱头焊钉的焊接质量。

8.1.4 钢结构构件

1. 钢柱

钢柱根据受力不同分为轴心受力和偏心受力两种,前者称为轴心受力构件,后者称为拉弯或压弯构件。

轴心受力构件和拉弯、压弯构件的截面形式较多,一般可分为型钢截面和组合截面两种。型钢截面有圆钢、圆管、方管、角钢、槽钢、工字钢、宽翼缘 H 型钢、T 型钢等[图 8.2(a)],它们只需经过少量加工就可直接用作构件。组合截面是由型钢或钢板连接而成的,按其形式还可分为实腹式组合截面[图 8.2(b)]和格构式组合截面[图 8.2(c)]两种。轴心压杆一般做成双轴对称的截面;对于拉弯、压弯构件,也可根据受力不同做成双轴对称和单轴对称格构式截面。

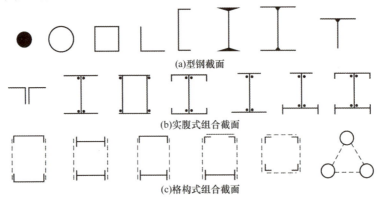

图 8.2 钢柱的截面形式

2. 钢梁

(1)钢梁的截面形式

钢梁的截面形式有型钢梁截面和组合梁截面。型钢梁制造方便,加工简单,成本较低,当梁的跨度及荷载较小时可优先采用。常用的型钢梁有工字钢、槽钢和 H 型钢。当梁的跨度和荷载较大时,则需采用由钢板焊接的组合梁。常采用的钢梁截面形式如图 8.3 所示。

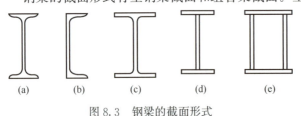

图 8.3 钢梁的截面形式

(2)钢梁的种类

钢梁按使用功能分为楼盖梁、屋盖梁、车间的工作平台及墙梁、吊车梁、檩条等;按支承情况可分为简支梁、连续梁、伸臂梁和框架梁等;按受力不同分为单向弯曲梁和双向弯曲梁,平台梁、楼盖梁等属于前者,吊车梁、檩条、墙梁等则属于后者。

(3)钢梁的连接

梁的拼接 梁的拼接分为工厂拼接和工地拼接两种;由于钢板规格尺寸的限制,必须在工厂把钢板接长或接宽而进行的拼接称为工厂拼接;由于运输或安装条件的限制,梁需分段制作,必须运到现场进行的拼接称为工地拼接。

工厂拼接梁的拼接位置一般由钢材尺寸确定，其翼缘与腹板的拼接位置最好错开，并避免与加劲肋及次梁连接处重合，以防止焊缝密集与交叉。其优点是便于加工；缺点是较费材料，且有应力集中，不宜用在吊车梁及承受动力荷载的梁中。

由于运输和安装条件的限制，梁需分段制作运输，运到工地进行拼接。梁的工地拼接宜采用V形坡口对接焊缝，常用拼接构造如图 8.4 所示。工地拼接位置一般应布置在弯曲应力较小的截面处，翼缘与腹板应基本上在同一截面处断开，拼接构造端部平齐，以便于分段运输，减小运输碰撞，但翼缘与腹板在同一截面拼接会形成薄弱部位，如图 8.4(a)所示，为了使翼缘板在焊接过程中有一定的伸缩余地，以减少焊接残余应力，可在工厂预留约 500mm 长度不焊；而图 8.4(b)所示翼缘与腹板拼接位置略微错开，受力情况较好，但运输中易碰撞，应采取措施加以保护。

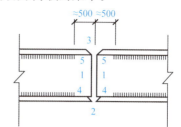

(a)翼缘与腹板在同一截面拼接

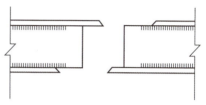

(b)翼缘与腹板拼接位置错开

图 8.4　工地拼接的梁常用拼接构造

注：数字表示施焊顺序。

梁的连接　梁的连接是指钢结构中次梁与主梁的连接。

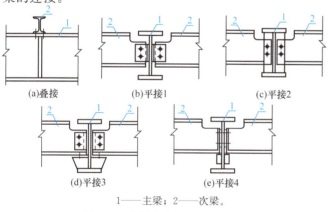

图 8.5　次梁与主梁的铰接连接

次梁为简支梁时，与主梁的连接形式有叠接和平接两种，叠接是将次梁直接搁置在主梁上，用螺栓或焊接固定，构造简单，但建筑高度较大，现在很少采用，如图 8.5(a)所示。次梁与主梁平接是将次梁通过连接材料在侧面与主梁连接[图 8.5(b)～(e)]。图 8.5(b)和(c)的连接方式用于反力较小的次梁，可采用螺栓或焊接连接，计算时应考虑到此连接并非完全铰接及荷载的偏心影响，宜将次梁支座反力提高 20%～30%后再计算连接焊缝或螺栓。当次梁的支座反力较大时，宜采用图 8.5(d)和(e)的连接方式，设置支托来支承次梁。

次梁为连续梁时，与主梁的连接有叠接和侧面平接两种形式。

3. 压型钢板（瓦楞板、波形钢板）

压型钢板按表面处理情况分为镀锌压型钢板、涂层压型钢板和锌铝复合涂层压型钢板。压型钢板按其波形截面分为：高波板，波高大于 75mm，适于作屋面板；中波板，波高 50～75mm，适于作楼面板及中小跨度的屋面板；低波板，波高小于 50mm，适于作墙面板。选用压型钢板时，应根据荷载及使用情况选用已有的定型产品。

压型钢板的屋面坡度可采用 1/20～1/6，当屋面排水面积较大或地处大雨量区及板型为中波板时，宜选用 1/12～1/10 的坡度；当选用板型为高波板时，可采用 1/20～1/15 的屋面坡度；当为扣压式或咬合式压型板（无穿透板面紧固件）时，可用 1/20 的屋面坡度；对于暴雨或大雨量地区的压型板屋面，尚应进行排水验算。

压型钢板的使用寿命一般为 15～20 年，当采用无紧固件或咬合接缝构造压型板时，其使用寿命可达 30 年以上。

4. 钢屋架

钢屋架按外形可分为三角形桁架、梯形桁架和平行弦桁架 3 种形式。

三角形桁架　当屋面坡度大（$i>1/3$）时采用三角形桁架（图 8.6）。由于跨中高度较大，三角形桁架的外形不能很好地与弯矩图配合，故支座附近的弦杆内力较大，而跨中较小。此外，腹杆的长度也较大，用于中小跨度的轻屋面较适宜，若屋面太重或跨度很大，采用三角形桁架不经济。

梯形桁架　图 8.7(a) 和 (b) 所示为陡坡梯形桁架，与三角形桁架比较，其受力情况较好，一般用于屋面坡度小于 1/3 而跨度又较大的情况。图 8.7(c) 和 (d) 所示为坡度较平的梯形桁架，当采用卷材防水屋面时，由于坡度很小（$i=1/12～1/8$），宜采用这种形式的桁架。梯形桁架上弦节点间长度应与屋面板尺寸相配合（一般为 1.5m 或 3.0m），尽可能使荷载作用于节点上。如果上弦节点间距太长，可沿屋架全长或局部布置再分式腹杆，如图 8.7(c) 所示。

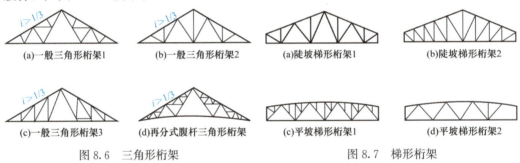

图 8.6　三角形桁架　　　　图 8.7　梯形桁架

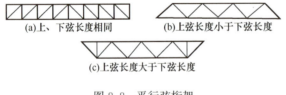

图 8.8　平行弦桁架

平行弦桁架　当上、下弦互相平行时为平行弦桁架，如图 8.8 所示。它的优点是上、下弦和腹杆等同类型的杆件长度一致，节点的构造类型少，上、下弦的拼接数量可减少，因而能符合建筑工业化制造的要求。目前，这种桁架在屋盖结构中常用作托架。

5. 钢网架

网架结构是许多杆件沿平面或立面按一定规律组成的高次超静定空间网状结构。它改变了一般桁架的平面受力状态，杆件之间互相支承，结构的稳定性好，空间刚度大，能承受来自各个方向的荷载。网架结构的种类很多，按其外形可分为曲面网壳与平面网架，按其结构组成可分为单层和双层。最常用的是双层平面网架，图 8.9

所示为双层平面网架屋盖。

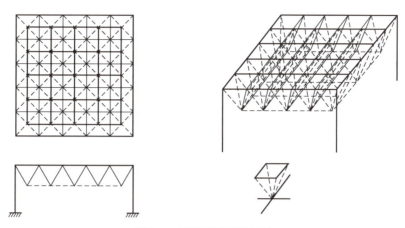

图 8.9 双层平面网架屋盖

网架的节点分为焊接钢板节点、焊接空心球节点和螺栓球节点等，最常用的是后两种。焊接空心球节点的空心球是由两个压制的半球焊接而成的，分为加肋和不加肋两种，适用于钢管杆件的连接。球节点与杆件相连接时，两杆件在球面上的距离不得小于 20mm，如图 8.10 所示。焊接空心球节点的半圆球，宜用机床加工成坡口。焊接后的成品球的表面应光滑平整，不得有局部凸起或褶皱，其几何尺寸和焊接质量应符合设计要求。成品球应按 1% 抽样进行无损检查。

螺栓球节点是通过螺栓将管形截面的杆件和钢球连接起来的节点，一般由螺栓、钢球、销、套管和锥头或封板等零件组成，如图 8.11 所示。螺栓球节点毛坯圆度的允许制作误差为 2mm，螺栓按 3 级精度加工。

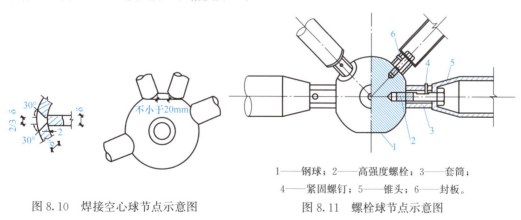

1——钢球；2——高强度螺栓；3——套筒；
4——紧固螺钉；5——锥头；6——封板。

图 8.10 焊接空心球节点示意图　　图 8.11 螺栓球节点示意图

8.2 钢结构的制作与安装

8.2.1 钢结构连接

钢结构的连接方法可分为焊接连接、螺栓连接和拼接连接等。

1. 焊接连接

(1) 焊接连接的形式

焊接连接常用的焊接方法主要有电弧焊(又分为手工电弧焊、半自动埋弧焊、自动埋弧焊和气体保护焊等)、电阻焊、电渣焊、接触焊。按照被连接构件间的相对位置，焊接连接的形式通常可分为平接、搭接、T形连接和角接连接等。这些连接所采用的焊缝形式主要有对接焊缝和角焊缝两种。

(2) 焊接连接的构造要求

焊接连接的构造要求如下：

1) 焊接金属应与基本金属相适应。

2) 不得任意加大焊缝；同时焊缝的布置应尽可能对称于杆件或构件重心，并尽可能使焊缝截面的重心与杆件或构件重心相重合。

3) 钢板的拼接采用对接焊缝时，纵横两方向的对接焊缝可采用十字形交叉和T形交叉；当为T形交叉时，交叉点的间距不得小于200mm。

4) 在对接焊缝的连接处，当焊件的宽度不同或厚度相差4mm以上时，应分别在宽度方向或厚度方向从一侧或两侧做成坡度不大于1/4的斜角(图8.12)；当厚度不同时，焊缝坡口形式应根据较薄焊件厚度的要求取用。

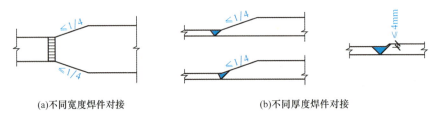

(a) 不同宽度焊件对接　　(b) 不同厚度焊件对接

图 8.12　不同宽度或厚度的焊件对接

5) 在对接焊缝的两端应设置引弧板(引弧板的坡口形式应与主材相同)，焊接后将引弧板切除，并用砂轮或其他方法将焊缝端部表面加工平整。

6) 角焊缝的常用最小焊脚尺寸可参照表8.1采用。

表 8.1　角焊缝的常用最小焊脚尺寸　　(单位：mm)

较厚的焊件厚度	最小焊脚尺寸		
	Q235	16Mn、16Mnq	15MnV、15MnVq
≤4	1	4	4
5～10	5	6	6
11～17	6	8	8
18～24	8	10	10
25～32	10	12	12
34～46	12	14	14
18～60	14	16	16

7) 杆件与节点板的连接焊缝，一般宜采用两面侧焊缝；也可采用三面围焊缝；对于内力较小的角钢杆件，也可采用工字形围焊缝；所有围焊的转角处必须连续施焊。

8) 在搭接连接中，搭接长度不得小于焊件较小厚度的5倍，并不得小于25mm。

2．螺栓连接

普通螺栓和高强度螺栓在构件上连接的构造要求如下：

1) 每一杆件在节点上或拼接连接的一侧，永久性的螺栓数目不宜少于两个。对于组合构件的缀条，其端部连接可采用一个螺栓；对于抗震结构，每一杆件在节点上或拼接连接的一侧，永久性的螺栓数目不应少于3个。

2) 高强度螺栓孔应采用钻孔。摩擦型高强度螺栓的孔径比螺栓公称直径（d）大$1.5\sim2.0$mm；承压型或受拉型高强度螺栓的孔径比螺栓公称直径（d）大$1.0\sim1.5$mm。

3) 在高强度螺栓连接范围内，构件接触面的处理方法应在施工图中说明。

4) 普通螺栓和高强度螺栓通常采用并列和错列的布置形式。螺栓行列之间以及螺栓与构件边缘的距离，应符合表8.2的要求。

表8.2　螺栓的最大、最小容许间距

名称	位置和方向			最大容许距离（取两者的较小者）	最小容许距离
中心间距	任意方向	外排		$8d_0$ 或 $12t$	$8d_0$
		中间排	构件受压力	$12d_0$ 或 $18t$	
			构件受拉力	$16d_0$ 或 $24t$	
中心至构件边缘距离	顺内力方向			$4d_0$ 或 $8t$	$2d_0$
	垂直内力方向	切割边			$1.5d_0$
		轧制边	高强度螺栓		$1.2d_0$
			普通螺栓		

注：1) d_0为螺栓的孔径；t为外层较薄板件的厚度。
　　2) 钢板边缘与刚性构件（如角钢、槽钢等）相连的螺栓的最大间距，可按中间排的数值采用。

3．拼接连接

(1) 钢材的工厂焊接拼接

在构件制作中，当材料的长度不能满足构件的长度要求时，必须进行接长拼接。材料的工厂拼接一般是采用焊接连接。

钢板的拼接应满足下列要求：凡能保证连接焊缝强度与钢材强度相等时，可采用对接正焊缝（垂直于作用力方向的焊缝）进行拼接；连接焊缝的强度低于钢材强度时，则应采用对接斜焊缝（与作用力方向的夹角为$45°\sim55°$的斜焊缝）进行拼接；组合工字形或H形截面的翼缘板和腹板的拼接，一般宜采用完全焊透的坡口对接焊缝进行拼接；拼接连接焊缝的位置宜设在受力较小的部位，并应采用引弧板施焊，以消除弧坑的影响。

采用双角钢组合的 T 型截面杆件，其角钢的接长通常是采用拼接角钢，并应将拼接角钢的背楞切角紧贴于被拼接角钢的内侧(图 8.13)。拼接角钢通常是采用同号角钢切割制成，切去后的截面削弱由垫板补强。拼接角钢的长度根据连接焊缝的计算长度确定。

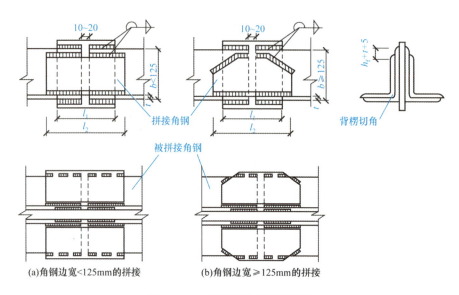

图 8.13　双角钢杆件的拼接连接

单角钢杆件的拼接除可采用角钢拼接外，也可采用钢板拼接。此时拼接角钢或钢板应按被拼接角钢截面面积的等强度条件来确定。

轧制工字钢、槽钢的焊接拼接，一般采用拼接连接板，并按被拼接的工字钢、槽钢截面面积的等强度条件来确定(图 8.14)。轧制 H 型钢的焊接拼接，通常是采用完全焊透的坡口对接焊缝的等强度连接。

圆钢管的拼接连接，通常是采用设置衬环或垫板的等强度对接焊连接和设置外套筒的等强度角焊连接。在采用对接正焊的拼接连接中，无论有无衬管或衬环，均需保证完全焊透。

(2)梁和柱现场安装拼接

梁和柱现场安装拼接方法如下：

1)轧制工字钢、H 型钢或组合工字形截面、箱形截面梁或柱的现场安装拼接，可根据具体情况采用焊接连接，或高强度螺栓连接，或高强度螺栓和焊接的混合连接。

2)梁的拼接连接通常是设在距梁端 1.0m 左右位置处；柱的拼接连接通常是设在楼板面以上 1.1~1.3m 的位置处。

3)门式刚架斜梁与柱的连接，通常采用端板连接。

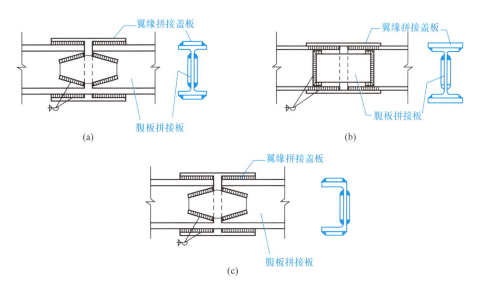

图 8.14 轧制工字钢和槽钢的拼接连接

8.2.2 钢结构制作

钢结构的制作和安装必须严格按照施工图进行，并应符合国家现行的有关标准规范的规定。钢结构工程所采用的钢材、连接材料和涂装材料等，除应具有出厂质量证明书外，尚应进行必要的检验，以确认其材质符合要求。

1. 组合构件的制作

(1) 生产准备

钢构件在制作前，应进行设计图样的自审和互审工作，并应按工艺规程做好各道工序的工艺准备工作。上岗操作人员应进行培训和考核，特殊工种应进行资格确认，并做好各道工序的技术交底工作。

(2) 放样和号料

放样 根据施工详图，以 1∶1 的比例在样板台上弹出实样，求取实长，根据实长制成样板(样杆)。放样应采用经过计量检定的金属直尺，并将标定的偏差值计入量测尺寸。尺寸画法应先量全长后分尺寸，不得分段丈量相加，避免偏差积累。放样和样板(样杆)是号料的基础。样板、样杆可采用厚度为 0.3～0.5mm 的薄钢板制作。

号料 以样板为依据，在材料上画出实样并打上各种加工记号。号料应使用经过检查合格的样板(样杆)，避免直接用金属直尺所造成过大偏差或看错尺寸而引起的不必要损失。

号料过程中发现原料有质量问题，则需要另行调换或与技术部门及时联系。当材料有较大幅度弯曲而影响号料质量时，可先矫正平直，再号料。

(3) 切割

机械切割后钢材不得有分层，断面上不得有裂纹，并应清除切口处的毛刺或熔渣和飞溅物。钢材的下料切割方法通常可根据具体要求和实际条件参照表 8.3 选用。

表 8.3　各种切割方法的特点及适用范围

方法	使用设备	特点及适用范围
机械切割	剪板机	切割速度快、切口整齐、效率高,适用薄钢板、压型钢板、冷弯檩条的切削
	无齿锯	切割速度快,可切割不同形状、不同尺寸的各类型钢、钢管和钢板,切口不光洁,噪声大,适用于锯切精度要求较低的构件或下料留有余量且最后尚需精加工的构件
	砂轮切割机	切口光滑、噪声大、粉尘多,适用于切割薄壁型钢及小型钢管。切割材料的厚度不宜超过 4mm
	锯床	切割精度高,适用于切割各类型钢及梁、柱等型钢构件
气割	自动切割	切割精度高、速度快,在其数控气割时可省去放样、划线等工序而直接切割。适于钢板切割
	手工切割	设备简单、操作方便、费用低、切口精度较差,能够切割各种厚度的钢材
等离子切割	等离子切割机	切割温度高,冲刷力大,切割边质量好,变形小,可切割任何高熔点金属,特别是不锈钢、铝、铜及其合金等

(4)矫正和成型

在钢结构制作过程中,原材料变形,气割、剪切变形,钢结构成型后焊接变形,运输变形等,会影响构件的制作及安装质量,一般需采用机械或火焰矫正。

(5)制孔

轻钢结构中一般有高强度螺栓孔、普通螺栓孔、地脚螺栓孔等。高强度螺栓孔应采用钻孔,檩条等结构上的孔可采用冲孔;地脚螺栓孔与螺栓间的间隙较大,当孔径超过 50mm 时也可用火焰割孔。制孔后应用磨光机清除孔边毛刺,并不得损伤母材。螺栓孔的允许偏差超过上述规定时,不得采用钢块填塞,可采用与母材材质相匹配的焊条补焊,打磨平整后重新制孔。

(6)组装

钢结构构件的组装是按照施工图的要求,把已加工完成的零件或半成品装配成独立的成品构件。零部件在组装前应矫正其变形并在控制偏差范围以内,接触表面应无毛刺、污垢和杂物,除工艺要求外,零件组装间隙不得大于 1.0mm,顶紧接触面应有 75% 以上的面积紧贴,用 0.3mm 塞尺检查,其塞入面积应小于 25%,边缘间隙不应大于 0.8mm,板叠上所有螺栓孔、铆钉孔等应采用量规检查。组装出首批构件后,必须由质检部门进行全面检查,经合格认可后方可进行继续组装。

(7)焊接

梁、柱结构一般由 H 型钢组成,适于采用自动埋弧焊接、船形焊接。H 型钢翼缘板只允许在长度方向拼接,腹板的长度、宽度均可拼接,拼接缝可为十字形或 T 字形,上下翼缘板和腹板的拼装缝应错开 200mm 以上;拼接焊接应在 H 型钢组装前进行。

(8)摩擦面处理

摩擦面的处理方法有:喷砂(或抛丸)后生赤锈,可用砂轮打磨除锈,用钢丝刷消除浮锈;火焰加热清理氧化皮;酸洗等。其中,以喷砂(或抛丸)为最佳处理方法。施工过程中,应注意摩擦面的保护,防止构件在运输、装卸、堆放、二次搬运、翻吊时连接板的变形。安装前,应处理好被污染的连接面表面。

2. 钢檩条的制作

轻钢结构中的钢檩条通常采用卷边槽形和带斜卷边的 Z 形冷弯薄壁型钢,一般采用自动数控檩条机,将冷薄板通过剪切、辊压成型、冲孔等过程一次性完成钢檩条的制作。

3. 压型金属板的制作

压型金属板的制作是采用钢金属板压型机,将彩涂钢卷通过连续完成开卷、剪切、辊压成型等过程完成。成型后的压型钢板及泛水板、包角板的基板不得有裂纹;漆膜应无裂纹、剥落和擦痕等缺陷。

8.2.3 钢结构安装

钢结构安装前,应做好如下施工准备工作:钢结构安装应具备相应设计文件,进行图样自审和会审,钢结构安装应编制施工组织设计、施工方案或作业设计,进行技术交底、基础的检测与验收等。

1. 柱子安装

(1)吊点选择

吊点位置及吊点数量应根据钢柱形状、端面、长度、起重机性能等具体情况确定。一般钢柱采用一点正吊,吊耳放在柱顶处,柱身垂直、易于对线校正。由于通过柱的重心位置,受起重机臂杆长度限制,吊点也可放在柱长 1/3 处,采用斜吊时,由于钢柱倾斜,对线校正较难。对细长钢柱,为防止钢柱变形,可采用二点或三点绑扎吊装。

(2)起吊方法

一般钢柱吊装可采用单机吊装,当重型工业厂房大型钢柱又重又长时,可根据起重机配备和现场条件确定单机、双机、三机吊装。起吊方法有旋转法和滑行法两种,分别如图 8.15 和图 8.16 所示。

(3)钢柱校正

钢柱校正工作有:柱基高程调整,对准纵横十字线,柱身垂直度校正。

柱基高程调整 根据钢柱实际长度、柱底平整度、钢牛腿顶部距柱底部距离(重点要保证钢牛腿顶部高程值)来决定基础高程的调整数值。具体做法是:首层柱安装时,可在钢柱底板下的地脚螺栓上加一个调整螺母,螺母上表面的高程调整到与柱底板高程

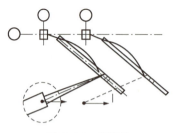
图8.15 旋转法

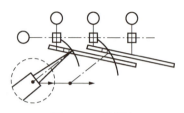
图8.16 滑行法

齐平,放上柱后,利用底板下的螺母控制柱高程,精度可达±1mm以内。柱底板下预留的空隙,可用无收缩砂浆以捻浆法填实。

对准纵横十字线 钢柱底部制作时,在柱底板侧面,用钢冲打出互相垂直的四个面,每个面一个点,用三个点与基础面十字线对准即可,达到点线重合。对线方法为:起重机不脱钩的情况下,将三面线对准,缓慢降落至高程位置。

柱身垂直度校正 采用缆风绳校正方法,用两台呈90°的经纬仪找垂直,在校正过程中不断调整柱底板下螺母,直至校正完毕,将柱底板上面的两个螺母拧上,缆风绳松开不受力,柱身呈自由状态,再用经纬仪复核,如有小偏差,调整下螺母,无误后将上螺母拧紧。地脚螺栓的螺母一般可用双螺母,也可在螺母拧紧后,将螺母与螺杆焊实。

2. 钢屋架安装

钢屋架的侧向刚度较差,安装前需要加固。单机吊(加铁扁担法)常加固下弦;双机抬吊应加固上弦。

屋架的绑扎点必须绑扎在屋架节点上。第一榀屋架起吊就位后,应在屋架两侧设缆风绳固定。如果端部有抗风柱,校正后可与抗风柱固定。第二榀屋架起吊就位后,每坡用一个屋架调整器,进行屋架垂直度校正,两端支座处用螺栓固定或焊接固定,然后安装垂直支撑与水平支撑,检查无误,作为参考标准,以此类推,继续安装。为减少高空作业,提高生产效率,可在地面上将天窗架预先拼装在屋架上,并将吊索两面绑扎,将天窗架夹在中间,以保证整体安装的稳定,如图8.17中虚线所示。

钢屋架垂直度校正方法:在屋架下弦一侧拉一根通长钢丝,同时在屋架上弦中心线设置一个同等距离的标尺,用线锤校正,如图8.18所示。也可用一台经纬仪,放在柱顶一侧,与轴线平移a距离,在对面柱子上同样有一距离为a的点,从屋架中线处用标尺挑出a距离,三点在一条线上,即可使屋架垂直,如图8.18所示(将线锤和通长钢丝换成经纬仪即可)。

3. 钢梁安装

(1)钢吊车梁安装

根据吊车梁质量、起重机能力、现场施工条件和工期要求,因地制宜,选用钢吊车梁安装的最佳方案。吊车梁的安装应在柱第一次校正和柱间支撑安装后进行。吊车梁的安装应从有柱间支撑的跨间开始,吊装后的吊车梁应进行临时固定。吊车梁的校正应在屋面系统构件安装并永久连接后进行,其内容包括高程、纵横轴线(包括轴线和轨距)和垂直度。

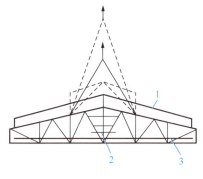

1——护身栏；2——上下梯子；
3——加固杆。

图 8.17 钢屋架吊装

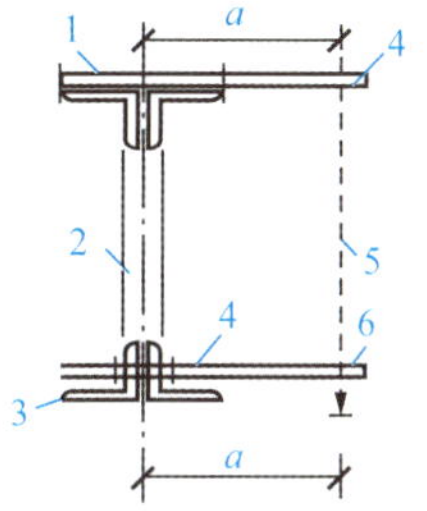

1——上弦；2——屋架；3——下弦；
4——标尺；5——线锤；6——通长钢丝。

图 8.18 钢屋架垂直度校正

（2）高层及超高层钢结构钢梁安装

主梁采用专用卡具吊装，为防止高空因风或碰撞物体落下，卡具放在距钢梁端部 500mm 的两侧，如图 8.19 所示。

原则上竖向构件由下向上逐件安装，构件上部和周边都处于自由状态，易于安装测量，保证质量。习惯上同一列柱的钢梁从中间跨开始对称地向两端安装，同一跨钢梁，先安装上层梁，再安装中层和下层梁。在安装和校正柱与柱之间的主梁时，须把柱撑开。测量必须跟踪校正，预留偏差值，留出接头焊接收缩量，这时柱产生的内力在焊接完毕、焊缝收缩后会消失。

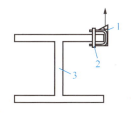

1——卡具；2——安全销；3——钢梁。

图 8.19 钢梁吊装示意

柱与柱接头和梁与柱接头的焊接，应相互协调，一般可先焊一节柱的顶层梁，再从下向上焊各层梁与柱的接头。柱与柱的接头可先焊，也可最后焊。

（3）轻型钢结构斜梁安装

门式刚架斜梁在地面组装好后吊起就位，并与柱连接。可选用单机两点或三四点起吊，或用铁扁担以减小索具对斜梁所产生的压力，或者双机抬吊，防止斜梁侧向失稳。大跨度斜梁吊点需经计算确定。吊点部位，要防止构件局部变形和损坏，放置加强肋板或用木方子填充好，并进行绑扎。

4. 钢网架的安装

网架的制作与安装分为 3 个阶段：首先是制备杆件及节点，然后拼装成基本单元体，最后在现场安装。杆件与节点的制备都在工厂中进行，与一般钢结构的制作相同。基本单元体的拼装可在工厂或施工现场附近进行，单元体的大小视网格尺寸及运输条件而定，可是一个网格，也可是几个网格。网架的安装方法有高空散装法、整体吊装法、分条分块法、高空滑移法、顶升法等。下面主要介绍高空散装法和整体吊装法。

（1）高空散装法

高空散装法是指运输到现场的单元体（平面桁架或锥体）或散件，用起重机械吊升到高空对位拼装成整体结构的方法，适用于螺栓球或高强度螺栓连接节点的网架结构。它在拼装过程中始终有一部分网架悬挑着，当网架悬挑拼接成为一个稳定体系时，不需要设置任何支架来承受其自重和施工荷载。当跨度较大、拼接到一定悬挑长度后，设置单肢柱或支架，支承悬挑部分，以减少或避免因自重和施工荷载而产生的挠度。

支架既是网架拼装成型的承力架，又是操作平台支架，因此支架搭设位置必须对准网架下弦节点。支架一般用扣件和钢管搭设。它应具有整体稳定性和足够的刚度；应将支架本身的弹性压缩、接头变形、地基沉降等引起的总沉降值控制在 5mm 以下，如果地基情况不良，要采取夯实加固等措施，并且要用木板铺地以分散支柱传来的集中荷载。因此，为了调整沉降值和卸荷方便，可在网架下弦节点与支架之间设置调整高程用的千斤顶。

网架拼装成整体并检查合格后，即拆除支架，拆除时应从中央逐圈向外分批进行，每圈下降速度必须一致，应避免个别支点集中受力，造成拆除困难。对于大型网架，每次拆除的高度可根据自重挠度值分成若干批进行。

拼装操作顺序是：从建筑物一端开始向另一端以两个三角形形式同时推进，待两个三角形相交后，则按人字形逐榀向前推进，最后在另一端的正中合龙。每榀块体的安装顺序，在开始的两个三角形部分是由屋脊部分开始分别向两边拼装，待两三个角形相交后，则由交点开始同时向两边拼装，见图 8.20。吊装分块（分件）用两台履带式起重机或塔式起重机进行，拼装支架用钢材制作，可局部搭设做成活动式，亦可满堂红搭设。分块拼装后，在支架上分别用方木和千斤顶顶住网架中央竖杆下方进行高程调整 [图 8.20(c)]，其他分块则随拼装随拧紧高强度螺栓，与已拼好的分块连接即可。

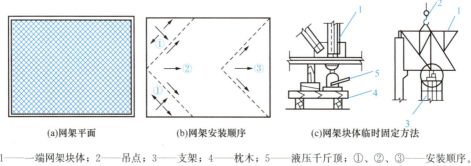

1——一端网架块体；2——吊点；3——支架；4——枕木；5——液压千斤顶；①、②、③——安装顺序。

图 8.20　采用高空散装法安装网架

当采取分件拼装时，一般采取分条进行，顺序为：支架抄平、放线→放置下弦节点垫板→按格依次组装下弦、腹杆、上弦支座（由中间向两端，一端向另一端扩展）→连接水平系杆→撤出下弦节点垫板→总拼精度校验→涂装。每条网架组装完，经校验无误后，按总拼顺序进行下条网架的组装，直至全部完成。

(2) 整体吊装法

整体吊装法是指在设计位置的地面上错位将网架拼装成整体后，采用单（或多）根拔杆或单（多）台起重机进行吊装，吊升超过设计高程，空中移位后落位固定。此法不需要搭设高的拼装架，高空作业少，易于保证接头焊接质量，但需要起重能力大的设备，吊装技术复杂。此法以吊装焊接球节点网架为宜,尤其是三向网架的吊装。根据吊装方式和所用的起重设备不同,可分为多机抬吊及独脚拔杆吊升。

多机抬吊作业 多机抬吊施工中布置起重机时,需要考虑各台起重机的工作性能和网架在空中移位的要求。起吊前要测出每台起重机的起吊速度,以便起吊时控制速度或每两台起重机的吊索用滑轮连通。这样,当起重机的起吊速度不一致时,可由连通滑轮的吊索自行调整。如网架质量较轻,或4台起重机的起重量均能满足要求时,宜将4台起重机布置在网架的两侧,这样只要4台起重机将网架垂直吊升超过柱顶后,旋转一小角度,即可完成网架空中移位要求。

多机抬吊一般用4台起重机联合作业,将地面错位拼装好的网架整体吊升到柱顶后,在空中进行移位,然后落下就位安装。一般有四侧抬吊和两侧抬吊两种方法,如图8.21所示。

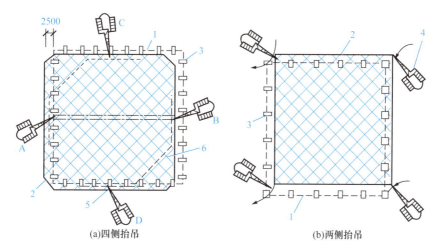

1——网架安装位置;2——网架拼装位置;3——柱;4——履带式起重机;5——吊点;6——串通吊索。

图 8.21 四机抬吊网架

四侧抬吊时,为防止起重机因升降速度不一而产生不均匀荷载,在每台起重机设两个吊点。每两台起重机的吊索互相用滑轮串通,使各吊点受力均匀,网架平稳上升。当网架提升到比柱顶高30cm时,进行空中移位。起重机A一边落起重臂,一边升钩;起重机B一边升起重臂,一边落钩;C、D两台起重机则松开旋转制动跟着旋转,待转到网架支座中心线对准柱中心时,4台起重机同时落钩,并通过设在网架四角的拉索和倒链拉动网架进行对线,将网架落到柱顶就位。

本方法准备工作简单,安装快速方便。四侧抬吊和两侧抬吊比较,前者移位较平稳,操作较复杂;后者空中移位较方便,但平稳性较差。两种吊装方法都需要多台起重设备,适于跨度40m左右、高度2.5m左右的中、小型网架屋盖的吊装。

独脚拔杆吊升作业 独脚拔杆吊升法是多机抬吊的另一种形式。它是用多根独脚拔杆,将地面错位拼装的网架吊升超过柱顶进行空中移位后落位固定。采用此方法时,支撑屋盖结构的柱与拔杆应在屋盖结构拼装前竖立。此方法所需的设备多,劳动量大,但对于吊装高、重、大的屋盖结构,特别是大型网架较为适宜。

5. 高强度螺栓施工

高强度螺栓组装时，应用钢钎、冲子等校正孔位，为了确保钢板间摩擦面贴紧，结合良好，可先用临时普通安装螺栓和手动扳手紧固，达到贴紧为止。待结构调整就位后穿入高强度螺栓，并用带把扳手适当拧紧，再用高强度螺栓逐个取代安装螺栓。

高强度螺栓连接副的拧紧应分为初拧、终拧。对于大型节点，应分为初拧、复拧、终拧。复拧扭矩等于初拧扭矩。初拧、复拧、终拧应在24h内完成。施拧一般应按由螺栓群节点中心位置顺序向外拧紧的方法进行初（复）拧、终拧并应做好标志。

8.2.4 钢结构的防腐与防火

1. 钢结构的防腐

钢结构在使用过程中由于受到各种介质的作用而容易腐蚀。为了减轻或防止钢结构的腐蚀，目前国内外基本采用涂装方法进行防护。常用的保护层有金属保护层、化学保护层、非金属保护层。

(1) 除锈方法的选择和除锈等级的确定

钢材基层表面处理的质量是影响涂装质量的主要因素。

除锈方法的选择　钢材表面处理的除锈方法主要有手工工具除锈、手工机械除锈、喷射或抛射除锈、酸洗（化学）除锈和火焰除锈等。选择除锈方法时，除要根据各种方法的特点和防护效果外，还要根据涂装的对象、目的、钢材表面的原始状态、要求的除锈等级、现有的施工设备和条件以及施工费用等，进行综合考虑和比较，最后才能确定。

对钢结构涂装来讲，由于工程量大、工期紧，钢材的原始表面状态复杂，又要求有较高的除锈质量，一般采用酸洗法可满足工期和质量的要求，成本费用较低。

除锈等级的确定　钢材表面处理是影响涂层质量的主要因素，所以合理、正确地确定除锈等级，对保证涂层质量具有非常重要的作用。确定的除锈等级过高，会造成人力和物力的浪费；过低会降低涂层质量，起不到应有的防护作用。

一般应根据以下因素确定除锈等级：钢材表面原始状态；可能适用的底漆；采用的除锈方法；工程价值与要求的涂装维护周期；经济上可行程度。由于各种涂料的性能不同，涂料对钢材的附着力也不同。确定除锈等级时，应与选用的底漆相适应。

(2) 涂料品种的选择

涂料经施工后，在钢材表面上形成涂层，隔离腐蚀介质对钢材的腐蚀。但隔离的程度，即防护效果，因选用涂料品种的不同而不同。涂料选用正确，涂层具有较长时期的防护作用和较高的防护效果，选用不当，则防护作用时间短和防护效果低。因此，涂料品种的选择取决于对涂料性能的了解程度，预测环境对钢结构及其涂层的腐蚀情况以及经济条件。

(3) 涂层厚度

涂层厚度一般由基本涂层厚度、防护涂层厚度和附加涂层厚度组成。

基本涂层厚度是指涂料在钢材表面上形成均匀、致密、连续漆膜所需的最薄厚度（包括填平粗糙度波峰所需的厚度）；防护涂层厚度是指涂层在使用环境中，在维护周期内受到腐蚀、粉化、磨损等所需的厚度；附加涂层厚度是指因以后涂装维修困难和留有安全系数所需的厚度。

涂层厚度应根据需要来确定，过厚虽然可增强防腐力，但附着力和力学性能都要降低；过薄易产生肉眼看不到的针孔和其他缺陷，起不到隔离的作用。钢结构涂装涂层厚度，可参考表 8.4 确定。

表 8.4　钢结构涂装涂层厚度　　　　　　　　　　（单位：μm）

各种底漆	基本涂层和防护涂层厚度					附加涂层厚度
	城镇大气	工业大气	化工大气	海洋大气	高温大气	
醇酸漆	100～150	125～175	—	—	—	25～50
沥青漆	—	—	150～210	180～240	—	30～60
环氧漆	—	—	150～200	75～225	150～200	25～50
过氯乙烯漆	—	—	160～200	—	—	20～40
丙烯酸漆	—	100～140	120～160	140～180	—	20～40
聚氨酯漆	—	100～140	120～160	140～180	—	20～40
氯化橡胶漆	—	120～160	140～180	160～200	—	20～40
氯磺化聚乙烯漆	—	120～160	140～180	160～200	120～160	20～40
有机硅漆	—	—	—	—	100～140	20～40

2．钢结构防火

（1）防火措施

目前，钢结构构件常用的防火措施主要有防火涂料和构造防火两种类型。

防火涂料　钢结构防火涂料分为薄涂型和厚涂型两大类。对于室内裸露钢结构、轻型屋盖钢结构及有装饰要求的钢结构，当规定其耐火极限在 1.5h 以下时，应选用薄涂型钢结构防火涂料。对于室内隐蔽钢结构、高层钢结构及多层厂房钢结构，当其规定耐火极限在 1.5h 以上时，应选用厚涂型钢结构防火涂料。

构造防火　钢结构构件的构造防火可分为外包混凝土材料、外包钢丝网水泥砂浆、外包防火板材、外喷防火涂料等几种构造形式。喷涂钢结构防火涂料防火与其他构造防火方式相比较，具有施工方便、不过多增加结构自重、技术先进等优点，目前被广泛应用于钢结构防火工程中。

（2）防火施工

钢结构防火施工可分为湿式工法和干式工法。湿式工法有外包混凝土、钢丝网水泥砂浆、喷涂防火涂料等。干式工法主要是指外包防火板材，干式防火施工时用胶黏剂粘贴。常用的板材有轻质混凝土预制板、石膏板、硅酸钙板等。施工时，应注意密封性，不得形成防火薄弱环节，所采用的粘贴材料在预计的耐火时间内应能保证受热而不失去作用。

外包混凝土防火施工　在混凝土内应配置构造钢筋，防止混凝土剥落。施工方法和普通钢筋混凝土施工原则上没有任何区别。由于混凝土材料具有经济性、耐久性、耐火性等优点，一向被用作钢结构防火材料。但是，浇捣混凝土时，要架设模板，施工周期长，这种工法一般仅用于中、低层钢结构建筑的防火施工。

钢丝网水泥砂浆防火施工　这是一种传统的施工方法，但当砂浆层较厚时，容易在干后产生龟裂，为此应分遍涂抹水泥砂浆。

喷涂防火涂料防火施工　这种方法施工本身有一定的技术难度，操作不当，会影响使用效果和消防安全。一般规定，应由经过培训合格的专业施工队施工。施工应在钢结构工程验收完毕后进行。为了确保防火涂层和钢结构表面有足够的黏结力，在喷涂前，应清除钢结构表面的锈迹锈斑；如有必要，在除锈后，还应涂一层防锈底漆，且防锈底漆不得与防火涂料产生化学反应。

当防火涂料分为底层和面层涂料时，两层涂料应相互匹配，且底层不得腐蚀钢结构，不得与防锈底漆产生化学反应。面层若为装饰涂料，选用涂料应通过试验验证。

对于重大工程，应进行防火涂料的抽样检验。每使用 100t 薄型钢结构防火涂料，应抽样检查一次黏结强度；每使用 500t 厚涂型防火涂料，应抽样检测一次黏结强度和抗压强度。

薄涂型涂料的底层涂料一般都比较粗糙，宜采用重力式喷枪喷涂。喷后的局部修补可用手工抹涂。当喷枪的喷嘴直径可调至 1～3mm 时，也可用于喷涂面层涂料。薄涂型面层很薄，主要起装饰作用，所以，面层应在底层经检测符合设计厚度要求，并基本干燥后喷涂，并应注意不要产生色差。

厚涂型钢结构防火涂料无论是双组分还是单组分，均需要现场加水调制，一次调配的涂料必须在规定的时间内用完，否则会固化堵塞管道。厚涂型钢结构防火涂料宜采用压送式喷涂机喷涂。厚涂型每遍喷涂厚度一般控制在 5～10mm，喷涂必须在前一遍基本干燥后进行，厚度检测方法与薄涂型相同，施工时如发现有质量问题，应铲除重喷。有缺陷应加以修补。

8.3　钢结构的质量检验与施工安全

8.3.1　钢结构质量检验

1. 焊接检验

常用的焊接检验方法一般分为破坏性检验和非破坏性检验两大类：破坏性检验有力学性能试验、化学分析试验、金相检验、焊接性试验；非破坏性检验有外观检验、耐压检验、密封性检验和无损探伤。

对于不同类型的焊接接头和不同的材料，可根据图样要求或有关规定，选择一种或几种检验方法，以确保质量。

(1)焊缝的外观检查

焊缝的外观检查方法主要是目视观察，用焊缝检验尺检查，必要时，用渗透着色探伤或磁粉探伤检查。焊缝外观缺陷质量控制主要是查看焊缝成形是否良好，焊道与焊道过渡是否平滑，焊渣、飞溅物等是否清理干净。

(2)焊缝内部缺陷检查

焊缝的 X 射线检测　X 射线可有效地检查整个焊缝透照区内所有缺陷，缺陷定性及定量迅速、准确，相片结果能永久记录并存档。

焊缝的超声波检验　超声波检验具有如下优点：探伤速度快、效率高；不需要专门的工作场所；设备轻巧、机动性强，野外及高空作业方便、实用；探测结果不受焊接接头形式的影响，除对接焊缝外，还能检查 T 形接头焊缝及所有角焊缝；对焊缝内危险性缺陷(包括裂缝、未焊透、未熔合)检测灵敏度高；易耗品极少、检查成本低等。超声波检验也存在如下缺点：探测结果判定困难，操作人员需经专门培训并经考核合格，缺陷定性及定量困难，探测结果的正确评定受人为因素的影响较大，缺陷真实形状与探测结果判定有一定偏差，探测结果不能直接记录存档等。

2. 高强度螺栓检验

高强度螺栓的质量检验可分为两个阶段：第一阶段是根据工艺流程而做的工艺检查；第二阶段是高强度螺栓紧固后的质量检查。

(1)高强度螺栓第一阶段的工艺检查内容

工艺检查内容包括：高强度螺栓的安装方法和安装过程，连接面的处理和清理，高强度螺栓的紧固顺序和紧固方法等。安装工艺的检查是高强度螺栓施工质量检查的重点和关键。

(2)高强度螺栓第二阶段的质量检查内容

对大六角高强度螺栓的检查　主要包括：

1)用小锤敲击法对高强度螺栓进行普查，防止漏拧。小锤敲击法是用手指紧按住螺母的一个边，按的位置尽量靠近螺母垫圈处，然后采用 0.3～0.5kg 重的小锤敲击螺母相对应的另一个边(手按边的对边)，如手指感到轻微颤动即为合格，颤动较大即为欠拧或漏拧，完全不颤动即为超拧。

2)扭矩检查，抽查每个节点螺栓数的 10%，但不少于 1 个。即先在螺母与螺杆的相对应位置画一条细直线，然后将螺母拧松约 60°，再拧到原位(即与该细直线重合)时测得的扭矩，该扭矩与检查扭矩的偏差在检查扭矩的 ±10% 范围以内即为合格。

3)扭矩检查应在终拧 1h 以后进行，并应在 24h 以内检查完毕。

4)扭矩检查为随机抽样，抽样数量为每个节点的螺栓连接副的 10%，但不少于 1 个连接副。如发现不合格的，应重新抽样 10% 检查，如仍有不合格的，则欠拧、漏拧的应该重新补拧，超拧的应更换螺栓。

对扭剪型高强度螺栓连接副的检查 主要包括：

1) 扭剪型高强度螺栓连接副，因结构特点，施工中梅花杆部分承受的是反扭矩，因而梅花头部分拧断，即螺栓连接副已施加了相同的扭矩，故检查只需目测梅花头拧断即为合格。但个别部位的螺栓无法使用专用扳手，则按相同直径的高强度大六角螺栓检验方法进行。
2) 扭剪型高强度螺栓施拧必须进行初（复）拧和终拧。初（复）拧后，应做好标志。此标志是为了检查螺母转角量及有无共同转角量或螺栓空转的现象，应引起重视。

8.3.2 钢结构工程验收

钢结构工程的验收，应在钢结构的全部或空间刚度单元部分的安装工程完成后进行。

1. 钢结构工程项目的划分

钢结构工程的质量检验和评定应划分为钢结构安装工程和钢结构制作工程。

钢结构安装工程应按分项工程、分部工程和单位工程进行质量检验和评定；钢结构制作工程应按分项工程、分部工程和制作项目进行质量检验和评定。

(1) 钢结构安装工程

钢结构安装工程的划分应符合下列规定：

1) 分项工程应按钢结构焊接、钢结构高强度螺栓连接、钢结构主体结构安装、钢结构围护结构安装、钢平台与钢梯和防护栏杆安装、压型金属板的安装和钢结构涂装等主要工种和工序工程进行划分。
2) 分部工程应按空间刚度单元进行划分。
3) 单位工程应按钢结构质量大于或等于2000t，并由种类齐全的钢结构构件构成的独立建（构）筑物或大型工业钢结构工程中结构独立的工艺区段的钢结构安装工程进行划分。

(2) 钢结构制作工程

分项工程 应按钢柱焊接、钢柱制作、钢柱涂装、钢桁架焊接、钢桁架制作、钢桁架涂装、钢桁架组装、高强度螺栓连接、钢吊车梁焊接、钢吊车梁制作、钢吊车梁涂装和压型金属板制作等构件种类的主要工程进行划分。

分部工程 应按钢柱制作，吊车梁制作，桁架制作，墙架连接系统构件制作，钢平台、钢梯和防护栏杆制作，压型屋面板制作，压型墙面板制作和压型楼板制作等构件种类进行划分。

制作项目 应按钢结构安装单位工程或钢结构制作合同规定的全部构件制作进行划分。

2. 钢结构工程质量的评定

我国对钢结构工程中的分项工程、分部工程和单位工程（或制作项目）的质量检验评定均划分为"合格"一个等级。

3. 质量检验评定的程序及组织

质量检验评定的程序及组织主要有以下几点：

1) 分项工程质量检验评定应在施工班组自检的基础上，由工程负责人组织有关人员进行，再由专职质量检查员检验核定。
2) 分部工程质量检验评定由工程负责人进行，再由专职质量检查员核定。
3) 单位工程或制作项目的质量检验评定应由企业技术负责人组织有关部门进行，并经过建设单位或监理单位确认后，由建设主管部门核定。

当单位工程或制作项目由几个分包单位施工时，其总承包单位应对工程质量全部负责；各分包单位应按上述的规定检验评定所承建的分项工程、分部工程，并将评定资料交总承包单位。

8.3.3 钢结构质量要求

1. 钢结构的制作

钢结构的制作要注意以下几点：

1) 在进行钢结构制作之前，应对各种型钢进行检验，以确保钢材的型号符合设计要求。
2) 受拉杆件的细长比不得超过 250。
3) 当杆件用角钢制作时，宜采用肢宽而薄的角钢，以增大回转半径。
4) 一榀屋架内，不得选用肢宽相同而厚度不同的角钢。
5) 钢结构所用的钢材，型号规格尽量统一，以便于下料。
6) 钢材的表面，应彻底除锈，去油污，且不得出现伤痕。
7) 采用焊接的钢结构，其焊缝质量的检查数量和检查方法，应按规范进行。
8) 焊接的焊缝表面的焊波应均匀，且不得有裂缝、焊瘤、夹渣、弧坑、烧穿和气孔等现象。
9) 桁架各个杆件的轴线必须在同一平面内，且各个轴线都为直线并相交于节点的中心。
10) 荷载都作用在节点上。

2. 钢结构的安装质量要求

钢结构的安装质量要求如下：

1) 各节点应符合设计要求，传力可靠。
2) 各杆件的重心线应与设计图中的几何轴线重合，以避免各杆件出现偏心受力。
3) 腹杆的端部应尽量靠近弦杆，以增加桁架外的刚度。
4) 截断角钢时，宜采用垂直于杆件轴线直切。
5) 在装卸、运输和堆放的过程中，均不得损坏杆件，并防止其变形。
6) 扩大安装时，应做强度和稳定性验算。
7) 为了使两个角钢组成"⊐⊏"形或"X"形截面杆件共同工作，在两个角钢之间，每隔一定的距离应焊上一块钢板。
8) 对钢结构的各个连接头，经过检查合格后，方可紧固和焊接。

9)用螺栓连接时,其外露螺纹不应少于2~3扣,以防止在振动作用下螺纹松动。

10)采用高强度螺栓连接时,必须当天拧紧完毕,外露螺纹不得少于两扣。对欠拧、漏拧的,除用小锤逐个检查松紧外,还要用小锤划缝,以免松动。

8.3.4　钢结构常见的质量通病及其预防

1. 构件运输、堆放及变形处理

构件制作时因焊接而产生的变形或构件在运输过程中因碰撞产生的变形,一般用千斤顶或其他工具校正,或辅以氧乙炔火焰烘烤后校正。

2. 构件拼装扭曲

常表现在节点型钢不吻合,缝隙过大,拼接工艺不合理。节点处型钢不吻合,应用氧乙炔火焰烘烤或用杠杆加压方法调直。拼装构件一般应设拼装工作台,如在现场拼装,则应放在较坚硬的场地上并用水平仪找平。拼装时,构件全长应拉通线,并在构件有代表性的点上用水平尺找平,符合设计尺寸后用电弧焊固定,构件翻身后也应进行找平,否则构件焊接后无法校正。

3. 构件起拱或制作尺寸不准确

表现在构件制作尺寸不符合设计要求或起拱数值偏小。构件拼装时按规定起拱,构件制作尺寸应在允许偏差范围内。

4. 钢柱、钢屋架、钢吊车梁垂直度偏差过大

表现在制作或安装过程中,垂直度偏差过大或产生较大的侧向弯曲。制作时检查构件几何尺寸,吊装时按照合理的工艺吊装,吊装后应加设临时支撑。

8.4　钢结构安装工程施工实例

8.4.1　工程概况

武汉市某公司生产车间钢结构工程,钢柱、钢梁等构件均采用焊接型钢,屋面钢檩条上安装压型钢板,接头采用高强度螺栓连接,试确定施工方案。

8.4.2　钢结构安装工程施工方案

1. 编制依据

编制依据如下:

1)甲方所发招标文书。

2)招标文书提供的主要技术参数及要求。

3)公司提供的结构方案设计图。

4)规范、规程及其代号。

2. 施工准备总则

施工准备总则如下:

1)根据工程规模和工期要求,组织高素质的管理人员和技术人员成立专项工程项目经理部,由项目经理负责成立施工管理组织机构,配备有精湛、丰富施工经验的施工队伍。

2)由项目经理主持,组织管理人员对工程设计图样进行会审,制定相应的施工方案。

3)会同建设单位、设计单位、土建和监理部门对施工方案进行审查和完善,依既定方案商定施工顺序与交叉作业等配合事宜。

4)根据现场情况,绘制施工平面图,落实施工现场的临时建筑、库房、材料的堆放贮存场地和机具设备的安置。

5)根据设计图样、技术要求、工期要求进行施工组织设计。

6)按照设计图样及工期要求,编制工程材料用量计划,由公司供应部门迅速订货、送货,及时发运。

7)按照施工方案,制定工程施工所需机具和设备使用计划,由公司设备管理部门按计划准备,对设备进行测试,确保机具设备以优良性能按时投入使用。

8)建立现场人员管理组织机构,由项目经理负责,落实生产岗位责任制,要求在场人员遵守规章制度、听从指挥、恪守职责、密切配合,向全体施工人员进行技术交底、安全交底、交质量、交任务、交措施。

9)对现场情况再考察,了解现场情况,落实机具、设备和人员的食宿、办公条件,以保证机具、人员按时进场。

3. 制造技术

(1)钢构件制作

对所有钢构件采取工厂化生产。生产车间配有全自动的H型钢生产线,钢构件从下料、切割、焊接、矫正均为自动化生产,能从硬件上得到充分的保障;先进的设备和生产工艺、严格的质量管理体系、高质量的工人队伍确保制造出优质的产品。

钢构件制作的每一道工序都经过严格检查,且所用计量器具为合格并定期送计量检验部门进行检定,保证在检定期内使用。

(2)关键工序的控制和手段

1)H型钢需拼装时,翼缘板按长度方向拼接,腹板拼接可为"十"字形或"T"形,但间距应大于200mm。

2)焊接区域焊前需清理干净杂物,角焊缝转角处宜连续施焊,起、落弧点距焊缝端部要大于10mm,不得有弧坑。

3)用砂轮打磨处理摩擦面时,打磨范围不应小于螺栓孔径的4倍,打磨方向应与构件受力方向垂直。

4)高强度螺栓连接板的钻孔需制作专用胎具,来保证制作和安装时的精度。

5)屋面梁在工厂分段制作好后,在工厂需进行预拼装,除检查各部分尺寸外,还应用试孔器检查板叠孔的通过率,做好记录以指导工地安装。

6)为保证彩板与檩条的可靠连接,除使用抽芯铆钉连接外,还生产专用防风扣件进行固定。

4. 总体钢结构吊装方案

吊装作业线 按照设计施工图中指定的吊装顺序,以汽车起重机为主,配套卸车和拼装钢构件的辅助吊装机械,以单体构件和节间形式综合吊装,施工流水如下:

地面浇筑混凝土预埋铁件安装→中央柱焊临时牛腿→中央柱吊装→中央柱打临时三角支撑与地面预埋件连接→四周小柱吊装→梁吊装→梁端打人字支撑→次梁吊装→一层部分檩条间隔安装→二层柱吊装→屋面梁吊装→屋面次梁吊装→一、二层屋面檩条安装→基础二次灌浆→拆除临时支撑→油漆涂料施工→屋面板安装→竣工收尾→交工验收。

吊装机械选择 中央柱吊装作业选用1台20t起重机,承担屋面梁的就位吊装和综合吊装,另选用1台10t起重机,承担构件卸车、一层梁就位、围护结构吊装。

5. 主要钢结构吊装施工工艺

(1)钢柱吊装

钢柱吊装要注意以下几点:

1) 钢柱安装之前预先检测钢柱底脚高程,并可采用高程块和调节地脚螺母高程的方法找准钢柱底高程。
2) 钢柱安装之前预先检测其外形尺寸并记录在案,发现问题及时报告。
3) 钢柱就位时必须使用道木(木枕)垫实,吊装采用回转法,即在钢柱底部垫实后,千斤吊装顶部,由此旋转到位。
4) 检测其垂直度时,使用两台J2经纬仪在互为垂直的两个方向检查其偏差,使其误差控制在$L/1000$,轴线位移小于3mm。当超出偏差时可使用缆风绳校正。
5) 安装结束时应复测柱顶高程和与相邻钢柱的间距,并及时调整。

(2)钢梁吊装

钢梁吊装在柱子复核完成后进行,钢梁吊装时,采用两点对称绑扎起吊就位安装。钢梁起吊后距柱基准面100mm时徐徐就位,待钢梁吊装就位后进行对接调整校正,然后固定连接。钢梁吊装时随吊随用经纬仪校正,有偏差随时纠正。

(3)檩条安装

檩条截面较小,质量较轻,采用一钩多吊或成片吊装的方法吊装。檩条的校正主要是间距尺寸及自身平直度。间距检查用样杆顺着檩条杆件之间来回移动,如有误差,放松或拧紧螺栓进行校正。平直度用拉线和金属直尺检查校正,最后用螺栓固定。

(4)高强度螺栓施工

钢构件摩擦面处理 包括以下几点:

1) 本工程钢构件摩擦面系数按设计要求执行。
2) 摩擦面要求。有少量微锈的,可用钢丝刷除锈,锈蚀比较严重且面积比较大的,需用角向砂轮除锈,连接面严禁有浮锈、油污、油漆等杂质,否则应用溶剂清理法清理。
3) 由构件加工厂提供三组摩擦面试件,现场按有关规程进行摩擦面试验,摩擦因数必须大于或等于设计提供的数值,否则请重新处理摩擦面试件。

螺栓安装 包括以下几点:
1) 对孔与扩孔。安装螺栓时,应用冲钉对准上、下、前、后连接板的螺栓孔,使螺栓能自由投入。若连接板螺栓孔误差大,属调整螺栓孔无效或剩余下局部螺栓孔位置不正,可用电动铰刀进行扩孔,扩孔产生的卷刺、铁屑等应清除。
2) 临时螺栓安装。使用冲钉对整后,选用普通标准螺栓做构件临时安装连接之用,并使用扳手拧紧。临时螺栓数量为每一节点螺栓孔的 1/2 至少有两个。投入后使用扳手拧紧后拔出冲钉。
3) 高强度螺栓的安装。高强度螺栓应由专业工种施工,施工前,应对参加本工种人员进行 36h 以上的培训,使其熟悉螺栓及专用工具性能、操作要领等,确认为合格后方可上岗作业。在余下的螺孔中投入高强度螺栓并用扳手拧紧,然后将临时安装螺栓逐一换成高强度螺栓并拧紧。

(5) 压型板安装

施工工艺流程为:搭设满堂脚手架至二层梁底 1700mm 处→油漆及装饰施工→安装二层屋面顶板及天沟→安装二层屋面底板→拆除一层以上的脚手架至一层底 1700mm 处→安装一层屋面板及天沟→安装一层屋面底板→拆除脚手架→竣工收尾→交工验收。

压型钢板的起吊 包括以下几点:
1) 每捆金属压型板应有两条缆绳,分别捆于距两端 1/4 处。
2) 吊料前需先核对捆号内容及吊料的位置,包装是否稳固。
3) 起吊时先试吊,以检查重心是否稳定,缆绳是否滑动,待安全无误时方可正式吊料。
4) 吊运以由上向下楼层顺序吊料为原则。

压型钢板的铺设 包括以下几点:
1) 除非为配合钢结构安装的进度或业主的要求等因素,金属压型板的铺设应由上层屋面向下层屋面顺序施工。
2) 铺设前需确认钢结构已完成校正、焊接、检测后方可施工。
3) 铺设前需确认需要开孔,各式补强构件已完工后,方可施工。
4) 铺设时以压型钢材母扣边为基准起始边依次铺设,母扣中心至钢梁翼缘边为 15~50mm,压型板按照铺设图对号铺设,再按顺序确保每块板的宽度,对压型板进行安装定位。
5) 压型板铺设的纵向末端不足处,其空隙在 25cm 以内时,应用收边板填充处理。
6) 压型钢板端部垂直钢梁搁置在钢梁翼缘上时,其搁置长度不得大于 50mm。
7) 柱边或梁柱接头所需金属压型板切口需在收尾方式前用电动切割锯(或业主同意的切割工具)完成切割作业,且切口平直。

6. 施工现场安全管理制度

施工现场安全管理制度包括以下几点:
1) 贯彻执行国家颁发的《建筑安全操作规程》。
2) 切实做好现场施工管理工作,道路要平整畅通,材料构件应堆放平稳、整齐。
3) 安全"三件宝"(安全带、安全帽、安全网)须坚持贯彻使用,并经常检查与督促。

4）加强冬、雨期施工管理，现场应采取防滑措施。

5）电工、电焊工、起重工、司机和机动司机必须经过专门的培训、学习、训练，经考试合格，领到操作证后，方可独立操作。

6）正确使用个人防护用品，坚决贯彻安全防护措施，进入施工现场必须戴好安全帽，严禁穿拖鞋（或光脚）、赤膊进入施工现场。未成年人不准进入施工现场。

7）为了加强安全生产贯彻"强化管理、落实责任、严肃法规、消灭违章"的要求，根据本项目具体情况，实行每周召开一次班组安全例会，进行不少于两次的安全检查，做好记录，发现问题要提出针对性的意见，及时整改。

小 结

本项目包括钢结构材料与构件、钢结构的制作与安装、钢结构的质量检验与施工安全等内容。

钢结构具有强度高、自重轻、材质均匀、塑性好、施工速度快的优点，它最适合于大（跨度）、高（耸）、重（型）、动（力荷载）结构。随着我国城市建设的发展，钢结构的应用范围也扩大到轻型工业厂房和民用住宅等。

钢结构的结构形式比较多，有独有的特点和使用范围。

钢结构的连接方法有铆钉连接、焊接连接和螺栓连接，本项目着重介绍了焊接连接。

钢结构的制造和安装分为三个阶段：首先是制备杆件及节点，其次是拼装成基本单元体，最后是现场安装。对于网架结构，常用整体安装和悬挑拼装两种方法。

钢结构安装施工前的准备工作是安装工作是否顺利进行的关键。熟悉钢结构材料与构件的基本性质与构造，掌握钢结构的制作工艺以及常见构件的吊装工艺，会进行结构安装方案设计是学习的基本要求。

钢结构安装过程中的质量标准和安全要求是工程施工中必须时刻满足的，也是确保工程质量的基本保证。

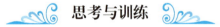

思考与训练

一、思考题

1. 简述钢结构的特点及应用。
2. 钢结构常用的板材、型材的种类有哪些？
3. 高强度螺栓有哪些种类？
4. 简述柱头与两端接头的构造。
5. 常用钢梁的种类有哪些？
6. 简述压型钢板的连接构造要求。
7. 简述钢屋架的类型和使用范围。
8. 钢结构连接的方法有哪些？

9. 简述组合钢结构制作的程序。
10. 柱子的起吊方法有哪几种？校正内容有哪些？
11. 简述钢网架的吊装方法。
12. 钢结构常用的防腐方法有哪些？
13. 钢结构常用的防火措施有哪些？
14. 简述钢结构质量要求和常见质量通病。

二、技能训练题

在实训场地完成模拟钢结构安装工作。

练习题库

项目 9 防水工程施工

> **知识目标:**
> 1. 了解屋面防水、地下防水、卫生间防水的几种施工方案。
> 2. 了解新型防水材料在工程上的应用。
> 3. 掌握柔性防水、刚性防水的施工工艺。
> 4. 掌握防水工程常见的质量事故及处理办法。
>
> **能力目标:**
> 1. 能够组织屋面防水、地下防水以及卫生间防水施工。
> 2. 会编制防水工程施工方案。
> 3. 能处理防水工程常见的质量事故。
>
> **思政目标:**
> 养成防患未然、未雨绸缪的工作态度。

古建屋面防水——故宫

故宫历时几百个年春夏秋冬,许多古建筑施工工艺,尤其屋面施工工艺精妙绝伦,显示着生生不息的力量。一双双普通的手勾勒出泱泱大国至高无上帝王之城——紫禁城。

古建屋面
防水——故宫

9.1 屋面防水工程施工

9.1.1 卷材防水屋面

卷材防水屋面的构造如图 9.1 所示。

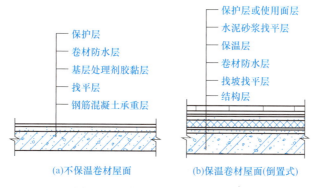

图 9.1 卷材防水屋面构造示意图

1. 高聚物改性沥青卷材防水屋面施工

(1) 材料要求

卷材 高聚物改性沥青卷材是以合成高分子聚合物改性沥青为涂盖层,纤维织物或纤维毡为胎体,粉状、粒状、片状或薄膜材料为覆面材料制成的可卷曲片状防水材料。目前国内使用的主要品种如下:

屋面卷材防水
施工(动画)

1) 弹性体(SBS)改性沥青防水卷材。弹性体改性沥青防水卷材既保持了沥青防水的可靠性和橡胶的弹性,又提高了柔韧性、延展性、耐寒性、黏附性、耐候性,具有良好的耐高、低温性能,以及耐穿刺、撕裂和疲劳性能,出现裂缝能自我愈合,能在寒冷气候热熔搭接,密封可靠。SBS 防水卷材主要用于工业与民用建筑的常规及特殊屋面防水;工业与民用建筑的地下工程的防水、防潮及室内游泳池等的防水;各种水利设施及市政工程防水。

2) 塑性体(APP)改性沥青防水卷材。塑性体改性沥青防水卷材具有良好的防水性能、耐高温性能和较好的柔韧性,能形成高强度、耐撕裂、耐穿刺的防水层,耐紫外线照射,使用寿命长。它主要适用于工业与民用建筑的屋面及地下防水,地铁、隧道桥和高架桥上的沥青混凝土桥面的防水,需用专用胶黏剂黏结。

基层处理剂 主要有以下几种:

1) 冷底子油。屋面工程采用的冷底子油是将 10 号或 30 号石油沥青溶解于柴油、汽油、二甲苯或甲苯等溶剂中而制成的溶液。它可涂刷在水泥砂浆、混凝土基层或金属配件的基层上用作基层处理剂,能使基层表面与卷材沥青胶结料之间形成一层胶质薄膜,以此来提高其胶结性能。

2) 卷材基层处理剂。用于高聚物改性沥青和合成高分子卷材的基层处理,一般采用合成高分子材料进行改性,基本上由卷材生产厂家配套供应,常用配套的基层处理剂见表 9.1。

表 9.1 卷材与配套的卷材基层处理剂

卷材种类	基层处理剂
高聚物改性沥青卷材	改性沥青溶液、冷底子油

续表

卷材种类	基层处理剂
三元乙丙丁基橡胶卷材	聚氨酯底胶甲∶乙∶二甲苯＝1∶1.5∶(1.5～3)
氯化聚乙烯-橡胶共混卷材	氯丁胶 BX-12 胶黏剂
增强氯化聚乙烯卷材	3号胶∶稀释剂＝1∶0.05
氯磺化聚乙烯卷材	氯丁胶沥青乳液

3)胶黏剂。高聚物改性沥青胶黏剂，其剥离强度不应小于8N/10mm。

4)二甲苯、甲苯、汽油均可作为胶黏剂稀释用及清洁工具用。

(2)操作工艺

找平层施工 找平层为基层(或保温层)与防水层之间的过渡层，一般采用1∶3水泥砂浆或1∶8沥青砂浆。找平层的厚度取决于结构基层的种类，水泥砂浆一般厚度为5～30mm，沥青砂浆厚度为15～25mm。找平层的质量直接影响防水层的铺贴质量。要求找平层表面平整，无松动、起壳和开裂现象，与基层黏结牢固，坡度应符合设计要求，一般檐沟纵向坡度不应小于1％，水落口周围直径500mm范围内坡度不应小于5％。两个面相接处均应做成半径不小于100mm的圆弧或斜面长度为100～150mm的钝角。找平层宜设置分格缝，缝宽为20mm，分格缝宜留设在预制板支承边的拼缝处。分格缝间距为：采用水泥砂浆或细石混凝土时，不宜大于6m；采用沥青砂浆时，不宜大于4m。分格缝应嵌填密封材料，同时分格缝应附加200～300mm宽的卷材。

喷涂基层处理剂 基层处理剂是为了增强防水材料与基层之间的黏结力，在防水层施工前，预先涂刷在基层上的稀质涂料。常用的基层处理剂有冷底子油及高聚物改性沥青卷材和合成高分子卷材配套的底胶，它与卷材的材性相容，以免与卷材发生腐蚀或黏结不良。

基层处理剂可采用喷涂或涂刷的施工方法，喷涂应均匀一致，无露底，待基层处理剂干燥后，应及时铺贴卷材。喷涂时，应先用油漆对屋面节点、拐角、周边转角等细部进行涂刷，然后进行大面积涂刷。

细部处理 主要包括以下几点：

1)天沟、檐沟部位。天沟、檐沟部位铺贴卷材应从沟底开始，纵向铺贴；如沟底过宽，纵向搭接缝宜留设在屋面或沟的两侧。卷材应由沟底翻上至沟外檐顶部，卷材收头应用水泥钉固定，并用密封材料封严。沟内卷材附加层在天沟、檐口与屋面交接处宜空铺，空铺的宽度不应小于200mm。

2)女儿墙泛水部位。当泛水墙体为砖墙时，卷材收头可直接铺压在女儿墙压顶下，压顶应做防水处理。亦可在砖墙上预留凹槽，卷材收头端部应截齐压入凹槽内，用压条或垫片钉牢固定。最大钉距不大于900mm，然后用密封材料将凹槽嵌填封严，凹槽上部的墙体亦应抹水泥砂浆层做防水处理。当泛水墙体为混凝土时，卷材的收头可采用金属压条钉牢，并用密封材料封固。需注意的是，铺贴泛水的卷材应采取满粘法，泛水高度不应小于250mm。

3)变形缝部位。变形缝的泛水高度不应小于250mm，其卷材应铺贴到变形缝两侧砌体上面，并且缝内应填泡沫塑料，上部填放衬垫材料，并用卷材封盖，变形缝顶部应加盖混凝土盖板或金属盖板，盖板的接缝处要用油膏嵌封严密。

4) 水落口部位。水落口杯上口的高程应设置在沟底的最低处，铺贴时，卷材贴入水落口杯内不应小于50mm，并涂刷防水涂料1～2遍，水落口周围500mm的范围坡度不小于5%。同时，应在基层与水落口接触处预留20mm宽、20mm深凹槽，用密封材料嵌填密实。

5) 伸出屋面的管道。管道根部周围做成圆锥台，管道与找平层相接处留20mm×20mm的凹槽，嵌填密封材料，并将卷材收头处用金属箍箍紧，密封材料封严。

6) 无组织排水。排水檐口800mm范围内卷材应采取满粘法，卷材收头压入预留的凹槽内，采用压条或带垫片钉子固定，最大钉距不应大于900mm，凹槽内用密封材料嵌填封严，并应注意在檐口下端抹出鹰嘴和滴水槽。

卷材铺贴 主要包括以下几点：

1) 铺贴方向。卷材的铺设方向应根据屋面坡度和屋面是否有振动来确定。当屋面坡度小于3%时，卷材宜平行于屋脊铺设；当屋面的坡度为3%～15%时，卷材可平行或垂直于屋脊铺贴；当屋面的坡度大于15%或屋面受振动时，应垂直于屋脊铺贴。

2) 搭接方法及要求。铺贴卷材采用搭接法，上下层及相邻两幅卷材的搭接缝应错开。平行于屋脊的搭接应顺流水方向；垂直于屋脊的搭接应顺主导风向。叠层铺设的各层卷材，在天沟与屋面的连接处，应采用叉接法搭接，搭接缝应错开，接缝宜留在屋面或天沟侧面，不宜留在沟底，各种卷材搭接宽度应符合要求，如图9.2所示。卷材搭接宽度见表9.2。

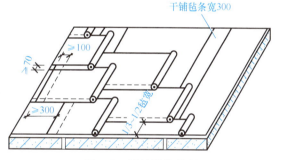

图9.2 卷材搭接宽度

表9.2 卷材搭接宽度 （单位：mm）

卷材种类		搭接宽度			
		短边搭接		长边搭接	
		满粘法	空铺、点粘、条粘	满粘法	空铺、点粘、条粘
沥青防水卷材		100	150	70	100
高聚物改性沥青防水卷材		80	100	80	100
合成高分子防水卷材	胶黏剂	80	100	80	100
	胶黏带	50	60	50	60
	单缝焊	60，有效焊接宽度不小于25			
	双缝焊	80，有效焊接宽度10×2+空腔宽			

注：空铺法、条粘法、点粘法分别如图9.3所示。

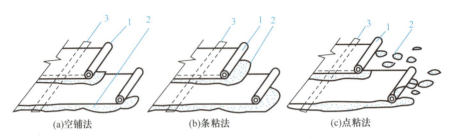

(a)空铺法　　　(b)条粘法　　　(c)点粘法

1——卷材；2——沥青胶；3——附加卷材条。

图 9.3　卷材冷粘法施工

3)铺贴方法。

① 冷粘法。将卷材放在弹出的基准线位置上，一般在基层上和卷材背面均涂刷胶黏剂，根据胶黏剂的性能，控制胶黏剂涂刷与卷材铺贴的间隔时间，边涂边将卷材滚动铺贴。胶黏剂应涂刮均匀，不漏底、不堆积。用压辊均匀用力滚压，排除空气，使卷材与基层紧密粘贴牢固。卷材搭接处用胶黏剂满涂封口，滚压粘贴牢固。接缝应用密封材料封严，宽度不应小于 10mm。冷粘法施工时，应控制胶黏剂与卷材铺贴的间隔时间，以免影响粘贴力和黏结的牢固性。

② 热熔法。将卷材放在弹出的基准线位置上，并用火焰加热烘烤卷材底面，加热器的喷嘴距卷材面的距离应适中，幅宽内加热应均匀，以卷材表面熔融至光亮黑色为度，不得过分加热卷材。滚动时应排除卷材与基层之间的空气，压实使之平展并粘贴牢固。卷材的搭接部位以均匀地溢出改性沥青为度，如图 9.4 所示。

③ 自粘法。将卷材背面的隔离纸剥开撕掉，直接粘贴于弹出基准线的位置上，排除卷材下面的空气，滚压平整，粘贴牢固。低温施工时，立面、大坡面及搭接部位宜采用热风机加热，加热后随即粘贴牢固。接缝口用密封材料封严，宽度不应小于 10mm。

图 9.4　热熔法施工

保护层施工　卷材铺设完毕，经检查合格后，应立即进行保护层的施工，及时保护防水层免受损伤，从而延长卷材防水层的使用年限。常用的保护层做法有以下几种：

1)涂料保护层。保护层涂料一般在现场配置，常用的有铝基沥青悬浮液、丙烯酸浅色涂料或掺入铝粉的反射涂料。施工前防水层表面应干净无杂物。涂刷方法与用量按各种涂料使用说明书操作，基本和涂膜防水施工相同。涂刷应均匀、不漏涂。

2)绿豆砂保护层。在沥青卷材非上人屋面中使用较多。施工时在卷材表面涂刷最后一道沥青胶，趁热撒铺一层粒径为 3~5mm 的绿豆砂，绿豆砂应撒铺均匀，全部嵌入沥青胶中。为了嵌入牢固，绿豆砂须经预热至 100℃ 左右干燥后使用。边撒绿豆砂边扫铺均匀，并用软辊轻轻压实。

3) 细砂、云母或蛭石保护层。主要用于非上人屋面的涂膜防水层的保护层，使用前应先筛去粉料，砂可采用天然砂。当涂刷最后一道涂料时，应边涂刷边撒布细砂（或云母、蛭石），同时用软辊反复轻轻滚压，使保护层牢固地黏结在涂层上。

4) 混凝土预制板保护层。混凝土预制板保护层的结合层可采用砂或水泥砂浆。混凝土板的铺砌必须平整，并满足排水要求。在砂结合层上铺砌块体时，砂层应洒水压实、刮平；板块对接铺砌，缝隙应一致，约10mm，砌完洒水轻拍压实。板缝先用砂填一半高度，再用1∶2水泥砂浆勾成凹缝。为防止砂流失，在保护层四周500mm范围内，应改用低强度等级水泥砂浆做结合层。上人屋面的预制块体保护层，块体材料应按照楼地面工程质量要求选用，结合层应选用1∶2水泥砂浆。

5) 水泥砂浆保护层。水泥砂浆保护层与防水层之间应设置隔离层。保护层用的水泥砂浆配合比一般为(1∶3)～(1∶2.5)(体积比)，保护层施工前，应根据结构情况每隔4～6m用木模设置纵横分格缝。铺设水泥砂浆时应随铺随拍实，并用刮尺刮平。排水坡度应符合设计要求。立面水泥砂浆保护层施工时，为使砂浆与防水层黏结牢固，可事先在防水层表面粘上砂粒或小豆石，然后做保护层。

6) 细石混凝土保护层。施工前应在防水层上铺设隔离层，并按设计要求支设好分格缝木模，设计无要求时，每格面积不大于36m^2，分格缝宽度为20mm，一个分格内的混凝土应连续浇筑，不留施工缝。振捣宜采用铁辊压实或人工拍实，以防破坏防水层。拍实后随即用刮尺按排水坡度刮平，初凝前用木抹子提浆抹平，初凝后及时取出分格缝木模，终凝前用铁抹子压光。细石混凝土保护层浇筑后应及时进行养护，养护时间不应少于7d。

2. 高分子卷材防水屋面施工

以合成橡胶、合成树脂或它们两者共混体为基料，加入适量的化学助剂和填充量，经不同工序加工而成的卷曲片状防水材料；或将上述材料与合成纤维等复合形成两层或两层以上可卷曲的片状防水材料称为合成高分子防水卷材。其具有拉伸强度高、断裂伸长率大、抗撕裂强度高、耐热性能好、低温柔性好、耐腐蚀、耐老化以及可冷施工等优越性能。它主要适用于各种屋面防水、地下防水，不适用于屋面有复杂设施、平面高程多变和小面积的防水工程。

(1) 常用卷材

三元乙丙橡胶防水卷材 也称EPDM防水卷材，具有使用寿命长(30～50年)、耐紫外线、耐氧化、弹性好、质轻、适应变形能力强、拉伸性能、抗裂性能优异，能在严寒或酷热环境中使用的优点。它主要适用于外露防水层的单层或多层防水，如易受振动、易变形的建筑防水工程，以及有刚性保护层的防水工程或倒置式屋面及地下室、桥梁、隧道的防水。

聚氯乙烯防水卷材 也称PVC防水卷材，其拉伸强度高，伸长率大，对基层的伸缩和开裂变形适应性强，卷材幅面宽，可焊接性能好，具有良好的水蒸气扩散性，冷凝物容易排出，耐穿透、耐腐蚀、耐老化。它适用于各种屋面防水、地下防水及旧屋面维修工程。

氯化聚乙烯-橡胶共混防水卷材 以氯化聚乙烯树脂和丁苯橡胶的混合体为基料，加入各种添加剂加工而成，简称共混卷材。其具有高伸长率、高强度、耐臭氧性能和耐低温性能好,耐老化、耐腐蚀性强。它适用于屋面的外露和非外露防水工程,地下防水工程,水池、土木建筑的防水工程等。

常用合成高分子卷材规格见表9.3。

表9.3 常用合成高分子卷材规格

厚度/mm	宽度/mm	每卷长度/m	厚度/mm	宽度/mm	每卷长度/m
1.0	≥1000	20.0	1.5	≥1000	20.0
1.2	≥1000	20.0	2.0	≥1000	10.0

(2)施工工艺

合成高分子卷材的施工方法与高聚物改性沥青卷材的施工工艺流程基本相同,施工时主要有以下3种方法。

冷粘法 其施工工艺为将卷材放在弹出的基准线位置上,铺贴卷材不得有褶皱,也不得拉伸卷材;在基层和卷材背面均涂刷基底胶黏剂,胶黏剂应涂刷均匀、不漏底、不堆积。根据胶黏剂的性能,控制胶黏剂涂刷与卷材铺贴的间隔时间,边涂边将卷材滚动铺贴。用压辊均匀滚压,排除空气,使卷材与基层紧密粘贴牢固。卷材搭接部位接缝用胶黏剂满涂封口,滚压粘贴牢固。接缝口应用密封材料封严,宽度不应小于10mm。

自粘法 其施工工艺为将卷材背面的隔离纸剥开撕掉,直接粘贴在弹出基准线的位置上,排出卷材下面的空气,滚动平整,粘贴牢固。低温施工时,立面、大坡面及搭接部位宜采用热风机加热,加热后随即粘贴牢固。接缝口用密封材料封严,宽度不应小于10mm。

焊接法 热风焊接法是常用的一种焊接法,它是利用热空气焊枪进行防水卷材搭接黏结的方法。焊接前卷材铺放应平整顺直,搭接尺寸正确;施工时焊接缝的结合面应清扫干净,应无水滴、油污及附着物。先焊接长边搭接缝,后焊接短边搭接缝,焊接处不得有漏焊、缺焊、焊焦或焊接不牢的现象,也不得损害非焊接部位的卷材。对热塑性卷材的搭接缝,宜采用单缝焊或双缝焊,焊接应严密;当卷材采用机械固定时,固定件应与结构层固定牢固,距周边800mm范围内的卷材应满粘。

9.1.2 涂料防水屋面

1. 防水涂料

涂料是靠其中的固体成分形成涂膜的,由于各种防水涂料所含固体的密度相差并不太大,当单位面积用量相同时,涂膜的厚度取决于固体含量的大小,固体含量是涂膜质量的保证;具备优良的防水能力;耐久性好,在阳光紫外线、臭氧、大气中酸碱介质长期作用下保持长久的防水性能,温度敏感性低,高温条件下不流淌、不变形,低温状态时能保持足够的延伸率,不发生脆断;具有一定的强度和延伸率,在施工荷载作用下或结构和基层变形时,不破坏、不断裂;工艺简单,施工方法简便,易于操作和工程质量控制;对环境污染少。

(1)高聚物改性沥青类防水涂料

高聚物改性沥青类防水涂料是以高聚物改性沥青为基料,制成的水乳型或溶剂型防水涂料，有再生胶改性沥青防水涂料、水乳型氯丁橡胶沥青防水涂料、SBS 橡胶改性沥青防水涂料等。

高聚物改性沥青防水涂料适用于民用及工业建筑的屋面工程，厕浴间、厨房的防水，地下室、水池的防水、防潮工程以及旧油毡屋面的维修。在实践使用时，涂料的固体含量、延伸性、柔韧性、不透水性、耐热性等技术指标经检验合格后才能用于工程。

(2) 合成高分子类防水涂料

合成高分子类防水涂料是以合成橡胶或合成树脂为主要成膜物质，加入其他辅料而配成的单组分或双组分防水涂料，其主要有聚氨酯、硅橡胶、水乳型、丙烯酸酯、聚氯乙烯、水乳型三元乙丙橡胶防水涂料等。

聚氨酯防水涂料　主要用于防水等级为Ⅰ、Ⅱ、Ⅲ级的非外露层面、墙体及卫生间的防水防潮工程，地下维护结构的迎水面防水，以及地下室、储水池、人防工程等的防水。

丙烯酸酯防水涂料　具有优良的耐候性、耐热性和耐紫外线性，在－30～80℃范围内性能基本无多大变化，能适应基层的开裂变形。施工工程中的检验项目与聚氨酯防水涂料相同。

(3) 聚合物水泥基防水涂料

聚合物水泥基防水涂料是由有机液料和无机粉料复合而成的双组分防水涂料，既有有机材料弹性高又有无机材料耐久性好的优点。它可在潮湿或干燥的砖石、砂浆、混凝土、金属、木材和各种保温层、防水层上直接施工，涂层坚韧高强、耐水、耐候、耐久性强，无毒、无害且施工简单，是目前工程上应用较广的一种防水涂料。

2. 施工工艺

下面主要以目前常用的聚氨酯防水涂料为例介绍施工工艺。

(1) 基层清理

要求基层上应清理干净，无杂物和尘土，并保证基层必须干燥方可施工。

(2) 喷涂基层处理剂

先将聚氨酯涂料甲、乙组分和二甲苯以 1∶1.5∶(2～3)(质量比)配合，并搅拌均匀，作为涂膜的基层处理剂。应先涂刷立面、阴阳角、增强涂抹部位，然后大面积涂刷。涂刷应均匀、不漏底，一般在常温下经 4h 手触摸不粘手时即可进行下一道工序施工。

(3) 涂膜附加层

在天沟、檐沟、泛水等部位，应先将聚氨酯涂料甲、乙组分以 1∶1.5 的比例混合均匀，涂刷一次，再铺贴胎体增强材料，宽 300～500mm，搭接缝 100mm，施工时边铺贴平整、边涂刷聚氨酯涂料。

水落口周围与屋面交接处应先作密封处理，再加铺两层有胎体增强材料的附加层。分格缝位置应沿找平层分格缝增设空铺附加层，其宽度宜为 200～300mm。天沟、檐沟与屋面的交接处宜空铺附加层，其宽度宜为 200～300mm。

(4) 涂膜施工

涂膜施工要注意以下几点：

1) 涂膜防水涂料的配置为甲组分∶乙组分＝1∶1.5(质量比)，用电动搅拌器搅拌均匀，必要时再掺入甲组分质量0.3%的二月桂酸二丁基锡促凝剂并搅拌均匀备用。

以甲组分：乙组分：莫卡(固化剂)=1:1.5:0.2的比例按上述方法将涂料搅拌均匀。

聚氨酯涂料应按配合比准确计量，搅拌均匀，已配成的多组分涂料应及时使用。配料时可加入适量的缓凝剂或促凝剂来调节固化时间，但不得混入已固化的涂料。

2) 采用涂刷法施工时，涂布顺序应先立面、后平面，先阴阳角及细部节点、后大面，每遍涂刷的推进方向，宜与前一遍相互垂直。涂层应多遍完成，涂刷时应待上一遍涂层干燥成膜后再进行下一遍涂刷。

3) 当涂层中需要设置胎体增强材料时，如坡度小于15%可平行于屋脊铺设；坡度大于15%应垂直于屋脊铺设；并于屋面最低高程处开始向上铺设。位于胎体下面的涂层厚度不宜小于1mm；最上层的涂层不应少于两遍。胎体增强材料长边搭接宽度不得小于50mm，短边搭接宽度不得小于70mm。采用两层胎体增强材料时，搭接位置应错开，其间距不应小于幅宽的1/3。

4) 当同一层的涂层不能同时完成时，应进行甩槎，接槎宽度应大于100mm；接涂前应将甩槎表面的尘土、杂物清理干净，并应注意保护涂层的甩槎。

5) 在涂膜防水层上如果使用两种或两种以上不同防水材料时，应考虑不同材料之间的亲和性大小、是否会发生反应，即两种材料之间的相容性。如果两种材料相容，则可以使用；如果两种材料不相容，则两种材料会相互反应，从而造成防水材料的失效。

(5) 涂膜保护层

浅色涂料保护层　浅色涂料应在涂膜固化后进行，涂料层与防水层黏结牢固，厚薄涂刷均匀，不得漏涂。

整体保护层　宜采用水泥砂浆或细石混凝土作为保护层。铺设时，应注意设置分格缝，分格面积为：水泥砂浆宜为1m²，细石混凝土不宜大于36m²。

块料保护层　块料保护层设置时，应在块料保护层与防水层之间设置隔离层。

细砂、蛭石、云母保护层　应在最后一遍涂料涂刷后随即撒布，并用扫帚清扫均匀、轻拍粘牢。

9.1.3 刚性防水屋面

刚性防水屋面是指使用刚性防水材料做防水层的屋面，主要有普通细石混凝土防水屋面、补偿收缩混凝土防水屋面、块料刚性防水屋面、预应力混凝土防水屋面等。与卷材与涂膜防水屋面相比，刚性防水屋面所用材料购置方便，价格便宜，耐久性好，维修方便，但刚性防水层材料的表观密度大，抗拉强度低，极限拉应力小，易受混凝土或砂浆的干湿变形、温度变形和结构变位而产生裂缝。它主要适用于防水等级为Ⅲ级的屋面防水，也可用作Ⅰ、Ⅱ级屋面多道防水设防中的一道防水层；不适用于设有松散材料保温层的屋面以及受较大振动或冲击和坡度大于15%的建筑屋面。刚性防水屋面的构造如图9.5所示。

项目9 防水工程施工

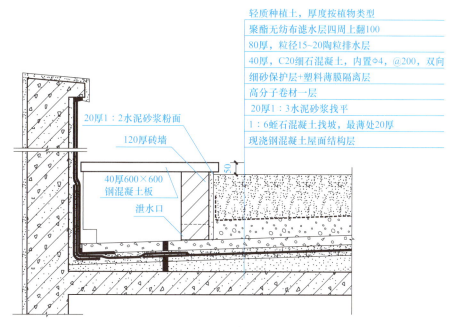

图9.5 刚性防水屋面的构造

1. 材料要求

防水层的细石混凝土宜用普通硅酸盐水泥或硅酸盐水泥，用矿渣硅酸盐水泥时应采取减少泌水性措施。水泥强度等级不宜低于32.5级，不得使用火山灰质水泥。防水层的细石混凝土和砂浆中，粗骨料的最大粒径不宜超过15mm，含泥量不应大于1%；细骨料应采用中砂或粗砂，含泥量不应大于2%；拌和用水应采用不含有害物质的洁净水。混凝土水灰比不应大于0.55，每立方米混凝土水泥最小用量不应小于330kg，含砂率宜为35%～40%，水灰比应为1∶(2～2.5)，并宜掺入外加剂，混凝土强度不得低于C20。普通细石混凝土、补偿收缩混凝土的自由膨胀率应为0.05%～0.1%。

块体刚性防水层使用的块体应无裂纹、无石灰颗粒、无灰浆泥面、无缺棱掉角，质地密实，表面平整。

2. 基层处理

刚性防水屋面的结构层宜为整体现浇的钢筋混凝土板，应保证板面的洁净，清除板面上的杂物。当屋面结构采用装配式钢筋混凝土板时，应用强度等级不小于C20的细石混凝土灌缝，灌缝的细石混凝土宜掺加膨胀剂。当屋面板板缝宽度大于40mm或上窄下宽时，板缝内必须设置构造钢筋，板缝应进行密封处理。

3. 隔离层施工

在结构层与防水层之间宜增加一层低强度等级的砂浆、卷材、塑料薄膜等材料，起隔离作用，使结构层和防水层变形互不受约束，以减少防水混凝土产生拉应力而导致混凝土防水层开裂。

(1)黏土砂浆(石灰砂浆)隔离层施工

基层应清扫干净，洒水湿润，但不得有积水，将按石灰膏∶砂∶黏土＝1∶2.4∶

3.6(或石灰膏∶砂＝1∶4)配置的材料拌和均匀,砂浆以干稠为宜,铺层的厚度为10～20mm,要求表面平整、压实、抹光,待砂浆基本干燥后,方可进行下道工序施工。

(2)卷材隔离层施工

用1∶3水泥砂浆将结构层找平,并压实抹光养护,再在干燥的找平层上铺一层3～8mm干细砂滑动层,在其上铺一层卷材,搭接缝用热沥青胶黏结,也可在找平层上直接铺一层塑料薄膜。

做好隔离层继续施工时,要注意对隔离层加强保护。混凝土运输不能直接在隔离层表面进行,应采取垫板等措施;绑扎钢筋时不得扎破卷材表面,振捣混凝土时更不能振疏隔离层。

4.分格缝的设置

为防止大面积的刚性防水层因温差、混凝土收缩等影响而产生裂缝,应按设计要求设置分格缝,其位置一般应设在结构应力变化较突出的部位,如结构层屋面板的支承端、屋面转折处、防水层与突出屋面结构的交接处,并应与板缝对齐。分格缝的纵横间距一般不大于6m。

分格缝的一般做法是在施工刚性防水层前,先在隔离层上定好分格缝位置,再安放分格条,然后按照分格板块浇筑混凝土,待混凝土初凝后,将分格条取出即可。分格缝处可采用嵌填密封材料并加贴防水卷材的办法进行处理,以增强防水的可靠性。

5.铺设钢筋网片

为防止刚性防水层在使用过程中产生裂缝而影响防水效果,应按照设计要求设置钢筋网片,如无设计要求时,可配置双向钢筋网片,钢筋直径为6～8mm,间距为100～200mm。钢筋应采用绑扎或焊接,网片应放置在混凝土的上部,保护层厚度不应小于10mm。分格缝处钢筋应断开,为保证钢筋位置准确,可先在隔离层上满铺钢筋,绑扎成型后再按照分格缝位置剪断。

6.防水层施工

(1)普通细石混凝土防水层施工

混凝土搅拌时间不应少于2min,混凝土运输过程中应防止漏浆和离析;当在细石混凝土中掺入膨胀剂时,膨胀剂应与水泥同时加入,混凝土搅拌时间不应少于3min。混凝土浇筑应按照"先远后近,先高后低"的原则进行,一个分格缝内的混凝土必须一次浇筑完毕,不得留施工缝。细石混凝土防水层厚度不小于40mm。混凝土浇筑时,先用平板振动器振实,再用滚筒滚压至表面平整、翻浆,然后用铁抹子压实抹平,并确保防水层的设计厚度和排水坡度,抹压时严禁在表面洒水、加水泥浆或撒布干水泥。待混凝土初凝收水后,应进行二次表面压光,或在终凝前三次压光成活,以提高其抗渗性。混凝土浇筑12～24h后应进行养护,养护时间不应少于14d,养护初期屋面不得上人,施工时的气温宜在5～35℃,以保证防水层的施工质量。

(2)补偿收缩混凝土防水层施工

补偿收缩混凝土防水层是在细石混凝土中掺入膨胀剂拌制而成的。硬化后的混凝土产生微膨胀,以补偿普通混凝土的收缩,它在配筋情况下,由于钢筋限制其膨胀,混凝土内部产生自应力,起到致密混凝土的效果,提高了混凝土的抗裂性和抗渗性。其施工要求与普通细石混凝土防水层大致相同。当用膨胀剂拌制补偿收缩混凝土时应按配合比准确称量,搅拌投料时膨胀剂应与水泥同时加入,并保证混凝土连续搅拌时间不应少于3min。

9.1.4 密封止水材料

密封止水材料即建筑密封材料,是指填充于建筑物的接缝、裂缝、门窗框、玻璃周边以及管道接头或与其他结构的连接处,能阻塞介质透过渗漏通道,起到水密性、气密性作用的材料。密封材料分为定型密封材料、不定型密封材料和堵漏止水材料:定型密封材料是具有固定形状和尺寸的密封材料,如密封条带、止水带等;不定型密封材料通常是黏稠状的材料,分为弹性密封材料和非弹性密封材料;堵漏止水材料是指采用灌入或在表面封堵的方法,能使建筑物漏水快速止住的无机、有机或复合材料,其中灌入法施工采用注浆材料,有水性聚氨、油溶性聚氨、甲基丙烯酸甲酯、丙烯酰胺、环氧树脂、超细水泥等。表面封堵采用抹面材料,有以硅酸钠(水玻璃)为主要材料的防水剂,以及快硬水泥和以快硬水泥为基料添加外加剂配制而成的材料。

9.1.5 常见屋面渗漏及防治方法

造成屋面渗漏的原因是多方面的,包括设计、施工、材料质量、维修管理问题等。要提高屋面防水工程的质量,应以材料为基础,以设计为前提,以施工为关键,并加强维护,对屋面工程进行综合治理。

1. 屋面渗漏的原因

(1)山墙、女儿墙和突出屋面的烟囱等墙体与防水层相交部渗漏雨水

山墙、女儿墙和突出屋面的烟囱等墙体与防水层相交部渗漏雨水的原因是:节点做法过于简单,垂直面卷材与屋面卷材没有很好地分层搭接;或卷材收口处开裂,在冬季不断冻结,夏天炎热熔化,使开口增大,并延伸至屋面基层,造成漏水。此外,由于卷材转角处未做成圆弧形、钝角或角太小,女儿墙压顶砂浆等级低,滴水线未做或没有做好等,渗漏也会产生。

(2)天沟漏水

天沟漏水的原因是天沟长度大,纵向坡度小,雨水口少,雨水斗四周卷材粘贴不严,排水不畅,造成漏水。

(3)屋面变形缝(伸缩缝、沉降缝)处漏水

屋面变形缝处漏水的原因是施工处理不当,如薄钢板凸棱安反、薄钢板安装不牢、泛水坡度不当造成漏水。

(4)挑檐、檐口处漏水

挑檐、檐口处漏水的原因是檐口砂浆未压住卷材,封口处卷材张口,檐口砂浆开裂,下口滴水线未做好而造成漏水。

(5)雨水口处漏水

雨水口处漏水的原因是雨水口处的雨水斗安装过高,泛水坡度不够,使雨水沿雨水

斗外侧流入室内，造成渗漏。

(6) 厕所、厨房的通气管根部处漏水

厕所、厨房的通气管根部处漏水的原因是防水层未盖严，或包管高度不够，在油毡上口未缠麻丝或钢丝，油毡没有做压毡保护层，使雨水沿出气管进入室内造成渗漏。

(7) 大面积漏水

大面积漏水的原因是屋面防水层找坡度不够，表面凹凸不平，造成屋面积水而渗漏。

2. 屋面渗漏的预防及治理办法

遇上女儿墙压顶开裂时，可铲除开裂压顶的砂浆，需重抹(1∶2)～(1∶2.5)水泥砂浆，并做好滴水线，有条件者可换成预制钢筋混凝土压顶板。突出屋面的烟囱、山墙、管道根部等与屋面交接处、转角处做成钝角，垂直面与屋面的卷材应分层搭接；对已漏水的部位，可将转角渗漏处的卷材割开，并分层将旧卷材烤干剥离，清除原有沥青胶。

1) 出屋面管道。管道根部处做成钝角，并建议设计单位加做防雨罩，使油毡在防水罩下收头。

2) 檐口漏雨。将檐口处旧卷材掀起，用24号镀锌薄钢板将其钉于檐口，将新卷材贴于薄钢板上。

3) 雨水口漏雨渗水。将雨水斗四周卷材铲除，检查短管是否紧贴基层板面或铁水盘。如短管浮搁在找平层上，则将找平层凿掉，清除后安装好短管，再用搭槎法重做三毡四油防水层，然后进行雨水斗附近卷材的收口和包贴。

4) 如用铸铁弯头代替雨水斗时，则需将弯头凿开取出，清理干净后安装弯头，再铺卷材一层，其伸入弯头内部分应大于50mm。最后将防水层铺至弯头内并与弯头端部搭接顺畅，抹压密实。

5) 对于大面积渗漏屋面，针对不同原因可采用不同方法治理。一般是将原豆石保护层清扫一遍，去掉松动的浮石，抹20mm厚水泥砂浆找平层，然后做成卷材防水层和粗砂保护层。

9.2 地下防水工程施工

地下防水工程是防止地下水对地下构筑物或建筑物基础的长期浸透，保证地下构筑物或地下室使用功能正常发挥的一项重要工程。由于地下工程常年受到地表水、潜水、上层滞水、毛细管水等的作用，对地下工程防水的处理比屋面防水工程要求更高，防水技术难度更大。如何正确选择合理有效的防水方案就成为地下防水工程中的首要问题。

9.2.1 防水方案

地下工程的防水方案，应遵循"防、排、截、堵结合，刚柔相济，因地制宜，综合治理"的原则，根据使用要求、自然环境条件及结构形式等因素确定。地下工程的防水，应采用经过试验、检测和鉴定并经实践检验质量可靠的新材料，行之有效的新技术、新工艺。常用的防水方案有以下3类。

1. 结构自防水

结构自防水是依靠防水混凝土本身的抗渗性和密实性来进行防水。结构本身既是承重维护结构，又是防水层。因此，它具有施工方便、工期较短、改善劳动条件、节省工程造价等优点，是解决地下防水的有效途径，从而被广泛采用。

2. 设置防水层

设置防水层就是在结构的外侧按设计要求设置防水层，以达到防水的目的。常用的防水层有水泥砂浆、卷材、沥青胶结料和金属防水层，可根据不同的工程对象、防水要求、设计要求及施工条件选用。

3. 渗排水防水

渗排水防水利用盲沟、渗排水层等措施来排除附近的水源以达到防水的目的。它适用于形状复杂、受高温影响、地下水为上层滞水且防水要求较高的地下建筑。

9.2.2 变形缝后浇缝的处理

1. 变形缝的处理

地下结构的变形缝是防水工程的薄弱环节，防水处理比较复杂，如处理不当会引起渗漏现象，从而直接影响地下工程的正常使用和寿命。为此，在选用材料、做法及结构形式上，应考虑变形缝处的沉降、伸缩的可变性，并且还应保证其在形态中的密闭性，即不产生渗漏水现象。用于沉降的变形缝宽度宜为20～30mm，用于伸缩的变形缝宽度不宜大于20～30mm，变形缝处混凝土结构的厚度不应小于300mm。

对于变形缝的处理主要采用的材料是止水材料，其基本要求是适应变形能力强，防水性能好，耐久性高，与混凝土黏结牢固等。常用的变形缝止水材料主要有：橡胶止水带、塑料止水带、氯丁橡胶止水带和金属止水带。其中，橡胶止水带与塑料止水带的柔性、适应变形能力与防水性能都比较好；氯丁橡胶止水带是一种新型止水材料，具有施工简便、防水效果好、造价低且易修补的特点；金属止水带一般仅用于高温环境条件下无法采用橡胶止水带或塑料止水带的情况，且适应变形能力差，制作困难。

变形缝接缝处两侧应平整、清洁、无渗水，并涂刷与嵌缝材料相容的基层处理剂，嵌缝应先设置成与嵌缝材料隔离的背衬材料，并嵌填密实，与两侧黏结牢固；在缝上粘贴卷材或涂刷涂料前，应在缝上设置隔离层后才能进行施工。

止水带的构造形式通常有埋入式、可卸式、粘贴式等，采用较多的是埋入式。根据防水设计要求，有时在同一变形缝处，可采用数层、数种止水带的构造形式。

2. 后浇带的处理

后浇带是对不允许留设变形缝的防水混凝土结构工程（如大型设备基础等）采用的一种刚性接缝。

防水混凝土基础后浇带留设的位置及宽度应符合设计要求。其断面形式可留成平直缝或阶梯缝，但结构钢筋不能断开；如必须断开，则主筋搭接长度应大于45倍主筋直径，并应按设计要求加设附加钢筋。留缝时应采取支模或固定钢板网等措施，保证留缝位置准确、断口垂直、边缘混凝土密实。后浇带需超前止水时后浇带部位混凝土应局部加厚，并增设外贴式或埋入式止水带。留缝后要注意保护，防止边缘破坏或缝内进入垃圾杂物。

后浇带的混凝土施工，应在其两侧混凝土浇筑完毕并养护6周，在混凝土收缩变形基本稳定后再进行。但高层建筑的后浇带应在结构顶板浇筑混凝土14d后，再施工后浇带。浇筑前应将接缝处混凝土表面凿毛并清洗干净，保持湿润；浇筑的混凝土应优先选用补偿收缩的混凝土，其强度等级不得低于两侧混凝土的强度等级；施工期的温度应低于两侧混凝土施工时的温度，且宜选择在气温较低的季节施工；浇筑后的混凝土养护时间不应少于28d。

9.2.3 卷材防水层施工

地下防水使用的卷材要求抗拉强度高，延伸率大，具有良好的韧性和不透水性，膨胀率小且有良好的耐腐蚀性，尽量采用品质优良的沥青卷材或新型防水卷材，目前常用于地下防水工程的卷材主要有高聚物改性沥青防水卷材和合成高分子防水卷材。以下主要介绍这两种卷材的施工方法。

1. 材料要求

(1)卷材

卷材的品种规格、外观质量应符合现行国家产品标准，并应对进场的卷材进行抽样试验。

(2)基层处理剂

基层处理剂应采用石油沥青冷底子油、橡胶改性沥青冷胶黏剂，卷材生产厂家随卷材配套供应产品或卷材生产厂家指定的产品。

(3)卷材胶黏剂

高聚物改性沥青防水卷材应采用氯丁橡胶胶黏剂或橡胶沥青涂料（热熔型）；合成高分子防水卷材应采用卷材生产厂家随卷材配套供应产品或卷材生产厂家指定的产品。

(4)密封材料

高聚物改性沥青防水卷材应采用橡胶沥青密封膏；合成高分子防水卷材应采用聚氨酯密封膏等。

2. 基层处理

施工前，基层表面凸出物应铲除干净，防水层的基层表面应平整牢固、清洁干燥；基层阴阳角处应做成圆弧形，圆弧半径为50mm。卷材铺贴前，应在基层表面上涂刷基层处理剂，当基层较潮湿时，应涂刷固化型胶黏剂或潮湿界面处理剂，并在选择基层处理剂时，根据选用卷材的品种合理地选择基层处理剂，保证基层处理剂与卷材及胶黏剂的材性相容。基层处理剂可采用喷涂法或涂刷法施工，保证喷、涂均匀一致、不露底，待表面干燥后方能铺贴卷材。

3. 卷材附加层

在大面卷材铺贴前,为保证在阴阳角、穿墙管道等特殊部位进行加强处理,卷材附加层应按加固部位的形状仔细粘贴紧密,并保证两幅卷材短边和长边的搭接宽度,以及上下两层和相邻两幅卷材的接缝,应符合相关规定。

4. 卷材防水层铺贴

地下防水工程一般把卷材防水层设置在建筑结构的外侧迎水面上,这称为外防水,这种防水层的铺贴方法可借助土压力压紧,并与结构一起抵抗有压地下水的渗透和侵蚀作用,防水效果良好,采用比较广泛。按其与地下防水结构施工的先后顺序分为外防外贴法和外防内贴法两种。

(1)外防外贴法

地下卷材防水层施工(外贴法)(动画)

地下建筑墙体做好后,直接将卷材防水层铺贴在墙上,然后砌筑保护墙。其施工程序是:首先浇筑防水结构的底面混凝土垫层,并在垫层上砌筑永久性保护墙,墙下干铺油毡一层,墙高不小于结构底板厚度另加200~500mm;在永久性保护墙上用石灰砂浆砌筑临时保护墙,墙高为150mm×(油毡层数+1);在永久性保护墙上和垫层上抹1∶3水泥砂浆找平层,临时保护墙上用石灰砂浆找平;待找平层基本干燥后,即在其上满涂冷底子油,然后分层铺贴立面和平面卷材防水层,并将顶端临时固定,在铺贴好的卷材表面做好保护层后,再进行防水结构的底板和墙体施工。防水结构施工完成后,将临时固定的接槎部位的各层卷材揭开并清理干净,再在该区段的外墙表面上补抹水泥砂浆找平层,找平层上满涂冷底子油,将卷材分层错槎搭接向上铺贴在结构墙上。高聚物改性沥青防水卷材的搭接长度为150mm,合成高分子防水卷材的搭接长度为100mm,当使用两层卷材时,卷材应错槎接缝,上层卷材应盖过下层卷材;应及时做好防水层的保护结构。

(2)外防内贴法

地下卷材防水层施工(内贴法)(动画)

在地下建筑墙体施工前先砌筑保护墙,然后将卷材防水层铺贴在保护墙上,最后施工并浇筑地下建筑墙体。其施工程序是:先在垫层上砌筑永久保护墙,然后在垫层及保护墙上抹1∶3水泥砂浆找平层,待其基本干燥后满涂冷底子油,沿保护墙与垫层铺贴防水层。卷材防水层铺贴完成后,在立面防水层上涂刷最后一层沥青胶时,趁热粘上干净的热砂或散麻丝,待冷却后,随即抹一层厚度为10~20mm的1∶3水泥砂浆保护层。在平面上可铺设一层厚度为30~50mm的1∶3水泥砂浆或细石混凝土保护层。最后进行需防水结构的施工。

(3)施工要点

铺贴卷材时,外贴法铺贴卷材应先铺平面后铺立面,平、立面交接处应交叉搭接;内贴法应先铺立面,后铺水平面。铺贴垂直面时应先铺转角,后铺大面,铺贴时应待基层处理剂干燥后由上而下进行。卷材的搭接长度,高聚物改性沥青卷材为150mm,合成高分子卷材为100mm,当使用两层卷材时,上下两层和相邻两幅卷材的接缝应错开1/3~1/2幅宽,并不得相互垂直铺贴。在立面与平面的转角处,卷材的接缝应留在平面距立面不小于600mm处，所有转角处的卷材均应铺贴附加层，并仔细粘贴紧密。

5. 保护层施工

卷材防水层经验收合格后，应按设计要求做保护层。如无设计要求，则可在平面卷材防水层上，铺设厚度为30~50mm的1:3水泥砂浆或细石混凝土保护层；在立面卷材防水层上宜采用聚苯乙烯泡沫塑料保护层，或砖砌保护墙(边砌筑边用砂浆填实)。

6. 应注意的质量问题

施工中要注意以下问题：

1) 防水卷材的品种繁多，性能各异，铺贴时应使用相配套的基层处理剂和卷材胶黏剂。
2) 卷材铺贴时，应注意墙面基层干燥，铺压严实，将空气排除干净，使卷材粘贴牢固。
3) 冷粘法铺贴卷材时，胶黏剂涂刷应均匀，不露底，不堆积，控制胶黏剂涂刷与卷材铺贴的间隔时间，黏合时不得用力拉伸卷材。
4) 热熔法铺贴卷材时，火焰加热器加热卷材应均匀，不得过分加热或烧穿卷材；厚度小于3mm的改性沥青卷材严禁采用热熔法施工。
5) 焊接法铺贴卷材时，应控制加热温度和加热时间，不得有漏焊、跳焊、焊焦和焊接不牢固现象。
6) 阴阳角、穿墙管道等细部的卷材附加层，裁剪时应与构造形状相符合，并粘贴压实严密。

9.2.4 防水混凝土结构与水泥砂浆防水层的施工

1. 防水混凝土结构的施工

防水混凝土结构是指以本身的密实性而具有一定防水能力的整体式混凝土或钢筋混凝土结构。它兼有承重、围护和抗渗的功能，还可满足一定的耐冻融及耐侵蚀要求。

(1) 防水混凝土的种类

防水混凝土一般分为普通防水混凝土、外加剂防水混凝土和膨胀水泥防水混凝土三种。

普通防水混凝土　是以调整和控制配合比的方法，达到提高密实度和抗渗性要求的一种混凝土。

外加剂防水混凝土　是指用掺入适量外加剂的方法，改善混凝土内部组织结构，以增加密实性、提高抗渗性的一种混凝土。按掺加外加剂种类的不同可分为减水剂防水混凝土、加气剂防水混凝土、三乙醇胺防水混凝土、氯化铁防水混凝土等。

膨胀水泥防水混凝土　是指用膨胀水泥为胶结料配制而成的防水混凝土。

不同类型的防水混凝土具有不同特点，应根据使用要求加以选择。

(2) 防水混凝土的材料要求

水泥　应采用普通硅酸盐水泥、硅酸盐水泥、火山灰质硅酸盐水泥、粉煤灰硅酸盐水泥、矿渣硅酸盐水泥，其强度等级不应低于32.5级。不得使用过期或受潮解冻的水泥，如有侵蚀性介质作用时，水泥品种应按设计要求选用。

砂 宜选用中砂，含泥量不得大于3.0%，泥块含量不得大于1.0%。

石 应采用碎石或卵石，粒径宜为5～40mm，含泥量不得大于1.0%，泥块含量不得大于0.5%。

掺和料 应选用粉煤灰或磨细矿渣粉，粉煤灰的级别不应低于二级，掺量不宜大于20%，其他掺和料的掺量由试验确定。

外加剂 应采用减水剂、引气剂、防水剂及膨胀剂等，其技术性能应符合国家或行业标准一等品及以上的质量要求，掺量由试验确定。

水 选用饮用水或天然水。

地下防水工程所使用的防水材料应有产品合格证书和性能检测报告，材料的品种、规格、性能等应符合现行国家标准和设计要求，不合格的材料不得在工程中使用。

(3) 防水混凝土配合比的确定

防水混凝土配合比应通过试验选用。选用配合比时，试配要求的抗渗水压值应比设计值提高0.2MPa；防水混凝土的抗渗等级不得小于S6；水泥用量不得少于300kg/m³；掺有活性掺和料时，水泥用量不得少于280kg/m³；水灰比不得大于0.55；砂率宜为35%～45%，灰砂比宜为(1∶2)～(1∶2.5)。

(4) 防水混凝土的拌制

防水混凝土的拌制要注意以下几点：

1) 防水混凝土拌和物应采用机械搅拌，拌制混凝土所采用材料的品种、规格和用量，每工作班检查不应少于两次，每盘混凝土各组材料计量结果的偏差应符合要求。

2) 防水混凝土拌制时的投料顺序宜选择：石→砂→水泥→掺和料→外加剂→水。投料后先干拌0.5～1min再加水，加水后搅拌时间不应小于2min。掺加外加剂时，外加剂必须先用水稀释均匀，并应根据外加剂的技术要求确定搅拌时间。

3) 防水混凝土坍落度不宜大于50mm，泵送混凝土时入泵坍落度宜为100～140mm。

(5) 防水混凝土的运输

拌制好的防水混凝土应在0.5h内运至现场，并应于初凝前浇筑完毕，如运输距离较远或气温较高时，宜掺加缓凝减水剂，防水混凝土拌和物在运输后出现离析现象。当坍落度损失不能满足施工要求时，应加入原水灰比的水泥浆或两次掺加减水剂进行搅拌，严禁直接加水。防水混凝土运输至浇筑地点时，其坍落度应能满足以下要求：对于厚度≥250mm的结构，混凝土的坍落度宜为10～30mm；对于厚度＜250mm的结构或钢筋稠密的结构，混凝土的坍落度宜为30～50mm。混凝土实测的坍落度与要求坍落度之间的偏差应符合表9.4。

表9.4　混凝土坍落度允许偏差　　　　　　　　（单位：mm）

要求坍落度	允许偏差	要求坍落度	允许偏差
≤40	±10	≥100	±20
50～90	±15	—	—

(6) 防水混凝土的浇筑

防水混凝土浇筑时应分层连续浇筑，其自由倾落高度不得大于1.5m，如防水混凝土必须由高处倾落时，应采用串筒、溜槽等方法下落，以防混凝土产生离析。混凝土浇筑时应采用机械振捣，插入式振动器插点间距不应大于500mm，施工时应满足"慢插快拔"的要求，并保证振捣时间为10～30s，直至混凝土表面泛浆无气泡为止，并应避免漏振、欠振和超振。墙体混凝土每层浇筑高度宜为500～600mm，并应按一定方向顺序进行浇筑。在混凝土结构中的管道、埋设件或钢筋稠密处，浇筑混凝土有困难时，应采用相同强度等级、相同抗渗性能的细石混凝土浇筑。预埋大管径的套管或面积较大的金属板时，应在其底部开设浇筑孔，以便浇筑、振捣和排气。浇筑到混凝土面层时，应将混凝土表面压实、抹平，表面收水后宜两次压实，以增加表面致密性。

防水混凝土浇筑，尽量不要留设或少留设施工缝，必须留设施工缝时，应符合下列要求：墙体水平施工缝不应留设在剪力较大或底板与侧墙的交接处，应留设在高出底板表面不小于300mm的墙体上；墙体有预留孔洞时，施工缝距孔洞边缘不应小于300mm；拱(板)墙结合的水平施工缝，宜留设在拱(板)墙接缝线以下150～300mm处；垂直施工缝应避开地下水和裂隙水较多的地段，并宜与变形缝相结合。

施工缝浇筑混凝土前，应将其表面浮浆和杂物清除干净，先铺净浆，再铺厚度为30～50mm的1∶1水泥砂浆或涂刷混凝土界面处理剂，并及时浇筑混凝土；垂直施工缝可不铺水泥砂浆，选用的遇水膨胀止水条，应牢固地安装在施工缝表面或预留槽内，且该止水条应具有缓胀性能，其7d的膨胀率不应大于最终膨胀率的60%，如采用中埋式止水带时，应位置准确，固定牢靠。施工缝的处理如图9.6～图9.9所示。

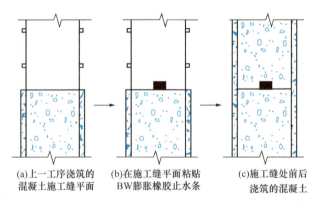

图9.6　地下室防水混凝土施工缝的处理

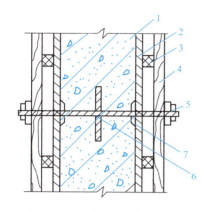
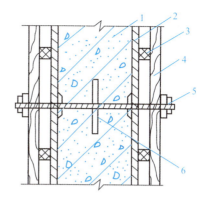

1——混凝土结构；2——模板；3——小龙骨；
4——大龙骨；5——螺栓；6——止水环；7——堵头。

图 9.7　螺栓加堵头示意图

1——混凝土结构；2——模板；3——小龙骨；
4——大龙骨；5——螺栓；6——止水环。

图 9.8　螺栓加焊止水环示意图

（7）防水混凝土的养护与拆模

防水混凝土终凝后，即应开始覆盖浇水养护，常温季节前 3d 内每天浇水 4～6 次，养护 3d 后松开侧模，在侧模与混凝土表面缝隙浇水，以后每天浇水 2～3 次，养护时间应在 14d 以上。对于大体积混凝土的养护，应根据气候条件按施工方案采取控温措施，以防养护过程中产生裂缝。

混凝土结构须在混凝土强度达到 40% 以上时，方可在其上进行下道工序，强度达到 70% 后方可拆模。拆模时，混凝土结构表面的温度与大气温度的差值不得超过 20℃。

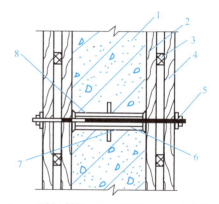

1——混凝土结构；2——模板；3——小龙骨；
4——大龙骨；5——螺栓；6——垫木；
7——止水环；8——预埋套管。

图 9.9　预埋套管支撑示意图

（8）应注意的质量问题

应注意以下质量问题：

1）混凝土浇筑应严格控制水灰比，防止随意加大坍落度；浇筑应分层均匀进行，振捣密实，避免漏振、欠振和超振。

2）墙、柱模板固定应避免采用穿铁丝拉结，钢筋及绑扎铁丝不得接触模板，以免造成渗漏水通路。

3）穿墙主管外带有止水环的套管，应在浇筑混凝土前预埋固定，止水环周围混凝土应振捣密实，主管与套管的迎水面结合处应按设计要求用密封膏封严。

4）变形缝应严格按设计要求进行处理。止水带位置应固定准确，周围混凝土应振捣密实，变形缝内填塞聚乙烯泡沫塑料，缝口填实密封膏，在迎水面上需加铺一层防水卷材保护。

5）后浇带应待两侧混凝土浇筑 42d 后，采用强度等级不低于两侧混凝土的补偿收缩混凝土浇筑，养护时间不得少于 28d。

2. 水泥砂浆防水层的施工

水泥砂浆防水层可分为：刚性多层做法防水层（又称为普通水泥砂浆防水层）和掺外加剂的水泥砂浆防水层（常用外加剂有氯化铁防水剂、膨胀剂和减水剂等）两种，其构造做法如图9.10所示。

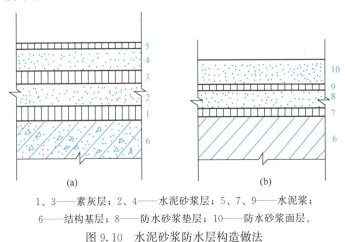

1、3——素灰层；2、4——水泥砂浆层；5、7、9——水泥浆；
6——结构基层；8——防水砂浆垫层；10——防水砂浆面层。

图9.10 水泥砂浆防水层构造做法

（1）材料要求

胶凝材料可使用普通硅酸盐水泥、矿渣硅酸盐水泥、火山灰质硅酸盐水泥，水泥强度等级不宜低于32.5级，骨料选用颗粒坚硬、粗糙洁净的粗砂，平均粒径不小于0.5mm，最大粒径不大于3mm。

（2）基层处理

基层处理非常重要，是保证防水层与基层表面结合牢固、不空鼓和不透水的关键。基层处理包括清理、浇水、刷洗、补平等工序，使基层表面保持潮湿、洁净、平整、坚实、粗糙。

混凝土基层的处理 新建混凝土工程拆除模板后，用钢丝刷将混凝土表面刷毛，并在抹面前浇水冲刷干净；旧混凝土工程补做防水层时，需用钻子、剁斧、钢丝刷将表面凿毛，清理平整后再冲刷干净；混凝土基层表面凹凸不平、蜂窝孔洞，应根据不同情况分别进行处理；超过1cm的棱角及凹凸不平处，应剔凿成缓坡形，并浇水清洗干净，用素灰和水泥砂浆分层找平；混凝土结构的施工缝要沿缝剔成八字形凹槽，用水冲洗后，素灰打底，再水泥砂浆压实抹平。

砖砌体基层处理 对于新砌体，应将其表面残留的砂浆等清除干净，并浇水冲洗。对于旧砌体，要将其酥松表皮及砂浆等清理干净，直至露出坚硬砖面，并浇水清洗。

基层处理后必须浇水湿润，这是保证防水层和基层结合牢固、不空鼓的重要条件。浇水要按次序浇透，使砖砌体表面基本饱和，抹上灰浆后没有吸水现象为合格。

（3）砂浆防水层施工

刚性多层防水层施工 第一层（素灰层，厚2mm，水灰比为0.37～0.4）：施工时先将混凝土基层浇水湿润后，抹一层1mm厚素灰，用铁抹子往返抹压5～6遍，使素灰填实混凝土基层表面的空隙，以增加防水层与基层的黏结力；随后再抹 1mm 厚的素灰均匀找平，用毛刷横向轻轻刷一遍，以便打乱毛细通路，并有利于和第二层结合。

第二层(水泥砂浆层，厚 4~5mm，灰砂比 1：25，水灰比 0.6~0.65)：在初凝的第一层上轻轻抹压水泥砂浆，使砂粒能压入素灰层(但注意不能压穿素灰层)，以便两层间结合牢固，在水泥砂浆层初凝前，用扫帚将砂浆层表面扫出横向条纹，待其终凝并具有一定强度后(一般隔一夜)做第三层。

第三层(素灰层，厚 2mm)：施工方法与第一层相同，当水泥砂浆层在硬化过程中析出氢氧化钙形成白色薄膜时，需刷洗干净，以免影响黏结力。

第四层(水泥砂浆层，厚 4~5mm)：施工与第二层相同，按照第二层做法抹水泥砂浆。在水泥砂浆硬化过程中，用铁抹子分次抹压 5~6 遍，以增加密实性，最后再压光。

第五层(水泥浆层，后 1mm)：当防水层在迎水面时，则需在第四层水泥砂浆抹压两遍后，用毛刷均匀涂刷水泥浆一遍，随第四层一并压光。

砌体墙面的防水层 素浆层，厚度为 2mm。先抹一道厚度为 1mm 的素灰，用铁抹子往返刮抹，使素灰填实基层表面的空隙。随即在已刮抹过素灰的基层表面再抹一道厚度为 1mm 的素浆找平层，抹完后，用湿毛刷在素灰层表面按顺序涂刷一遍。

第一层(水泥砂浆层，厚度为 6~8mm)：在素灰层初凝时抹水泥砂浆层，要防止水泥砂浆层过软或过硬(过软会将素灰层破坏，过硬则黏结不良)，要使水泥砂浆薄薄压入素灰层厚度的 1/4 左右。抹完后，在水泥砂浆凝结时用扫帚按顺序向一个方向扫出横向条纹。

第二层(水泥砂浆层，厚度为 6~8mm)：按照第一层的操作方法将水泥砂浆抹在第一层上，抹后在水泥砂浆凝固前水分蒸发过程中，分次使用铁抹子压实，一般以抹压 2~3 次为宜，最后再压光。

(4)特殊部位的施工

特殊部位的施工主要包括以下几方面：

1)结构阴阳角处的防水层，均需抹成圆角，阴角直径为 5cm，阳角直径为 1cm。
2)防水层的施工缝需留斜坡阶梯形槎，接槎要依照层次操作顺序层层搭接。留槎的位置一般留在地面上，亦可留在墙面上，所留的接槎均需离阴阳角 20cm 以上。不允许水泥砂浆和水泥砂浆直接搭接，而应先在阶梯形接槎处均涂刷水泥一层，以保证接槎处不透水，然后依照层次操作顺序层层搭接。抹完后，要做好养护工作，养护时间一般不少于 14d。

9.3 卫生间防水施工

卫生间是建筑物中不可忽视的防水工程部位，施工面积小，穿墙管道多，设备多，阴阳转角复杂，房间长期处于潮湿受水等不利条件。传统的卷材防水做法已经不适应卫生间、厨房等防水施工的特殊性，通过大量的试验和实践证明，以涂膜防水代替各种卷材防水，尤其是选用高弹性的聚氨酯涂膜防水或选用弹塑性的氯丁胶乳沥青涂料防水等新材料和新工艺,可使卫生间的地面和墙面形成一个没有接缝、封闭严密的整体防水层,从而提高其防水工程质量。

9.3.1 卫生间楼地面聚氨酯防水施工

1. 材料要求

聚氨酯涂膜防水涂料:多以甲乙双组分形式使用,甲组分为聚氨酯甲酸酯预聚体,乙组分为固化剂、催化剂、增韧剂、增黏剂等多种材料混合加工制成。缓凝剂应采用磷酸或苯磺酰氯;促凝剂应采用二月桂酸二丁基锡;清洗剂和稀释剂应采用二甲苯;清洗剂应采用乙酸乙酯。所有材料质量及技术性能应符合设计要求及国家现行有关标准的要求。

2. 施工工艺

(1) 基层处理

卫生间防水层施工前所有穿过卫生间楼板的管道、地漏均已安装牢固并经验收,穿墙管洞口已用细石混凝土填塞密实。防水层下应设置找平层;有地漏的房间应由四周向地漏作放射形冲筋,并找好坡度,一般以1‰~2‰为宜,冲筋及找平层宜选用1:3干硬性水泥砂浆,厚度按设计要求确定,一般不宜小于20mm;墙根、管根及墙转角处做成半径不小于50mm的圆弧,应使其略高于地面;在地漏的周围,应做成略低于地面的洼坑,干燥后方可进行防水层的施工,找平层砂浆的含水率不应大于9%;管道和地漏与楼板交接处用建筑密封膏封严。卫生间具备足够的采光照明及通风条件。溶剂型涂料的施工环境温度为-5~35℃,水乳性涂料的施工环境温度为5~35℃。

(2) 涂刷底胶

将聚氨酯甲、乙组分和二甲苯按照1:1.5:2的质量比配置并搅拌均匀作为底胶,先用毛刷蘸底胶将阴阳角、管道根部等部位涂刷一遍,其余大面积部位用滚动刷蘸底胶涂刷一遍。要求涂刷均匀,不漏刷,厚度适宜,涂刷量以0.15~0.20kg/m²为宜,涂刷后常温下应干燥4h,用手触摸不粘手时即可进行下道工序作业。

(3) 配置聚氨酯防水涂料

常用的聚氨酯为甲、乙组分按质量比1:1.5配置,倒入拌料桶中,用电动搅拌器搅拌均匀待用。如涂料过稠时,可加入二甲苯稀释,加入量一般不大于乙组分的10%;当涂料固化过快时,可加入磷酸或苯磺酰氯缓凝,加入量不大于甲组分的0.5%;当涂料固化太慢时,可加入二月桂酸二丁基锡促凝,加入量不大于甲组分的0.3%。涂料应随配随用,一般在2h内用完。

(4) 细部附加层

为保证卫生间地面管道根部、地漏、排水口根部、墙根等容易漏水的部位产生渗漏现象,在大面积防水层施工前应对这些部位进行细部处理。做附加层时,将纤维布裁成与竖管、地漏等直径与形状相同且周围加宽200mm的尺寸,套在管上;墙根处铺300mm(平面200mm,立面100mm)宽布条,在纤维布上均匀满刷涂料一层,常温经4h左右,刷第二遍涂料,再经2h后,可进行大面积涂膜防水作业。

(5)涂抹防水层施工

涂刷顺序为先细部后大面。按由内向外的顺序用毛刷或橡胶刮板涂刮,要求涂刷均匀,厚薄一致,不得有漏刷或鼓泡等缺陷,涂刷厚度宜为0.8~1.0mm。涂刷完第一层涂膜后,一般需固化5h以上,用手触摸不粘手时,再按照上述方法涂刷第二、三、四层涂膜,并使后一层与前一层的涂刷方向相垂直,涂刷厚度不小于2mm。

(6)蓄水试验

涂膜防水层固化后,经检验合格,可进行蓄水试验,24h无渗漏,方可进行上层施工。

(7)保护层施工

当聚氨酯涂膜防水层完全固化,并经过蓄水试验合格后,即可铺设一层厚度为15~25mm的水泥砂浆保护层,然后按照设计要求铺设饰面层。

9.3.2 卫生间楼地面氯丁胶乳沥青防水涂料施工

1. 材料要求

氯丁胶乳沥青防水涂料是以氯丁橡胶和沥青为基料,经加工合成的一种水乳型防水涂料。它兼有橡胶和沥青的双重优点,具有防水、抗渗、耐老化、不易燃、无毒、抗基层变形能力强等优点,冷作业施工,操作方便。

2. 施工工艺

(1)基层及细部处理

首先应将基层清理干净,在干净的基层上满刮一遍氯丁胶乳沥青水泥腻子,管道根部和转角处要厚刮并抹平整,腻子的配制方法是将氯丁胶乳沥青防水涂料倒入水泥中,边倒边搅拌至稠浆状即可刮涂。腻子厚度一般为2~3mm,待腻子干燥后,满刷一遍防水涂料,但不得过厚,不得漏刷,表面均匀、不流淌、不堆积,立面应刷至设计高程。

在细部构造部位,如阴阳角、管道根部、地漏、坐便器等部位分别附加一布二油附加层,即将涂料用毛刷均匀涂刷在需要进行附加补强处理的部位,按形状要求把剪好的聚酯纤维无纺布粘贴好,然后涂刷氯丁胶乳沥青防水涂料。干燥后再进行大面积施工。

(2)大面积防水涂料施工

当基层及细部处理的附加层干燥后,即可进行大面积防水涂料的施工,其施工方法主要有一布四油和二布六油两种方法。

一布四油防水层施工 在洁净的基层上均匀涂刷第一遍涂料,涂刷完成后一般静置4h以上;待涂料表面干燥后,即可铺贴聚酯纤维无纺布,接着涂刷第二遍涂料,静置24h以上;待其干燥后,涂刷第三遍涂料,静置4h以上;待其干燥后,涂刷第四遍涂料。施工时可边铺聚酯纤维无纺布边涂刷涂料,聚酯纤维无纺布的搭接宽度不应小于70mm。铺布时应保证布的平整,彻底排出气泡,使涂料浸透布纹,不得有褶皱,垂直面应贴高250mm以上,收头部位必须粘贴牢固,封闭严密。

二布六油防水层施工 二布六油防水层的工艺流程为:<u>基层找平处理→满刮一遍氯丁胶乳沥青水泥腻子→满刮第一遍涂料→做细部构造加强层→铺贴玻璃布,同时刷第二遍</u>

涂料→刷第三遍涂料→铺贴玻纤网格布，同时刷第四遍涂料→涂刷第五遍涂料→涂刷第六遍涂料并及时撒砂粒。

(3) 蓄水试验

最后一遍涂料涂刷完成后，静置 24h，待其干燥后，方可进行蓄水试验，蓄水高度一般为 50～100mm，蓄水时间为 24～48h，无渗漏为合格，方可按设计要求进行刚性保护层施工。保护层施工完成后按上述要求进行第二次蓄水试验，无渗漏为合格。

9.3.3 卫生间涂膜防水施工注意事项

1. 应注意的质量问题

施工中应注意以下质量问题：

1) 做涂膜防水层前，基层应干燥，并及时清理干净。
2) 防水材料应合格，管道根部、地漏、排水口与防水层接缝处应严密，防水层不得破损。
3) 找平层的排水坡向应正确，防水层不得有倒泛水和积水现象。
4) 凡做附加层的部位应先施工，然后进行大面积防水层施工。
5) 进行刚性保护层施工时，切勿损坏防水层，以免留下渗漏隐患。

2. 应注意的安全问题

施工中应注意以下安全问题：

1) 聚氨酯甲、乙组分料及稀释剂为易燃品，应贮存在阴凉、干燥、通风、远离火源和易燃品的场所，并配置消防器材。纤维布的贮藏环境应干燥、通风，并远离火源。
2) 施工人员应戴口罩、手套、眼镜等防护用品。

9.3.4 卫生间渗漏及堵漏措施

卫生间用水频繁，防水处理不当容易发生渗漏，主要表现在楼板管道滴漏水、地面积水、墙壁潮湿渗水，甚至下层顶板和墙壁也出现滴水等现象。处理卫生间的渗漏，必须先查找渗漏的部位和原因，然后采取有效的针对性措施。

1. 板面及墙面渗水

(1) 渗水原因

板面及墙面漏水的主要原因是由于混凝土、砂浆施工的质量不良，在其表面存在微孔；板面、隔墙出现轻微裂缝；防水涂层施工质量不好或损坏都可造成渗水现象。

(2) 处理方法

首先将卫生间渗漏部位的饰面材料拆除，在渗漏部位涂刷防水涂料进行处理。但拆除卫生间饰面材料后发现防水层存在开裂现象时，则应对裂缝先进行增强防水处理，再涂刷防水涂料。其增强处理一般可采用贴缝法、填缝法和填缝加贴缝法。贴缝法主要适用于微小的裂缝，可刷防水涂料并加贴纤维材料或布条做防水处理。填缝法主要用于较显著的裂缝，施工时要先进行扩缝处理，将缝扩成 15mm×15mm 左右的 V 形槽，清理干净后刮填缝材料。填缝加贴缝法除采用填缝处理外，在缝的表面再涂刷防水涂料，并粘贴纤维材料处理。当渗漏不严重时，饰面板拆除困难，也可直接在其表面刮涂透明或彩色聚氨酯防水涂料。

2. 卫生洁具及穿楼板管道、排水管口等部位渗漏

(1) 渗漏原因

卫生洁具及穿楼板管道、排水管口等部位产生渗漏的原因主要是细部处理方法不当，卫生洁具及管口周围填塞不严；管口连接件老化；由于振动及砂浆、混凝土收缩等原因，出现裂缝；卫生洁具及管口周边未用弹性材料处理，或施工时嵌缝材料及防水涂料黏结不牢；嵌缝材料及防水涂层被拉裂或拉离黏结面。

(2) 处理方法

先将漏水部位及周围清理干净，再填塞弹性嵌缝材料，或在渗漏部位涂刷防水涂料并粘贴纤维材料进行增强处理。如果渗漏部位在管口连接部位，管口连接件老化现象比较严重，则可直接更换老化管口的连接件。

9.4 防水工程施工实例

9.4.1 工程概况

某屋面工程，采用改性沥青防水卷材防水，21层屋面有冷却塔，屋面上风管穿过幕墙，风管与出屋面的通风道连接。

9.4.2 施工方案

1. 施工准备

(1) 材料准备

1) 3～4mm SBS 改性沥青防水卷材，经见证取样，并有合格的复检报告。

2) 冷底子油、汽油、二甲苯。

(2) 工具准备

高压吹风机、小平铲、扫帚、滚筒、小刀、汽油喷灯等。

(3) 作业条件

1) 基层平整，光滑，干燥，不空鼓、不开裂。含水率不大于9%。若有积水应提前清扫，并用喷灯烤干。

2) 屋面水、电、通风已施工完毕，所有的预埋管已全部安装完毕。

3) 施工前审核图样，操作人员持证上岗。

4) 施工前准备好灭火器。

2. 施工工艺

施工工艺流程 屋面水、电、通风各专业均已施工验收完毕→清理基层→测基层含水率→涂刷基层处理剂→铺贴卷材附加层→热熔铺贴卷材→卷材收头→蓄水试验→做保护层。

基层清理及验收 基层清理干净，分格缝中无杂物。

测基层含水率 找平层含水率不大于9%。检验方法为：将1m² 卷材平铺在找平层上，静置3～4h后揭开检查，找平层覆盖部位与卷材上未见水印方合格。

屋面排气管 采用外径为20mm聚氯乙烯（UPVC）塑料管排气管或同直径电管排气，分格缝兼作排气通道，在分格缝内每1000mm用电锤打一孔，孔直径为10mm，深度到结构层上表面，分格缝两头预埋排气管，长度不小于500mm，向墙上弯起不小于500mm。放好排气管后用陶粒将分格缝填塞密实。

涂刷基层处理剂 在基层满刷一道冷底子油，要求涂刷均匀，不露底。

附加层施工 在女儿墙、水落口、阴阳角等部位首先做好附加层，用3mm厚改性沥青卷材热熔施工，女儿墙、阴阳角处卷材上翻250mm，平面宽度为250mm。附加层必须粘贴牢固。分格缝处用300mm宽的卷材长条加热，将分格缝一边用满粘法粘贴密实、牢固、压平，如图9.11所示。

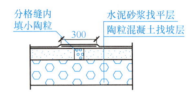

图9.11 附加层施工

热熔铺贴卷材 底层采用厚度为3mm的卷材、面层采用厚度为4mm的卷材。弹出每捆卷材的铺贴位置线，然后将每捆卷材按铺贴长度进行裁剪并卷好备用。操作时，将已卷好的卷材用30cm的钢管穿入卷心，卷材端头对齐开始铺的起点，点燃汽油喷灯，加热基层与卷材交接处，喷嘴距加热面30cm左右，往返喷烤；当卷材的沥青刚熔化时，手扶钢管向前缓慢滚动铺设，要求用力均匀，不窝气；铺设时，长、短边搭接为100mm。女儿墙处卷材向上翻300mm，卷材应平行屋脊的方向铺贴。屋面卷材搭接（图9.12）；第一层卷材铺贴方法采用条粘法，第二层为满粘法，长短边搭接长度为100mm；第一层与第二层卷材的搭接处错开1/3的卷材宽度，搭接处用喷灯烤至热熔，然后压实，以边缘压出沥青为合格。

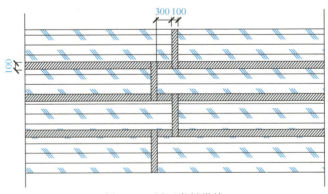

图9.12 屋面卷材搭接

卷材收头 女儿墙、阴角处铺贴搭接，收头直接采用喷灯热熔卷材与墙体连接，然后用 25mm×2mm 钢压条，中距 500mm 用射钉或钢钉固定，外抹砂浆呈靴子状作为保护层。卷材收头长度为 300mm，如图 9.13 所示。

卷材末端收头部位用聚氨酯嵌缝膏嵌缝，当嵌缝膏固化后，再涂刷一层聚氨酯涂膜防水涂料，达到密封的效果。

水落口施工方法为：先做附加层，将卷材卷进水落口 50mm，水落口周边长度为 300mm；然后做底层和面层，底层和面层卷材也均卷进水落口 50mm，如图 9.14 所示。

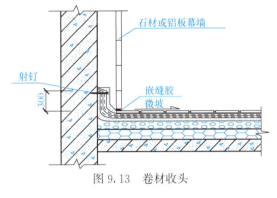

图 9.13 卷材收头

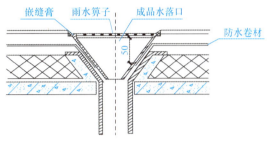

图 9.14 水落口施工

21 层屋面冷却塔与槽钢处的铺贴方法 首先将槽钢用细石混凝土包住，其高度与冷却塔基础相同，冷却塔基础高 32cm，与槽钢间距为 15cm，由于间距较小，中间不留空隙，包槽钢的混凝土直接与冷却塔基础连接，如图 9.15 所示。

冷却塔和槽钢基础卷材收头高度以基础高度为准，卷材热熔粘贴基础面层并挤压密实，然后用细石混凝土做压毡层，四面做成靴子状。做法如图 9.16 所示。

屋面上风管穿过幕墙的做法 其做法如图 9.17 所示。

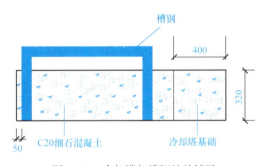

图 9.15 冷却塔与槽钢处的铺贴

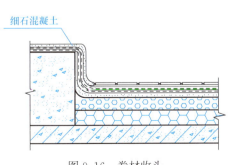

图 9.16 卷材收头

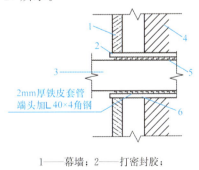

1—幕墙；2—打密封胶；
3—风管；4—原结构墙；
5—沥青麻刀；6—止水片。

图 9.17 风管穿过幕墙的做法

风管与出屋面的通风道的连接做法 其做法如图 9.18 所示。

3. 质量标准

施工中要注意以下质量标准：

1）SBS 防水卷材及其冷底子油必须有出厂合格证，SBS 防水卷材还需有合格的复检报告。
2）卷材的细部做法必须按施工交底明确的做法施工。
3）卷材施工过程中要注意成品的保护，穿软底鞋施工，不得有破损现象。
4）基层应清理干净，无空鼓、起砂，阴阳角应抹圆弧形。

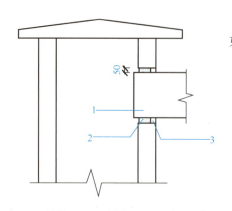

1——风管；2——石棉绳；3——水泥砂浆。
图 9.18 风管与出屋面的通风道的连接做法

5）冷底子油不得有漏刷、透底和麻点。
6）卷材防水层的接头搭接宽度应符合规范的规定，收头应嵌牢固。
7）卷材黏结牢固，无空鼓、损伤、起泡、褶皱等缺陷。卷材搭接宽度误差为 −10mm。

4. 成品保护

成品保护要注意以下几点：

1）卷材防水层铺贴完成后，应及时报验，并用竹胶板铺在人员经常走动的地方，做好保护。
2）卷材平面做防水施工时，不得在防水层上放置材料及作为施工运输通道。

5. 安全措施

施工中要注意采取以下安全措施：

1）防水卷材施工时，卷材及汽油均为易燃品，因此要做好防火措施，每一屋面配备 5 个干粉灭火器。
2）幕墙保温层为聚苯板，在女儿墙处施工时要注意采取防火措施，用铁皮将聚苯板做好保护。
3）卷材施工时，要注意风向，不得站在下风向。

小 结

本项目内容包括屋面防水工程施工、地下防水工程施工以及卫生间防水施工三个部分。

建筑防水按照采用防水材料和施工方法不同分为柔性防水和刚性防水。柔性防水是采用柔性材料，主要包括各种防水卷材和防水涂料，经施工将其铺贴或涂布在防水工程的迎水面，达到防水目的；刚性防水采用的材料主要是普通细石混凝土、补偿收缩混凝土和块体刚性材料等，依靠混凝土自身的密实性并配合一定的构造措施达到防水目的。

各种防水工程质量的好坏，除与各种防水材料的质量有关外，还取决于各构造层次的施工质量，因此要严格按照相关的施工操作规程进行施工，严格把好质量关。建筑防水工程的施工质量应在施工过程中进行控制，防水工程的质量检验包括材料的质量检验和防水施工的质量检验，每一道工序经检查合格之后方可进行下一道工序的施工，这样才能达到工程的各部位不漏水、不积水的要求。

思考与训练

一、思考题

1. 简述常用防水卷材的种类。
2. 简述高聚物改性沥青防水卷材的冷粘法施工过程。
3. 简述合成高分子卷材的主要施工方法及工艺过程。
4. 卷材屋面保护层有几种做法？
5. 简述涂膜防水屋面的施工过程。
6. 刚性防水屋面的隔离层如何施工？分格缝如何处理？
7. 补偿收缩混凝土防水层如何施工？
8. 地下防水工程有哪几种防水方案？
9. 地下构筑物的变形缝如何进行处理？
10. 防水混凝土施工中应注意哪些问题？
11. 卫生间防水有哪些特点？
12. 聚氨酯涂膜防水如何进行施工？

二、技能训练题

完成模拟防水工程施工。

练习题库

项目 10 装饰工程施工

> **知识目标：**
> 1. 熟悉抹灰、饰面、油漆、刷浆、裱糊等施工工艺。
> 2. 掌握各种装饰材料在施工中的质量要求及通病防治。
>
> **能力目标：**
> 1. 能够组织抹灰工程、饰面工程、油漆和涂料工程、裱糊工程等施工。
> 2. 能够编制装饰工程施工方案。
>
> **思政目标：**
> 形成质量第一、力求完美的全局观。

故宫木建筑

北京故宫是世界上最大的木建筑群，木制作的构件多样，结构科学，做工精良，工艺先进。木建筑是东方人顺应自然的生活，为自己的心灵划出的一片栖息地，在淡泊中成就了另一种永恒。

故宫木建筑

10.1 抹灰工程

抹灰是将各种砂浆、装饰性石屑、石子浆涂抹在建筑物的墙面、顶棚、地面等表面上，除了保护建筑物外，还可作为饰面层起到装饰作用。抹灰工程按抹灰的部位可分为室内抹灰、室外抹灰和顶棚抹灰；按使用材料和装饰效果分为一般抹灰和装饰抹灰。

10.1.1 一般抹灰工程

1. 一般抹灰的组成和分类

（1）一般抹灰的组成

一般抹灰的组成如图 10.1 所示。

底层 底层主要起与基层黏结的作用，厚度一般为 5～9 mm。

中层 中层起找平作用，砂浆的种类基本与底层相同，只是稠度较小，每层厚度应控制在 5~9mm。

面层 面层主要起装饰作用，要求面层表面平整、无裂痕、颜色均匀。

各层砂浆的强度要求应为底层＞中层＞面层，并不得将水泥砂浆抹在石灰砂浆或混合砂浆上，也不得把罩面石膏灰抹在水泥砂浆层上。

（2）一般抹灰的分类

一般抹灰工程按照建筑物使用标准不同分为普通抹灰、中级抹灰和高级抹灰三种。

普通抹灰 其构造为一个底层、一个面层，适用于简易住宅、大型设施和非居住性（如仓库、车库、锅炉房等）建筑以及建筑物中储藏室、仓储式地下室等。

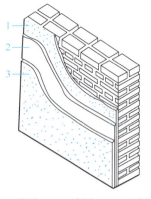

1——底层；2——中层；3——面层。

图 10.1 抹灰的组成

中级抹灰 其构造为一个底层、一个中层、一个面层，适用于一般居住建筑、公共建筑和工业建筑（如住宅、宿舍、医院、轻工业多层厂房等）以及高标准建筑物的附属用房等。

高级抹灰 适用于大型公共建筑、纪念性建筑（如宾馆、剧院、展览馆等）、高级住宅以及有特殊要求的高级建筑等。

2. 一般抹灰常用材料

水泥 应采用不低于 32.5 级矿渣硅酸盐水泥或普通硅酸盐水泥。应有出厂证明或复验单，当出厂超过三个月或已经受潮的水泥，应按试验结果使用。

砂 应采用中砂，平均粒径为 0.35~0.5mm，使用前过 5mm 孔径的筛子。不得含有草根等杂物。

石灰膏 应用块状生石灰淋制，淋制时必须用孔径不大于 3mm×3mm 的筛子过筛；熟化时间常温下一般不少于 15d；用于罩面时，不应少于 30d。使用时，石灰膏内不得含有未熟化的颗粒和其他杂质。

麻刀 必须柔韧干燥，不含有杂质，长度在 10~30mm，使用前 4~5d 敲打松散，用石灰膏调制好。

纸筋 白纸筋和草纸筋，使用前三周用水浸泡、捣碎。罩面用的纸筋宜用机械磨细，不得含有杂质。稻草、麦秸应坚韧、干燥，不含杂质，纤维长度不得超过 30mm。

抹灰砂浆 拌和时要严格按照设计要求。抹灰砂浆的拌制可采用人工拌制或机械拌制。一般中型以上工程均采用机械拌制。机械搅拌可采用纸筋灰搅拌机和灰浆搅拌机。

3. 内墙抹灰

（1）准备工作

基层处理 为使抹灰砂浆与基体表面黏结牢固，防止抹灰层产生空鼓、脱落，抹灰前应对基体表面的灰尘、污垢、油渍、碱膜、砂浆和混凝土等进行清除。

光滑的混凝土表面其摩擦因数较低，无法直接对其进行抹灰，因而可对基体表面进行凿毛处理。

其他准备工作 门窗框与墙体交界处缝隙应用水泥砂浆或混合砂浆分层嵌堵，并做好相应的隐蔽工程验收记录。

对墙面上的脚手眼、孔洞等要用砌块补砌，对电线管等剔槽要用水泥砂浆进行填嵌。

(2) 贴灰饼

为有效地控制抹灰的厚度，特别是保证墙面垂直度和整体平整度，在基层处理完成后应在墙面上贴灰饼。用托线板和靠尺检查整个墙面的平整度和垂直度，根据检查结果确定灰饼的厚度，一般是最薄处不得小于7mm。先在墙面距地面1.5m左右的高度，距阴阳角100~200mm的位置，根据所确定的灰饼厚度用1:3的水泥浆各做一个50mm×50mm的灰饼，厚度与抹灰层相同，然后以这两个灰饼为依据，用托线板或线锤吊挂垂直，再做相邻的灰饼，并使左右两灰饼的间距为1.2~1.5m。

(3) 设置标筋

标筋是以灰饼为准在灰饼间所做的灰埂，作为抹灰平面的依据。具体做法：用与底层抹灰相同的砂浆在上下两个灰饼间抹成宽度为100mm左右，厚度比灰饼略高的灰埂，然后用木杠紧贴灰饼刮动，使标筋的高度与灰饼的高度相同。同一墙面的上下水平标筋应在同一垂直平面，如图10.2所示。

(4) 做护角

为保护墙面转角处不易遭到碰撞而损坏，在抹灰时，门窗洞口及墙角、柱面等构件的阳角处应做水泥砂浆护角，护角的高度一般不超过2m，每侧宽度不小于50mm。具体做法：先将阳角用方尺规方，最好在地面上划好准线，按准线用砂浆粘好尺板，用托线板吊直，方尺找方；然后在靠尺板的一边抹1:2水泥砂浆，护角线与靠尺板平齐，两边均抹好后，取下靠尺板，待砂浆稍干时，用阳角抹子和水泥素浆捋出小圆角；最后用靠尺板沿顺直方向留出不小于50mm预定宽度，将多余砂浆呈40°斜面切掉，以便抹面时与护角接槎。如门窗口边宽度小于100mm时，也可在做水泥护角时一次完成，如图10.3所示。

图10.2 标筋

图10.3 护角

(5) 抹底层灰

待标筋达到一定强度后，即可在两标筋间抹底层灰，底层灰厚度要低于标筋，由上向下抹。一般应在抹灰前1d用水将墙面浇透，然后在混凝土墙面湿润的情况下，先刷掺10%108胶的素水泥浆一道，随刷随打底；底灰采用1:3水泥砂浆(或1:0.3:3混合砂浆，水灰比为 0.4～0.5)打底。具体做法为：一手握住灰板，一手握住抹子，浆灰板靠近墙面，抹子横向将砂浆抹在墙面上，灰板要时刻接在抹子下边，以便托住抹灰时掉落的砂浆，最后用木抹子压实搓毛。

(6)抹中层灰

待底层灰收水后，就可抹中层灰，中层灰的厚度应略高于标筋。抹完中层后，待其凝结到七成干后，即可用刮杠沿标筋将中层灰刮平，直到墙面平直为止。紧接着用木抹子搓压，使表面平整密实。无论底层灰还是中层灰，抹灰层每遍厚度要满足如下的要求：水泥砂浆宜为 5～7mm，水泥混合砂浆和石灰砂浆每遍宜为 7～9mm。当抹灰层的总厚度大于或等于 35mm 时，应采取防止开裂的措施。

(7)抹面层灰

一般室内墙面常采用纸筋石灰、麻刀灰、石灰砂浆、水泥砂浆等。待中层灰有六七成干时，方可抹面层灰。将墙面湿润后，即可进行罩面工作。操作一般从阴角或阳角开始，一个人在前抹面灰，另外一人其后找平整，并要压平溜光。压光后，用排笔蘸水横刷一遍，使表面色泽一致，再用铁抹子压实赶光，面层则会更为细腻光滑。阴阳角处用阴阳角抹子捋光，并随手用毛刷蘸水将门窗边口阳角、墙裙和踢脚板上口等处清刷干净。面层抹灰经过赶光压实的厚度，麻刀灰不得大于 3mm，纸筋灰、石膏灰不得大于 2mm。

4. 顶棚抹灰

(1)找规矩

顶棚抹灰通常不做灰饼和标筋，而用目测的方法控制其平整度，以无明显高低不平及接槎痕迹为准。先根据顶棚的水平面确定抹灰厚度，然后在墙面的四周与顶棚交接处弹出水平线，作为抹灰的水平标准。弹出的水平线只能从结构中的"50 线"向上量测，不允许直接从顶棚向下量测。

(2)铺底层、中层灰

顶棚抹灰时，由于砂浆自重的影响，一般底层抹灰施工前，先以水灰比为 0.4 的素水泥浆刷一遍作为结合层，该结合层所采用的方法宜为甩浆法，即用扫帚蘸上水泥浆，甩于顶棚。如顶棚较平整，甩浆前可对其进行凿毛处理。待其结合层凝结后便可以抹底层、中层砂浆(其配合比一般采用水泥：石灰膏：砂＝1：3：9 的水泥混合砂浆或 1：3 水泥砂浆)，然后用刮尺刮平，随刮随用长毛刷子蘸水刷一遍。

(3)面层抹灰

待中层灰达到六至七成干后，即用手按不软但有指印时，开始面层抹灰，一般分两遍成活。其施工方法及抹灰厚度与内墙抹灰相同。第一遍抹得越薄越好，紧接着抹第二遍，抹子要平，抹平后待灰浆稍干，再用铁抹子顺着抹纹压实压光。

5. 外墙抹灰

所有预埋件、嵌入墙体的各种管道已安装完成，阳台栏杆已装好，大板结构外墙面接缝防水已处理完毕，脚手架已搭设后方可进行外墙抹灰。

(1)找规矩

外墙抹灰找规矩的方法与内墙抹灰找规矩相同，但要在相邻两个抹灰面相交处挂垂线。由于外墙抹灰面大，且门窗、阳台、明柱等要横平竖直，外墙面抹灰应先上部后下部，而抹灰操作必须一步架一步架向下进行。因此，外墙抹灰找规矩要求在四角先挂好自上而下的垂直通线，然后根据抹灰厚度弹上控制线，再拉水平通线，并弹水平线做灰饼，灰饼凝结后做标筋。

(2) 铺底层、中层灰

铺底层、中层灰操作方法与内墙抹灰相同。若为水泥混合砂浆，配合比为水泥∶石灰膏∶砂=1∶1∶6；若为水泥砂浆，配合比为水泥∶砂=1∶3。底层砂浆凝固具有一定强度后，再抹中层，为提高与其面层的附着力，应将其灰面用木抹子搓平后扫毛或铁抹子划毛，并进行浇水养护。

(3) 粘分格条

为避免罩面砂浆收缩后产生裂缝，而影响墙面美观，应在中层灰六七成干后，按要求弹出分格线，粘分格条。木质分格条在使用前要用水泡透，这样既便于粘贴，又能防止分格条在使用时变形。另外，木质分格条因本身水分蒸发而收缩有利于最终的取出，又能使分格条两侧的灰口整齐。粘贴分格条时用铁抹子将素水泥浆抹在分格条的背面，然后进行粘贴。水平分格条宜粘贴在水平线下口，垂直分格条宜粘贴在分格线的左侧，并将分格条两侧的水泥浆抹成八字形斜角。当天抹面的分格条，两侧八字形斜角抹成45°角；当天不抹面的"隔夜条"，两侧八字形斜角处应抹成60°角。分格条要求横平竖直，接头平整，不得有错缝或扭曲现象。

(4) 抹面层

抹灰顺序为：外墙抹灰应先上部后下部，高层建筑应按照一定层数划分一个施工段，垂直方向控制用经纬仪来代替垂线，水平方向拉通线。大面积的外墙可分片同时施工，如果一次抹不完，可在阴阳角交接处或分格条处间断施工。

抹面层时，先用 1∶2.5 水泥砂浆薄刮第一遍；第二遍再用 1∶3 水泥砂浆与分格条抹平，凝结后按照分格条的厚度将面层刮平、压光，再用刷子蘸水按同一方向轻刷一遍，以达到颜色一致，并清洗分格条上的砂浆，以免起条时损坏面层。起出分格条后若有掉边现象，随即用水泥砂浆进行填补。

室外抹灰面积较大，不易压光罩面层的抹纹，所以一般用木抹子搓成毛面，搓平时要用力均匀，先以圆弧形搓抹，再上下抽拉，保持方向一致，面层纹路均匀。抹面完成 24h 后开始淋水养护，应至少养护 7d 为宜。

6. 细部抹灰

(1) 踢脚板

抹灰时根据墙上施工的水平基准线弹出踢脚板、墙裙或勒脚的高度尺寸水平线，并根据墙面抹灰厚度决定踢脚板、墙裙、勒脚的厚度。找好规矩后，进行基层处理，尤其要注意和墙体的相接处，否则会由于两种材料的线膨胀系数不同而产生空鼓、开裂。基层处理干净后，浇水湿润，按弹好的水平线，将八字靠尺板粘贴在上口，靠尺板表面恰好是踢脚板、墙裙、勒脚的抹灰面。用 1∶3 水泥砂浆抹底层、中层，再用木抹子搓平、扫毛、浇水养护。待其达到六七成干时，就应进行面层抹灰。面层抹灰先用 1∶2.5 水泥砂浆薄刮一遍，凝结后以 1∶3 水泥砂浆抹第二遍，并搓平、压光，然后起出靠尺板，再用铁抹子压光。

（2）窗台

窗台一般分为外窗台和内窗台。

抹内窗台时，先将窗台基体清理洁净，并将松动部位修整好，用细石混凝土铺实，其厚度为 25mm，窗台两端抹灰要超过窗口 60mm，24h 以后刷素水泥浆，接着用 1：2.5 水泥砂浆抹面层，窗台板下口要求平直，不得出现毛刺。待面层脱水、颜色开始变白时，浇水养护 3～4d。

抹外窗台和抹内窗台做法相同，但应注意以下几个问题：

1）外窗台板要比内窗台板低 10mm 左右。

2）外窗台板必须要设置顺水坡，防止倒泛水。

3）外窗台板应做滴水槽，以阻止雨水沿窗台往墙面上流。

4）要求表面平整光洁、棱角清晰；与相邻的窗台高度进出要一致，横竖方向都要成一条线；排水通畅，不渗水。

5）及时覆盖和浇水养护，防止日晒失水、干裂。

10.1.2 装饰抹灰

装饰抹灰是利用材料特点和工艺处理，使抹灰面具有特定的质感、纹理及色泽效果的抹灰类型和施工方法。装饰抹灰除具有与一般抹灰相同的功能外，还能使装饰艺术效果更加鲜明。装饰抹灰的底层和中层的做法与一般抹灰基本相同，只是面层材料和做法有所不同。

装饰抹灰按所使用的材料、施工方法和表面效果可分为很多种。以下仅介绍几种常用的饰面施工工艺。

1. 作业条件及一般要求

（1）作业条件

1）结构工程已经验收合格。

2）按施工要求准备好脚手架，墙上最好不要留设脚手眼，防止二次修补，造成墙面装饰效果的不理想。

3）外墙预留孔洞及预埋管等处理完毕。

4）墙面清理干净，并已完成基层处理。

5）面层大面积施工前应先做样板，确定砂浆配合比和施工工艺，由专人统一配料，并严格控制配合比。

（2）一般要求

1）同一墙面或设计要求为同一装饰组成范围的砂浆，应使用同一产地、品种、批号，并采用同一配合比、同一搅拌设备及专人操作，保证色泽一致。

2）抹灰顺序应先上后下，大面积墙面施工顺序同一般抹灰的外墙。

3）底子灰表面应进行扫毛处理，经养护 1～2d 后再罩面，次日浇水养护。

4）为了保证饰面层与基层黏结牢固，施工前应先对基层喷刷胶水（108 胶：水＝1：3）。

5）弹分格线、镶嵌分格条等均同一般抹灰中的外墙。

2. 装饰抹灰施工工艺

(1) 水刷石

水刷石多用于外墙面。在底层砂浆终凝后，在其上按设计要求弹线、分格，根据弹线安装分格条。木分格条应事先在水中浸透。用以固定分格条的两侧八字形水泥浆应抹成45°角。

水刷石施工前，应将底层浇水湿润，然后用铁抹子满刮水灰比为0.37～0.40的素水泥浆一道，以增加与墙面底层的黏结力。面层水泥石粒的配比：使用大八厘（直径8mm）为1∶1（水泥∶石粒，体积比），中八厘（直径6mm）为1∶1.25，小八厘（直径4mm）为1∶1.5。为避免面层砂浆凝结太快而不便于操作，可在水泥石粒中掺加石膏，其掺量应控制在水泥用量的50%以内。面层厚度视石粒粒径而定，通常为石粒粒径的2.5倍，水泥浆的稠度以50～70mm为宜，用铁抹子一次抹平、压实。

当面层灰浆初凝后达到刷不掉石粒程度时，即可开始喷刷。用毛刷蘸水轻轻刷掉面层灰浆，随即用喷雾器或手压喷浆机喷刷。喷刷时，不仅要将表面的水泥冲掉，还要将石粒间的水泥冲出来，使得石粒露出灰浆表面，以露出石粒粒径1/3为宜。然后用清水从上往下全部冲洗干净。洗净后起出分格条，修补槽内水泥浆。

(2) 干粘石

干粘石是将干石粒直接粘在砂浆层上的一种装饰抹灰做法。其装饰效果与水刷石相似，但湿作业量少，可节约原材料，又能明显提高工效。其具体做法是：在中层水泥砂浆上洒水湿润，粘分格条后刷一道水灰比为0.4～0.50的水泥浆结合层，在其上抹一层4～5cm厚的聚合物水泥砂浆黏结层[水泥∶石灰膏∶砂∶107胶=100∶50∶200∶(5～15)]，随即将小八厘彩色石粒甩上黏结层，先甩四周易干部位，然后甩中间部位。要做到大面均匀，边角和分格条两侧不露粘，由上而下快速进行。石粒使用前应用水冲洗干净并晾干，甩时要用托盘盛装和盛接，托盘底部用窗纱钉成，以便筛净石粒中的残留粉末，黏结上的石粒随即要用铁抹子拍入黏结层1/2深度，要求拍实、拍平，但不得将砂浆拍出而影响美观。干粘石墙面达到表面平整、石粒饱满，即可将分格条取出，并用水泥浆将分格条缝修补好，达到顺直清晰。待达到一定强度后需洒水养护。

(3) 斩假石

在水泥砂浆基层上涂抹水泥石粒浆，待硬化后，在其表面上用斩琢加工，使其类似天然花岗岩、玄武岩、青条石的表面形态，斩假石又称为剁斧石。它常用于公共建筑的外墙和园林建筑等，装饰效果颇佳。其施工要点为：在凝固的底层灰上弹线，洒水湿润后粘贴分格条。待分格条粘牢后，刮一道水灰比为0.37～0.40的素水泥浆（内掺水量3%～5%的107胶），随即抹1∶1.25水泥石子浆，并压实抹平，隔24h后，洒水护养。待面层水泥石子浆护养到试剁不掉石屑时，就可开始斩剁。斩剁前，应在分格条内弹出平行部位和垂直部位的控制线，按线操作以免剁纹跑斜，从上而下进行。斩剁时必须保持墙面湿润，剁斧的纹路应均匀，剁纹的方向及深度应一致，一般要斩剁两遍成活。已剁好的墙面即可取出分格条。全部斩剁完后，清扫斩假石表面。

(4) 其他装饰抹灰施工工艺

假面砖 罩面层稍收水后，用靠尺板使铁梳子根据设计的宽度横向划纹，纹深

1mm 左右，再以同样的方法根据设计要求的图案由上向下划纹。面层抹灰是用水泥、石灰膏配一定量的矿物颜料制成彩色砂浆。

拉条灰 将带有凹凸槽形的模具在罩面层上下拉动，使墙面呈现规则的细条或粗条、半圆条、波纹条、梯形条等形状。面层抹灰前按设计要求弹墨线，用素水泥浆贴木条；或从上到下加一条 18 号铁丝做滑道，让木模沿着滑道滑动。罩面砂浆按设计的条形采用不同的砂浆，操作时应连续作业，上下端口应平直。

扒拉石 是一种用钉耙对罩面层进行扒拉的施工方法，扒拉后的面层有一种细凿石的质感。因为扒掉砾石处会出现凹坑，而没有砾石处会有一个凸出的水泥痕迹，形成独有的装饰效果。扒拉石面层为水泥细石浆，细石以 3～5mm 绿豆砂为宜，一般采用粘贴分格条的方法，并按照设计要求在四边留出 4～6cm 不扒拉处作为边框。扒拉时间以水泥浆不粘贴钉耙为准。

搓毛灰 罩面灰初凝时用硬木抹子从上到下搓出一条细而直的纹路，也可从水平方向搓出一条 L 形的细纹路。搓毛时不允许干搓，如墙面太干，则可边洒水边搓毛。

拉毛灰 用铁抹子在面层砂浆拉出一种天然石质感的饰面。

洒毛灰 与拉毛灰工艺相似，是用茅草等蘸罩面砂浆，往中层砂浆面上洒，也有的在刷色的中层上不均匀地洒上罩面灰浆，并用抹子轻轻地压平，部分漏出底色，形成云朵状饰面。面层灰一般用 1∶1 水泥砂浆。

仿石抹灰 是在墙面上按设计要求大小分格，一般为矩形格，然后人工用竹丝扫出横竖毛纹或斑点，形成石质的感觉。

拉假石 是斩假石的另一种做法。面层抹灰（1∶2.5 水泥白石屑浆）前先用 1∶2.5 水泥砂浆打底，并刷素水泥浆一道。面层厚度 2～10mm，收水后用木抹子搓平、压光、压实，待水泥终凝后，用抓耙沿着靠尺直抓，形成装饰效果。

10.1.3 抹灰工程的机械喷涂

1. 准备工作

(1)材料准备

水泥 采用强度等级不低于 32.5 级的普通硅酸盐水泥或矿渣硅酸盐水泥。对于彩色涂料应采用白水泥，同颜色的墙面应用同一批的水泥。

细骨料 采用粒径在 2mm 左右的白云石；也可使用中、粗砂，其含泥量应不大于 3%。

颜料 应采用耐光、耐碱的矿物颜料，不得使用酸性颜料。

胶黏剂 应按产品说明书确定掺入量。

其他 还应准备分格条、黄蜡布、黑胶布等。

(2)作业条件

墙面基层应有足够的强度，无松动、脱皮、起砂、空鼓、粉化等现象，并应达到一般抹灰质量标准；墙面基层和防水节点处理完毕，完成雨水管卡、穿墙管道安装工作，并将脚手眼用砂浆抹实堵严；装饰用脚手架已搭设完成；根据设计要求，提前做好样板，并经验收合格；喷(滚、弹)涂周围的其他墙面、洞口已遮挡好；施工环境温度不应低于 5℃。

2. 操作工艺

(1)基层处理

施工前应清除墙面上的浮土及其他杂物；如果基层为砖或混凝土墙抹灰面时，若达不到一般抹灰质量标准，均应进行修补；基层表面刮腻子找平时，应使用胶黏剂与水泥浆配制，并应按照设计要求在墙面上做出装饰性分格缝。

(2)面层施工

机械做法面层可分为喷涂、滚涂、弹涂。

喷涂面层施工 喷涂饰面是用喷枪将聚合物砂浆均匀喷涂在底层上，此种砂浆由于加入环保胶，能提高装饰面层的表面强度与黏结强度。通过调整砂浆的稠度和喷射压力的大小，可喷成砂浆饱满、波纹起伏的"波面"，或表面布满细碎颗粒的"粒状"；也可在表面涂层上再喷以不同色调的砂浆点，形成"花点桃色"。

具体做法：先将水泥与石屑(或砂)按 1∶2(体积比)干拌均匀，然后用掺有胶黏剂的水溶液将其拌和均匀，使其稠度达到 110mm，并在砂浆内掺入水泥质量 0.3%的木钙粉，反复拌和均匀，颜色应按样板配制。待基层凝结后，根据设计好的图案粘贴好分格条。喷涂之前应将基层洒水湿润，然后开动空气压缩机，检查高压气管有无漏气，并将其压力稳定在 0.6MPa 左右。喷涂时，喷枪应垂直于墙面，且距离墙面 0.3～0.5m。喷斗内注入砂浆，开动气管开关，用高压空气将砂浆喷吹到墙面。如果喷涂时压力有变化，可适当调整喷嘴与墙面的距离。装饰性面层效果的做法如下：

1)粒状喷涂。一般控制两遍成活：第一遍应喷涂均匀，厚度掌握在 1.5mm 左右；过 1～2h 后再继续喷涂第二遍，并使之喷涂成活。要求喷涂颜色一致，颗粒均匀，不出浆，厚薄一致。总厚度控制在 3～4mm。

2)波状喷涂。一般控制三遍成活：第一遍基层变色即可，涂层不要过厚，如墙面基层不平，可将喷涂的涂层用木抹子搓平后重喷；第二遍喷至底浆不流淌为止；第三遍喷至面层出浆，表面呈波状，灰浆饱满、不流淌，颜色一致。总厚度为 3～4mm。

3)花点喷涂。在喷涂的面层上，待其干燥后，根据设计要求加喷一道花点，以增加面层质感。

喷涂完成后及时将分格条起出，并将分格缝内清理干净，同时根据设计要求进行勾缝。常温下喷涂 24h 后喷有机硅憎水剂，该憎水剂用 500g 有机硅加 4500kg 的水拌和制成，喷涂应均匀、不流淌。如果喷后 24h 内出现雨水冲洗情况，必须重喷。

滚涂面层施工 滚涂饰面是将带颜色的聚合物砂浆均匀涂抹在底层上，随即用平面或带有拉毛、刻有花纹的橡胶、泡沫塑料辊子滚出所需的图案和花纹。

滚涂砂浆采用 1∶1 水泥砂浆，并掺入一定量的胶黏剂。具体做法：将砂过筛，与水泥按 1∶1 体积比配好，干拌均匀；然后用掺有胶黏剂的水溶液再将其拌和均匀，稠度以拉出毛不流淌为宜，拌和好砂浆应随后使用；按照设计图案弹出分格线，粘贴分格条。滚涂时应掌握基层的干湿度，浇水量以滚涂时不流淌为宜。操作时需要两人合作：一人在前将事先拌好的稀砂浆刮一遍，随后紧跟抹一薄层，并用铁抹子溜平，使涂层厚薄一致；另一人紧跟着拿辊子滚拉，操作时辊子滚动不能太快，且用力要一致，成活时辊子应从上往下拉，使滚出的花纹有自然向下的流水坡向。滚涂完成后起条、勾缝。喷涂有机硅憎水剂的方法与要求同喷涂做法。

弹涂面层施工　弹涂面层是用电动弹力器将水泥色浆弹到墙面上，形成1～3mm左右的圆状色点。由于色浆一般由2～3种颜色组成，不同色点在墙面上相互交错、相互衬托，犹如水刷石、干粘石。也可做成单色光面、细麻面等多种形式。

配底色浆时应按照普通水泥：水＝100：90（质量比），掺入适量胶黏剂，颜料同样板颜色；或白水泥：水＝100：80（质量比），掺入适量胶黏剂，颜色应与样板颜色相同。点浆配色时应按照水泥：水＝100：40（质量比），掺入适量胶黏剂，颜色应与样板颜色相同，并按照设计图样弹线粘贴分格条，凝结后即可将已配好的底色浆涂刷到已做好的水泥砂浆面层上；大面积施工时，可采用喷涂器喷涂。待底色浆凝结后，将已配好的点浆注入弹力器中，然后转动弹力器手柄，将色浆甩到底色浆上。注意，不同色浆应分别装入不同的弹力器中，每人操作一个弹力器，流水作业。色点应弹均匀，弹成小圆形粒状。

10.2　门窗工程

10.2.1　木门窗安装

1. 木门窗的材料

木门窗　制作的型号、质量应符合设计要求，有出厂合格证明，且木材含水率应符合《木门窗》(GB/T 29498—2013)的规定。

防腐剂　使用氟硅酸钠，其纯度不小于95%，含水率不应大于1%，细度要求全部通过1600目/cm^2的筛，或用稀释的冷底子油涂刷在门窗框与墙体接触的一侧。

预埋木砖　墙体中用于固定门窗框的预埋木砖应符合设计要求。

五金配件　其种类、规格、型号应符合设计要求。

2. 准备工作

木门窗的安装应做好以下准备工作：

1）结构工程经验收合格，室内"50线"已弹好。
2）门窗框进入施工现场应进行验收，合格后方可使用；门窗框、扇安装前其型号、尺寸应符合设计要求，不符合设计要求应退回或修理。
3）门窗框不靠墙的其他各面及扇，均应涂刷清油一道，并通风干燥。
4）木门窗宜立放在室内，且距地面200～300mm。如露天堆放时，应保证不日晒雨淋。
5）门窗框安装应在抹灰前进行，门扇和窗扇的安装宜在抹灰后进行。
6）安装门扇时，室内地面应先做完。

3. 操作工艺

(1) 放线找规矩

以顶层门窗位置为准，从窗中心线向两侧量出边线，用垂线或经纬仪将顶层门窗控制线逐层引下，分别确定各层门窗安装位置；根据室内墙面上已确定的"50线"，确定门窗安装高程；根据墙身大样图及窗台板的宽度，确定门窗安装的平面位置，在侧面墙上弹出竖向控制线。

(2) 洞口修复

门窗框安装前，应检查洞口尺寸大小、平面位置是否准确，如有缺陷应及时进行剔凿处理。并检查预埋木砖的数量及固定方法，其应符合如下要求：

1) 高 1.2m 的洞口，每边预埋 2 块木砖；高 1.2～2m 的洞口，每边预埋 3 块木砖；高 2～3m 的洞口，每边预埋 4 块木砖。
2) 当墙体为轻质隔墙和 120mm 厚隔墙时，应采用预埋木砖的混凝土预制块，混凝土强度等级不低于 C15。

(3) 门窗框安装

门窗框安装时，应根据门窗扇的开启方向，确定门窗框安装的裁口方向；有窗台板的窗，应根据窗台板的宽度确定窗框位置；有贴脸的门窗，立框应与抹灰面齐平；中立的外窗以遮盖住砖墙立缝为宜。门窗框安装高程以室内"50 线"为准，用木楔将框临时固定于门窗洞口内，并立即使用线锤检查，达到要求后塞紧固定。

(4) 嵌缝处理

门窗框安装完，经自检合格后，在抹灰前应进行塞缝处理，塞缝材料应符合设计要求，无特殊要求者用掺有纤维的水泥砂浆嵌实缝隙，经检验无漏嵌和空嵌现象后，方可进行抹灰作业。

(5) 门窗扇安装

安装前，按图样要求确定门窗的开启方向及装锁位置，以及门窗口尺寸是否正确。将门扇靠在框上，画出第一次修刨线，如窗扇较小，应在下口和装合页的一面绑扎、粘贴木条，然后修刨合适。第一次修刨后的门窗扇，应以能塞入口内为宜；第二次修刨门窗扇后，确保缝隙尺寸合适，同时在框、扇上标出合页位置，定出合页安装边线。

10.2.2 铝合金门窗安装

铝合金门窗是经过表面处理的型材，是通过下料、打孔、攻螺纹和制窗等加工过程而制成的门窗框料构件，再与连接件和五金配件一起组装而成。安装要点如下：

(1) 弹线

铝合金门窗框一般是用后塞口方法安装。在结构施工期间，应根据设计要求将洞口尺寸留出。门窗框加工的尺寸应比洞口尺寸略小，门窗框与结构之间的间隙，应视不同的饰面材料而定，抹灰面，一般为 20mm；大理石、花岗岩等板材，一般为 50mm。以饰面层与门窗框边缘正好吻合为准，不可让饰面层盖住门窗框。

弹线时应注意：

1) 同一立面的门窗在水平与垂直方向应做到整齐一致。安装前，应先检查预留洞口的偏差。对于尺寸偏差较大的部位，应剔凿或填补处理。
2) 在洞口弹出门窗位置线。安装前一般是将门窗立于墙体中心线部位，也可将门窗立在内侧。
3) 门的安装须注意室内地面的高程，地弹簧的表面应与室内地面饰面的高程一致。

(2) 门窗框就位和固定

按弹线确定的位置将门窗框就位，就位后先用木楔临时固定，待检查立面垂直度、左右间隙、上下位置等符合要求后,用射钉将铝合金门窗框上的铁脚与结构固定。

(3)填缝

铝合金门窗安装固定后,应按设计要求及时处理窗框与墙体的缝隙。若涉及未规定具体堵塞材料时,应采用矿棉或玻璃棉毡分层填塞缝隙,外表面留 5~8mm 深槽口,槽内填嵌缝油膏或在门窗两侧做防腐处理后填 1∶2 水泥砂浆。

(4)门窗扇安装

门窗扇的安装需在土建施工基本完成后进行,框装上扇后应保证框扇的立面在同一平面内,门窗扇应就位准确,启闭灵活。平开窗的窗扇安装前应先固定窗,然后将窗扇与窗铰固定在一起;推拉式门窗扇,应先装室内侧门窗扇,后装室外侧门窗扇,固定扇应装在室外侧,并固定牢固,确保使用安全。

(5)安装玻璃

平开窗的小块玻璃用双手操作就位。若单块玻璃尺寸较大,可用玻璃吸盘就位。玻璃就位后,即以橡胶条固定。型材凹槽内装饰玻璃,可用橡胶条挤紧,然后在橡胶条上注入密封胶,也可直接用橡胶衬条封缝、挤紧,表面不再注胶。

(6)清理

铝合金门窗交工前,将型材表面的保护胶纸撕掉,如有胶迹,可用香蕉水清理,擦净玻璃。

(7)检验方法

铝合金门窗安装的允许偏差和检验方法应符合表 10.1 的规定。

表 10.1 铝合金门窗安装的允许偏差和检验方法 (单位:mm)

项次	项目		允许偏差	检验方法
1	门窗槽口宽度、高度	≤2000	2	用钢卷尺检查
		>2000	3	
2	门窗槽口对角线长度差	≤2500	4	用钢卷尺检查
		>2500	5	
3	门窗框的正、侧面垂直度		2	用 1m 垂直检测尺检查
4	门窗横框的水平度		2	用 1m 水平尺和塞尺检查
5	门窗横框标高		5	用钢卷尺检查
6	门窗竖向偏离中心		5	用钢卷尺检查
7	双层门窗内外框间距		4	用钢卷尺检查
8	推拉门窗扇与框搭接宽度	门	2	用钢卷尺检查
		窗	1	

10.2.3 塑料门窗安装

1. 塑料门窗的材料要求

塑料门窗的材料要求如下:

1)塑料门窗采用的 UPVC 型材、密封条等应符合现行的国家产品标准和有关规定。

2) 门窗采用的紧固件、五金件、增强型钢及金属衬板等应符合国家产品标准的有关规定，并应进行表面防腐处理；滑撑铰链不得使用铝合金材料。
3) 固定片厚度应大于或等于1.5mm，宽度应大于或等于15mm，材质应符合Q235-A冷轧钢板标准，其表面应进行镀锌处理。
4) 与塑料型材直接接触的五金件、紧固件、密封条、玻璃垫块、嵌缝膏等材料，其性能应与PVC塑料具有相容性。
5) 门窗的外观、外形尺寸、装配质量、力学性能应符合现行的国家标准规定。门窗的抗风压、空气渗透、雨水渗透三项基本物理性能，应符合设计要求并应有产品质量检测报告。

2. 准备工作

塑料门窗安装前应做好如下准备工作：

1) 结构工程已完成，门窗预留洞口尺寸应符合要求，经验收达到合格标准。
2) 按图示尺寸弹好门窗位置线，并根据已弹好的"50线"确定安装高程；对于同一类型的门窗及相邻上、下、左、右洞口，应横平竖直。
3) 门窗扇及玻璃安装应在墙体湿作业完工且硬化后进行，当需要在湿作业前进行时，应采取保护措施。
4) 安装塑料门窗时，其环境温度不应低于5℃。
5) 洞口需要设置预埋件时，应检查其数量、规格及位置；预埋件的数量应与固定片的数量一致。

3. 操作工艺

(1) 外观检查

在塑料门窗安装之前应检查门窗外观质量，不得有焊角开焊、型材断裂等损坏现象。将不同规格的塑料门窗搬到相应的洞口旁边竖放，发现保护膜脱落时应补贴保护膜，并在门窗框上下边画中线。

(2) 固定片的安装

检查门窗框上下边及其内外朝向位置，无误后即可安装固定片。安装时，应先采用直径为3.2mm的钻头钻孔，然后将M4×20十字平头自攻螺钉拧入，不得直接锤击钉入。固定片的位置应距窗角、中竖框、中横框各150mm，固定片之间的间距应小于或等于600mm，不得将固定片直接装在中横框、中竖框的挡头上。

(3) 门窗安装

塑料门窗放线找规矩的方法同木门窗，安装时应采取防止门框变形的措施。无下框平开门应使两边的下脚低于地面高程线30mm；带下框平开门或推拉门应使下框低于地面高程线10mm。窗框装入洞口时，其上下框中线应与洞口中线对齐，窗的上下框四角及中横框的对称位置应用木楔或垫块塞紧做临时固定，当下框长度大于0.9m时，其中间部位也应用木楔或垫块塞紧作为临时固定。按设计图样确定窗框在洞口墙体厚度方向的安装位置，并调整窗框的垂直度、水平度及对角线。门窗与墙体固定时，应先固定上框，后固定边框。固定方法应符合下列要求：

1) 混凝土墙应采用射钉或塑料膨胀螺钉固定。

2)砖墙洞口应采用塑料膨胀螺钉或水泥钉固定,并不得固定在砖缝处。
3)加气混凝土洞口应采用木螺钉将固定片固定在圆木橛上。
4)设有预埋铁件的洞口应采用焊接的方法固定,也可先在预埋件上按紧固件规格钻孔,然后用紧固件固定。

塑料门窗安装的允许偏差和检验方法应符合表10.2的规定。

表10.2 塑料门窗安装的允许偏差和检验方法 （单位：mm）

项次	项目		允许偏差/mm	检验方法
1	门、窗框外形(高、宽)尺寸长度差	≤1500mm	2	用钢卷尺检查
		>1500mm	3	
2	门、窗框两对角线长度差	≤2000mm	3	用钢卷尺检查
		>2000mm	5	
3	门、窗框(含拼樘料)正、侧面垂直度		3	用1m垂直检测尺检查
4	门、窗框(含拼樘料)水平度		3	用1m水平尺和塞尺检查
5	门、窗下横框的标高		5	用钢卷尺检查,与基准线比较
6	门、窗竖向偏离中心		5	用钢卷尺检查
7	双层门、窗内外框间距		4	用钢卷尺检查
8	平开门窗及上悬、下悬、中悬窗	门、窗扇与框搭接宽度	2	用深度尺或钢直尺检查
		同樘门、窗相邻扇的水平高度差	2	用靠尺和钢直尺检查
		门、窗框扇四周的配合间隙	1	用楔形塞尺检查
9	推拉门窗	门、窗扇与框搭接宽度	2	用深度尺或钢直尺检查
		门、窗扇与框或相邻扇立边平行度	2	用钢直尺检查
10	组合门窗	平整度	3	用2m靠尺和钢直尺检查
		缝直线度	3	用2m靠尺和钢直尺检查

（4）嵌缝

窗框与洞口之间应采用发泡聚苯乙烯等泡沫材料分层填塞,填塞不得过紧。门窗洞口内侧与窗框之间,应采用水泥砂浆或掺有纤维的水泥混合砂浆填实勾平;靠近铰链一侧,灰浆压入窗框的厚度宜以不影响门窗扇的开启为限。待外墙水泥砂浆硬化后,其外侧应采用嵌缝膏进行密封处理。

4.质量标准

（1）主控项目

主控项目如下：

1)塑料门窗的品种、规格、类型、尺寸、开启方向、安装位置、连接方式及填嵌、密封处理应符合设计要求及国家现行标准的有关规定。

2) 塑料门窗框、附框和扇的安装应牢固。固定片或膨胀螺栓的数量与位置应正确，连接方式应符合设计要求。

3) 门窗扇关闭应严密，开关应灵活。推拉门窗扇应安装防止脱落的装置。

4) 门窗配件的型号、规格、数量应符合设计要求，安装应牢固，位置应正确，使用应灵活，功能满足各自使用要求。

5) 窗框与洞口之间的伸缩缝内应采用聚氨酯发泡胶填充，发泡胶填充应均匀、密实。发泡胶成型后不宜切割。表面应采用密封胶密封。密封胶应黏结牢固，表面应光滑、顺直、无裂纹。

(2) 一般项目

一般项目如下：

1) 安装后的门窗关闭时，密封条应处于压缩状态，密封层数应符合设计要求。密封条应连续完整，装配后应均匀、牢固，应无脱槽、收缩和虚压等现象；密封条接口应严密，且应位于窗的上方。

2) 门窗表面应洁净、平整、光滑，颜色应均匀一致。可视面应无划痕、碰伤等缺陷，门窗不得有焊角开裂和型材断裂等现象。

3) 门窗扇的密封条应安装吻合，不得脱槽。

4) 平开门窗扇平铰链的开关力不应大于80N；推拉门窗扇的开关力不应大于100N。

5) 排水孔应畅通，位置和数量应符合设计要求。

10.3 吊顶与隔墙工程

10.3.1 吊顶工程

一般的吊顶顶棚的构造形式如图10.4所示。

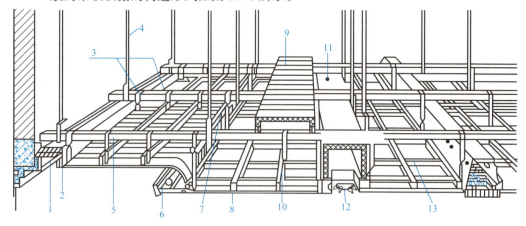

1——窗帘盒；2、10——顶棚面层；3——吊挂件；4——吊杆；5——大龙骨；6——灯槽；7——附加龙骨；8——中龙骨；9——检修马道；11——风道；12——分风口；13——小龙骨。

图10.4 吊顶顶棚的构造形式

1. 木龙骨吊顶施工

木龙骨吊顶是以木质龙骨为基本骨架，在骨架上安装胶合板或其他人造板作为罩面板材组合而成的吊顶体系。这种吊顶加工方便，造型能力强，但不适用于大面积吊顶工程。其施工工艺流程及具体方法如下。

(1)弹线找平

在弹线工作中应完成木龙骨顶棚高程线、造型位置线、吊点位置及灯线位置线等放线工作。顶棚高程线的做法为由室内墙面上的"50线"开始用金属直尺向上测量，在四周的墙面上标注，并弹成一道闭合的墨线，该线为吊顶下皮四周的水平控制线，其偏差不大于±5mm。造型位置线可先在一个墙面量出竖向距离，以此画出其他墙面的水平线，既得吊顶位置的外框线，再根据外框线逐步找出各局部的造型框架线。对于不规则的吊顶造型线，宜采用找点法，即根据施工图样测量出吊顶造型边框的有关基本点，将各点连线，形成吊顶造型线。吊点的位置可根据大龙骨间距，按设计要求在顶棚下皮弹出吊点布置线和位置。放线后应进行检查复核，如发现相互影响，应进行调整。

(2)安装吊杆

根据吊点布置线及预埋铁件位置，进行吊杆的安装。吊杆应垂直并有足够的承载能力，当预埋的吊杆需要接长时，必须搭焊牢固。吊杆间距一般为900~1000mm。

(3)安装木龙骨

用吊挂件将大龙骨连接在吊杆上，拧紧螺钉固定牢固。在房间四周墙上沿吊顶水平控制线固定小龙骨，小龙骨应紧贴大龙骨安装，其间距为400mm×500mm。需注意的是，安装中间部分的小龙骨时，为了减少由于自重力引起的向下变形，小龙骨应起拱，7~10m跨度的房间一般按3/1000起拱；10~15m跨度的房间一般按照5/1000起拱。其组装形式如图10.5所示。

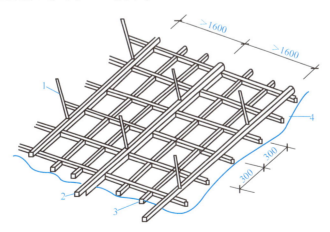

1——吊杆；2——主龙骨；3——次龙骨；4——罩面板。

图10.5 木龙骨骨架组装

(4)罩面板安装

按照吊顶骨架分格情况，依骨架中心线尺寸，在挑选好的板材正面上画出装订线，以保证能将面板准确地固定于木龙骨上。

板材预排布置 对于不留缝隙的吊顶面板，板材预排布置有两种排列方式：一种是整版居中，非整版布置于两侧；另一种是整版铺大面，非整版铺边缘位置。

预留设备安装位置 吊顶顶棚上的各种设备，如空调冷暖送风口、排气口、灯具口等，应根据设计图样，在吊顶面板上预留开口。

面板铺钉 从板的中间向四周展开铺钉，钉位按照画线确定，钉距一般为80～150mm。

(5)接缝处理

木吊顶的边缘接缝处理，主要是指不同材料的吊顶面交接处的处理，如吊顶面与墙面、柱面、窗帘盒、设备开口之间的接缝处理，以及吊顶的各交界面之间的衔接处理。常见的接缝处理形式如下：

阴角处理 常用木线角压住，在木线角的凹进位置打入钉子，钉头孔眼用与木线条饰面相同的涂料补孔。

阳角处理 常用的处理方法有压缝、包角等。

过渡处理 是指两吊顶面相接高度差较小时的交接处理，或者两种不同吊顶材料对接处的衔接处理。常用的过渡方法是用压条进行处理，压条的材料有木线条或金属线条。木线条和铝合金线条可直接钉在吊顶面上，不锈钢线条是用胶黏剂粘在小木方衬条上，不锈钢线条的端头一般做成角度为30°或45°的斜面，要求斜面对缝紧密。

2. 轻钢龙骨吊顶施工

(1)材料

龙骨材料

1) 大龙骨。按其承载能力分为三级：不能承受上人荷载，断面高度为30～38mm的轻型钢；能承受偶然上人荷载，可在其上铺设简易检修马道，断面高度为45～50mm的中级钢；能承受上人检修的0.8kN集中荷载，可在其上铺设永久性检修马道，断面高度为60～100mm的重型级。

2) 中龙骨。断面高度为30～60mm。

3) 小龙骨。断面高度为25～30mm。

罩面板材 包括纸面石膏板、石棉水泥板、矿棉吸声板、PVC钙塑凹凸板及铝压缝条或塑料压缝条等。

吊杆 $\phi 6$、$\phi 8$ 钢筋。

(2)施工工艺

弹线 根据设计要求在顶棚及四周墙面上弹出顶棚高程线、造型位置线、吊挂点位置、灯位线等。如采用单层吊顶龙骨骨架，吊点间距为800～1500mm；如采用双层吊顶龙骨骨架，吊点间距≤1200mm。

安装吊点紧固件 按照设计要求，将吊杆与顶棚之上的预埋铁件进行连接。连接应稳固，并使其安装龙骨的高程一致，如图10.6和图10.7所示。

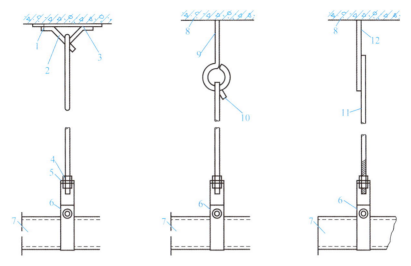

1——射钉；2——φ10 钢筋吊环；3——焊板；4——螺母；5——垫片；6——吊件；7——主龙骨；
8——钢筋混凝土楼板；9——预埋吊环；10——钢筋吊杆下端套螺纹；11——上端焊接；12——预埋T形吊杆。

图 10.6 轻钢龙骨上人吊顶

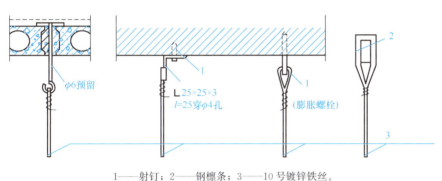

1——射钉；2——钢檩条；3——10 号镀锌铁丝。

图 10.7 轻钢龙骨不上人吊顶

承载龙骨安装 将承载龙骨与吊杆通过垂直吊挂件连接。上人吊顶的悬挂是用一个吊环将承载龙骨箍住，并拧紧螺钉固定；不上人吊顶的悬挂，用挂件卡在承载龙骨的槽中。当遇到大面积吊顶时，需每隔12m在大龙骨上部焊接横卧大龙骨一道，以增强大龙骨的侧面稳定性及吊顶的整体性。

承载龙骨架的调平 在承载龙骨与吊件及吊杆安装就位之后，以一个房间为单位进行调平。调平方法可用600mm×600mm方木按主龙骨间距钉圆钉，将主龙骨卡住，临时固定。调平度一般不小于房间短向跨度的1/300~1/200。

安装覆面次龙骨 在次龙骨与承载龙骨的交叉布置点处，使用其配套的龙骨挂件将两者连接固定，如果间距大于800mm，在中龙骨之间应增加小龙骨，小龙骨与中龙骨平行，用小吊挂件与大龙骨连接固定。边龙骨沿墙面或柱面高程线钉牢，固定时常用高强水泥钉，间距以500mm为宜。边龙骨一般不承重，只起封口作用，如图10.8所示。

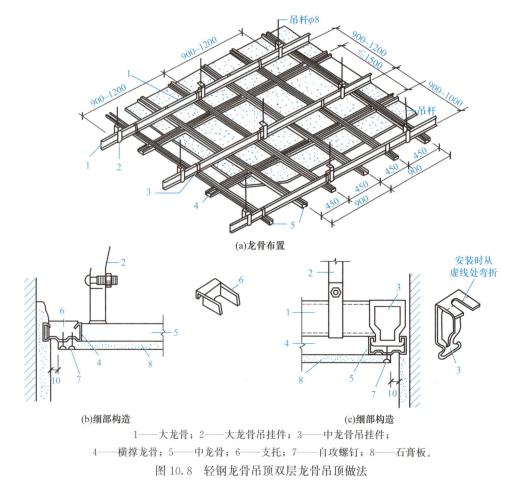

(a)龙骨布置

(b)细部构造　　　　　　　　　　(c)细部构造

1——大龙骨；2——大龙骨吊挂件；3——中龙骨吊挂件；
4——横撑龙骨；5——中龙骨；6——支托；7——自攻螺钉；8——石膏板。

图 10.8　轻钢龙骨吊顶双层龙骨吊顶做法

罩面板安装　罩面板常有明装、暗装、半隐装三种安装方法。明装是指罩面板直接搁置在 T 形龙骨两翼上，纵横 T 形龙骨架均外露；暗装是指罩面板安装后骨架不外露；半隐装是指罩面板安装后外露部分骨架。

嵌缝处理　嵌缝时采用石膏腻子和穿孔纸袋或网格胶带。在嵌缝前，应先将所有自攻螺钉的钉头做防锈处理，然后用石膏腻子嵌平，待腻子完全干燥后(约 12h)，用 2 号纱布或砂纸将嵌缝石膏腻子打磨平滑，其中间可部分略微突起，但要向两边平滑过渡。

3. 铝合金龙骨吊顶

(1)材料

龙骨材料　铝合金龙骨多为中龙骨，其断面为 T 形(安装时倒装)，断面高度有 32mm 和 35mm 两种，在吊顶边上的中龙骨面为断面 L 形。小龙骨(横撑龙骨)的断面为 T 形，断面高度为 23mm 和 32mm 两种。

目前，国内常用的铝合金龙骨及其配件，按龙骨断面的形状、宽度分为几个系列，各厂家的产品规格也不完全统一，在选用龙骨时要注意选用同一厂家的产品。

罩面板材　罩面材料有矿棉板、玻璃纤维板、装饰石膏板、钙塑装饰板、珍珠岩复合装饰板、钙塑泡沫塑料装饰板、岩棉复合装饰板等轻质板材，亦可用纸面石膏、石棉水泥板、金属压型吊顶板等。

吊杆 主要有 φ4 钢筋、8 号铅丝 2 股、10 号镀锌铁丝 6 股。

固结材料 主要有花篮螺栓、射钉、自攻螺钉、膨胀螺栓等。

(2)构造层次

由 U 形轻钢龙骨作主龙骨,与 L 形、T 形铝合金龙骨组装的双层吊顶龙骨可承受附加荷载,能上人(图 10.9)。由 L 形、T 形铝合金龙骨组装的单层轻型吊顶龙骨架承载力有限,不能上人。单层龙骨做法是铝合金龙骨吊顶常采用的做法,如图 10.10 所示。

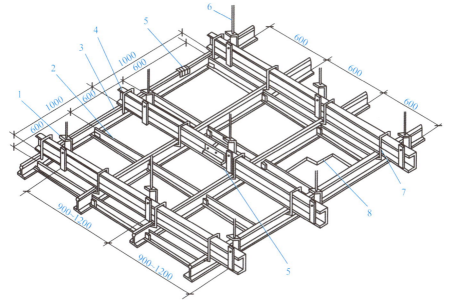

1——主龙骨吊件;2——L 形、T 形横撑龙骨;3——次龙骨;4——主龙骨;
5——龙骨连接件;6——吊杆;7——龙骨吊钩;8——吊顶板材。

图 10.9 铝合金双层龙骨吊顶

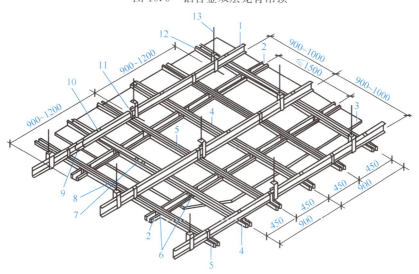

1——大龙骨;2——横撑龙骨;3——吊顶板;4——UZ 龙骨;5——UX 龙骨;6——UZ_3 支托连接;7——UZ_2 连接件;
8——UX_2 连接件;9——BD_2 连接件;10——UZ_3 吊件;11——UZ_3 挂件;12——BD_1 吊件;13——吊杆 φ8~φ10。

图 10.10 单层龙骨吊顶示意图

T形铝合金龙骨吊顶是一种明龙骨,操作时将饰面板直接摆放在T形龙骨组成的方格内,T形龙骨的横翼外露,外观如同饰面板的压条效果(图10.11)。另一种是暗龙骨,施工时将饰面板凹槽嵌入T形龙骨的横翼上,饰面板直接对缝,外观看不到龙骨横翼,形成大片整体拼装图案(图10.12)。

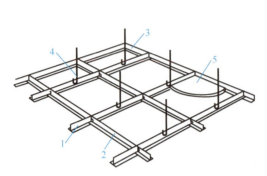

1——大T形龙骨;2——小T形龙骨;3——角条;
4——吊挂件;5——饰面板。

图10.11 TL形铝合金明龙骨吊顶

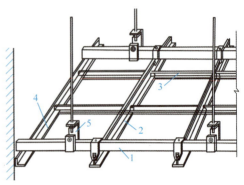

1——大龙骨;2——大T形龙骨;3——小T形龙骨;
4——角条;5——大吊挂件。

图10.12 TL形铝合金暗龙骨吊顶

(3)施工工艺

弹线 其弹线方法与轻钢龙骨相同。

安装吊点紧固件 方法同轻钢龙骨不上人方法。

安装大龙骨 采用单层龙骨时,大龙骨T形断面高度采用38mm,适用于轻型不上人明龙骨吊顶。有时采用一种中龙骨,纵横交错排列,避免龙骨纵向连接,龙骨长度为2~3个方格。单层龙骨安装方法:首先沿墙面上的高程线固定边龙骨,边龙骨底面与高程线齐平,在墙上用$\phi 20$钻头钻孔,间距500mm,将木楔子打入孔内,边龙骨钻孔,用木螺钉将龙骨固定于木楔上,也可用$\phi 6$塑料胀管木螺钉固定;然后安装其他龙骨,吊挂吊紧龙骨;最后调平、调直、调方格尺寸。

安装中、小龙骨 首先安装边龙骨,边龙骨沿墙面高程线齐平固定在墙上,并与大龙骨挂接,然后安装中龙骨。中、小龙骨需要接长时,用纵向连接件,将特制插头插入插孔即可,插件为单向插头,不能拉出。在安装中、小龙骨时,为保证龙骨间距的准确性,应制作一个标准尺杆,用来控制龙骨间距。由于中、小龙骨露于板外,龙骨的表面要保证平直一致。在横撑龙骨端部用插接件插入龙骨插孔即可固定,插件为单向插接,安装牢固。要随时检查龙骨方格尺寸。当整个房间安装完工后,进行检查、调直、调平龙骨。

安装罩面板 当采用明龙骨时,龙骨方格调整平直后,将罩面板直接摆放在方格中,由龙骨翼缘承托饰面板四边,为了便于安装饰面板,龙骨方格内侧净距一般应大于饰面板尺寸2mm;当采用暗龙骨时,用卡子将罩面板暗挂在龙骨上即可。

10.3.2 顶棚装饰

1. 直接喷浆顶棚

直接喷浆顶棚是顶棚做法中最简单的一种，一般先在结构板底层用腻子刮平，然后再用手压式喷浆机将大白浆、顶棚用涂料喷涂于底层上。在施工中注意掌握好涂料的厚度，保证既要对板底严密覆盖，又不使其产生坠落。

2. 开敞式顶棚

开敞式顶棚是将各种材料的条板组合成各种形式的方格单元或组合单元拼接块悬吊于屋架或结构层下皮，单元体常用木质、塑料、金属等材料制成（图10.13～图10.15）。形式有方形、菱形、叶片状、格栅式等。开敞式吊顶的结构层不完全封闭，使室内顶棚饰面开敞，形成独特的艺术效果，还可得到良好的声场反射效果，为此，开敞式顶棚常用于影剧院、音乐厅、茶厅、商店等室内吊顶。

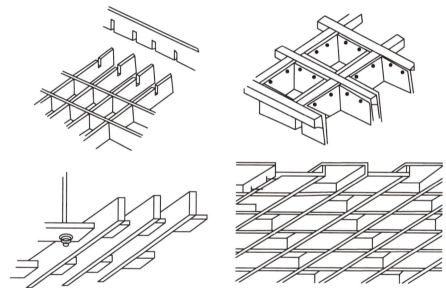

图10.13 木质单元体开敞式吊顶

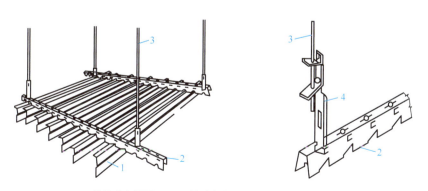

1——格片式金属板；2——格片龙骨；3——吊杆；4——吊挂件。

图10.14 格片金属单元体开敞式吊顶

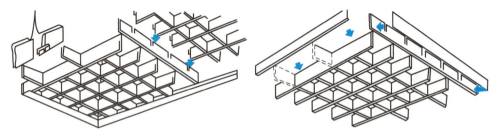

图 10.15　铝合金格栅型开敞式吊顶

结构面处理　开敞式吊顶在吊顶安装前,应对吊顶以上部分的建筑表面和设备表面进行涂黑处理,或按照设计要求进行处理。

放线　先根据设计要求,对吊顶的高程位置进行确定,将吊顶高程线弹于四周的墙体之上;再根据设计要求的吊杆位置,在结构顶棚上准备安装吊杆的位置弹出吊杆布置线;再根据开敞式顶棚的布置方式,将分片布置线弹于顶棚之上。

固定吊杆　一般可采取在混凝土楼板底部或梁底设置吊点,用冲击钻钻孔固定膨胀螺栓,将吊杆焊接于膨胀螺栓或用 18 号铁丝绑扎;也可采用带孔射钉作吊点紧固件,但需注意单个射钉的承载不得超过 $50 kg/m^2$。

地面拼装单元体　木质单元体及多体结构形式较多,常见的有单板方框式、骨架单板方框式、单条板式或方板组合式等拼装形式;金属单元体主要有格片型金属板单元体构件拼装和格栅型金属板单元体拼装。

整体调整　沿在四周墙体上弹好的吊顶高程线拉出多条平行或垂直的基准线,根据基准线进行吊顶面的整体调整;注意检查吊顶的起拱量是否正确、单元体是否由于固定安装而产生超出允许范围的变形;检查连接部位的固定件是否可靠,如在整体吊顶中有受力集中的部位,应对其连接进行加固处理。

10.3.3　轻质隔墙工程

轻质隔墙工程主要有板式隔墙工程、木质隔墙工程和轻钢龙骨罩面石膏板隔墙工程。下面主要介绍目前较为常用的轻钢龙骨罩面石膏板隔墙工程。

1. 材料要求

(1)轻钢龙骨

C50 系列主要用于高 3.5m 以下的隔墙;C75 系列主要用于 3.5～6.0m 的隔墙;C100 系列主要用于 6.0m 以上的隔墙工程。龙骨及相应的配件应按设计要求选用,并应符合现行国家标准的规定。

(2)罩面石膏板

罩面石膏板主要有普通纸面石膏板,其板材特点为以建筑石膏为主要原料,掺入适量轻集料、纤维增强材料和外加剂作板芯,并与护面纸牢固黏结而形成建筑板材。耐水纸面石膏板,其板材特点为以建筑石膏为主要原料,掺入适量纤维增强材料和耐水外加剂作板芯,并与耐水护面纸牢固黏结而形成吸水率较低的建筑板材;耐火纸面石膏板,其板材特点为以建筑石膏为主要原料,掺入适量轻集料、无机耐水纤维增强材料和外加剂作板芯，并与护面纸牢固黏结而形成能够改善高温下芯材结合力的建筑板材。石膏板的主要规格为：长度为1800mm、2100mm、2400mm、3300mm、3600mm；宽度为900mm、1200mm；厚度为9.5mm、12mm、15mm、18mm、21mm、25mm。

（3）紧固材料

紧固材料有射钉、膨胀螺栓、沉头镀锌自攻螺钉（单层12mm厚石膏板用25mm长螺钉，两层12mm厚石膏板用35mm长螺钉）、木螺钉等，各种材料应符合设计要求。

（4）接缝材料

接缝材料主要有接缝腻子、接缝带、水溶性胶黏剂。

接缝腻子　抗压强度应大于3.0MPa，抗折强度应大于1.5MPa，终凝时间应大于0.5h。

接缝带　采用专用纤维接缝带，或用布裁成接缝带。其宽度为50mm时用于平缝，宽度为200mm时用于阴阳角处。

水溶性胶黏剂　选用水溶性成品胶黏剂，使用前应做试验确定掺量。

（5）填充材料

填充材料主要有玻璃棉、矿棉板、岩棉板等。

2. 施工工艺

（1）弹线分档

先在隔墙与基体的上下及两侧墙体的相交处，按龙骨的宽度弹线，然后按设计要求，并结合罩面板的尺寸分档，以确定竖向龙骨、横向龙骨及附加龙骨的位置。

（2）做踢脚座

一般用细石混凝土做踢脚座，其高度为120～150mm。当设计有具体要求时，按设计要求。

（3）龙骨安装

固定沿顶、沿地龙骨　可用射钉或膨胀螺栓沿弹线位置固定边框龙骨（沿顶、沿地、沿墙柱龙骨），应使龙骨中心线与上下弹线重合，固定点间距不应大于600mm，如图10.16所示。

固定边框龙骨　按照弹线时进行的分档位置，将边框龙骨固定于沿顶、沿地位置，固定点间的距离不应大于1m，并在龙骨与基体之间按设计要求进行密封条的安装。

安装竖向龙骨　应按弹线的分档位置所弹出的控制线，对竖向龙骨的位置和垂直度进行控制，其间距按设计要求布置。当设计无具体要求时，可根据罩面板的宽度确定间距，竖向龙骨与沿地龙骨的固体如图10.17所示。

安装横向龙骨　一般可选用支撑系列龙骨进行安装。先将支撑卡安装在竖向龙骨的开口上，卡距为400～600mm，距龙骨两端的距离为20～25mm，再将横向龙骨安装在支撑卡之上。若采用贯通水平系列龙骨时，低于3m的隔墙安装一道；3～5m的隔墙安装两道；5m以上的隔墙安装三道。构造形式如图10.18所示。

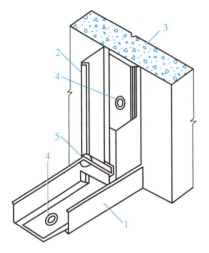
1——沿地龙骨；2——竖向龙骨；3——墙或柱；
4——射钉及垫圈；5——支撑卡。
图 10.16 边框龙骨与墙、顶、地的固定

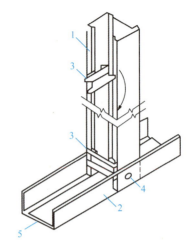
1——竖向龙骨；2——沿地龙骨；
3——支撑卡；4——铆眼；5——橡胶条。
图 10.17 竖向龙骨与沿地龙骨的固定

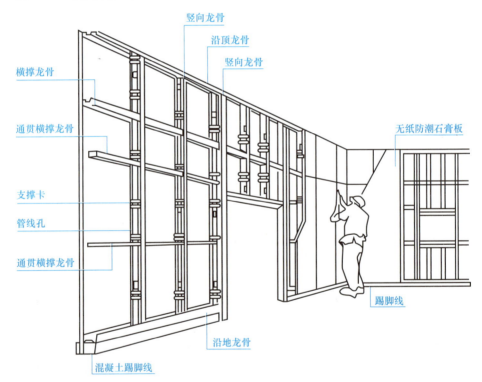
图 10.18 横向龙骨构造形式
注：龙骨间距按板材规格调整。

(4)罩面板的安装

石膏板为常用的一种罩面板。石膏板宜竖向铺设，长边接缝应落在竖龙骨上。曲面墙所用龙骨宜横向铺设，安装时，先将石膏板的面纸和底纸湿润 1h，再将曲面板的一

端固定，然后轻轻地逐渐向板的另一端用力对着龙骨处固定，直到完成曲面。石膏板本身用自攻螺钉固定，沿石膏板周边螺钉的间距为200～250mm，中间部分的螺钉间距不应大于300mm，螺钉与板边缘的距离为10～16mm。安装时，应从板的中部向板的四周固定，钉头宜沉入板内，但不应损坏纸面，并在钉眼处做防锈处理。隔墙端部的石膏板与周围的墙体或柱子之间应留3mm的槽口，以便进行接缝处理。

(5) 设置填充材料

按设计要求选用填充材料，无设计要求时常采用玻璃棉、矿棉、岩棉等材料。填充时，应填满铺平，并与另一面罩面板的安装同时进行。

(6) 接缝

纸面石膏板安装时，其接缝处应适当留缝，并做到坡口与坡口相连，先将缝内浮土清理干净后，刷一道用水稀释后的胶黏剂溶液。同时将接缝腻子嵌入板缝，与坡口刮平。腻子终凝后，再在接缝处刮一道1mm厚的腻子，然后黏结接缝带，并压实刮平，使多余腻子从接缝带的网孔中挤出。待底层腻子凝固而尚处于潮湿时，用大开刀再刮一遍腻子，将接缝带埋入腻子层中，并将板缝填平。

(7) 护角处理

阴角的接缝处理方法同平缝，但接缝带应预留两边各100mm。阳角应粘贴两层接缝带，且两边均预留100mm，粘贴方法与平缝相同，表面用腻子刮平。当设计要求做金属护角时，应按设计要求的部位、高度先刮一层腻子，然后固定金属护角条。

3. 注意事项

轻质隔墙工程施工中要注意以下几点：

1) 罩面板横向接缝位置若不在沿顶、沿地龙骨上，应增加横撑龙骨固定板缝。
2) 安装罩面板前，应严格检查验收其厚度，以免出现薄厚不匀；安装时，应严格控制接缝高低差，并保持平直，以免安装完的罩面板出现错台。
3) 龙骨架两侧面的石膏板以及底板与面板应错缝排列，接缝不应落在同一根龙骨上。
4) 安装防水墙石膏时，石膏板不得固定在沿顶、沿地龙骨上，应另设横撑龙骨加以固定。
5) 隔墙板的下端如用木踢脚板覆盖时，罩面板应离地面10～15mm；如用大理石或水磨石踢脚板时，罩面板下端应与踢脚座上口齐平。
6) 超过12m长的墙体应按设计要求做变形缝，以免因刚度不足和温差过大而引起变形和裂缝。
7) 各种管线、设备安装时，应避免切断横、竖龙骨。

10.4 饰 面 工 程

10.4.1 建筑墙面石材装饰施工

1. 材料要求

材料要求如下：

1) 石材饰面板的品种、规格、颜色和性能（含室内花岗岩的放射性）应符合设计要求，并应有产品合格证书和性能检测报告。

2) 金属骨架、预埋件、膨胀螺栓、连接件、固定件的品种、规格、性能和防腐处理应符合设计要求。
3) 胶黏剂和密封胶的品种和性能应符合设计要求，并应有产品合格证。

2. 准备工作

建筑墙面石材装饰施工的准备工作如下：
1) 该工程的主体结构已完成，并经验收合格。
2) 主体结构上已按设计要求预埋铁件，或已有后置埋件的设计。
3) 操作脚手架或吊篮已搭设完成，架子宽度及距建筑物外皮尺寸满足操作要求，并经验收合格。
4) 施工环境气温不应低于5℃。

3. 操作工艺

(1) 基层清理

在安装饰面板的结构表面和预埋件表面，将黏结的混凝土、砂浆及其他杂物剔凿并清理干净。

(2) 预埋件的检查

对结构上的预埋件进行全面测量，检查预埋件的位置是否满足设计要求。当结构上未设置预埋件时，应根据设计要求设置埋件；当预埋件的偏差较大时，将测量结果提供给设计人员，必要时可调整设计，如不能调整设计，则应重新设置埋件。

(3) 测量放线

根据金属骨架的布置设计和石材饰面板的排版设计，弹出金属骨架的水平控制线、竖向控制线以及后置埋件的位置、高程控制线等。

(4) 安装金属骨架

安装金属骨架要注意以下几点：
1) 后置埋件用膨胀螺栓或化学螺栓固定，后加螺栓每处不应少于两个，直径不小于10mm，长度不小于110mm。后置埋件安装后，应进行抽样拉拔试验，其拉拔强度应符合设计要求。
2) 当基层为非承重内隔墙、空心砖墙、轻质混凝土空心砌块墙、加气混凝土墙等时，一般采用金属骨架干挂石材饰面板。金属骨架与埋件的连接应符合设计要求，一般采用焊接连接，也可采用螺栓连接，并应先安装竖向构件后安装水平构件。
3) 竖向构件的安装应从下向上进行，并先安装同立面两端竖向构件，再按拉通线顺序安装中间竖向构件；安装时，根据水平控制线或竖向控制线距离结构表面的尺寸，吊线或用靠尺找平，先将竖向构件临时固定，待竖向构件安装完成，用吊线方法进行校正后再正式固定。
4) 水平构件的安装应在同一层内从下向上进行；安装时，依据水平控制线并与石材饰面板的连接方式相适应，拉水平线，与竖向构件进行连接。
5) 金属骨架与埋件间的连接，以及金属骨架竖向构件与水平构件间的连接，如采用螺栓连接时，必须将螺栓连接牢固；采用焊接连接时，焊缝长度和厚度应符合设计要求，焊接完成后，应做好焊接连接处的防腐处理。

(5)饰面板的安装

石材饰面板安装前,应将石材孔内清理干净。安装应按从下向上顺序进行。每层安装时,应先安装两端和门窗口边的石材(拉水平线安装中间部位石材)。每块石材安装时,应先安装石材下端连接板或支撑板,用螺栓临时固定。安装前先试装,当连接板孔位的位置正确时,用螺栓正式固定连接板或支撑板,并在石材孔内或槽内注满胶黏剂,使石材就位,临时固定石材,并对其平整度、垂直度、缝宽、接缝直线度、高低差和阴阳角方正等进行检查校正,符合设计要求后刮除多余的胶黏剂,待胶黏剂固化后,在石材上端孔或槽内填胶黏剂,安装上端连接板或支撑板,如图10.19所示。石材墙面转角接缝处理如图10.20所示。

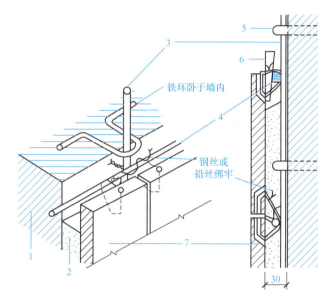

1——墙体;2——水泥砂浆;3——立筋;4——横筋;5——铁环;6——定位木楔;7——大理石板。

图10.19 石材饰面板安装示意图

(6)嵌缝

待石材饰面板安装完成并进行检查后,在板缝内注入密封胶进行嵌缝处理。密封胶的种类和厚度应符合设计要求,注胶时用力要均匀,走枪要稳且慢,使密封胶饱满、连续、严密、均匀、无气泡,并注意避免在雨天、高温和气温低于5℃时进行注胶作业。石材饰面接缝构造如图10.21所示。

10.4.2 内墙瓷砖粘贴施工

1. 材料要求

(1)水泥

可采用普通硅酸盐水泥或矿渣硅酸盐水泥,强度不低于32.5级,若出厂日期超过三个月,应进行试验,按试验结果使用。

(2)砂

宜选用粗砂或中砂,用前应过筛,含泥量应不大于3%。

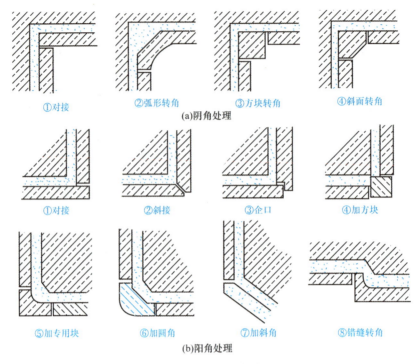

图 10.20 石材墙面转角接缝处理

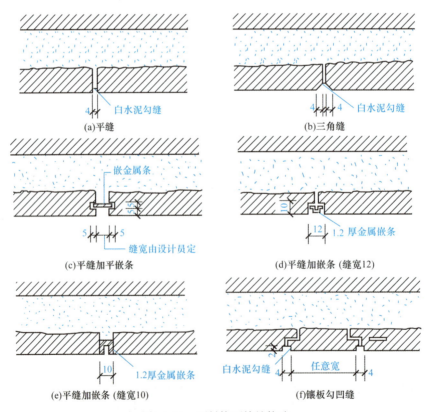

图 10.21 石材饰面接缝构造

（3）饰面砖

饰面砖有白色、彩色和带图案的等，以浅色为主；有长方形、正方形等多种形状。产品质量应符合现行国家有关标准的规定，饰面砖的表面应光洁、平整、方正、质地坚硬，其品种、规格尺寸、色泽和图案应均匀一致，不得有缺棱掉角、暗痕和裂纹等质量缺陷。对不易观察的细裂纹和夹层缺陷的最有效检查方法是用小金属棒轻轻敲击砖的背面，通过敲击的声音判断内部是否出现夹层或裂纹。

（4）石灰膏

石灰膏应采用块状生石灰淋制，淋制时必须用孔径不大于3mm×3mm的筛网过筛，常温下熟化时间一般不少于15d，使用时石灰膏内不得含有未熟化的颗粒和其他杂质。

2. 准备工作

准备工作如下：

1）完成抹灰工程、地面防水工程和混凝土垫层的施工。

2）墙面上的脚手眼及预留空洞用1∶3水泥砂浆填补，并做好内墙水电管线的敷设。

3）弹好墙面"50线"。

4）按饰面砖的尺寸、颜色进行选砖，可自做一个检查砖规格的选砖工具，按1mm差距分档将砖分为三种规格，不可大小规格混合使用，以免影响镶贴效果。瓷砖使用前应先将瓷砖表面清理干净，放入净水中浸泡2h以上，取出待表面晾干或擦干后方可使用。

5）大面积施工前应先放大样，并做出样板墙，确定施工工艺及操作要点，并向施工人员做好书面交底工作。样板墙完成后必须经过质监部门检查合格，并经过设计、建筑、监理单位的共同认可，方可进行施工。

3. 施工工艺

（1）基层处理

基层处理要点如下：

1）基层为混凝土基层时，先将墙面凸出的混凝土刮平，对大模板施工的混凝土墙面应进行凿毛处理，并用钢丝刷满刷一遍，再浇水湿润。若混凝土表面较光滑，先将表面尘土、污垢清扫干净后，再用1∶1水泥砂浆内掺适量的胶黏剂甩于墙面，终凝后浇水湿润。

2）基层为砖墙时，先将砖墙上面的多余砂浆清理干净，然后浇水湿润。

3）基层为加气混凝土墙面时，先用水湿润，再刷一道聚合物水泥浆，再用水泥∶石灰膏∶砂=1∶3∶9的混合砂浆分层修补。

（2）贴标志块，设置标筋

在高2m左右，距两边阴角100～200mm处，分别做一个标志块，厚度一般为10～15mm，以墙面平整和垂直为准。标志块所用砂浆与底子灰砂浆相同，常用1∶3水泥砂浆。根据上面两个标志块的位置吊垂线做下面两个标志块，并拉通线使标志块间距为1.2～1.5m。在门窗口处也应做标志块。当标志块凝结后，将墙面湿润，在上下两个标志块之间先抹一层宽度为100mm的水泥砂浆，稍后再抹第二遍砂浆使其凸起呈"八"字形，所抹高度应比标志块高2mm左右，待水泥砂浆凝结到六七成干后，用刮杠将标筋沿标志块刮平。竖向为竖筋，水平方向为横筋。标筋所用砂浆与底子灰相同。

(3)抹底层砂浆

在混凝土及砖砌体墙面上抹底层砂浆时，第一遍厚度宜为5mm，抹后先用木杠刮平，然后用木抹子搓平，隔天浇水养护；待第一遍砂浆六七成干时即可抹第二遍，厚度为8~12mm，随即用刮杠刮平，隔天浇水养护。

在加气混凝土墙面上抹底层砂浆时，用1∶1∶6水泥石灰膏砂浆抹底层灰，或经设计同意后，钉金属网一层，再在金属网上分层抹1∶1∶6水泥石灰膏砂浆，用木抹子搓平，隔天浇水养护。

(4)排砖

排砖应按设计要求和选砖结果以及铺贴部位的实测尺寸，从上至下按皮数排列，以保证面砖缝隙均匀。排砖时应注意以下几点：

1)如果缝宽无设计要求，可按1~1.5mm计算。

2)排砖应从阳角开始，非整砖宜排在阴角部位或次要部位。

3)排在最下面一皮砖的下边缘应比地面高程低10mm。

4)如遇轻型吊顶工程，瓷砖可伸入顶棚，一般为25mm。

5)如竖向排列余数不大于半砖时，可在下边排列半砖，多余部分伸入顶棚。

饰面砖常用排列方法如图10.22所示。

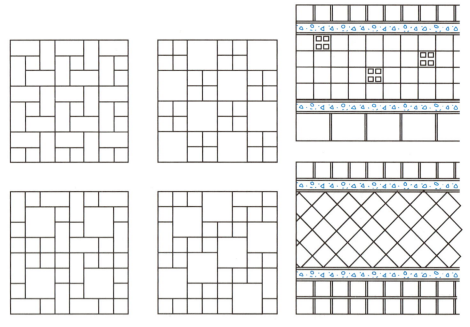

图10.22 饰面砖常用排列方法

(5)弹分格线

待墙面底层灰六七成干时，即可按设计要求进行分段分格弹线。一般可每隔2~3块砖弹一竖线，并在墙面吊垂线；水平线离地面不得少于50mm，以便垫尺，大墙面每隔 1m 左右间距弹一条水平控制线。根据墙面上弹出的水平线和竖线，小墙面可在其交叉部位按照墙面尺寸和瓷砖尺寸的关系粘贴标准砖，大墙面可直接按照竖线贴标准砖行，作为大面贴砖的标准。标准砖贴完后应在标准砖之间拉水平通线，以保证所贴的每一行砖与水平线平直，同时也可控制整个墙面的平整度。

(6) 垫底尺

根据排砖弹线结果，在最下面的一皮砖下口垫好底尺，底尺的顶面与水平线相平，作为第一批砖的下口标准，并在施工中起到防止第一皮瓷砖下滑的支撑作用。垫尺应平直，施工时需用水平尺进行核查。

(7) 粘贴面砖

粘贴时宜采用 1∶2 水泥砂浆或按水泥∶石灰膏∶砂＝1∶0.2∶2 的混合砂浆进行粘贴，砂浆厚度为 6～10mm。粘贴时应保证砖的平整度、灰缝位置的平直，发现不平的砖应立即将砖取下，抹灰重新粘贴。

(8) 勾缝与擦缝

面砖用 1∶1 水泥砂浆勾缝，先勾水平缝，再勾竖缝，一般的勾缝深度为 2～3mm。为提高装饰效果，也可在勾缝的水泥浆中加入颜料，但必须经设计单位同意后方可进行施工。

10.4.3 外墙陶瓷砖块粘贴施工

外墙粘贴饰面砖的方法与内墙粘贴饰面砖的方法大致相同，其施工工艺为：基层处理→吊垂线、套方→贴灰饼标筋→抹底层砂浆→排砖→弹线分格→浸砖→粘贴面砖→勾缝。但施工时应注意以下几点：

1) 在套方找规矩时，对于高层建筑，应在四大角和门窗口边用经纬仪打垂线找直；对于多层建筑，可从顶层开始用特制的大线锤吊直，再在阴阳角两侧贴饼找方，横线条以楼层水平基准线为依据，拉通线控制。外墙面砖的布缝方法如图 10.23 所示，转角处理如图 10.24 所示。

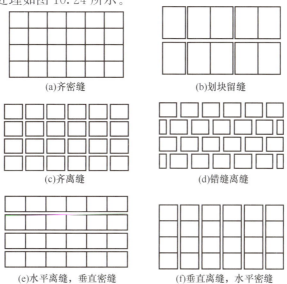

图 10.23　外墙面砖的布缝方法

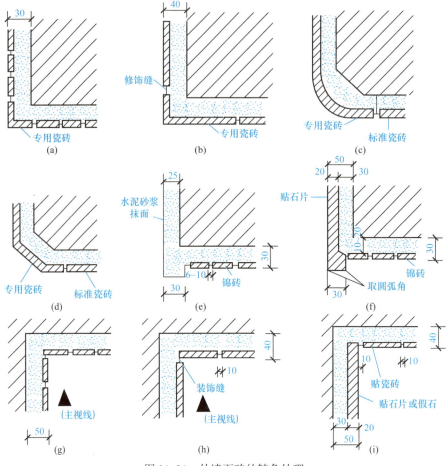

图 10.24 外墙面砖的转角处理

2) 抹底层砂浆时，先刷一道掺水 10%的 108 胶水泥素浆，紧接着分层分遍抹底层砂浆。第一遍厚度宜为 5mm，然后用木抹子搓平搓毛，隔天浇水养护；第二遍厚度为 8～12mm，随即用木杠刮平，隔天浇水养护；如设计中还需抹第三遍，其操作方法同第二遍，直至把底层砂浆找平为止。养护 1～2d 即可镶贴施工。

3) 面砖镶贴时应自上而下进行，高层建筑采取措施后可分段进行，在每一分段或分块中的面砖均以自上而下的顺序镶贴。先贴墙柱、腰线等墙面突出物，然后贴大片外墙面。面砖的镶贴方法同内墙饰面砖。

10.5 地面工程

10.5.1 基层铺设施工

1. 楼地面的构造层次

(1)基层

楼板 楼板是楼层地面的结构层，主要承受楼面上部的荷载。

基土 是房屋外的地面土层或回填土。

垫层 位于基土之上,其作用是将上部荷载均匀地传入基土,以防面层受荷载作用之后而产生不均匀沉降,造成其他层次的破坏。

(2)构造层

找平层 主要起找平、找坡或加强作用,一般位于垫层或楼板之上。

隔离层 其主要作用是将上部地面工程与下部结构层相隔离,以及防止建筑地面面层上各种液体渗透或地下水和潮气渗透到地面。

填充层 是地面工程中增设的构造层,其主要作用是在建筑地面上起隔声、保温、找坡或敷设各种管线等作用。

结合层 是面层之下与下一层相黏结的中间层,其主要作用是将上部面层黏结于下部结构。

(3)面层

整体面层 主要包括水泥砂浆地面、混凝土地面、现制水磨石地面等。

块料面层 主要包括大理石地面、花岗岩地面、预制水磨石地面、砖地面等。

2. 垫层施工

目前,地面工程中所采用的垫层形式主要有砂和砂石垫层、炉渣垫层和混凝土垫层等。

(1)砂和砂石垫层施工

砂垫层一般采用中砂,如缺少中砂的地区可采用粗砂;如该地区很难准备中砂或粗砂时,可采用细砂,但应在其中加入不超过总质量50%的碎石或卵石形成砂石垫层。所采用的砂应坚实、清洁,含泥量不得超过5%。

施工时,首先将基土上的砖、有机物等杂质清除干净,并根据土方压实方法的不同确定分层铺设厚度及最佳含水量。如采用一夯压半夯的夯实方法时,分层铺设厚度为150~200mm,最佳含水率为8%~12%;如采用平振法时,分层铺设厚度为200~250mm,最佳含水率为15%~20%;如采用碾压法时,分层铺设厚度为250~300mm,最佳含水率为10%~12%。

施工中应严格控制分层铺土厚度,其控制方法可采用水准仪控制,也可采用四周墙体上弹线或打木桩的方法进行控制。压实遍数应符合规范要求。当施工完成后应采用环刀法进行取样,以确定垫层的压实系数。

(2)炉渣垫层施工

炉渣垫层如无设计要求时,其配比一般为水泥:炉渣=1:6(体积比)或水泥:石灰:炉渣=1:1:8(体积比),其厚度如无明确要求时,不宜小于80mm。炉渣垫层拌和料必须拌和均匀,严格控制配合比及加水量,以免铺设时表面出现泌水现象。

炉渣垫层施工时应将基层清理干净,并洒水湿润。根据设计要求的垫层厚度,弹出炉渣垫层的厚度控制线,如面积很大,则可在地面做木桩对厚度高程进行控制。铺设炉渣时,应根据已弹出的厚度控制线进行炉渣的铺设,为保证垫层的表面平整度,可在地面上做灰饼及标筋。铺设完成后应立即压实、刮平,并进行养护,待其达到设计强度后方能进行下一步操作。

(3)混凝土垫层施工

混凝土垫层的强度等级及铺设厚度应符合设计要求,如无设计要求时混凝土强度不得低于 C10,厚度不宜小于 60mm。

混凝土垫层施工时应将基层清理干净,按设计要求的垫层厚度进行弹水平控制线,并根据设计要求进行分格缝的设置。浇筑时应振捣密实,振捣器不得与模板发生碰撞。混凝土浇筑完毕后 12h 内进行覆盖浇水养护。养护时间规定为:对于普通混凝土,不得少于 7d;对于有抗渗性要求的混凝土,不得少于 14d。

3. 找平层施工

(1)基层处理

基层处理有以下几点:

1)应将基层上的杂物、尘土清理干净。

2)如基层出现凸点,应进行清除;如出现凹点,应采用 1∶3 水泥砂浆填补。

3)基层如采用预制板时,找平层施工前应采用 1∶3 水泥砂浆或 C20 细石混凝土灌缝。为保证灌缝的密实度,可在灌缝材料中加入适当膨胀剂。

(2)找规矩,做标筋

根据墙体上已弹好的"50 线"及设计要求的找平层厚度,确定找平层的上表面高程,并将控制线弹于四周墙体之上,如房间较小可沿控制线拉水平通线做灰饼及标筋;如房间较大,可采用水准仪确定灰饼及标筋的高度。灰饼及标筋的做法及要求同抹灰工程。

(3)铺设水泥砂浆

目前,常采用水泥砂浆或细石混凝土进行施工。当采用水泥砂浆时,其配比为 1∶3(体积比);当采用细石混凝土时,一般不宜低于 C20,且粗骨料的最大粒径不宜超过找平层厚度的 2/3。施工时,标筋内的水泥砂浆应一次浇筑,且其高度应比标筋的高度高 2~3mm,待其凝结到六七成干时,用刮杠沿标筋将其刮平。刮平后应立即进行压光,使其表面平整、光滑,并及时进行养护,不得出现疏松、脱皮、起砂等质量缺陷。

10.5.2 整体面层地面施工

1. 水泥砂浆地面

(1)基层处理

基层处理是防止水泥砂浆面层出现空鼓、开裂等质量缺陷的关键步骤。因此,面层施工前应将基层表面的浮土、浆皮、杂物等清理干净;凸出物应及时清理;凹下部分应采用 1∶3 水泥砂浆填补;如基层上有油,则应采用浓度为 10% 的弱碱溶液进行清洗;在面层施工前一天进行浇水湿润。应注意找平层必须达到 1.2MPa 后才能铺设面层。

(2)贴饼冲筋

根据四周墙面上的"50 线",量出面层的高程位置,并将其高程位置弹于四周墙面上作为控制线。采用 1∶2 干硬性水泥砂浆贴灰饼,间距为 1.5~2.0mm,待灰饼凝结后,再以灰饼的高度为标准做标筋。如有地漏和坡度要求的地面,应按照设计所要求坡度做泛水,冲筋上平面即为地面面层高程。

(3) 设置分格条

为防止水泥砂浆在凝结硬化时体积收缩产生裂缝,应根据设计要求设置分格缝。首先根据设计要求在找平层上弹线确定分格缝位置,完成后在分格线位置上粘贴分格条,分格条应黏结牢固。若无设计要求时,可在室内与走廊邻接的门扇下设置;当开间较大时,在结构易变形处设置。分格缝顶面应与水泥砂浆面层顶面相平。

(4) 铺设砂浆

铺设砂浆要点如下:

1) 水泥砂浆的强度等级不应小于 M15,水泥与砂的体积比宜为 1∶2,其稠度不宜大于 35mm,并应根据取样要求留设试块。
2) 水泥砂浆铺设前,应提前一天浇水湿润。铺设时,在湿润的基层上涂刷一道水灰比为 0.4~0.5 的水泥素浆进行加强黏结,随即铺设水泥砂浆。水泥砂浆的高程应略高于标筋,以便刮平。
3) 凝结到六七成干时,用木刮杠沿标筋刮平,并用靠尺检查平整度。

(5) 面层压光

第一遍压光 砂浆收水后,即可用铁抹子进行第一遍压光,直至出浆。如砂浆局部过干,可在其上洒水湿润后再进行压光;如局部砂浆过稀,可在其上均匀撒布一层体积比为 1∶2 干水泥砂吸水。

第二遍压光 砂浆初凝后,当人站上去有脚印但不下陷时,即可进行第二遍压光,用铁抹子边抹边压,使表面平整,要求不漏压,平面光滑。

第三遍压光 砂浆终凝前,即人踩上去稍有脚印,用抹子压光无抹痕时,即可进行第三遍压光。抹压时用力要大且均匀,将整个面层全部压实、压光,使表面密实光滑。

(6) 养护

砂浆表面压光完成后(夏季 24h、春秋季 48h),满铺湿润锯末或覆盖草袋洒水养护,养护时间不得少于 7d,如采用矿渣水泥,则不得少于 14d。当面层水泥砂浆强度发展到不小于 5MPa 时,方可上人进行其他作业。

2. 混凝土地面

所采用的混凝土强度等级不得小于 C20,其施工工艺与水泥砂浆面层施工基本相同,但应注意混凝土面层压光完成 24h 后,可根据具体情况覆盖塑料薄膜养护,或满铺湿润锯末洒水养护,保持混凝土表面湿润,养护时间一般不得少于 7d。

3. 现制水磨石面层施工

现制水磨石面层施工中,其基层处理和找平层的施工方法与水泥砂浆地面相同。因而,下面主要介绍现制水磨石的面层施工方法,其构造如图 10.25 所示。

(1) 粘贴分格条

现制水磨石面层施工一般采用金属分格条。

当找平层的抗压强度达到 1.2MPa 后,根据设计的分格尺寸及图案要求,先在房间中部弹十字线,计算好周边的镶边宽度后,弹出清晰的分格线,无特殊要求时,分格间距取 0.5~1m 为宜。

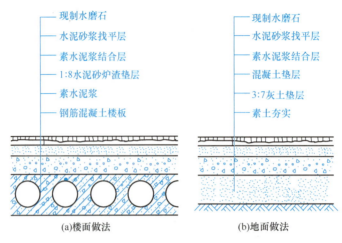

图 10.25　现制水磨石构造

镶贴分格条时，先将平口板条按分格线靠直，将分格条贴近板条，分左右两次用小铁抹子抹稠水泥浆，拉线粘贴固定分格条，并注意水泥浆粘贴高度应比分格条顶面低 3～5mm，并呈 45°角；在分格条十字交叉处粘贴水泥浆时，应留出 40～50mm 的空隙，以防彩色石子无法靠近分格条，打磨后在地面出现水泥条或水泥斑。

分格条应平直、牢固、接头严密，并拉 5m 通线检查，其偏差不超过 1mm。采用铜条时，应预先在两端面下部 1/3 处钻孔，穿入 22 号铁丝，锚固于下口八字角水泥浆内。镶条 12h 后，浇水养护 2～4d，并封闭房间，禁止其他工序进行。

(2) 水磨石拌和料的铺设

配置水磨石拌和料　拌和料中水泥与石粒的体积比：地面宜为 (1∶1.5)～(1∶2.5)；踢脚板宜为 (1∶1)～(1∶1.5)；彩色水磨石拌和料，还应加入水泥质量的 3%～6% 的颜料，或根据试验结构确定。同一彩色水磨石面层，应使用同厂、同批水泥和颜料。拌和料要求配合比准确，拌和均匀，稠度一般不大于 60mm。

铺水磨石拌和料　先用清水将找平层洒水湿润，再涂刷与面层颜色相同的水泥浆，水灰比宜为 0.4～0.5，随刷随铺拌和料。铺设时，将拌好的石料倒入分格条框中，用铁抹子由中间向边角推进，在分格条两边及十字交叉处拍平压实，铺设高度以压实拍平后高出分格条 2mm 为宜。不同颜色的水磨石拌和料不得同时铺设，先铺设深色的后铺设浅色的，当深色的水磨石拌和料凝固后再铺设浅色水磨石拌和料，以免相互串色或界限不清。踢脚板抹石粒浆面层，凸出墙面约 8mm，所用石粒的直径宜稍小，涂刷水灰比为 0.5 的水泥浆一遍后，随即将踢脚板石粒浆抹上，并拍平、压实；刷水两遍将水泥浆轻轻刷去，达到石子面上无浮浆。

铺设完成后应将分格条上的石粒清除，并将面层进行滚压，使面层达到平整密实、出浆石粒均匀为止。待石粒浆稍收水后，再用铁抹子将表面抹平、压实。24h 后浇水养护 5～7d。

(3) 打磨

水磨石打磨前应进行试磨，当水磨石拌和料强度达到 10～13MPa 后即可开始试磨，若打磨后石粒不松动，灰浆面与石子基本平整，即可开磨，其要点如下：

1) 第一遍用54～70号金刚石进行粗磨，边磨边加水，直至表面平整、均匀，分格条和石粒全部露出，用清水将泥浆冲洗干净。稍干后，涂刷一层同颜色的水泥浆，以填补细小的凹痕，脱落的石粒应补齐，养护2～3d。
2) 第二遍用90～120号油石进行细磨，磨至表面光滑无模糊不清为止，然后用水冲洗干净，稍干后，涂刷一层同颜色的水泥浆，养护2～3d。
3) 第三遍用180～240号油石磨光，磨至表面石子显露均匀，无缺石粒、无磨痕为止。

(4) 酸洗、打蜡

酸洗、打蜡的要点如下：

1) 用水加草酸配制10%的溶液，洒于水磨石表面，再用280～320号的油石轻轻打磨一遍，磨出水泥及石粒本色，再用清水冲洗干净。
2) 待水磨石表面干燥后，在其表层薄薄地涂一层成品蜡，稍干后，用包有麻布或细帆布的木块代替油石，装在磨石机上进行磨光，直到水磨石表面光滑为止。

10.5.3 板块面层铺设施工

1. 陶瓷地砖地面

(1) 材料要求

水泥 强度等级不低于32.5级的普通硅酸盐水泥或矿渣硅酸盐水泥。

砂 粗砂或中砂，含泥量不大于3%。

陶瓷地砖 品种、规格、等级、颜色及质量应符合设计要求。

(2) 施工工艺

弹线定位 根据设计要求的地面高程线和平面位置线，在墙面高程点上拉出地面高程线及垂直交叉定位线。地面高程位置线的确定方法为：根据设计要求面层上高程的位置，再根据墙上的"50线"在四周的墙面上弹出面层的高程线，要求必须从"50线"向下量测，不得由地面向上量测。地砖定位线的确定方法为：根据地砖尺寸、设计缝隙和房间面积的大小，在基面上弹地砖铺设基准线。当房间的净宽及净长面积内的地砖块数为偶数时，通过房间中心点弹纵向基准线和横向基准线各一条；当房间的净宽及净长面积内的地砖块数为奇数时，纵向基准线和横向基准线应偏离中心点半块地砖宽度。基准线弹好后，可按照四块地砖弹一条控制线的要求，弹横、纵向线，并拉通线进行控制。

铺贴地砖 陶瓷地砖铺贴工艺分为"软底"铺贴和"硬底"铺贴。在未初凝的找平层上铺贴地砖称为"软底"铺贴，铺贴时用刷子蘸水将地砖背面湿润，薄抹水泥浆一道，随即将地砖纸面朝上，背面朝下对正控制线，依次铺贴，紧跟着用手将纸面压平，并用拍板拍实，使水泥浆进入地砖缝内。与相邻房间和走道连通时，应拉通线对缝。在已完全硬化的找平层上铺贴地砖称为"硬底"铺贴，将水泥砂浆找平层洒水湿润后，先刮一道2～3mm厚的水泥浆，随后操作过程同"软底"铺贴。

整个房间铺完后，在地砖上铺垫木板，操作人员站在垫板上修理四周的边角，并将门口接槎处修好，保证接槎平整，用喷壶洒水或毛刷蘸水湿润纸面，常温下经15～30min，待纸湿透后，即可依次把纸揭掉。揭纸后，及时检查缝隙是否均匀、顺直，不均匀、不直处应立即进行调直，先调竖缝，后调横缝，调好后用木拍板拍平拍实，同时检查有无掉角现象，并及时将有缺陷的部位进行修整。

地砖铺设完成后，应采用与面层铺设同品种、同强度等级、同颜色的水泥进行擦缝。完成24h后，应用干净湿润的锯末覆盖，养护时间不少于7d。

2. 大理石及花岗岩地面

(1) 材料要求

大理石和花岗岩板材　品种、规格应符合设计要求；技术等级、光泽度、外观质量应符合《天然大理石建筑板材》(GB/T 19766—2016)和《天然花岗石建筑板材》(GB/T 18601—2009)的规定。

水泥　宜采用强度等级为32.5级的普通硅酸盐水泥或矿渣硅酸盐水泥，并备少量擦缝用32.5级白水泥。

砂　粗砂或中砂，含泥量不大于3%。

矿物颜料、蜡、草酸　应符合相关规定。

大理石碎块　用于碎拼大理石地面。应颜色协调，厚薄一致，没有裂缝并且不带尖角。

大理石石粒　用于碎拼大理石地面的水泥石粒浆灌缝，其粒径宜为4～14mm。

(2) 施工工艺

弹线　根据墙面"50线"高程线，在墙上做出面层顶面高程标志，室内与楼道面层顶面高程应一致。大面积铺设时，用水准仪向地面中部引测高程，并做出标志。

试拼和试排　在正式铺设前，对每一个房间使用的图案、颜色、花纹应按照图样要求进行试拼。试拼后按两个方向排列编号，然后按编号排放整齐。板材试拼时，应注意与相通房间和楼道的协调关系。

试排时，在房间两个垂直的方向，铺两条干砂带，其宽度大于板材，厚度不小于30mm。根据图样要求将板材排好，并核对板材与墙面、柱、洞口等的相对位置、板材间的缝隙宽度，当设计无规定时不应大于1mm。

铺结合层　将找平层上试排时用过的干砂和板材移开，清扫干净，将找平层湿润，刷一道水灰比为0.4～0.5的水泥浆，但不要刷的面积过大，应随刷随铺砂浆。结合层采用1:2或1:3的水泥砂浆，稠度为25～35mm，用砂浆搅拌机拌制均匀，应严格控制加水量，拌好的砂浆以手握成团，手捏或手颠即散为宜。砂浆厚度控制在放上板材时，高出地面顶面高程1～3mm。铺好后用刮尺刮平，再用抹子拍实、抹平，铺摊面积不得过大。

铺贴板材　所采用的板材应先用清水浸湿，包装纸不得一同浸泡，待擦干或晾干后铺贴。铺贴时应根据试拼时的编号及试排时确定的缝隙，从十字控制线的交点开始拉线铺贴。铺贴纵横行后，可分区按行列控制线依次铺贴，一般房间宜由里向外，逐步铺至门口。

铺贴时为了保证铺贴质量，应进行试铺。试铺时，将板材对好横纵控制线，水平下落在已铺好的干硬性砂浆结合层上，用橡胶锤敲击板材顶面，振实砂浆至铺贴高度后，将板材掀起移至一旁，检查砂浆表面与板材之间是否吻合，如发现有空虚之处，应用砂浆填补，然后正式铺贴。正式铺贴时，先在水泥砂浆结合层上均匀浇一层水灰比为 0.5 的水泥浆，再铺板材，安放时四角同时在原位下落，用橡胶锤轻敲板材，使板材平实，根据水平线用水平尺检查板材平整度。

擦缝 在板材铺贴完成 1~2d 后进行灌浆擦缝。根据板材颜色，选用相同颜色的矿物颜料和水泥拌和均匀，调成为 1：1 的稀水泥浆，将其徐徐灌入板材之间的缝隙内，至基本灌满为止。灌浆 1~2h 后，用棉纱蘸原稀水泥浆擦缝并与板面擦平，同时将板面上的稀水泥浆擦除干净，接缝应保证平整、密实。完成后，面层加以覆盖，养护时间不应小于 7d。

打蜡 当水泥砂浆结合层抗压强度达到 1.2MPa 后，各工序均完成，将面层表面用草酸溶液清洗干净并晾干后，用布将蜡薄薄地均匀涂在板材表面，待蜡干后，用木块代替油石进行磨光，直至板材表面光滑洁亮为止。

10.6 幕墙工程

10.6.1 建筑幕墙安装施工工艺及质量要求

幕墙是悬挂在建筑主体结构外侧的围护墙体。因其通常质轻，外观形如罩在建筑物外的一层薄的帷幕，故称为建筑幕墙。幕墙用的材料可以是玻璃、石材、金属等，因此被称为玻璃幕墙、石材幕墙、金属幕墙等。本节主要介绍目前常用幕墙的施工工艺。

1. 作业条件

作业条件如下：

1) 安装幕墙的主体结构已完成，并经验收合格。
2) 主体结构上已按设计要求预埋铁件，或已有后置埋件的设计。
3) 操作脚手架或吊篮已搭设完成，架子宽度及距建筑物外皮尺寸满足操作要求，并经验收合格。
4) 施工环境温度不应低于 5℃。

2. 操作工艺

(1) 测量放线

根据建筑的主要轴线控制线，对照主体结构上的竖向轴线，用经纬仪和金属直尺复核后，在各楼板边或墙面上弹出立柱中心线和控制线并进行标志。用水准仪和金属直尺从水准基点复测各楼层高程，并在楼板边或柱、墙面上弹线做标志。用经纬仪测量出玻璃幕墙外立面的控制线，在楼板上或柱、墙面上弹线并做标志。当建筑物较高时，竖向测量应定时进行。竖向测量时，风力不宜大于 4 级。

(2) 预埋件的设置

根据玻璃幕墙的三向控制线，对预埋件的位置、高程进行复测，并弹出立柱紧固件的位置控制线、高程控制线，作出标志。同时对预埋件的规格、尺寸进行复查，并做好预埋件的防腐处理。当与设计要求相差较大时,应制定处理方案。如无预埋件时,可根据设计要求安装后置埋件,应保证后置埋件的高程偏差不应大于10mm,位置偏差不应大于20mm,连接所采用的膨胀螺栓应符合设计要求,并应做防腐处理。

(3)立柱安装

立柱一般由下向上安装,当立柱一层为一根时,上端悬挂固定,下端滑动;当立柱两层为一根时,上端悬挂固定,中间简支,下端滑动。根据立柱长度,每安装完一层或两层后,再安装上一层或两层。立柱安装时,竖起立柱,下端套在下部立柱芯柱上,上端连接件和中间连接件与紧固件用不锈钢螺栓临时固定,用经纬仪和金属直尺检查,并调整立柱的位置、高程、垂直度等,符合设计要求后将螺栓紧固,上、下立柱间间隙用耐候密封胶嵌填。立柱安装高程偏差不应大于3mm;轴线前后偏差不应大于2mm,轴线左右偏差不应大于3mm,相邻两根立柱安装高程偏差不应大于3mm,同层立柱的最大高程偏差不应大于5mm,相邻两根立柱的距离偏差不应大于2mm。立柱全部或分区域安装完成后,应对立柱的整体垂直度、外立面水平度进行检查。当不符合要求时,应及时调整处理。

(4)横梁安装

立柱安装完成后,用水准仪和金属直尺测量,并在立柱上标出横梁的安装位置线。同一层横梁的安装,应由下向上进行。安装时,将横梁两端的连接件及弹性橡胶垫安装在立柱的预定位置,再顺序安装同一高程的横梁。横梁应安装牢固,接缝应严密,相邻两根横梁的水平高程偏差不应大于1mm。同层高程偏差规定为:当一幅幕墙宽度不大于35mm时,不应大于5mm;当一幅幕墙宽度大于35mm时,不应大于7mm。

(5)防雷装置安装

玻璃幕墙的立柱和横梁应作电气连接,构成防侧击雷的防雷网。通常上下立柱间用芯柱和螺栓连接,可不作专门的连接,必要时可在上下柱连接处用螺栓固定铝排连接。幕墙顶部女儿墙盖板可作为接闪器,每隔10m与主体结构防雷网连接一次,接收电流。连接应在材料表面原有保护膜除掉后的部位进行,测试的接地电阻应符合设计规定,一般情况下,当建筑高度低于150m时,接地电阻应小于10Ω;当建筑物的高度在150m以上时,接地电阻应小于5Ω。

(6)保温、防火材料安装

有热工要求的幕墙,应安装保温材料。保温部分宜从内向外安装,保温材料的安装固定应符合设计规定:板块保温材料可粘贴在结构外墙面;保温棉块可用镀锌细铁丝网和镀锌细铁丝固定在立柱和横梁形成的框架内;或在保温材料两边用内、外衬板固定;或铺填在焊有钢钉的内衬板上用螺栓固定。

幕墙的四周、窗间墙和窗槛墙,均应用防火材料填充,在楼板处及防火分区间形成防火带。防火材料的衬板应用镀锌钢板,或经防腐处理且厚度不小于1.5mm的钢板,不得用铝板。

(7)玻璃安装

玻璃安装前,应将玻璃表面污物清理干净。玻璃应从上向下、顺一个方向连续安装。热反射玻璃的镀膜面应朝向室内，非镀膜面朝向室外。明框玻璃幕墙及半隐框玻璃幕墙，明框边的玻璃与立柱、横梁凹槽底部应保持一定的间隙，用橡胶条等弹性材料填充；隐框边的金属副框与立柱、横梁的连接，通过夹片、压片或挂钩等方式进行固定。

(8) 注胶及变形缝密封

玻璃间或玻璃与立柱、横梁间，接缝用耐候硅酮密封胶密封，密封胶的施工厚度大于 3.5mm，施工宽度不小于厚度的 2 倍，密封胶在接缝内应形成相对两面黏结，不得形成三面黏结。注意避免在雨天、高温和气温低于 5℃时进行注胶作业。变形缝处幕墙与幕墙的间隙，用专用橡胶带封闭。

10.6.2　建筑幕墙试验及工程验收

下面以玻璃幕墙为例进行介绍。

1. 主控项目

主控项目如下：

1) 玻璃幕墙工程所使用的各种材料、构件和组件的质量应符合设计要求及国家现行产品质量和工程技术规范的规定。
2) 玻璃幕墙的造型和立面分格应符合设计要求。
3) 玻璃幕墙使用的玻璃应符合下列规定：
   ① 幕墙应使用安全玻璃，玻璃的品种、规格、颜色、光学性能及安装方向应符合设计要求。
   ② 幕墙玻璃的厚度不应小于 6.0mm。
   ③ 幕墙的中空玻璃应采用双道密封。
   ④ 幕墙的夹层玻璃应采用聚乙烯醇缩丁醛胶片干法加工合成的夹层玻璃。
   ⑤ 钢化玻璃表面不得有损伤；厚度为 8.0mm 以下的钢化玻璃应进行引爆处理。
   ⑥ 所有幕墙玻璃均应进行边缘处理。
4) 玻璃幕墙与主体结构连接的各种预埋件、连接件、紧固件必须安装牢固，其数量、规格、位置、连接方法和防腐处理应符合设计要求。
5) 各种连接件、紧固件的螺栓应有防松动措施；焊接连接应符合设计要求和焊接规范的规定。
6) 隐框或半隐框玻璃幕墙，每块玻璃下端应设置两个铝合金或不锈钢托条，其长度不应小于 100mm，厚度不应小于 2mm，托条外端应低于玻璃外表面 2mm。
7) 玻璃幕墙四周、玻璃幕墙内表面与主体结构之间的连接节点、各种变形缝、墙角的连接点应符合设计要求和技术标准的规定。
8) 玻璃幕墙应无渗漏。
9) 玻璃幕墙结构胶和密封胶的打注应饱满、密实、连续、均匀、无气泡，宽度和厚度应符合设计要求和技术标准的规定。
10) 玻璃幕墙开启窗的配件应齐全，安装牢固，安装位置和开启方向、角度应正确；开启应灵活，关闭应严密。
11) 玻璃幕墙的防雷装置必须与主体结构的防雷装置可靠连接。

2. 一般项目

一般项目如下:

1)玻璃幕墙表面应平整、洁净;整幅玻璃的色泽应均匀一致;不得有污染和镀膜损坏。
2)每平方米玻璃的表面质量应符合相关规定。
3)明框玻璃幕墙的外露框或压条应横平竖直,颜色、规定应符合设计要求,压条安装应牢固。隐框玻璃幕墙的分格玻璃拼缝应横平竖直,均匀一致。
4)玻璃幕墙的密封胶缝应横平竖直、深浅一致、宽窄均匀、光滑顺直。
5)防火、保温材料填充应饱满、均匀,表面应密实、平整。
6)玻璃幕墙隐蔽节点的遮封装修应牢固、整齐、美观。
7)明框玻璃幕墙安装的允许偏差应符合规范规定。

10.7 涂饰工程

10.7.1 外墙涂料装饰装修

1. 材料要求

外墙装饰工程直接暴露在大自然中,受到风、雨、日晒的侵袭,故要求建筑涂料具有耐水、保色、耐污染、耐老化及良好的附着力,其外观给人以清新、典雅、明快之感,能获得建筑艺术的理想效果。

根据涂料的形态可分为以下几种:

乳液型外墙涂料 品种多、无污染、施工方便,但光泽度差,耐沾污性能较差,是通用型外墙涂料。

溶剂型外墙涂料 生产简单、施工方便、涂料光泽度高,但对墙面的平整度有特别要求,否则在使用阶段易暴露不平整的地方,有溶剂污染,一般适用于工业厂房。

复层外墙涂料 也称喷塑涂料,光泽度高,具有一定的防水性;立体图案,美观性高,但施工过程比较复杂,成本较高,一般使用于建筑等级较高的外墙。

砂壁状外墙涂料 仿石型外观,美观性好,但耐沾污性差,施工干燥期长,一般只能适用于仿石型外墙。

氟碳树脂涂料 比一般的涂料产品具有更好的耐久性、耐酸性、耐化学腐蚀性、耐热性、耐寒性、自熄性、不黏性、自润滑性、抗辐射性等优点,享有"涂料王"的盛誉。

外墙涂料根据装饰效果的质感还可分为以下几类:

浮雕涂料 浮雕涂料涂饰后,其花纹呈现凹凸状,富有立体感、质感。

彩砂涂料 彩砂涂料是以石英砂、瓷粒、云母粉为主要原材料,其装饰效果较好,色泽新颖、晶莹绚丽。

厚质涂料 厚质涂料涂饰时可喷涂施工,也可滚涂施工,施工完成后亦可在其上做拉毛等不同的装饰效果,还可做出不同质感的花纹。

薄质涂料 薄质涂料涂饰完成后，质感细腻。这种涂料比较经济，同时也可用于内墙涂饰。

2. 施工工艺

(1) 基层处理

如基层为混凝土墙面时，应将墙面的浮土、杂物等清除干净，表面的隔离剂、油污应用10%的碱水清刷干净，然后用清水冲净；如基层为建筑物的抹灰面层时，在涂饰涂料前应刷抗碱封闭底漆；如基层为旧墙面时，应先清除酥散的旧墙皮，并涂刷界面剂，界面剂干后用细砂纸轻磨磨平，并将粉尘扫净，达到表面光滑平整。

(2) 修补腻子

按聚醋酸乙烯乳液∶水泥∶水＝1∶5∶1(质量比)的配比拌制成腻子，用该腻子将基层墙面的缝隙及不平处填实抹平，并把多余的腻子收净。待腻子干燥后，用砂纸磨平，并将尘土扫净，如发现还有不平处，再复抹一遍腻子。

(3) 满刮腻子

所采用腻子的配合比应为聚醋酸乙烯乳液∶水泥∶水＝1∶5∶1(质量比)，刮腻子时应横刮或竖刮，并注意接槎和收头时腻子应刮净，每遍腻子干后，应用砂纸将腻子磨平，并将浮尘清理干净。如面层涂刷带颜色的浆料时，腻子应掺入适量与面层颜色相协调的颜料。满刮腻子干燥后，应对墙面上的麻点、坑洼、刮痕等用腻子重新复找刮平，干后用细砂纸轻磨磨平，达到表面光滑平整。

(4) 涂料涂饰

刷涂 是人工使用一些特制的毛刷进行涂饰施工的一种方法。其具有施工工具简单、操作方便、施工条件要求低、适用性广等优点，除少数流平性差或干燥快的涂料不宜采用，大部分薄质涂料和厚质涂料均可采用。但刷涂生产效率低、涂膜质量不宜控制，不宜用于面积较大的表面。

滚涂 是利用软毛辊、花样辊进行施工。该种方法具有设备简单、操作方便、工效高、涂饰效果好等优点，要求涂膜厚薄均匀、平整光滑、不流挂、不露底，图案应完整清晰、颜色协调。

喷涂 是利用喷枪将涂料喷于基层上的机械施工方法。其特点是外观质量好、工效高，适用于大面积施工，可通过调整涂料的黏度、喷嘴口径大小及喷涂压力获得平面状、颗粒状或凹凸花纹状的涂层，要求厚度均匀，平整光滑，不出现露底、皱纹、挂流、针孔、气泡和失光现象。

弹涂 是借助专用的电动或手动的弹涂器将各种颜色的涂料弹到饰面基层上，形成直径为2～8mm、大小近似、颜色不同、互相交错的圆粒状色点或深浅色点相同的彩色涂层。需要压平或轧花的，可待色点两成干后轧压。

10.7.2 内墙涂料装饰装修

1. 材料要求

(1) 常用的内墙涂料

常用的乳液型涂料主要有：醋酸乙烯乳液涂料，以聚醋酸乙烯为主要成膜物，因其耐水、耐碱性较差，故只适用于内墙，且不适用于厨房及卫生间；乙烯乳液涂料，以乙烯-醋酸乙烯和无机化合物反应而成的聚合物乳液为主要成膜物，具有耐水、耐碱、耐洗、黏结力强等特点，故也可用于外墙；苯丙-环氧乳液涂料，是以苯丙乳液和环氧乳液为主要成膜物，除具有良好的耐水性能外，还有防湿、耐温的特点，尤其适用于厨房、卫生间。

常用的水溶性涂料主要有：聚乙烯醇水玻璃内墙涂料和聚乙烯醇缩甲醛胶内墙涂料，均具有黏结力强、耐热、施工方便、价格低廉等特点。前者涂膜表面较光滑，但耐水洗性较差，且易产生脱粉现象；后者耐水性较好，但施工温度不得低于10℃，且易粉化。

(2) 腻子

为使基层平面平整光滑，在涂刷涂料前应用腻子将基层表面上的凹坑、钉眼、缝隙等嵌实填平，待其结硬后用砂纸打磨光滑。一般采用滑石粉或大白粉、石膏粉、聚醋酸乙烯乳液配制，应具有产品合格证。

2. 作业条件

作业条件如下：

1) 室内抹灰的作业已全部完成，面层应基本干燥，基层含水率不得大于10%。
2) 室内木装饰、水暖管道、电器预埋预设均已完成，且已完成管洞处抹灰的处理等。
3) 大面积施工前应事先做好样板间，并经有关质量部门检查合格后，方可组织班组进行施工。
4) 一般室内温度不宜低于10℃，相对湿度为60%，温、湿度不得突然变化。同时应设专人负责测试和开关门窗，以利于通风排除湿气。

3. 施工工艺

(1) 基层处理

基层处理的方法及要求同外墙抹灰。

(2) 修补腻子

修补腻子要注意以下几点：

1) 根据墙体基层的不同等级要求，所采用的腻子材料也不相同，一般用于室内普通房间的腻子配比为聚醋酸乙烯乳液：滑石粉或大白粉：2%羧甲基纤维素溶液=1：5：3.5；用于厨房、厕所、浴室的腻子配比为聚醋酸乙烯乳液：水泥：水=1：5：1。用腻子将缝隙及坑洼不平处填实压平，并将多余的腻子收净。腻子干燥后，用砂纸磨平，并将浮尘扫净。如发现还有坑洼不平处，再复抹一遍腻子。
2) 轻质隔墙接缝处理。石膏板和轻条板接缝处，应用嵌缝腻子填塞满，上面粘贴一层玻璃网格布或绸布条，用胶黏剂粘在板缝处，粘条时应把布拉直拉平，并刮石膏腻子一道。

(3) 满刮腻子

根据墙体基层的不同等级要求，刮腻子的遍数和材料也不同。刮腻子时应横刮或竖刮，并注意接槎和收头时腻子应刮净；每遍腻子干燥后，应用砂纸将腻子磨平，并将浮尘清理干净。满刮腻子干后，对墙面上的麻点、坑洼、刮痕等，应用腻子重新复刮，干燥后用细砂纸轻磨磨平，并将粉尘清扫干净，达到表面光滑平整。

（4）调制浆料

调制石灰浆　将生石灰块放入容器内加入适量清水，待石灰熟化后再按比例加入清水，其质量配合比为生石灰∶水＝1∶6；将食盐化成盐水，掺加盐量为石灰浆质量的0.3%～0.5%，将盐水倒入石灰浆内搅拌均匀后，再用50～60目的铜丝滤网过滤，所得的浆液即可涂刷。如当采用生石灰粉时，将所需生石灰粉放入容器中直接加清水搅拌，掺盐量亦为0.3%～0.5%，拌制均匀后过滤使用。

调制大白浆　将大白粉破碎后放入容器中，加清水拌和成浆，再用50～60目的铜丝滤网过滤；将羧甲基纤维素放入桶中，加水搅拌使之溶解，其质量配合比为：羧甲基纤维素∶水＝1∶40；再将聚醋酸乙烯乳液稀释与大白粉拌和，其掺量比例为：大白粉∶聚醋酸乙烯乳液＝10∶1；最后将以上三种浆液按大白粉∶聚醋酸乙烯乳液∶羧甲基纤维素＝100∶13∶16混合搅拌，过80目铜丝滤网，拌匀后即成大白浆。如配色浆，则先将颜料用水化开，过滤后放入大白浆中进行搅拌，搅拌应均匀。

（5）涂料涂刷

内墙涂料涂刷方法与外墙涂刷方法基本相同，同样有刷、滚、喷、弹四种方法。但在施工前，应先将门窗口用排笔刷好，如墙面和顶棚为两种颜色，应在分色线处用排笔齐线并刷200mm宽以便于接槎，然后大面积施工，施工时应按先顶棚后墙面、先上后下的顺序进行。为保证墙面施工质量，一般喷（刷）涂料三遍，但需注意每遍之后用细砂纸将粉尘、溅沫、喷点等轻轻磨去，并打扫干净，然后再进行下一步操作。

10.8　裱糊工程

裱糊工程主要是指在室内平整光洁的墙面、顶棚面、柱面和室内其他构件表面，用壁纸、墙布等材料裱糊的装饰工程。

10.8.1　对材料的质量要求

1. 壁纸

纸面纸基壁纸　在纸面上有各种印花或压花花纹图案，价格便宜，透气性好，但因不耐水、不耐擦洗、不耐久、易破碎、不宜施工，故使用较少。

天然材料面壁纸　用草、树叶、草席、芦苇、木材等支撑的墙纸。

金属壁纸　在基层上涂金属膜制成的壁纸，具有不锈钢面与黄铜面的质感与光泽，给人一种金碧辉煌的感觉，适用于大厅、大堂等气氛热烈的场所。

无毒 PVC 壁纸　不同于传统塑料壁纸，不但无毒且款式新颖，图案美观，是目前使用最多的壁纸。

2. 墙布

装饰墙布　用丝、毛、棉、麻等纤维编织而成的墙布，具有强度大、静电小、无毒、无光、无味、美观等优点，可用于室内高级饰面裱糊，但造价偏高。

无纺墙布　用棉、麻等天然纤维，经过无纺成型，上树脂、印制花纹而成的一种贴墙材料，它具有挺括、富有弹性、不宜折断、不老化、对皮肤无刺激、美观、施工方便等特点,同时还具有一定的透气性和防潮性,可擦洗而不褪色,适用于各种建筑物的室内墙面装饰。

3. 胶黏剂

胶黏剂应按照壁纸和墙布的品种选配,具有黏结力强、防潮性、柔韧性、热伸缩性、防霉性、耐久性、水溶性等特点。常用的主要有 108 胶、聚醋酸乙烯胶黏剂、SG8-104 胶等。

4. 接缝带

常用的接缝带主要有玻璃网格布、丝绸条、绢条等。

5. 底层涂料

粘贴前,应在基层面上先刷一遍底层涂料,常用底层涂料及配比见表 10.3。

表 10.3 常用底层涂料及配比

涂料名称	白乳胶	羧甲基纤维素	热桐油	松节油	水	备注
白乳胶(一)	1	0.2	—	—	1	用于抹灰墙面
白乳胶(二)	1	0.5	—	—	1.2	用于油面墙面
清油涂料	—	—	1	3	—	用于石膏板及木基层

10.8.2 裱糊工程施工

1. 基层处理

如基层为混凝土墙面,应将墙面的浮土、凸起等清除干净,表面的隔离剂、油污应用 10%的碱水(火碱:水=1:10)刷干净,然后用清水冲净;如基层为建筑物的抹灰面层时,在涂饰涂料前应刷抗碱封闭底漆;如基层为旧墙面时,应先清除酥散的旧墙皮,并涂刷界面剂。基层表面平整度、立面垂直度及阴阳角方正,应达到高级抹灰的要求。

2. 满刮腻子

腻子的质量配合比为聚醋酸乙烯乳液(即白乳胶):滑石粉或大白粉:2%羧甲基纤维素溶液=1:5:3.5。对于混凝土墙面,在清扫干净的墙面上刮 1~2 道腻子,干后用砂纸磨平、磨光;抹灰墙面可满刮 1~2 道腻子找平、磨光,但不可磨破灰皮;石膏板墙面先用嵌缝腻子将缝堵实堵严,再粘贴玻璃网格布等接缝带,然后局部刮腻子补平。基层腻子应平整、坚实、牢固、无粉化、起皮和裂缝;腻子的黏结强度应符合《建筑室内用腻子》(JG/T 298—2010)的规定。

3. 弹线找规矩

将顶棚的对称中心线通过套方、找规矩的办法弹出中心线,以便从中间向两边对称控制。将房间四角的阴阳角通过吊垂直、套方、找规矩,按照壁纸的尺寸进行分块弹线控制。

4. 计算用料、裁纸

根据设计要求决定壁纸的粘贴方向,然后计算用料、裁纸;应按所量尺寸每边留出

20~30mm 余量，一般应在案子上裁割，将裁好的纸用湿温毛巾擦后，折好待用。

5. 润纸

壁纸裱糊前，应先在壁纸背面刷清水一遍，随即刷胶；或将壁纸浸入水中 3~5min 后取出将水擦净，静置 15min 后再进行刷胶；如果在干纸上刷胶后立即上墙裱糊，纸虽被胶固定，但会继续吸湿膨胀，导致墙面上的纸出现大量气泡，褶皱；如润纸后再铺贴到基层上，即使裱糊时有少量气泡，干后也会自动胀平。

6. 刷胶、糊纸

室内裱糊时，宜按照先裱糊顶棚后裱糊墙面的顺序进行。

(1) 顶棚裱糊

裱糊顶棚壁纸时，在纸的背面和顶棚的粘贴部位刷胶，应注意按壁纸宽度刷胶，不宜过宽，铺贴时应从中间开始向两边铺贴。第一张应按已弹好的线找直，黏结牢固，应注意纸的两边各甩出 10~20mm 长，以满足第二张铺贴时的拼接压槎对缝的要求。然后用通向的方法铺贴第二张，两纸搭接 10~20mm，用金属直尺比齐，用壁纸刀裁切，随即将搭槎处两张纸条撕去，再用刮板带胶将缝隙刮实压牢，最后用湿温毛巾将接缝处辊压出的胶痕擦净，依次进行。

(2) 墙面裱糊

裱糊墙面壁纸时，应分别在纸上及墙上刷胶，其刷胶宽度应相吻合，墙面上刷胶一次不应过宽。裱糊应从墙的阴角开始铺贴第一张，按已画好的垂直线吊直，并从上往下用手铺平，刮板刮实，然后用小辊子将上、下阴角处压实。后续墙面裱糊的方法与顶棚裱糊方法相同，但在墙面上遇到有电门、插销盒时，应在其位置上破纸作为标记，并且在裱糊阳角时，不允许甩槎接缝，阴角处应裁纸搭缝，不允许整纸铺贴，避免产生空鼓与皱褶。

(3) 拼接裱糊

如施工中遇壁纸需拼接时，应符合下列要求：

1) 壁纸的拼缝处花形应对接拼搭好。
2) 铺贴前应注意花形及壁纸的颜色力求一致。
3) 墙与顶壁纸的搭接应根据设计要求而定，一般有挂镜线的房间应以挂镜线为界，没有挂镜线的房间应以弹线为准。
4) 花形拼接如出现困难时，错槎应尽量甩到不易显露的阴角处，大面不允许出现错槎和花形混乱的现象。

壁纸粘贴完成后应认真检查，对墙纸的翘边翘角、气泡、褶皱及胶痕未处理等，应进行及时的处理和修正，保证裱糊质量。

10.9 装饰工程施工实例

10.9.1 工程概况

某金融大厦，地下 3 层，地上 39 层，建筑面积为 4.89 万 m^2，高度为 171.2m，是一座智能型综合楼。裙房外墙为烧毛花岗石干挂板，主楼外饰面由玻璃铝板幕墙和烧毛花岗石反打板组成。反打板分两种：由牛腿支撑在楼面上的复合板和悬挂在混凝土剪力墙上的槽型板，共 23 种规格，1150 块，普通尺寸为 2500mm×3500mm，最大块重 46kN，面积近 1 万 m^2，安装高度为 171.2m。

10.9.2 施工质量控制

1. 质量标准

本工程质量目标为鲁班奖，为此确定以《建筑装饰装修工程质量验收规范》(GB 50210—2018)中麻面天然石质量标准作为安装标准，并以此为依据对反打板的预制提出了更严格的精度要求，见表 10.4。

表 10.4　反打板预制标准　　　　　　　　　　　（单位：mm）

项目	允许偏差	项目	允许偏差
高度	±2	分格线平直	2
宽度	±2	接缝高差	2
厚度	±2	窗口对角线差	3
翘曲	3	窗口位移	2
对角线差	5	预埋件位移	5
表面平整	2		

2. 成品保护措施

成品保护措施如下：

1) 反打板翻面、搁置过程中垫方木，且避免面层棱角与之接触，预埋螺栓涂黄油，塑料包封，插放时由专人护扶，避免碰撞插架。吊装就位时在螺栓上套方木，并系两根拉绳以控制空中方向。确保面层向外，这样可保护螺栓和避免面层的碰撞摩擦。

2) 就位调整时不允许撬动面层。

3) 在板缝边贴胶带，然后填涂耐候胶，以防污染面层。

10.9.3 安装

依据反打板的构造特点和质量标准，制定安装工艺流程，并设计制作适合的调整工具。

1. 测量放线

以主体施工时设置的楼面控制线为依据，在楼面弹出板面位置控制线（轴线），在梁侧弹出板顶高程控制线和分块控制线。高程控制线做闭合检查，分块控制线整尺测量，以免误差累计。

2. 预埋件处理

预埋件位置的精确度对安装速度和结构安全有着重要影响，这项工作必须在前期做好，以各控制线为依据对超偏差的预埋件按规范要求处理，对偏差较大甚至无法使用的预埋件由承包方拟订处理方案,经设计认可后实施。

3. 调整工具的就位

图 10.26 所示为钢拉杆就位示意图。复合板就位后用倒链将其与上层主体结构拉结,此时塔式起重机即可脱钩,将钢拉杆上脚板与复合板背螺栓连接,下脚板用膨胀螺栓与楼面固定。每块板设两组钢拉杆,平拉杆调轴线位置和板缝平整,斜拉杆调垂直度,夹箍连杆(图10.27)夹住相邻两板牛腿调竖缝宽度,长扳手旋转牛腿底螺栓调高程和竖缝垂直度。

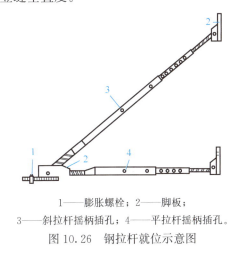

1——膨胀螺栓;2——脚板;
3——斜拉杆摇柄插孔;4——平拉杆摇柄插孔。

图 10.26 钢拉杆就位示意图

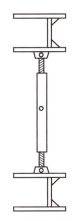

图 10.27 夹箍连杆示意图

为易于调整并缩短调节时间,反打板就位前在已安装完毕的下层板顶和竖缝处放置与板缝适合的圆钢头。

校正顺序为:先轴线、板面垂直,后竖缝宽度、垂直和高程。如此循环两个过程即可调好。

4. 挂板的就位校正

挂板的所有操作均由吊篮中操作人员完成,操作时与主体结构拉结稳定以免晃动。在放置圆钢头初步就位后立即安装不锈钢挂件,然后塔式起重机脱钩,松挂件螺栓,调高程和竖缝垂直度。旋转上下支点螺栓,调轴线位置、垂直度和板缝高差。撬动板底内侧调竖缝宽度。调整完毕后将所有螺栓与螺母焊接固定,然后做防水处理。

小 结

本项目内容重点是装饰工程中各种工程的施工工艺及质量要求。

内墙、外墙、顶棚的一般抹灰工程的施工工艺是装饰工程施工的基础,必须熟练掌握。

外墙饰面工程的施工工艺是装饰工程的重点和难点,学习时应结合工程实际理解领会。

楼地面工程是装饰工程中的重点内容,通过现场教学掌握施工方法。

对于门窗、吊顶、隔墙、幕墙、裱糊工程，也应掌握其施工工艺及质量要求。

思考与训练

一、思考题

1. 抹灰工程有哪些种类？组成的作用是什么？
2. 抹灰为什么要分层？如何分层？
3. 基层处理有什么技术要求？
4. 简述内墙抹灰的施工过程。
5. 简述内墙、外墙、顶棚抹灰的相同与区别之处。
6. 简述一般抹灰和装饰抹灰的区别。
7. 简述水刷石、干粘石的施工工艺。
8. 试述金属门窗的安装方法。
9. 简述铝合金吊顶、轻钢龙骨吊顶的施工过程。
10. 试述轻钢龙骨隔墙的安装方法。
11. 简述大理石及预制水磨石饰面板安装的施工过程。
12. 简述饰面砖的铺贴工艺。
13. 试述水泥砂浆地面和细石混凝土地面的施工方法。
14. 试述现制水磨石地面的施工工艺及质量要求。
15. 试述涂料基层的处理方法，及对刮腻子、磨光、涂刷等主要工序的要求。
16. 试述刷浆的方法与质量要求。
17. 试述裱糊工程的施工顺序和工艺流程。

二、技能训练题

在实训场地完成一个小品的抹灰或面砖的铺贴工作。

练习题库

主要参考文献

全国一级建造师执业资格考试用书编写委员会，2021. 2021年版全国一级建造师执业资格考试用书[M]. 北京：中国建筑工业出版社.

肖凯成，杨波，杨建林，2019. 装配式混凝土建筑施工技术[M]. 北京：化学工业出版社.

姚谨英，2017. 建筑施工技术[M]. 6版. 北京：中国建筑工业出版社.